高等职业教育系列教材

零件数控铣削编程与加工技术

主　编　王小虎　李卫东
副主编　邱　昕　熊　隽　范绍平
参　编　蒋三生　钟如全　何　苗　燕杰春
　　　　袁洞明　邹左明　辜艳丹　李勇兵
　　　　张晓辉　李文平
主　审　鲁淑叶

机 械 工 业 出 版 社

本书是校企合作编写的教材，以企业实际工作过程和工作环境组织教学。通过各典型零件的工艺分析、编程及加工的全过程学习，将理论和技能与生产实际有机结合。

全书分为“数控铣床编程与操作基础”“外轮廓零件加工”“内轮廓零件加工”“孔系零件加工”“特征类零件加工”“曲面类零件加工”六个学习模块。内容由浅入深、循序渐进，使读者逐步掌握数控铣床操作、工艺、编程的相关知识与技能。

本书可作为高等职业院校数控技术、机械设计与制造、模具设计与制造等专业的数控铣削编程与加工相关课程的教材，也可作为机械制造企业相关工程技术人员的参考书。

本书配套授课电子教案，需要的教师可登录机械工业出版社教材服务网 www.cmpedu.com 免费注册后下载，或联系编辑索取（QQ：1239258369，电话：010-88379739）。

图书在版编目（CIP）数据

零件数控铣削编程与加工技术/王小虎，李卫东主编．—北京：机械工业出版社，2015.12（2021.7 重印）
高等职业教育系列教材
ISBN 978-7-111-53023-7

Ⅰ.①零… Ⅱ.①王… ②李… Ⅲ.①机械元件-数控机床-铣削-程序设计-高等职业教育-教材②机械元件-数控机床-铣削-金属切削-高等职业教育-教材 Ⅳ.①TH13②TG547

中国版本图书馆 CIP 数据核字（2016）第 035194 号

机械工业出版社（北京市百万庄大街 22 号 邮政编码 100037）
策划编辑：曹帅鹏 责任编辑：曹帅鹏 韩 冰 版式设计：霍永明
责任校对：张 薇 责任印制：郜 敏
北京富资园科技发展有限公司印刷
2021 年 7 月第 1 版第 6 次印刷
184mm×260mm · 16.5 印张 · 406 千字
7801—8800 册
标准书号：ISBN 978-7-111-53023-7
定价：39.90 元

电话服务
客服电话：010-88361066
010-88379833
010-68326294

网络服务
机 工 官 网：www.cmpbook.com
机 工 官 博：weibo.com/cmp1952
金 书 网：www.golden-book.com
机工教育服务网：www.cmpedu.com

高等职业教育系列教材机电类专业

编委会成员名单

出 版 说 明

《国务院关于加快发展现代职业教育的决定》指出：到2020年，形成适应发展需求、产教深度融合、中职高职衔接、职业教育与普通教育相互沟通，体现终身教育理念，具有中国特色、世界水平的现代职业教育体系，推进人才培养模式创新，坚持校企合作、工学结合，强化教学、学习、实训相融合的教育教学活动，推行项目教学、案例教学、工作过程导向教学等教学模式，引导社会力量参与教学过程，共同开发课程和教材等教育资源。机械工业出版社组织国内80余所职业院校（其中大部分是示范性院校和骨干院校）的骨干教师共同规划、编写并出版的"高等职业教育系列教材"，已历经十余年的积淀和发展，今后将更加紧密结合国家职业教育文件精神，致力于建设符合现代职业教育教学需求的教材体系，打造充分适应现代职业教育教学模式的、体现工学结合特点的新型精品化教材。

在本系列教材策划和编写的过程中，主编院校通过编委会平台充分调研相关院校的专业课程体系，认真讨论课程教学大纲，积极听取相关专家意见，并融合教学中的实践经验，吸收职业教育改革成果，寻求企业合作，针对不同的课程性质采取差异化的编写策略。其中，核心基础课程的教材在保持扎实的理论基础的同时，增加实训和习题以及相关的多媒体配套资源；实践性课程的教材则强调理论与实训紧密结合，采用理实一体的编写模式；实用技术型课程的教材则在其中引入了最新的知识、技术、工艺和方法，同时重视企业参与，吸纳来自企业的真实案例。此外，根据实际教学的需要对部分内容进行了整合和优化。

归纳起来，本系列教材具有以下特点：

1）围绕培养学生的职业技能这条主线来设计教材的结构、内容和形式。

2）合理安排基础知识和实践知识的比例。基础知识以"必需、够用"为度，强调专业技术应用能力的训练，适当增加实训环节。

3）符合高职学生的学习特点和认知规律。对基本理论和方法的论述容易理解、清晰简洁，多用图表来表达信息；增加相关技术在生产中的应用实例，引导学生主动学习。

4）教材内容紧随技术和经济的发展而更新，及时将新知识、新技术、新工艺和新案例等引入教材。同时注重吸收最新的教学理念，并积极支持新专业的教材建设。

5）注重立体化教材建设。通过主教材、电子教案、配套素材光盘、实训指导和习题及解答等教学资源的有机结合，提高教学服务水平，为高素质技能型人才的培养创造良好的条件。

由于我国高等职业教育改革和发展的速度很快，加之我们的水平和经验有限，因此在教材的编写和出版过程中难免出现疏漏。我们恳请使用这套教材的师生及时向我们反馈质量信息，以利于我们今后不断提高教材的出版质量，为广大师生提供更多、更适用的教材。

机械工业出版社

前　言

为了培养适应社会发展需要的高端技能型人才，本书结合企业生产实际和零件制造的工作流程，分析各流程所必需的知识和技能结构，归纳课程的主要工作任务，选择典型的载体，构建主体学习模块；以典型零件为主线，融合职业资格标准，基于真实的工作过程，以读者为中心，由浅入深、循序渐进，使读者逐步掌握数控铣床操作、工艺、编程和质量检验全过程的知识和技能。

本书的编写紧跟时代潮流，作为四川高等职业教育研究中心2014年度科研项目“4G时代下的高职教育教学模式变革研究”课题研究成果之一，在本书的编写过程中，积极探索新的通信技术在专业教学过程中的运用，打破了传统的“文字+图片”的编写模式，采用现代信息技术手段使其成为立体化、信息化的教材，配备了课件、学习网站及书载二维码。读者除了可以通过传统方式获得所需知识外，还可通过手机扫描书中的二维码，以观看视频、动画等形式学习相关内容。在加深理解的同时，使获取知识的过程变得更灵活、更轻松、更愉快。读者还可通过访问课程网站 http://jpgx.scitc.com.cn/IntoCourseWebSites.php?CourseID=39 进一步学习相关内容，获得更多的知识信息。

本书由学校与行业、企业合作编写，由四川信息职业技术学院王小虎、成飞132厂数控车间高级技师李卫东担任主编，共同编写了模块1；北京农业职业学院蒋三生编写了模块5；四川信息职业技术学院邱昕、袁洞明编写了模块2，燕杰春、范绍平编写了模块6，熊隽、李勇兵编写了模块4，何苗、邹左明、李文平编写了模块3；四川信息职业技术学院钟如全教授、零八一电子集团塔山湾精密制造车间张晓辉主任协作编写并提出了许多宝贵的意见和建议，全书由王小虎、辜艳丹统稿。

本书由四川信息职业技术学院鲁淑叶副教授担任主审，并提出了许多宝贵的修改和补充意见，特此表示感谢。

在本书编写过程中，得到了许多教师、企业技术人员的关心、支持和帮助，在此表示衷心感谢。

限于编者的水平有限，书中难免存在错误和不妥之处，恳请读者批评指正。

编　者

目　录

模块1　数控铣床编程与操作基础

任务描述

完成有关数控铣床的安全知识、基本操作技能和编程基础知识的学习。

知识与技能点

- 安全知识
- 认识数控机床
- 数控机床坐标系
- 数控编程概述
- G00/G01 指令
- 数控编程方法
- 数控铣床的操作
- 数控铣床常用刀柄系统
- 数控铣床的日常维护

1.1　数控铣床基础知识

1.1.1　安全教育

1. 安全文明生产

(1) 概念　安全生产：安全生产是指在生产中，保证设备和人身不受伤害。

进行安全教育、提高安全意识、做好安全防护工作是生产的前提和重要保障。例如：进入车间要穿工作服，袖口要扎紧；不准穿高跟鞋、凉鞋；要戴安全帽，女生要把长发盘在帽子里；操作时站立位置要避开铁屑飞溅的地方等。

文明生产：文明生产是指在生产中，设备、工具、量具、刃具、辅具的正常使用，并保持设备、工具、量具、刃具、辅具和场地的清洁有序。

设备、工具、量具、刃具、辅具要按照其正常的使用方法使用，不能移作他用，不能超出使用范围。还要注意量具的零配件、附件不要丢失和损坏；机床使用前应按照规范进行润滑等。

要保持设备、工具、量具、刃具、辅具和场地的清洁。经常用干净的棉纱擦拭双手、操作面板、工具、量具、刃具、辅具，经常用铁屑钩子或毛刷清理导轨和拖板上的铁屑。下班后按照规范将机床、地面清扫干净。同时，要保持设备、工具、量具、刃具、辅具和场地的有序。工具、量具、刃具、辅具的摆放要规范，使用完毕后放回原处。下班后将其擦拭干净，放入工具箱中。

下班时要填写交接班记录并锁好工具箱门，做好交接班工作。公用或借用物品要及时归还。在批量生产中，毛坯零件、已加工零件、合格零件和不合格零件要按照规定的区域分开放置。

安全生产和文明生产合称安全文明生产。安全生产的操作规范称为安全操作规程，文明生产的操作规范称为文明操作规程，二者合称安全文明操作规程。每一种机床都有相应的安全文明操作规程来具体规定相应的安全文明操作要求。

（2）意义　保证人身和设备的安全；保证设备、工具、量具、刃具、辅具必备的精度和性能，以及足够的使用寿命。

（3）要求

1）牢固树立安全文明生产的意识。明确数控加工的危险性，若不遵守安全操作规程，就有可能发生人身或设备安全事故。如不遵守文明操作规程，就会影响设备、工具、量具、刃具、辅具的使用性能和精度，大大降低使用寿命。要理解安全操作规程的实质，善于从中总结操作经验和教训，培养安全文明生产意识。

2）严格按照操作规程操作设备，养成良好的操作习惯。良好的操作习惯不仅能够提高生产率，获得较好的经济效率，而且能最大限度地避免安全事故的发生。

2. 数控铣床安全操作规程

1）进入车间之前，检查着装是否正确。禁止戴手套操作机床；禁止穿裙子、拖鞋进入生产现场，女生必须戴好安全帽；禁止在生产现场嬉戏打闹。

2）严格按照操作规范操作设备，禁止擅自操作设备。

3）开机前，要检查机床自动润滑系统油箱中的润滑油是否充裕，发现不足应及时补充；检查压力、冷却装置、油管、刀具、工装夹具是否完好，做好机床的定期保养工作。

4）开机顺序。应先打开压缩空气开关，再打开机床电源，然后打开系统电源启动数控系统，待系统自检完毕后，旋开急停按钮使其复位。

5）开机后首先进行回参考点操作。按照 $+Z$、$+Y$、$+X$ 的顺序依次完成回参考点的操作；回参考点后应及时退出参考点，并按照 $-X$、$-Y$、$-Z$ 的顺序依次退出。

6）在移动 X、Y 轴之前，必须使 Z 轴处于较高位置，以免撞刀。

7）主轴装刀时要确保机床处于停止状态。换刀时，身体和头部要远离刀具回转部位，以免碰伤；刀具装入主轴或刀库前，应擦净刀柄和刀具；装入主轴或刀库的刀具不得超过规定的重量和长度。

8）工件装夹时要夹紧，避免工件飞出造成事故，装夹完成后，要将工具取出拿开，以防事故的发生。

9）在自动运行程序前，认真检查程序编制、参数设置、刀具干涉、工件装夹，确保其正常。加工前关闭防护门，在操作过程中必须集中注意力，一旦发现问题，应及时按下紧急停止按钮。

10）当操作过程中出现报警时，要及时报告车间管理人员，及时排除警报。

11）机床操作过程中，旁观者禁止接触控制面板上的任何按钮、旋钮，避免发生意外事故；更不允许玩弄高压气枪。

12）操作所需的工具、工件、量具等要放在工具柜里，并摆放整齐。爱护量具，保持量具清洁，每天用完后，擦净涂油并放入盒内。

13）爱护机床及机床周边的环境卫生，每天使用后要将工作台上的切屑清理干净，不能用湿棉纱等带水物件接触机床；不得使切屑、切削液等进入主轴。

14）严禁任意修改、删除机床参数。

15）关闭机床前，应使 X、Y 轴处于中间位置，Z 轴处于较高位置，将刀柄从主轴上取下并擦净，放入工具柜；注意要将进给速度调节旋钮置零。

16）关机时，先按下急停按钮，再关闭系统电源，然后关闭机床电源，最后关闭压缩空气开关。

1.1.2 认识数控机床

数控机床是计算机数字控制机床（Computer Numerical Control Machine Tools）的简称，是一种装有程序控制系统的自动化机床。该控制系统能够处理具有控制编码或其他符号指令规定的程序，并将其译码后用代码化的数字表示，通过信息载体输入数控装置。经运算处理由数控装置发出各种控制信号，控制机床的动作，按图样要求的形状和尺寸，自动地将零件加工出来。数控机床的加工运动见二维码 1-1。

数控机床较好地解决了复杂、精密、小批量、多品种的零件加工问题，是一种柔性的、高效能的自动化机床，代表了现代机床控制技术的发展方向，是一种典型的机电一体化产品。简单地说，数控机床即是指采用数字控制技术按给定的运动轨迹进行自动加工的机电一体化加工设备。

二维码 1-1

1. 数控机床的分类

数控机床的种类很多，其主要按工艺用途、伺服控制方式、运动方式等进行分类。

按照机床主轴的方向分类，数控机床可分为卧式数控机床（主轴位于水平方向）和立式数控机床（主轴位于垂直方向）。按照工艺用途分类，数控机床主要有以下几种类型：

（1）数控铣床　数控铣床主要用于完成铣削加工或镗削加工，同时也可以完成钻削、攻螺纹等加工，如图 1-1 所示为立式数控铣床。

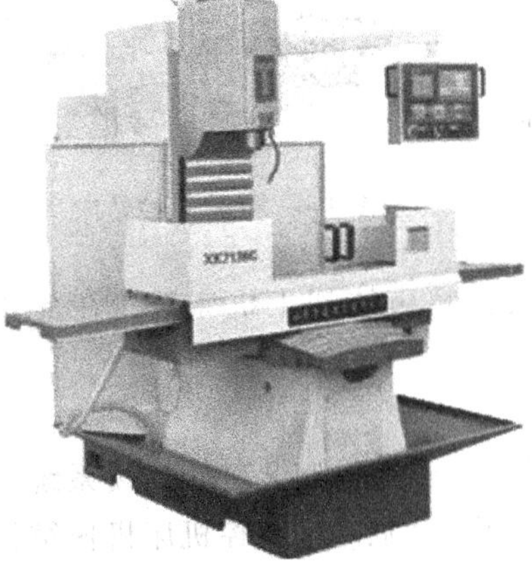

图 1-1　立式数控铣床

图 1-2　DMG 五轴加工中心

（2）加工中心　加工中心是指带有刀库（带有回转刀架的数控车床除外）和自动换刀装置（Automatic Tool Change-ATC）的数控机床。加工中心通常是指带有刀库和自动换刀装置的数控铣床。图 1-2 所示为 DMG 五轴加工中心。

（3）数控车床　数控车床是用于完成车削加工的数控机床。通常情况下也将以车削加工为主并辅以铣削加工的数控车削中心归类为数控车床。图 1-3a 所示为卧式数控车床，图 1-3b 所示为立式数控车床。

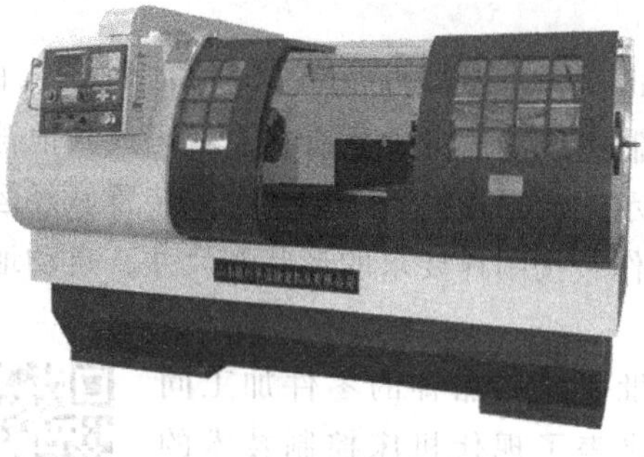

a)

b)

图 1-3　数控车床

a）卧式数控车床　b）立式数控车床

（4）数控钻床　数控钻床主要用于完成钻孔、攻螺纹等加工，有时也可完成简单的铣削加工。数控钻床是一种采用点位控制系统的数控机床，即控制刀具从一点到另一点的位置，而不控制刀具的移动轨迹。图 1-4 所示为立式数控钻床。

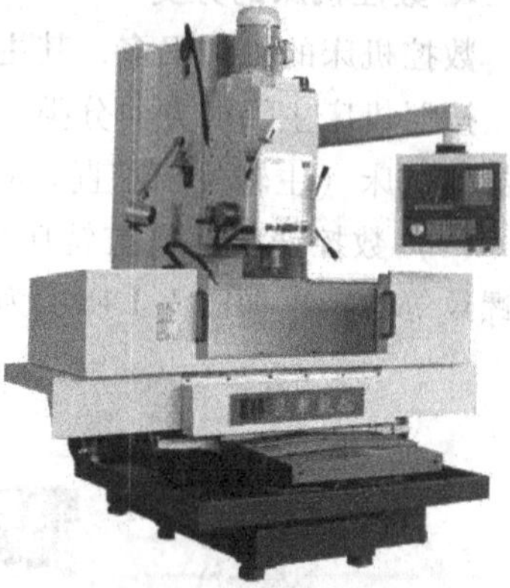

图 1-4　立式数控钻床

（5）数控特种加工机床　该类数控机床是利用两个不同极性的电极在绝缘液体中产生的电腐蚀来对工件进行加工，以达到一定形状、尺寸和表面粗糙度的要求。对于形状复杂且难加工材料模具的加工有其特殊优势。常见的数控特种加工机床有数控电火花成形机床及数控线切割机床，如图 1-5 和图 1-6 所示。

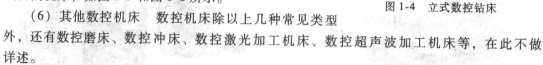

（6）其他数控机床　数控机床除以上几种常见类型外，还有数控磨床、数控冲床、数控激光加工机床、数控超声波加工机床等，在此不做详述。

2. 数控机床的组成

数控机床主要由输入/输出装置、数控系统、伺服系统、辅助控制装置、反馈系统、机床本体等组成。图 1-7 所示为数控铣床的外观结构，二维码 1-2 展示了数控机床机械结构运动过程。

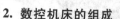

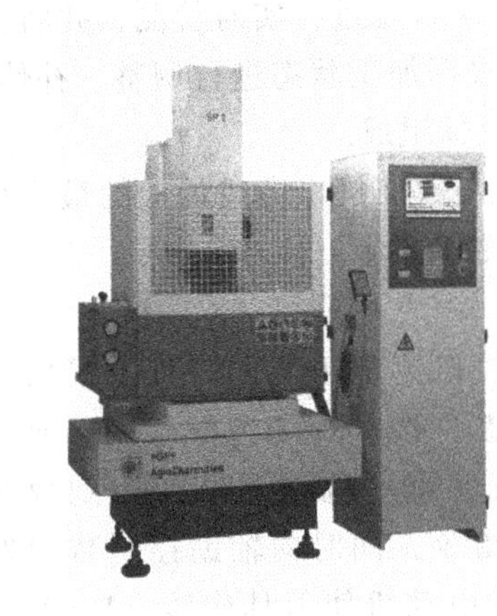

图 1-5 数控电火花成形机床

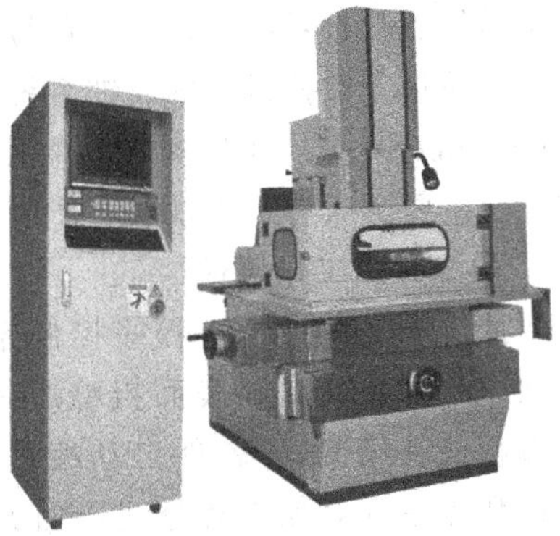

图 1-6 数控线切割机床

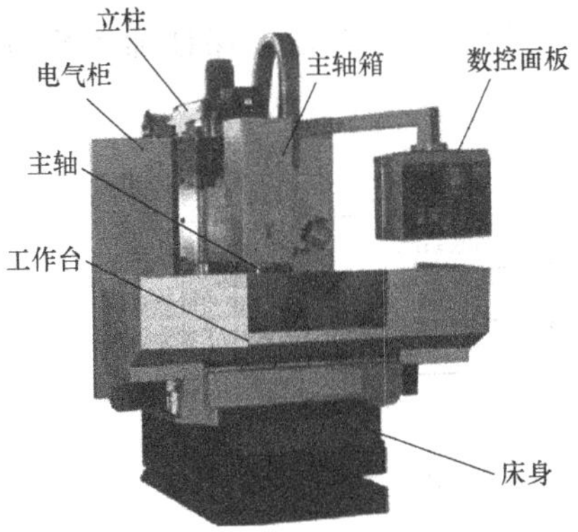

图 1-7 数控铣床的外观结构

二维码 1-2

（1）输入/输出装置 输入装置的作用是将数控加工信息读入数控系统的内存存储，常用的输入装置有手动输入（MDI）方式和远程通信方式等。输出装置的作用是为操作人员提供必要的信息，如各种故障信息和操作提示等，常用的输出装置有显示器和打印机等。

（2）数控系统 数控系统是数控机床实现自动加工的核心单元，它能够对数控加工信息进行数据运算处理，然后输出控制信号控制各坐标轴移动，从而使数控机床完成加工任务。数控系统通常由硬件和软件组成。目前的数控系统普遍采用通用计算机作为主要的硬件部分；而软件部分主要是指主控制系统软件，如数据运算处理控制和时序逻辑控制等。数控加工程序通过数控运算处理后，输出控制信号控制各坐标轴移动，而时序逻辑控制主要是由可编程序控制器（PLC）完成加工中各个动作的协调，使数控机床工作有序。

（3）伺服系统 伺服系统是数控系统和机床本体之间的传动环节。它主要接收来自数控系统的控制信息，并将其转换成相应坐标轴的进给运动和定位运动，伺服系统的精度和动态响应特性直接影响机床的生产率、加工精度和表面质量。伺服系统主要包括主轴伺服和进给伺服两大单元。伺服系统的执行元件有功率步进电动机、直流伺服电动机和交流伺服电动机。

（4）辅助控制装置 辅助控制装置是保证数控机床正常运行的重要组成部分。它主要是完成数控系统和机床之间的信号传递，从而保证数控机床的协调运动和加工的有序进行。

（5）反馈系统　反馈系统的主要任务是对数控机床的运动状态进行实时检测，并将检测结果转换成数控系统能识别的信号，以便数控系统能及时根据加工状态进行调整、补偿，保证加工质量。数控机床的反馈系统主要由速度反馈和位置反馈组成。

（6）机床本体　机床本体是数控机床的机械结构部分，是数控机床完成加工的最终执行部件，主要由床身、主轴、工作台、导轨、刀库和换刀装置等组成。

3. 数控机床工作原理

数控机床是一种装有程序控制系统的自动化机床。数控机床加工之前，首先根据零件形状、尺寸、精度和表面粗糙度等技术要求制定加工工艺，选择加工参数；然后通过手工编程或利用 CAM 软件自动编程，将编好的加工程序通过输入/输出装置输入到数控系统；数控系统对加工程序进行处理后，向伺服系统传送指令，同时向辅助控制装置发出指令；最后，伺服系统向伺服电动机发出控制信号，主轴电动机使刀具旋转，*X*、*Y* 和 *Z* 轴方向的伺服电动机控制刀具和工件按一定的轨迹相对运动，从而实现对工件的切削加工；在整个加工过程中，反馈系统对数控机床的运动状态进行实时检测，并将检测结果传回数控系统，数控系统及时根据加工状态进行调整、补偿，保证加工质量。数控机床工作原理框图如图 1-8 所示。

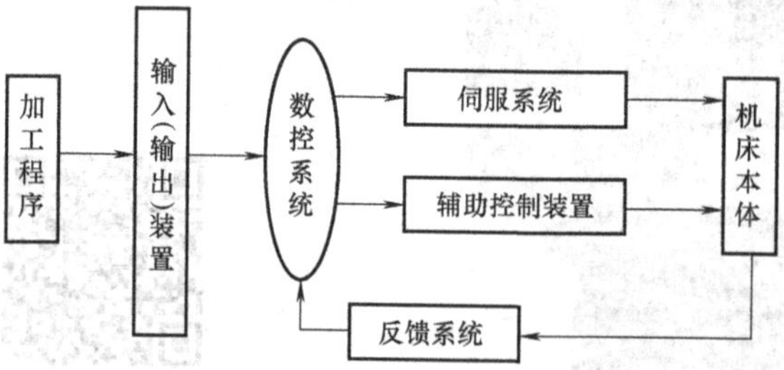

图 1-8　数控机床工作原理框图

1.1.3　认识数控铣床

数控铣床是一种加工功能很强的数控机床。加工中心、柔性制造单元、柔性制造系统等都是在数控铣床、数控镗床的基础上产生的。数控铣床能够完成基本的铣削、镗削、钻削、攻螺纹及自动工作循环等工作，可加工各种形状复杂的凸轮、样板及模具零件等。

1. 数控铣床基本知识

（1）数控铣床的类型

1）按构造分类。

① 工作台升降式数控铣床。这类数控铣床采用工作台移动、升降，而主轴不动的方式。小型数控铣床一般采用此种方式，如图 1-9 所示。

② 主轴头升降式数控铣床。如图 1-10 所示，这类数控铣床采用工作台纵向和横向移动，且主轴沿垂向溜板上下运动。该类铣床在精度保持、承载重量、系统构成等方面具有很多优点，已成为数控铣床的主流。

③ 龙门式数控铣床。如图 1-11 所示，这类数控铣床主轴可以在龙门架的横向与垂向溜板上运动，而龙门架则沿床身做纵向运动。因要考虑扩大行程、缩小占地面积及刚性等技术问题，大型数控铣床往往采用龙门式结构。

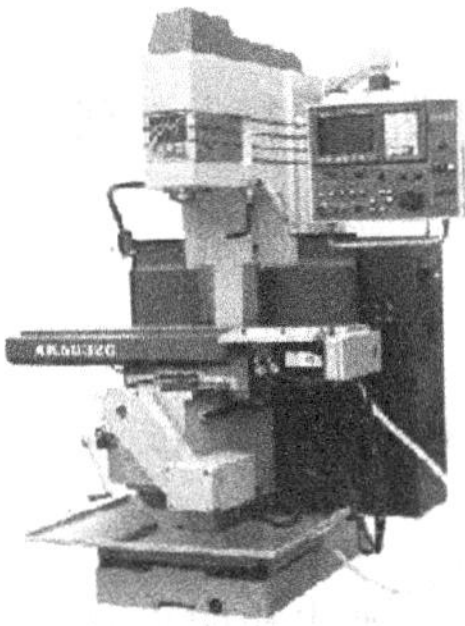

图 1-9　工作台升降式数控铣床

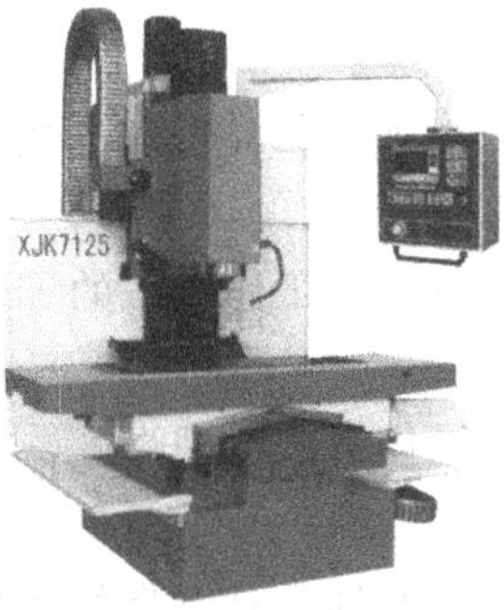

图 1-10　主轴头升降式数控铣床

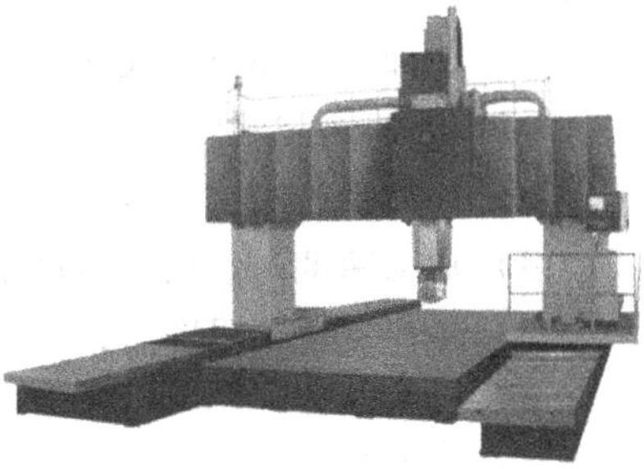

图 1-11　龙门式数控铣床

2）按通用铣床的分类方法分类。

① 立式数控铣床。立式数控铣床在数量上一直占数控铣床的大多数，应用范围也最广。从机床数控系统控制的坐标数量来看，目前 3 坐标立式数控铣床仍占大多数。一般可进行 3 坐标联动加工，但也有部分机床只能进行 3 个坐标中的任意 2 个坐标联动加工（常称为 2.5 轴加工）。此外，还有机床主轴可以绕 X、Y、Z 坐标轴中的一个或两个轴，做数控摆角运动的 4 坐标和 5 坐标数控立铣。

② 卧式数控铣床。与通用卧式铣床相同，卧式数控铣床的主轴轴线平行于水平面，如图 1-12 所示。为了扩大加工范围和扩充功能，卧式数控铣床通常采用增加数控转盘或万能数控转盘来实现 4、5 坐标的加工。这样不但工件侧面上的连续回转轮廓可以加工出来，而且可以实现在一次安装中，通过转盘改变工位进行“四面加工”。

③ 立卧两用数控铣床。如图 1-13 所示，这类数控铣床目前已不多见，由于这类铣床的主轴方向可以更换，能实现在一台机床上既可以进行立式加工，又可以进行卧式加工。故其使用范围更广、功能更全，选择加工对象的余地更大，给用户带来方便。这类机床特别适合生产批量小、品种较多，需要立、卧两种方式加工的场合。

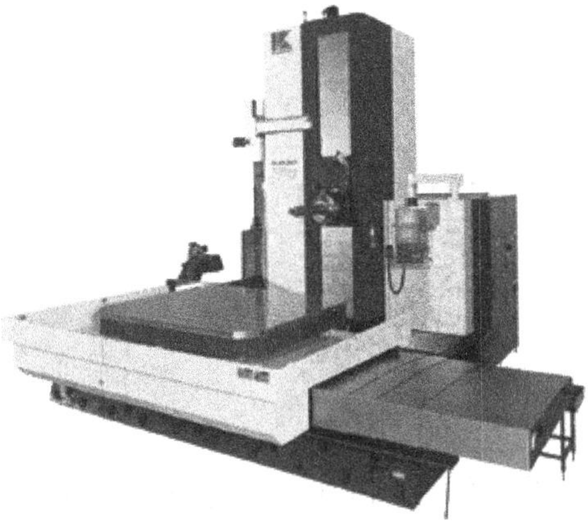

图 1-12　卧式数控铣床

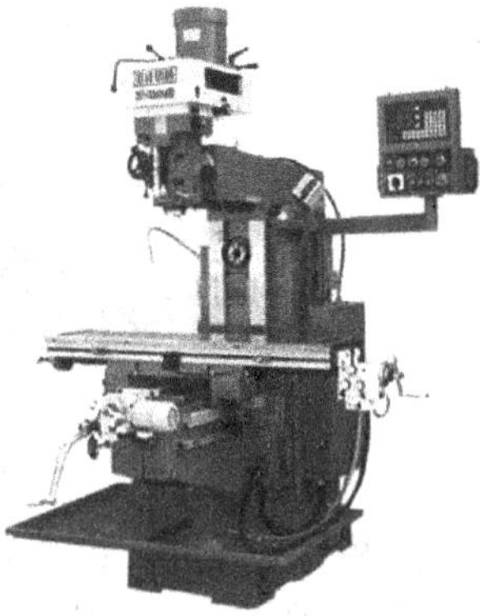

图 1-13　立卧两用数控铣床

（2）数控铣床加工特点。数控铣床除了具有普通铣床加工的特点外，还具有如下加工特点：

1）零件加工的适应性强、灵活性好，能加工轮廓形状特别复杂或难以控制尺寸的零件，如模具类零件、壳体类零件等。

2）能加工普通机床无法加工或很难加工的零件，如用数学模型描述的复杂曲线零件以及三维空间曲面类零件。

3）能加工一次装夹定位后，需进行多道工序加工的零件。

4）加工精度高，加工质量稳定可靠。

5）生产自动化程度高，可以减轻操作者的劳动强度，有利于生产管理自动化。

6）生产率高。

7）对刀具的要求较高，数控加工用刀具应具有良好的抗冲击性、韧性和耐磨性。在干式切削状况下，要求有良好的热硬性。

（3）数控铣床加工对象　数控铣削主要包括平面铣削与轮廓铣削，也可以对零件进行钻、扩、铰、锪和镗孔加工或攻螺纹等。其主要适合于下列几类零件的加工。

1）平面类零件。平面类零件是指加工面平行或垂直于水平面，以及加工面与水平面的夹角为定值的零件，这类加工面可展开为平面。

如图 1-14 所示的零件为平面类零件。其中，内腔轮廓面 *A* 垂直于水平面，可采用圆柱立铣刀加工。凸台斜面 *B* 与水平面成一个固定角度，这类加工面可以采用成型铣刀来加工。此外，当零件上有一部分大斜面时，可用专用夹具（如斜板）垫平后加工。

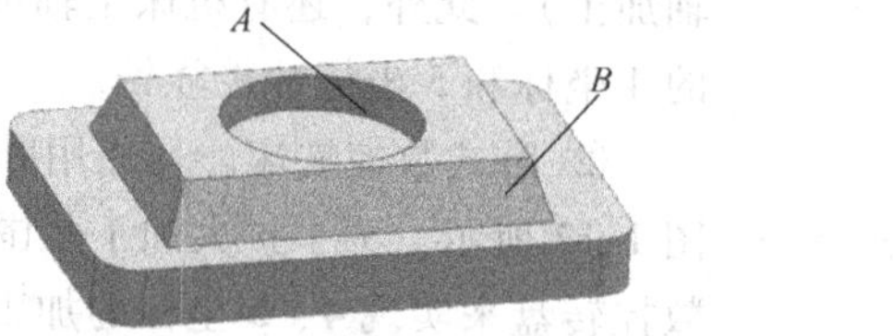

图 1-14　平面类零件

2）曲面类零件。加工面为空间曲面的零件（如模具、叶片、螺旋桨等）称为曲面类零件，如图 1-15 所示零件中的三个曲面。曲面类零件不能展开为平面。加工时，铣刀与加工面始终为点接触，一般采用球头刀在 3 坐标数控铣床上加工。当零件曲面特别复杂，3 坐标数控铣床无法满足加工要求时，也可采用 4 坐标或 5 坐标数控机床进行加工，加工视频见二维码 1-3。

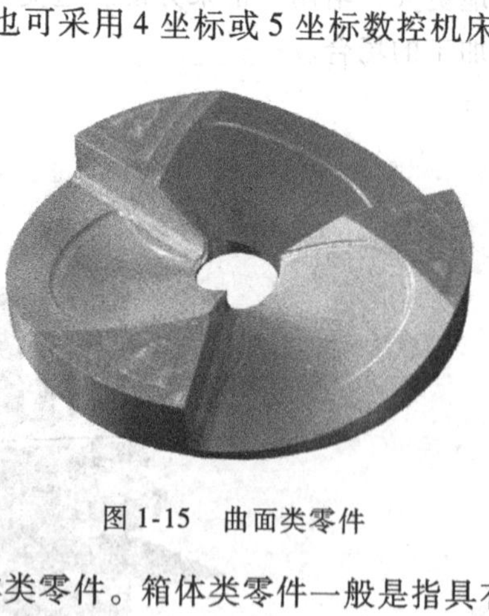

图 1-15　曲面类零件

二维码 1-3

3）箱体类零件。箱体类零件一般是指具有一个以上孔系，内部有一定型腔或空腔，并在长、宽、高方向有一定比例的零件。如汽车的发动机缸体、变速器箱体，机床的主轴箱等，如图 1-16 所示为一种箱体零件的结构。

箱体类零件一般都需要进行多工位孔系、轮廓及平面加工，公差要求较高，特别是几何公差要求较为严格，通常要经过铣、钻、扩、镗、铰、锪、攻螺纹等工序，需要刀具较多，在普通机床上加工难度大，精度难以保证。这类零件在数控铣床上或加工中心上加工，一次装夹可完成普通机床60% ~ 95%的工序内容，零件各项精度一致性好、质量稳定，同时节约加工成本，缩短生产周期。

图 1-16 箱体零件的结构

虽然数控铣床加工范围广泛，但是因受数控铣床自身特点的制约，某些零件仍不适合在数控铣床上加工。如简单的粗加工面，加工余量不太充分或很不均匀的毛坯零件，以及生产批量特别大且精度要求又不高的零件等。

(4) 数控铣床的技术参数 数控铣床的主要技术参数有各坐标轴行程、主轴转速范围、进给速度、快速移动速度、坐标轴重复定位精度等。对零件进行加工前，应考虑机床的各项指标是否能够满足零件加工。表1-1是KV650立式数控铣床（配备FANUC 0i数控系统）的部分参数。

表1-1 KV650立式数控铣床的部分参数

名 称	单 位	数 值
工作台面积(宽×长)	mm	405×1370
T形槽数	条	5
T形槽宽度	mm	16
T形槽间距	mm	60
工作台纵向行程	mm	650
工作台横向行程	mm	450
主轴箱垂向行程	mm	500
主轴端面至工作台面距离	mm	100~600
主轴锥孔	ISO40	（刀柄BT40）
转速范围	r/min	60~6000
进给速度(X,Y,Z)	mm/min	5~8000
快速移动速度(X,Y,Z)	mm/min	10000
定位精度	mm	0.008
重复定位精度	mm	0.005
机床需气源	MPa	0.5~0.6
加工工件最大质量	kg	700

2. 常用数控系统介绍

(1) FANUC数控系统 FANUC数控系统由日本富士通公司研制开发，该数控系统在我国得到了广泛的应用。目前，中国市场上用于数控铣床（加工中心）的数控系统主要有FANUC 21i-MA/MB/MC、FANUC 18i-MA/MB/MC、FANUC 0i-MA/MB/MC和FANUC 0-MD等。

(2) 西门子数控系统 SIEMENS数控系统由德国西门子公司开发研制，该系统在我国数控机床中的应用也相当普遍。目前，中国市场上常用的SIEMENS系统有SIEMENS 840D/C、SIEMENS 810T/M和802D/C/S等型号。除802S系统采用步进电动机驱动外，其他型号系统均采用伺服电动机驱动。SIEMENS 828D 铣床数控系统操作面板如图 1-17a 所示。

（3）主要国产数控系统　自 20 世纪 80 年代初，我国数控系统的生产与研制得到了飞速的发展，如华中数控系统、广州数控系统、大连大森系统、北京凯恩帝数控系统、南京华兴数控系统等。其中最为普及的是广州数控系统（如 GSK983MA）、华中数控系统（如 HNC-818BM）及北京凯恩帝数控系统（KND100M），操作面板如图 1-17b、c 所示。

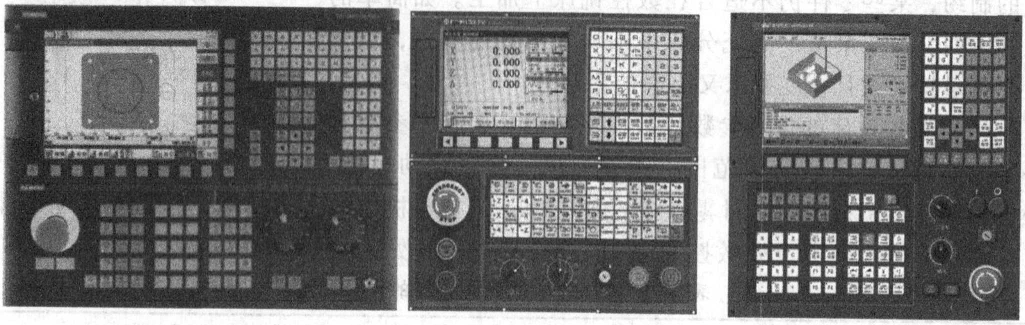

a)　　　　b)　　　　c)

图 1-17　各数控系统面板

a）SIEMENS 828D 系统面板　b）GSK983MA 系统面板　c）HNC-818BM 系统面板

（4）其他系统　除了以上三类主流数控系统外，国内使用较多的数控系统还有海德汉数控系统（图 1-18）、日本三菱数控系统（图 1-19）、法国施耐德数控系统、西班牙法格数控系统（图 1-20）和美国的 A-B 数控系统等。

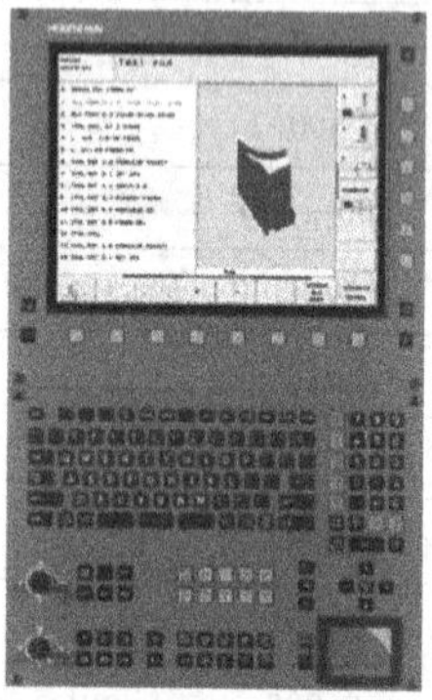

图 1-18　海德汉系统面板

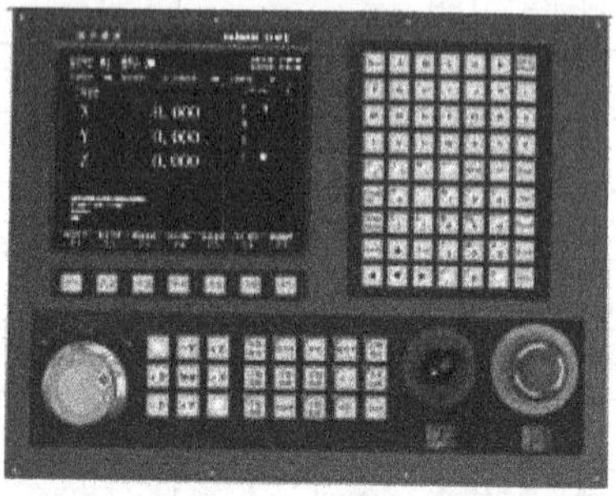

图 1-19　三菱系统面板

图 1-20　法格系统面板

1.2　数控铣床程序编制基础

1.2.1　数控机床坐标系

数控机床的动作是由数控系统来控制的，为了确定数控机床上的成形运动和辅助运动，必须先确定机床上运动的位移和运动的方向，这就需要通过坐标系来实现。因此，在进行数控铣床程序编制及数控机床操作之前，首先需要认识的便是与数控机床相关的坐标系。数控机床坐标系主要有机床坐标系、编程坐标系及加工坐标系三类。

1. 机床坐标系

在数控机床上加工零件，机床动作是由数控系统发出的指令来控制的。为了确定机床的运动方向和移动距离，就要在机床上建立一个坐标系，这个坐标系就叫机床坐标系，也叫标准坐标系。机床坐标系是机床上固有的、用来确定其他坐标系的基础坐标系。

（1）机床坐标系的确定原则

1）右手笛卡儿直角坐标系原则。数控机床坐标系的直线轴采用右手笛卡儿直角坐标系确定。如图 1-21a 所示，三根手指自然伸开、相互垂直，大拇指的朝向为 *X* 轴正方向，食指的朝向为 *Y* 轴正方向，中指的朝向为 *Z* 轴正方向。

2）刀具相对于静止工件运动原则。数控铣床的加工动作主要分刀具动作和工件动作两部分。在确定机床坐标系的运动方式时假定工件不动，刀具相对于静止的工件运动。

3）运动方向判断原则。对于机床坐标系直线轴的方向，均以增大工件和刀具间距离的方向为正方向，即刀具远离工件的方向为正方向。数控机床各坐标轴的运动见二维码 1-4。

（2）机床坐标系的确定方法　数控铣床的机床坐标系方向如图 1-22 和图 1-23 所示，确定方法如下：

二维码 1-4

1）*Z* 轴。*Z* 轴坐标的运动由传递切削力的主轴所决定，无论哪种机床，与主轴轴线平行的坐标轴即为 *Z* 轴。根据坐标系正方向的确定原则，在钻、镗、铣加工中，钻入、镗入或铣入工件的方向为 *Z* 轴的负方向，相反方向为正方向。

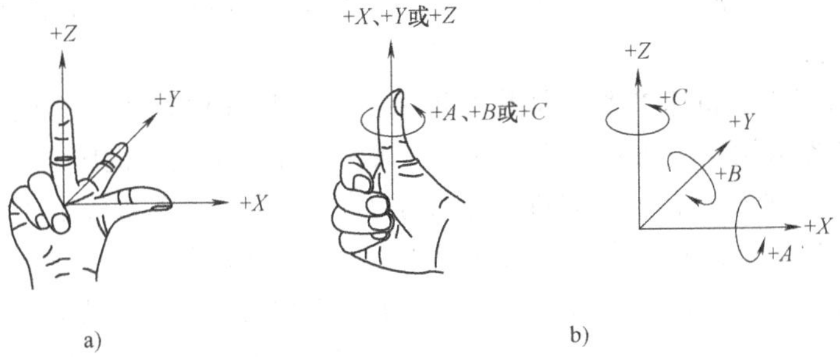

图 1-21　右手笛卡儿直角坐标系

a）直线轴的确定　b）旋转轴的确定

2）*X* 轴。*X* 轴坐标一般为水平方向，它垂直于 *Z* 轴且平行于工件的装夹面。对于立式铣床，*Z* 轴方向是垂直的，判断方式为站在工作台前，从刀具主轴向立柱看，水平向右为 *X* 轴的正方向，如图 1-22 所示。对于卧式铣床，*Z* 轴是水平的，从主轴向工件看（即从机床背面向工件看），向右方向为 *X* 轴的正方向，如图 1-23 所示。

3）*Y* 轴。*Y* 轴坐标垂直于 *X*、*Z* 坐标轴，根据右手笛卡儿直角坐标系（图 1-21）来进行判别。由此可见，确定坐标系各坐标轴时，总是先根据主轴来确定 *Z* 轴，然后确定 *X* 轴，最后确定 *Y* 轴。

4）旋转轴。在数控机床上除了直线轴以外，还采用右手螺旋定则规定了各旋转轴及其运动方向，绕 *X*、*Y*、*Z* 三个直线坐标轴旋转的分别为 *A*、*B*、*C* 三个旋转轴。如图 1-21b 所示，右手大拇指自然伸开，其余四指自然旋转握拳，大拇指朝向直线轴的正方向，则其余四

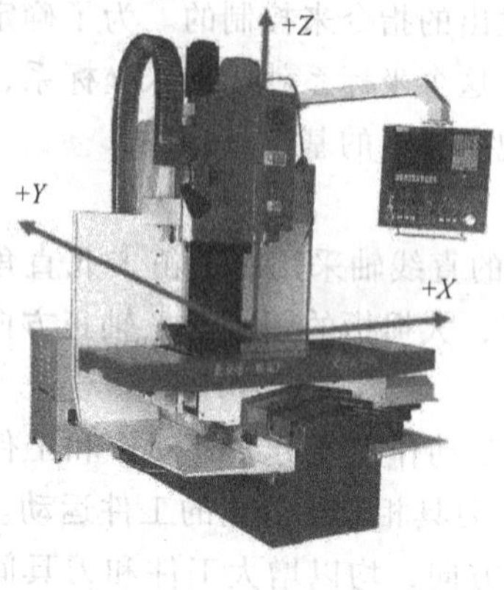

图 1-22 立式铣床的机床坐标系

图 1-23 卧式铣床的机床坐标系

指的旋向便是该直线轴所对应的旋转轴的正方向。各直线轴及旋转轴的坐标运动见二维码 1-5。

2. 机床原点、机床参考点

（1）机床原点　机床原点（也称机床零点）是机床上设置的一个固定点，用以确定机床坐标系的原点。它在机床装配、调试时就已设置好，一般情况下不允许用户进行更改，机床原点又是数控机床加工运动的基准参考点，数控铣床的机床原点一般设在刀具远离工件的极限点处，即各坐标轴正方向的极限点处。

二维码 1-5

（2）机床参考点　机床参考点是数控机床上一个特殊位置的点，机床参考点与机床原点的距离由系统参数设定。如果其值为零，则表示机床参考点与机床原点重合，则机床开机返回机床参考点（回零）后显示的机床坐标系的值为零；如果其值不为零，则机床开机回参考点后显示的机床坐标系的值即是系统参数中设定的距离值。

对于大多数数控机床，开机第一步总是先进行返回机床参考点操作。开机回参考点的目的就是建立机床坐标系，并确定机床坐标系的原点。该坐标系一经建立，只要机床不断电，将永远保持不变，并且不能通过编程对它进行修改。

3. 编程坐标系

（1）编程坐标系　编程坐标系是针对某一具体加工对象，根据零件图样而建立的用于编制加工程序的坐标系。编程坐标系的原点称为编程原点，它是编制加工程序时进行数据计算的基准点。编程坐标系各坐标轴的正负方向一般与机床坐标系各坐标轴的方向一致。

（2）编程原点的一般选择方法　对于结构较规则的零件，其编程原点在高度方向一般取在零件的上表面，而在水平方向的选择有两种情况：当工件对称时，一般以对称中心作为编程原点；当工件不对称时，一般选取工件其中的一角或尺寸标注基准作为编程原点，以便于编程数据的计算，如图 1-24 所示。另外，对于结构不规则或结构复杂的零件，编程原点的选择不仅需要从工艺角度考虑，而且应尽量有利于数据计算和零件加工等。

4. 加工坐标系

（1）加工原点　加工原点也称工件原点，是指工件在机床上被装夹好后，相应的编程原点在机床坐标系中的坐标位置。

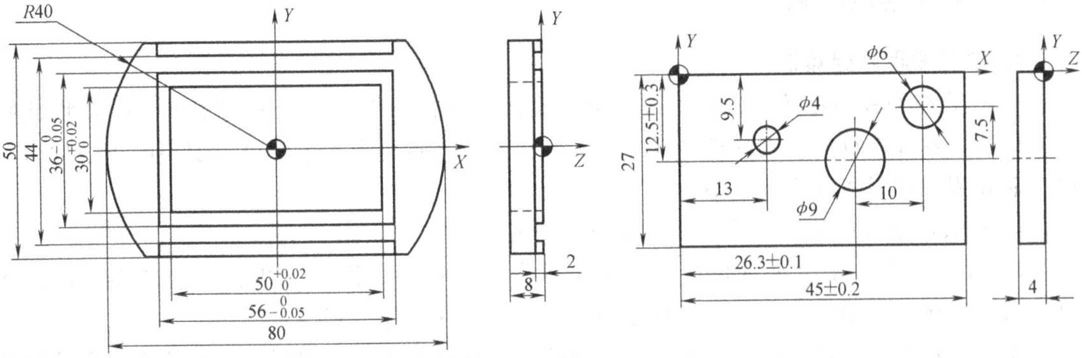

a)　　　　b)

图 1-24　编程原点设置

a）对称图形编程原点设置　b）非对称图形编程原点设置

在运行程序之前，首先要将加工原点在机床坐标系中的坐标位置输入数控系统，这样数控系统才能根据加工原点坐标值及编程数据来完成工件加工数据的运算。确定加工原点在机床坐标系中的坐标位置是通过对刀来实现的，有关对刀的相关知识将在本书后续内容中详细介绍。

加工原点与编程原点的区别在于它们的确定位置不同，加工原点是在实际被加工工件（毛坯）上确定的加工基准，而编程原点是在图样上确定的编程基准；加工原点相对于实际工件（毛坯）的位置可以发生改变，编程原点相对于图样上工件的位置是固定的。

当毛坯上的加工余量不均匀时，需要合理选择加工原点，才能保证工件加工结果的完整性。如图 1-25 所示的工件，因其毛坯各表面不平整，有材料缺陷，因此加工原点选择如图所示位置。高度方向上低于毛坯上表面，水平方向上为了保证工件的完整性而需要偏离毛坯的对称中心。当需要在一个毛坯上加工多个工件时，加工原点的选择不仅要保证毛坯的利用率，还要保证每一个工件都能够完整地在毛坯上加工出来。选择不同的加工原点对加工结果的影响见二维码 1-6。

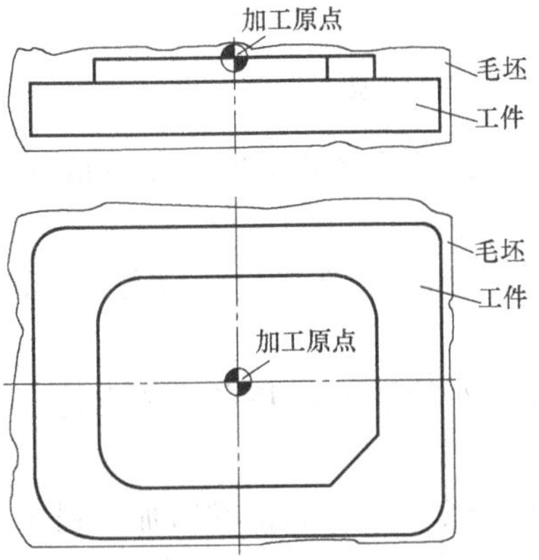

图 1-25　加工原点的设置

二维码 1-6

（2）加工坐标系　加工坐标系也称工件坐标系，当加工原点确定后，加工坐标系便随之确定。加工坐标系的各坐标轴方向与编程坐标系的各坐标轴方向相同。

1.2.2 程序编制基础

1. 数控编程基础知识

（1）数控编程的定义　为了使数控机床能根据零件加工的要求进行加工，必须将这些要求以机床数控系统能识别的指令形式告知数控系统，这种数控系统可以识别的指令称为程序，制作程序的过程称为数控编程。

（2）数控编程的分类　数控编程可分为手工编程和自动编程两种。

1）手工编程。手工编程是指编制加工程序的全过程（图样分析、工艺处理、数值计算、编写程序单、制作控制介质、程序校验等）都由手工来完成。

手工编程不需要计算机、编程器、编程软件等辅助设备，只需要有合格的编程人员即可完成。手工编程比较适合批量较大、形状简单、计算方便、轮廓由直线或圆弧组成的零件，但对于形状复杂的零件，特别是具有曲面轮廓的零件，由于编程计算量大、编程复杂，所以适合采用自动编程的方法进行编程。

2）自动编程。自动编程是指采用计算机进行数控加工程序的编制。其优点是效率高，程序正确性好。自动编程由计算机代替人完成复杂的坐标计算和书写程序单的工作，它可以完成许多手工编程无法完成的复杂零件的编程。其缺点是必须具备自动编程系统或编程软件。自动编程较适合于形状复杂零件的加工程序编制，如模具零件或需要采用多轴联动加工的零件等。

采用CAD/CAM软件自动编程与加工的过程为：图样分析、零件造型、编程参数设置、生成刀具轨迹、后置处理生成加工程序、程序校验、程序传输及加工。

（3）数控编程的内容与步骤（图1-26）

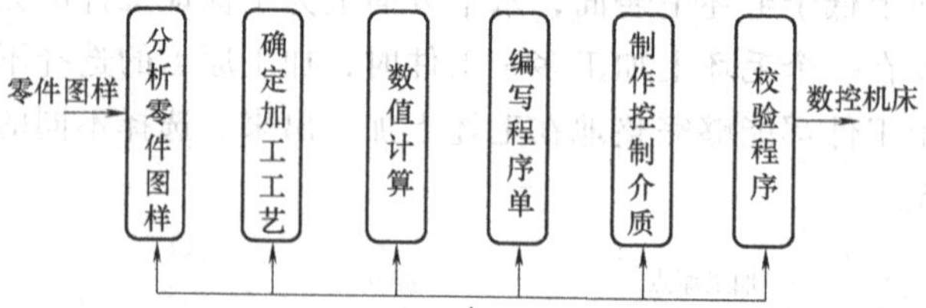

图1-26　数控编程的步骤

1）分析零件图样。主要进行零件轮廓分析、零件尺寸精度、几何精度、表面粗糙度、技术要求的分析以及零件材料、热处理等要求的分析。

2）确定加工工艺。选择加工方案，确定加工路线，选择定位与夹紧方式、刀具、各项切削参数、对刀点和换刀点等。

3）数值计算。选择编程坐标系原点，对零件轮廓上各基点或节点进行准确的数值计算，为编写加工程序单做好准备。

4）编写加工程序单。根据数控机床规定的指令及程序格式编写加工程序单。

5）制作控制介质。简单的数控加工程序可直接通过键盘进行手工输入。当需要自动输入加工程序时，必须预先制作控制介质。现在大多数程序通过软盘、移动存储器、硬盘作为存储介质，通过计算机传输进行自动输入。

6）程序校验。加工程序必须经过校验并确认无误后才能使用。程序校验一般采用机床空运行、LCD 显示屏上进行图形模拟和计算机数控模拟等方式进行校验。

(4) 数控编程的数学运算　对零件图形进行数学处理是数控编程前的主要准备工作之一。根据零件图样，用适当的方法将数控编程有关数据计算出来的过程称为数学运算。数学运算的内容包括零件轮廓的基点、节点坐标以及刀位点轨迹坐标的计算。

1) 基点的计算。零件的轮廓由许多不同的几何要素组成，如直线、圆弧、二次曲线等，各几何要素之间的连接点称为基点，如图 1-27 中的 A、B、C、D、O 均为基点。

基点的计算常采用以下两种方法：

① 人工求解。此方法是根据零件图样上给定的尺寸，运用代数或几何的有关知识，计算出基点数值。

[例 1-1]　如图 1-27 所示，编程坐标系原点为 O 点，X、Y 轴方向如图所示。要完成该零件的编程，必须找出基点 O、A、B、C、D 的坐标值。通过分析该零件图中各尺寸，O、A、B、D 四点的坐标值可以直接得出，但 C 点位于 BC 直线段与 CD 圆弧线段的切点处，不能直接得出，因此需要通过联立方程求解。

以 O 点为计算坐标系原点，列出以下两方程：

$$\begin{cases} \text{直线方程}: Y=\tan(\alpha+\beta)X+10 \\ \text{圆弧方程}: (X-80)^2+(Y-24)^2=30^2 \end{cases}$$

通过解方程组可求得 C 点坐标为（X64.279，Y51.551）。

图形中的各基点计算结果见表 1-2。

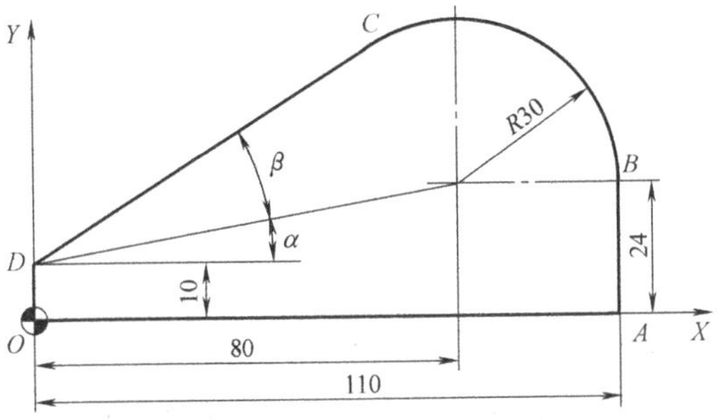

图 1-27　基点计算图样

表 1-2　各基点坐标数据

基 点	坐标值	
O	X0	Y0
A	X110.0	Y0
B	X110.0	Y24.0
C	X64.279	Y51.551
D	X0	Y10.0

虽然通过人工方法可以求得基点的坐标值，但计算量相对较大，计算过程相对较复杂，当零件图中需要计算的基点坐标值较多时，此方法不利于提高计算效率。因此当计算量较大时，通常采用 CAD 软件进行基点坐标分析与查取。

② CAD 软件绘图分析。用 CAD 软件绘图分析基点坐标值时，首先根据零件图样用 CAD 软件（如 AutoCAD）绘制出与需要查取基点坐标值相关的图形，再根据软件自带的坐标点查询功能或标注尺寸的方式，查出该基点坐标值。

2) 节点的计算。如果零件轮廓由直线或圆弧之外的其他曲线构成，而数控系统又不具备该曲线的插补功能，其数据计算就比较复杂。为了方便这类曲线数据的计算，将其按数控系统的插补功能要求，在满足允许误差的条件下，用若干直线或圆弧来逼近，便能够为其数据计算提供方便。通常将这些相邻直线段或圆弧段的交点或切点称为节点。

如图 1-28 中所示的曲线采用直线逼近，该曲线与逼近直线的各交点（如 *A*、*B*、*C*、*D*、*E*、*F*、*G*）即为节点。

在进行数控编程前，首先需要计算出各节点的坐标值，但用人工求解的方法比较复杂，通常情况下需要借助 CAD/CAM 软件进行处理，并按相邻两节点间的直线进行编程。如图 1-28 所示，通过选择 7 个节点，使用 6 条直线段来逼近该曲线，因而有 6 条直线插补程序段。节点的数量越多，由直线逼近曲线而产生的误差越小，同时程序段则越多。可以看出，节点数目的多少，决定了加工精度及程序长度。

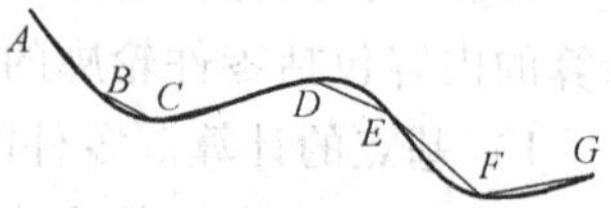

图 1-28　轮廓节点

2. 数控加工程序的格式

每一种数控系统，根据系统本身的特点与编程的需要，都规定有相应的程序格式。对不同的机床，其程序格式有所不同。因此，编程人员必须严格按照机床（系统）说明书规定的格式进行编程，但各类数控系统程序结构的基本格式是相同的。本书以 FANUC 数控系统为例进行说明。

（1）程序的组成　一个完整的程序由程序名、程序内容和程序结束组成，见表 1-3。

表 1-3　程序的组成

%	程序起始符
O0001；	程序名
N10 G90 G80 G40 G17 G21； N20 G54 G00 X150.0 Y150.0； N30 M03 S900； N40 G43 Z200.0 H01； N50 G00 Z5.0 M08； … N200 G00 Z200.0 M09；	程序内容
N210 M30；	程序结束
%	程序结束符

1）程序名。每一个存储在系统存储器中的程序都需要指定一个程序名以便相互区别，这种用于区别零件加工程序的代号称为程序名。因此程序名是加工程序开始部分的识别标记，所以同一数控系统中的程序名不能重复。

程序名写在程序的最前面，必须单独占一行。

FANUC 系统程序名的书写格式为 O××××，其中 O 为地址符，其后为四位数字，值从 0000～9999，在书写时其数字前的零可以省略不写，如 O0020 可写成 O20。

2）程序内容。程序内容是整个加工程序的核心，它由许多程序段组成，每个程序段由一个或多个指令构成，它表示数控机床中除程序结束外的全部动作。

3）程序结束。程序结束由程序结束指令构成，它必须写在程序的最后。

可以作为程序结束标记的 M 指令有 M02 和 M30，它们代表零件加工程序的结束。为保证最后程序段的正常执行，通常要求 M02/M30 单独占一行。

此外，子程序结束的结束标记因不同的系统而不同，如 FANUC 系统中用 M99 表示子程序结束后返回主程序；而在 SIEMENS 系统中通常用 M17、M02 或字符“RET”作为子程序的结束标记。

4）程序起始符/结束符。程序起始符与结束符为同一字符，用以区分不同的程序文件。在手工输入程序时该符号被数控系统自动添加，不需要单独输入。

（2）程序段的组成

1）程序段的基本格式。程序段格式是指在一个程序段中，字、字符、数据的排列、书写方式和顺序。程序段是程序的基本组成部分，每个程序段由若干个地址字构成，而地址字又由表示地址的英文字母、特殊文字和数字构成，如 X30、G71 等。通常情况下，程序段格式有可变程序段格式、使用分隔符的程序段格式、固定程序段格式三种。本节主要介绍当前数控机床上常用的可变程序段格式。其格式如下：

N-	G-	X-	Y-	F-	M-	S-	T-	;
程序段号	准备功能	尺寸字		进给功能	辅助功能	主轴功能	刀具功能	结束标记
	程序段中间部分							

［例 1-2］　N10 G01 X30.0 Y25.5 F150 M03 S1500 T02；

① 程序段号与程序段结束标记。程序段由程序段号 N××开始，以程序段结束标记“；”结束，不同数控系统的程序段结束标记各不相同。本书介绍的 FANUC 数控系统，其结束标记为“；”。

N××为程序段号，由地址符 N 和后面的若干位数字表示。在大部分系统中，程序段号仅作为“跳转”或“程序检索”的目标位置指示。因此，它的大小及顺序可以颠倒，也可以省略。程序段在存储器内以输入的先后顺序排列，而程序的执行是严格按信息在存储器内的先后顺序逐段执行，即执行的先后顺序与程序段号无关。

② 程序段的中间部分。程序段的中间部分是程序段的内容，主要包括准备功能字、尺寸功能字、进给功能字、主轴功能字、刀具功能字、辅助功能字等，但并不是所有程序段都必须包含这些功能字，有时一个程序段内可仅含有其中一个或几个功能字，如表 1-3 中的部分程序段所示。

2）程序段注释。为了方便检查、阅读数控程序，可在程序中写入注释信息。注释不会影响程序的正常运行。FANUC 系统的程序段注释用“(　)”括起来放在程序段的最后，且只能放在程序段的最后，不允许插在地址和数字之间。如以下程序段：

```
O1001;                     (CU-D8)
G21 G90 G40 G80 G17;       (BAO HU TOU)
G43 G00 Z100.0 H01;        (TOOL H1)
```

3. 数控系统的常用功能

（1）功能介绍　数控系统常用功能有准备功能、辅助功能和其他功能三种，这些功能是编制加工程序的基础。

1）准备功能。准备功能又称 G 功能（G 指令），是数控机床完成某些准备动作的指令。它由地址符 G 和后面的两位数字组成，从 G00～G99 共 100 种，如 G01、G90 等。但随着数控系统功能不断扩展，很多数控系统已采用三位数的功能指令，如 SIEMENS 系统中的 G451、G331 等。

从 G00～G99 虽有 100 种 G 指令，但并不是每种指令都有实际意义，有些指令在国际标准（ISO）及我国的相关标准中并没有指定其功能，即“不指定”。这些指令主要用于将来修改其标准时指定新的功能。还有一些指令，即使在修改标准时也永不指定其功能，即“永不指定”，这些指令可由机床设计者根据需要自行规定其功能，但必须在机床的出厂说明书中予以说明。FANUC 数控系统中数控铣床常用 G 指令及功能见表 1-4。

表 1-4　数控铣床常用 G 指令及功能

G 指令	组别	功　能	G 指令	组别	功　能
◤ G00	01	快速点定位	◤ G54	14	选择第 1 工件坐标系
◤ G01		直线插补	G55		选择第 2 工件坐标系
G02		圆弧/螺旋线插补(顺圆)	G56		选择第 3 工件坐标系
G03		圆弧/螺旋线插补(逆圆)	G57		选择第 4 工件坐标系
G04	00	暂停	G58		选择第 5 工件坐标系
◤ G15	17	极坐标指令取消	G59		选择第 6 工件坐标系
G16		极坐标指令	G61	15	准确停止方式
◤ G17	02	选择 *XY* 平面	◤ G64		切削方式
G18		选择 *XZ* 平面	G65	00	宏程序调用
G19		选择 *YZ* 平面	G66	12	宏程序模态调用
G20	06	英制尺寸输入	◤ G67		宏程序模态调用取消
G21		公制尺寸输入	G68	16	坐标旋转
G28	00	返回参考点	◤ G69		坐标旋转取消
G29		从参考点返回	G73	09	深孔钻削循环
G30		返回第 2,3,4 参考点	G76		精镗循环
G31		跳转功能	◤ G80		固定循环取消
◤ G40	07	刀具半径补偿取消	G81		钻孔循环、锪镗循环
G41		左侧刀具半径补偿	G82		钻孔循环或反镗循环
G42		右侧刀具半径补偿	G83		排屑钻孔循环
G43	08	正向刀具长度补偿	G84		攻螺纹循环
G44		负向刀具长度补偿	G85		镗孔循环
◤ G49		刀具长度补偿取消	◤ G90	03	绝对值编程
◤ G50	11	比例缩放取消	G91		增量值编程
G51		比例缩放有效	G92	00	设定工件坐标系
◤ G50.1	22	可编程镜像取消	◤ G94	05	每分钟进给
G51.1		可编程镜像有效	G95		每转进给
G52	00	局部坐标系设定	◤ G98	10	在固定循环中,*Z* 轴返回到起始点
G53		选择机床坐标系	G99		在固定循环中,*Z* 轴返回 *R* 平面

注：表中开机默认指令以符号“◤”表示。

2）辅助功能。辅助功能又称 M 功能（M 指令）。它由地址符 M 和后面的两位数字组成，从 M00～M99 共 100 种。

辅助功能主要控制机床或系统的各种辅助动作，如切削液的开关、主轴的正反转及停止、程序的结束等。表 1-5 中列出了 FANUC 数控系统的部分 M 指令及功能。

表 1-5　M 指令及功能

指令	功　能	指令	功　能
M00	停止程序运行	M06	换刀
M01	选择性停止	M08	切削液开启
M02	结束程序运行	M09	切削液关闭
M03	主轴正转	M30	程序结束运行且返回程序头
M04	主轴反转	M98	子程序调用
M05	主轴停转	M99	子程序结束

因数控系统及机床生产厂家的不同，G/M 指令的功能也不尽相同，同一数控系统指令在数控铣床与数控车床中的功能也不尽相同，操作者在进行数控编程时，一定要严格按照机床（系统）说明书的规定进行。

在同一程序段中，有多个 G/M 指令或其他指令同时存在时，它们执行的先后顺序等情况由系统参数设定。为保证程序的正确执行，如 M30、M02、M98 等指令最好用单独的程序段进行指定。

3）其他功能。

① 坐标功能字。坐标功能字又称尺寸功能字，它用来设定机床各坐标的位移量。它一般以 X、Y、Z、U、V、W、P、Q、R、A、B、C、D、E 以及 I、J、K 等地址符为首，在地址符后紧跟“+”或“-”号和一串数字表示，分别用于指定直线坐标、角度坐标及圆心坐标的尺寸。如 X150.0、A-20.5、J-32.054 等。但一些个别地址符也可用于指令暂停时间等。

② 刀具功能字。刀具功能字又称 T 功能，是系统进行选刀或换刀的功能指令。刀具功能用地址符 T 及后面的一组数字表示。常用刀具功能的指定方法有 T4 位数法和 T2 位数法。

在数控铣削编程中通常用 T2 位数法。该 2 位数用于指令刀具号，如 T03 表示选用 3 号刀具；T18 表示选用 18 号刀具。

③ 进给功能字。进给功能字又称 F 功能，用来指定刀具相对于工件的运动速度，由地址符 F 和其后面的数字组成。根据加工的需要，进给功能分为每分钟进给和每转进给两种，并以其对应的功能字进行转换。

a. 每分钟进给（G94）。其直线运动的单位为毫米/分钟（mm/min），角度运动的单位为度/分钟（°/min）。数控铣床的每分钟进给通过准备功能字 G94 来指定。该指令可单独一个程序段，也可与运动指令写在同一程序段中。如以下程序段所示：

G94 G01 Y100.0 F260;　　　　（进给速度为 260mm/min）

G94 G01 A80.0 F260;　　　　（进给速度为 260°/min）

b. 每转进给（G95）。其单位为毫米/转（mm/r），通过准备功能字 G95 来指定。如以下程序段所示：

G95 G33 Z-35.5 F2.5;　　　　（进给速度为 2.5mm/r）

G95 G01 Z30.0 F0.2;　　　　（进给速度为 0.2 mm/r）

在编程时，进给速度不允许用负值来表示。在除螺纹加工以外的机床运行过程中，均可通过操作机床面板上的进给倍率修调旋钮来对其速度值进行实时调节。

④ 主轴功能字。主轴功能字又称 S 功能，用以控制主轴转速，由地址符 S 及其后面的一组数字组成。其单位为 r/min。

在编程时，主轴转速不允许用负值来表示。在实际操作过程中，可通过机床操作面板上的主轴倍率修调旋钮来对其进行调节。

主轴的正转、反转、停止由辅助功能 M03/M04/M05 进行控制。其指令格式如下：

M03 S1500;　　　　（主轴正转，转速 1500r/min）

M04 S400;　　　　（主轴反转，转速 400r/min）

M05;　　　　（主轴停转）

（2）常用功能指令的属性

1）指令分组。所谓指令分组，即把系统中不能同时执行的指令分为一组，对其编号进行区别。如G00、G01、G02、G03属于同组指令，其编号为01组。类似的同组指令还有很多，详见表1-4。同组指令具有相互取代的作用，同一组内的多个指令在一个程序段同时出现时，只执行其最后输入的指令，或出现系统报警。不同组的指令在同一程序段内可以进行不同的组合，各个指令均可执行。如下两个程序段中第一段为合理的程序段，第二段为不合理的程序段。

G90 G21 G17 G40 G80；

G01 G02 G03 X140.0 Y20.0 R50.0 F150；

2）模态与非模态指令。

① 模态指令。模态指令又称续效指令，表示该指令在某个程序段中一经指定，在接下来的程序段中将持续有效，直到被同组的另一个指令替代后才失效，如常用的G00、G01～G03及F、S、T等指令。

模态指令的出现，避免了在程序中出现大量的重复指令，使程序更简洁。同样，当尺寸功能字在前后程序段中出现重复时，则该尺寸功能字也可以省略，见表1-6。

表1-6 程序段对比

原程序段	简化后程序段
G01 X150.0 Y30.0 F400； G01 X150.0 Y120.0 F400； G02 X30.0 Y120.0 R30.0 F300；	G01 X150.0 Y30.0 F400； Y120.0； G02 X30.0 R30.0 F300；

② 非模态指令。又称非续效指令，表示仅当前程序段内有效的指令，如G04、M00等指令。

对于不同的数控系统而言，模态指令与非模态指令的具体规定不尽相同，因此在编程时应查阅相关系统编程说明书。本书中所介绍的编程指令若无特殊说明，均为模态指令。

3）开机默认指令。为了避免编程人员在编程时出现指令遗漏，数控系统将每一组指令中的一个指令作为开机默认指令，此指令在开机或系统复位时可以自动生效。表1-4中带有“◤”符号的指令为开机默认指令。

4. 数控系统常用基本指令

（1）公制/英制编程指令（G21/G20） 该编程指令用于设定坐标功能字是使用公制（mm）还是英制（in）。G21为公制，G20为英制。编程如下：

G21 G91 G01 X200.0； （表示刀具向 X 轴正方向移动200mm）

G20 G91 G01 X200.0； （表示刀具向 X 轴正方向移动200in）

G21/G20指令可单独占一行，也可与其他指令写在同一程序段中。英制对旋转轴无效，旋转轴的单位都是度。

（2）绝对坐标与增量坐标指令（G90/G91）

1）绝对坐标指令（G90）。该指令指定后，程序中的坐标数据以编程原点作为计算基准点，即以绝对方式编程。如图1-29所示，刀具的移动为 $O \rightarrow A \rightarrow B$，用G90编程时的程序如下：

G90 G01 X30.0 Y30.0 F300； （$O \rightarrow A$）

X45.0 Y15.0； （$A \rightarrow B$）

2）增量坐标指令（G91）。增量坐标又称相对坐标，该指令指定后，程序中的坐标数据以刀具起始点作为计算基准点，表示刀具终点相对于刀具起始点坐标值的增量。如图 1-29 所示，刀具的移动从 $O \rightarrow A \rightarrow B$，用 G91 编程时的程序如下：

G91 G01 X30.0 Y30.0 F300;　　（$O \rightarrow A$）

X15.0 Y－15.0;　　（$A \rightarrow B$）

（3）返回参考点指令（G27、G28、G29）　对于机床回参考点动作，除可采用手动回参考点的操作外，还可以通过编程指令来自动实现。常见的与返回参考点相关的编程指令有 G27、G28、G29，这三种指令均为非模态指令。各指令的动作视频见二维码 1-7。

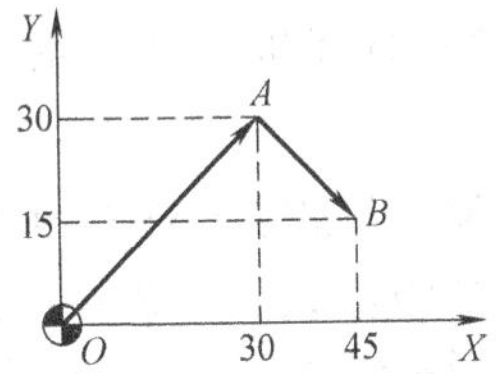

图 1-29　绝对坐标与增量坐标

二维码 1-7

1）返回参考点检查指令（G27）。功能：该指令用于检查刀具是否正确返回到程序中指定的参考点位置。执行该指令时，如果刀具通过快速定位指令 G00 正确定位到参考点上，则对应轴的返回参考点指示灯亮，否则机床系统将报警。

编程格式：G27 X_ Y_ Z_ ;

其中：X、Y、Z——参考点的坐标值。

2）自动返回参考点指令（G28）。功能：该指令可以使刀具以点位的方式经中间点返回到机床参考点，中间点的位置由该指令后的 *X*、*Y*、*Z* 值决定。

编程格式：G28 X_ Y_ Z_ ;

其中：X、Y、Z——返回过程中经过的中间点坐标值。该坐标值可以通过 G90/G91 指定其为增量坐标或绝对坐标。

返回参考点过程中设定中间点的目的是防止刀具在返回机床参考点过程中与工件或夹具发生干涉。

[例 1-3]　G90 G28 X200.0 Y300.0 Z300.0;

此程序表示刀具先快速定位到中间点（*X*200.0，*Y*300.0，*Z*300.0）处，再返回机床 *X*、*Y*、*Z* 轴的参考点。

3）自动从参考点返回指令（G29）。功能：该指令使刀具从机床参考点出发，经过一个中间点到达目标点位置。

编程格式：G29 X_ Y_ Z_ ;

其中：X、Y、Z——目标点坐标值。

G29 指令所指中间点的坐标与前面 G28 指令所指定的中间点坐标为同一坐标值，因此，这条指令只能出现在 G28 指令的后面。

（4）坐标系设定指令

1）工件坐标系零点偏移（G54 ~ G59）。功能：使用该指令设定对刀参数值（即设定工件原点在机床坐标系中的坐标值）。一旦指定了 G54 ~ G59 之一，则该工件坐标系原点即为当前程序原点，后续程序段中的工件绝对坐标值均以此程序原点作为数值计算基准点。该数据输入机床存储器后，在机床重新开机时仍然存在。

编程格式：G54 G00 X_ Y_ Z_ ;

通过以上的编程格式指定 G54 后，刀具以 G54 中设定的坐标值为基准快速定位到目标点（X，Y，Z），G54 动作过程见二维码 1-8。

二维码 1-8

［**例 1-4**］　如图 1-30 所示，右上角 O 点为机床零点，在系统内设定了两个工件坐标系：G54（$X-50.0$，$Y-50.0$，$Z-10.0$），G55（$X-100.0$，$Y-100.0$，$Z-30.0$）。此时，建立了原点在 O'的 G54 工件坐标系和原点在 O''的 G55 工件坐标系。

2）选择机床坐标系（G53）。功能：该指令使刀具快速定位到机床坐标系中的指定位置。

编程格式：G53 G90 $X\_$ $Y\_$ $Z\_$；

其中：X、Y、Z——机床坐标系中的坐标值（一般为负值）。

［**例 1-5**］　如图 1-31 所示，右上角 O 点为机床零点，当给出如下程序段时刀具快速定位到左下角点（$X-100.0$，$Y-100.0$，$Z-10.0$），动作过程见二维码 1-9，程序如下：

G53 G90 $X-100.0$ $Y-100.0$，$Z-10.0$；

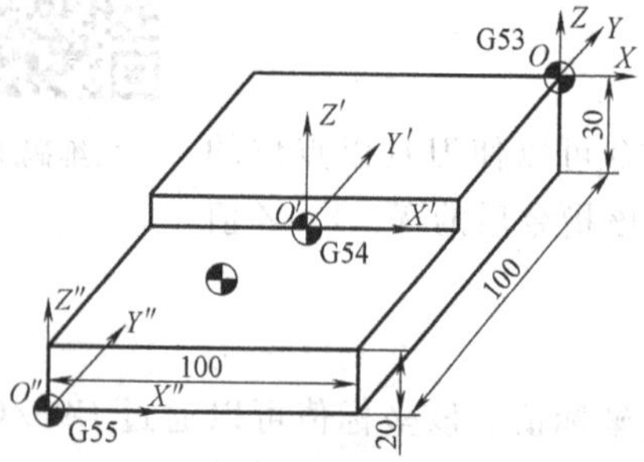

图 1-30　G54 设定工件坐标系

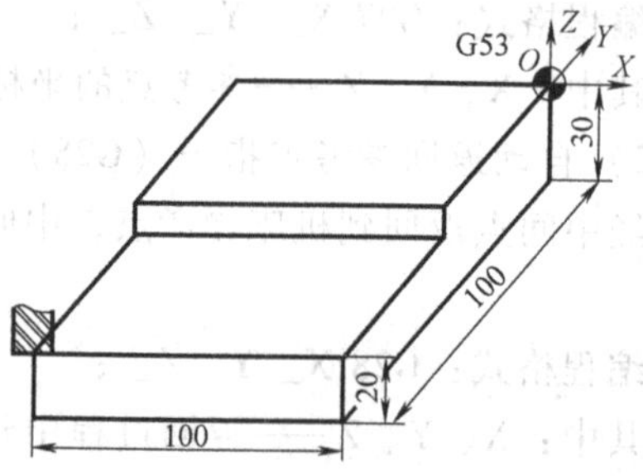

图 1-31　G53 选择机床坐标系

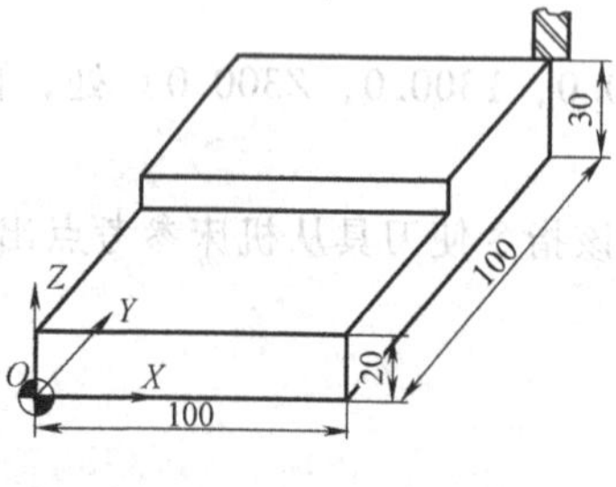

图 1-32　G92 设定工件坐标系

二维码 1-9

3）设定工件坐标系（G92）。功能：该指令是通过设定起刀点（即程序开始运动的起点）从而建立起工件坐标系。应当注意的是，该指令只是设定坐标系，而机床（刀具或工作台）并未产生任何运动，这一指令通常出现在程序的第一段。

编程格式：G92 X_ Y_ Z_ ；

其中：X、Y、Z——指定起刀点相对于工件原点的坐标位置。

［**例 1-6**］　如图 1-32 所示，将刀具置于一个合适的起刀点，执行程序段：G92 X100.0

Y100.0 Z30.0；则在 *O* 点建立起工件坐标系。采用此方式设置的工件原点是随刀具起始点位置的变化而变化的。

G92 指令与 G54 ~ G59 指令都是用于设定工件加工坐标系的，但它们在使用中是有区别的，区别如下：

① G92 指令通过程序（起刀点的位置）来设定工件坐标系；G54 ~ G59 指令是通过在系统中设置参数的方式设定工件坐标系的。

② G92 所设定的工件坐标原点与当前刀具位置有关，该原点在机床坐标系中的位置随当前刀具位置的不同而改变，指令特性见二维码 1-10。G54 ~ G59 所设定的工件坐标原点一经设定，其在机床坐标系中的位置不变，与刀具当前位置无关。

二维码 1-10

③ 当程序中采用 G54 ~ G59 设定工件坐标系后，也可通过 G92 建立新的工件坐标系。

［**例 1-7**］　如图 1-33 所示，通过 G54 方式设定工件坐标系并使刀具定位于 *XOY* 坐标系中的（*X*210.0，*Y*170.0）处，执行 G92 程序段后，就由向量 *A* 偏移产生了一个新的工件坐标系 *X′O′Y′*。程序如下：

G54 G00 X210.0 Y170.0；

G92 X100.0 Y100.0；

1.2.3　G01、G00 指令

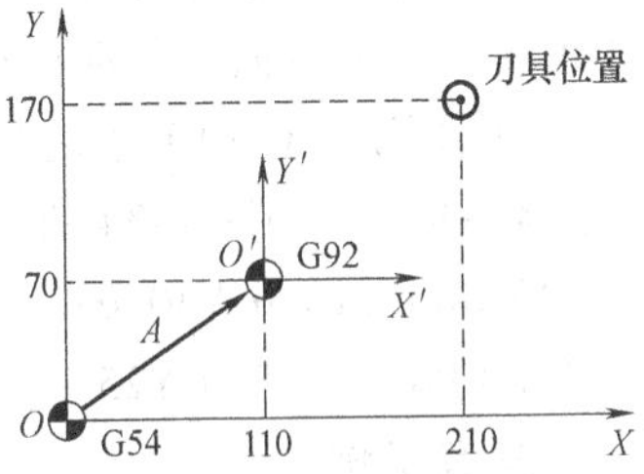

图 1-33　在 G54 方式下设定 G92

G01 指令与 G00 指令是数控系统中的基本插补功能，G01 指令为直线插补定位，G00 指令为快速点定位（非直线插补定位）。

1. G01 指令

功能：使刀具以直线插补方式按指定速度以最短路线从刀具当前点运动到目标点。

编程格式：G01 X_ Y_ Z_ F_ ；

其中：X、Y、Z——刀具目标点坐标值；F——进给速度。

说明：

1）使用 G01 指令编程时，刀具的移动速度由 F 指定，速度可通过程序控制；其移动路线为两点之间的最短距离，移动路线可控，如图 1-34 中 *AB* 段所示。因此该指令可用于切削工件。该指令在执行过程中可通过机床面板上的进给倍率修调旋钮对其移动速度进行调节，其动作过程见二维码 1-11。

2）可使用 G90/G91 指定其目标点坐标值以绝对坐标或增量坐标方式计算；可使用 G94/G95 指定 F 值的单位。

［**例 1-8**］　如图 1-34 所示，刀具由 *A* 点移动到 *B* 点，采用 G01 指令编程如下

G90 G01 X10.0 Y30.0 F400；　　（绝对坐标编程方式）

G91 G01 X－15.0 Y25.0 F400；　　（增量坐标编程方式）

2. G00 指令

功能：使刀具以点位控制方式从刀具当前点快速运动到目标点。

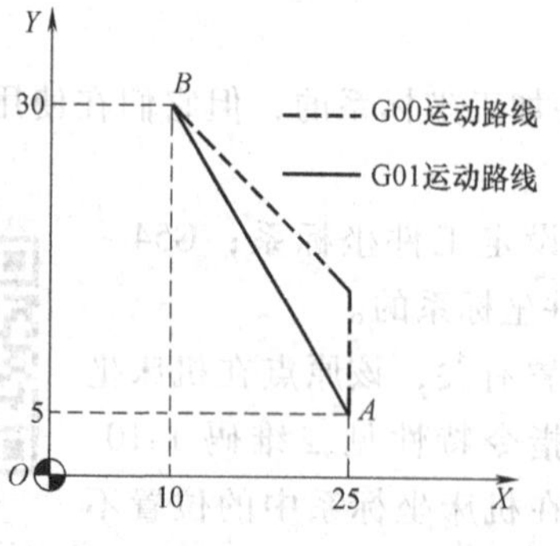

图 1-34　G00/G01 指令编程

二维码 1-11

编程格式：G00 X_ Y_ Z_ ；

其中：X、Y、Z——刀具目标点坐标值。

说明：

① 使用 G00 指令编程时，刀具的移动速度由机床系统参数设定，一般设定为机床最大的移动速度，因此该指令不能用于切削工件。该指令在执行过程中可通过机床面板上的进给倍率修调旋钮对其移动速度进行调节。

② 该指令所产生的刀具运动路线可能是直线或折线，如图 1-34 中刀具由 *A* 点移动到 *B* 点时，G00 指令的运动路线如图中虚线部分所示。因此需要注意在刀具移动过程中是否会与零件或夹具发生碰撞。其动作过程见二维码 1-11。

③ 可使用 G90/G91 指定其目标点坐标值以绝对坐标或增量坐标方式计算。

[例 1-9]　如图 1-34 所示，刀具由 *A* 点移动到 *B* 点，采用 G00 指令编程如下：

G90 G00 X10.0 Y30.0；　　　　（绝对坐标编程方式）

G91 G00 X－15.0 Y25.0；　　　　（增量坐标编程方式）

3. 编程举例

如图 1-35a 所示零件，编写出 50mm×30mm×2mm 凸台加工程序，选用 ϕ8mm 的立铣刀。在此采用两种方式编程，即不考虑刀具直径与考虑刀具直径两种情况。

（1）不考虑刀具直径

1）建立编程坐标系。由于此零件结构为对称轮廓，故将编程原点设定在工件上表面几何中心，坐标轴方向与机床坐标系方向一致，如图 1-35a 所示。

2）计算基点坐标。如图 1-35b 所示 4 个基点 *A*、*B*、*C*、*D*，各点在 *XY* 平面内的绝对坐标值见表 1-7。

表 1-7　各轮廓点绝对坐标值

基点	绝对坐标(*X*,*Y*)	基点	绝对坐标(*X*,*Y*)
A	(－25.0,－15.0)	*C*	(25.0,15.0)
B	(25.0,－15.0)	*D*	(－25.0,15.0)

3）刀具路线的确定。如图 1-36 所示，首先将刀具在水平方向定位于凸台左下角延长线上 *A*′点，设置其坐标（*X*－35.0，*Y*－15.0）。然后沿 *Z* 方向下刀至凸台深度（2mm），再以延长线方式切入工件，按 *A*→*B*→*C*→*D*→*A* 的顺序切削工件，然后以延长线方式切出至点 *D*′（*X*－

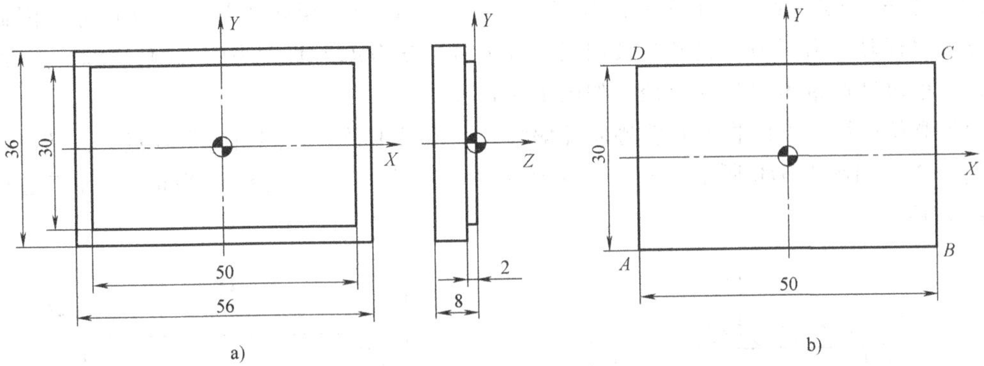

图 1-35　建立编程坐标系

a）尺寸标注　b）各基点位置

25.0，$Y-25.0$)，最后沿 Z 方向抬刀至安全高度，完成零件加工。加工过程见二维码 1-12。

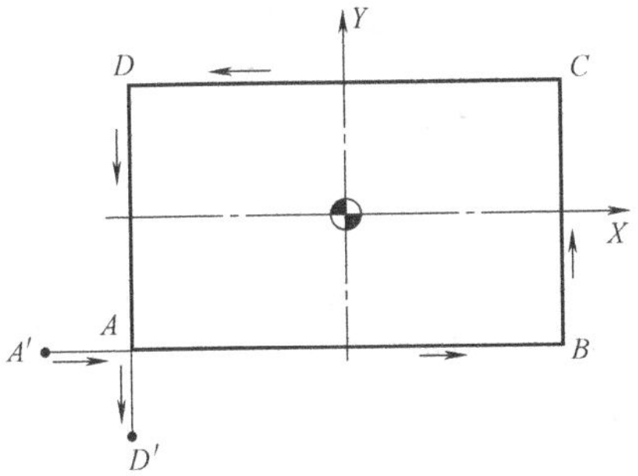

图 1-36　刀具路线

二维码 1-12

4）编写程序。

程　序	注　释
O0001;	程序名
G17 G90 G80 G40 G21;	保护头指令
G54 G00 X-35.0 Y-15.0;	建立工件坐标系，确定起刀点为 A' 点
M03 S2000;	主轴正转，转速为 2000r/min
G43 Z100.0 H01;	建立刀具长度补偿，调用 1 号刀补，设定安全高度为 100mm
G00 Z5.0;	快速下刀至工件表面以上 5mm
G01 Z-2.0 F100;	切削下刀，深度为 2mm
G01 X-25.0 Y-15.0 F400;	切削轮廓至 A 点
X25.0;	切削轮廓至 B 点
Y15.0;	切削轮廓至 C 点
X-25.0;	切削轮廓至 D 点
Y-15.0;	切削轮廓至 A 点
Y-25.0	切出轮廓至 D' 点
G01 Z5.0;	抬刀至工件表面以上 5mm
G00 Z100.0;	快速抬刀至安全高度 100mm
M05;	主轴停转
M30;	程序结束并返回程序头

（2）考虑刀具直径　由于在实际加工中，刀具的直径会影响被加工零件尺寸，因此按上述方法编程时，由于刀心轨迹与被加工轮廓重合，未考虑刀具大小的影响，会对工件产生过切，且单边过切量为刀具的半径，如图 1-37a 所示。

为了避免过切，可以将刀心轨迹向外偏移一个刀具半径，得到新的坐标点 P_0、P_1、P_2、P_3、P_4、P_5，如图 1-37b 所示。各点坐标值及编程如下（刀具直径为 ϕ8mm），加工过程见二维码 1-13。

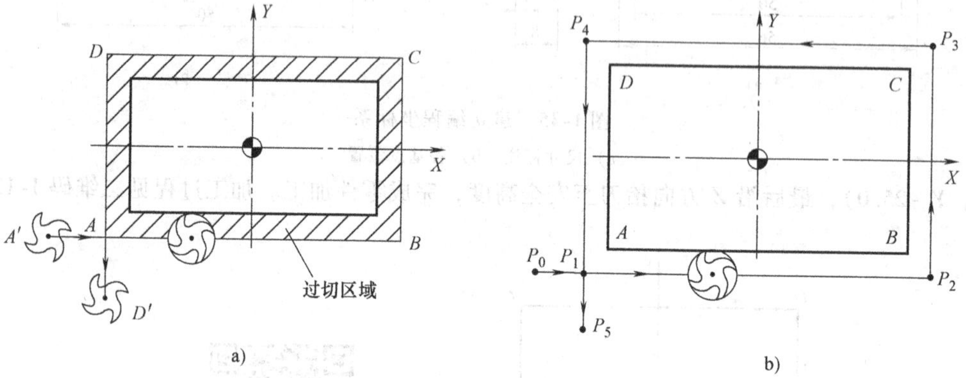

图 1-37　刀具大小对零件尺寸的影响

a）零件过切　b）零件不过切

各轮廓点在 XY 平面内的绝对坐标值见表 1-8。

表 1-8　各轮廓点绝对坐标值

基点	绝对坐标(X,Y)
P_0	(−35.0, −19.0)
P_1	(−29.0, −19.0)
P_2	(29.0, −19.0)
P_3	(29.0,19.0)
P_4	(−29.0,19.0)
P_5	(−29.0, −25.0)

二维码 1-13

程序编写如下：

程　　序	注　　释
O0001;	程序名
G17 G90 G80 G40 G21;	保护头指令
G54 G00 X−35.0 Y−19.0;	建立工件坐标系，确定起刀点（P_0 点）
M03 S2000;	主轴正转，转速为 2000r/min
G43 Z100.0 H01;	建立刀具长度补偿，调用 1 号刀补，设定安全高度为 100mm
G00 Z5.0;	快速下刀至工件表面以上 5mm
G01 Z−2.0 F100;	切削下刀，深度为 2mm
G01 X−29.0 Y−19.0 F400;	切削轮廓至 P_1 点
X29.0;	切削轮廓至 P_2 点

（续）

程　　序	注　　释
Y19.0;	切削轮廓至 P_3 点
X-29.0;	切削轮廓至 P_4 点
Y-25.0;	切削轮廓至 P_5 点
G01 Z5.0;	抬刀至工件表面以上 5mm
G00 Z100.0;	快速抬刀至安全高度 100mm
M05;	主轴停转
M30;	程序结束并返回程序头

1.3　数控铣床操作

1.3.1　数控铣床操作准备

在进行数控机床操作时，需要严格遵守数控机床安全操作规程，确保操作安全。

1. 开关机（见二维码 1-14）

（1）开机　在开机前，应按照数控铣床安全操作规程的要求，对机床各部位进行检查并确保正确。开机顺序如下：

二维码 1-14

1）打开空气压缩机及机床空气开关。

2）打开线路总电源。

3）打开机床电源。

4）打开控制系统电源，进行系统自检。

5）系统自检完毕后，旋开急停开关并复位。

（2）关机　关机前应将工作台（*X*、*Y* 轴）置于中间位置，*Z* 轴置于较高位置（严禁停放在零点位置），之后依次按以下步骤操作机床：

1）按下急停开关。

2）关闭控制系统电源。

3）关闭机床电源。

4）关闭线路总电源。

5）关闭空气压缩机和空气开关。

2. 数控铣床面板功能

本书以 KV650 立式数控铣床（FANUC 0i 数控系统）为例对其面板功能进行介绍。如图 1-38 所示，机床面板分为三大区域，其中上方区域为 MDI 键盘区，中间及下方区域分别为机床控制面板区和系统电源区。

MDI 键盘主要用于实现机床工作状态显示、程序编辑、参数输入等功能，主要分为 MDI 功能键区和显示区。本书中用加“□”的字母或文字表示 MDI 功能按键，如 PROG、

POS 等；用加“［　］”的字母或文字表示显示区下方的软功能键，如［程序］、［工件系］等。

机床控制面板区域内的功能按钮（旋钮）可根据用户需要选择，既可以配备 FANUC 系统标准面板，也可通过机床厂家自定义功能键。本书用加“”的字母或文字表示该区域的功能按钮（旋钮），如“MDI”“限位解除”等。

图 1-38　FANUC 0i 数控铣床面板

（1）MDI 键盘　如图 1-39 所示为 FANUC 0i 数控系统的 MDI 键盘，它分为功能键区（右半部分）和显示区（左半部分）。

图 1-39　MDI 键盘

1）各按键功能。MDI 键盘各按键功能见表 1-9。

表 1-9　MDI 键盘各功能键

功能方向	MDI 功能键	功　　能
显示功能键	 	(POS)机床位置界面
	 	(PROG)程序管理界面
	 	(OFFSET SETTING)补偿设置界面
	 	(SYSTEM)系统参数界面
	 	(MESSAGE)报警信息界面
	 	(COSTOM GRAPH)图形模拟界面
地址/数字键	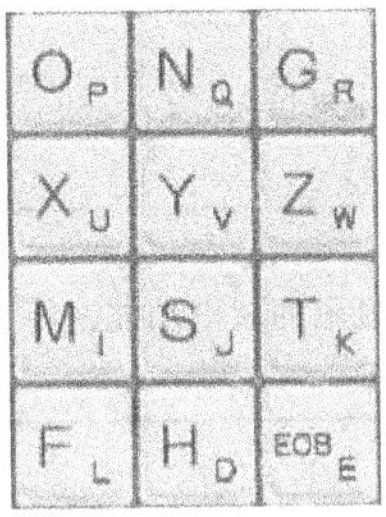 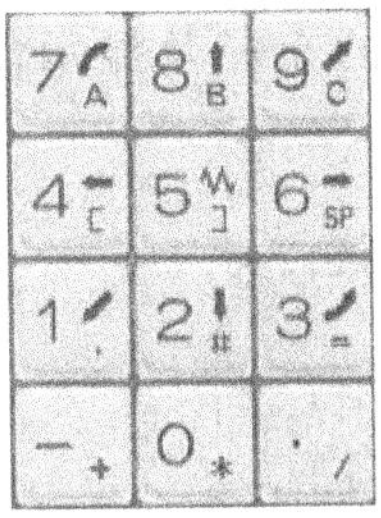 	实现字符的输入,选择 SHIFT 键后再选择字符键,将输入右下角的字符。例如:选择  将在 LCD 的光标处位置输入“O”字符,选择 SHIFT 键后再选择  ,将在光标所处位置处输入“P”字符;字符键中的“EOB”输入“;”号,表示换行结束
编辑键	 	(SHIFT)上档键,用于输入上档字符或与其他键配合使用
	 	(CAN)删除键,用于删除缓存区中的单个字符
	 	(INPUT)输入键,用于输入补偿设置参数或系统参数

(续)

功能方向	MDI 功能键	功　能
编辑键		(ALTER)替换键,用于程序字符的替换
		(INSERT)插入键,用于插入程序字符
		(DELETE)删除键,用于删除程序字、程序段及整个程序
翻页键		翻页键,用于在屏幕上向前或向后翻页
光标移动键	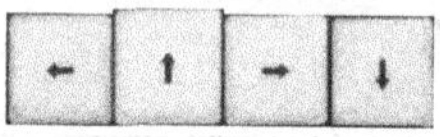	光标键,用于将光标向箭头所指的方向移动
帮助键		(HELP)帮助键,用于显示系统操作帮助信息
复位键		(RESET)复位键,用于使机床复位
操作选择软键		位于显示屏下方,用于屏幕显示的软键功能选择

2）显示区布局。FANUC 数控系统显示区的显示内容随着功能状态选择的不同而不同。在此以“自动”状态下的程序管理界面为例介绍显示区的布局及显示内容，如图 1-40 所示。

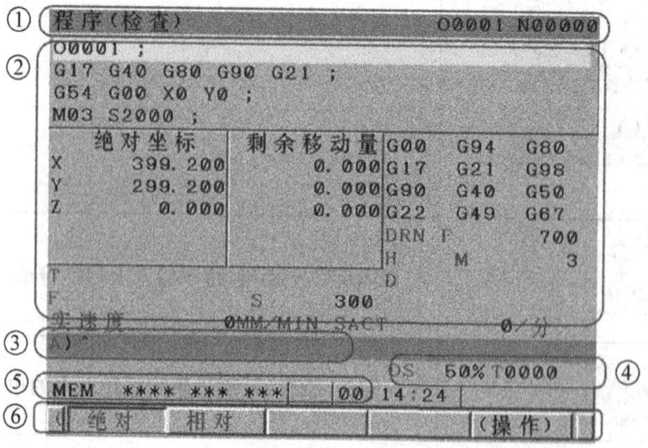

图 1-40　显示区

显示区中的各显示内容见表 1-10。

表 1-10　显示区内容

编号	显示内容
①	显示标题栏，其左侧为当前显示界面的名称，右侧为前台正在编辑的程序名
②	主显示区，该区域显示各功能界面中的内容，如机床位置界面、程序管理界面等
③	缓存区，该区域为系统接收输入信息的临时存储区。当需要输入程序及参数，选择 MDI 键盘上的字符时，该字符首先被输入到缓存区，再按下 INSERT 或 INPUT 键后才被输入到主显示区中
④	倍率及刀具显示区，该区域显示主轴倍率、进给倍率及刀具编号
⑤	工作状态显示区，该区域显示当前机床的工作状态，如“编辑”（EDIT）状态、“自动”（MEM）状态、“报警”（ALM）状态和系统当前时间等
⑥	软功能显示区，该区域显示与当前工作状态相对应的软功能，通过显示器下方的操作选择软功能键进行选择

3）各显示界面。

① 机床位置界面。该界面的显示内容与机床工作状态的选择有关，在不同的工作状态其显示内容不尽相同。

当机床工作状态为“编辑”时，选择 POS 功能键进入机床位置界面，单击菜单软功能键［相对］、［绝对］、［综合］，显示界面将对应显示相对坐标、绝对坐标、综合坐标，如图 1-41 所示。切换及操作见二维码 1-15。

二维码 1-15

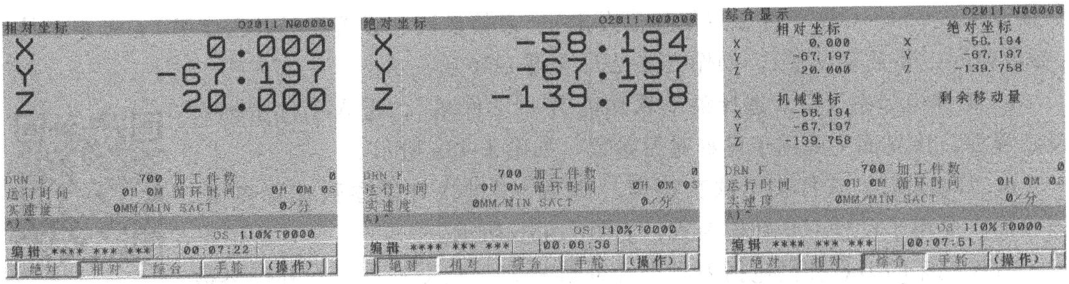

a)　　b)　　c)

图 1-41　机床位置界面

a）相对坐标界面　b）绝对坐标界面　c）综合坐标界面

a. 相对坐标界面　相对坐标中的坐标值可在任意位置归零或预设为任意数值，该功能可用于测量数据、对刀、手工切削工件等。

若需将当前某坐标值归零，则输入该坐标轴后按菜单软功能键［归零］完成该操作；若需预设某坐标值，则先输入坐标轴及预设数值（如“Y－100.”）后，按菜单软功能键［预置］完成该操作。

b. 绝对坐标界面。该界面的坐标系显示数据与编程的坐标数据相同，可通过其检查程序路线与刀具轨迹是否一致。

c. 综合坐标界面。在该界面下，可同时显示相对坐标、绝对坐标和机床坐标，将机床的工作状态调节为“自动运行”时，该界面同时显示“待走量”和“剩余移动量”的坐标数据。

② 程序管理界面。该界面的显示内容与机床工作状态的选择有关，在不同的工作状态

其显示内容不尽相同。

当机床工作状态为“编辑”时，选择PROG功能键进入程序管理界面，选择菜单软功能键［列表］，将列出系统中所有的程序，选择菜单软功能键［程序］或复选PROG，将显示当前正在编辑的程序。当机床工作状态调节为“自动运行”时，将显示程序检查界面，如图 1-42 所示。

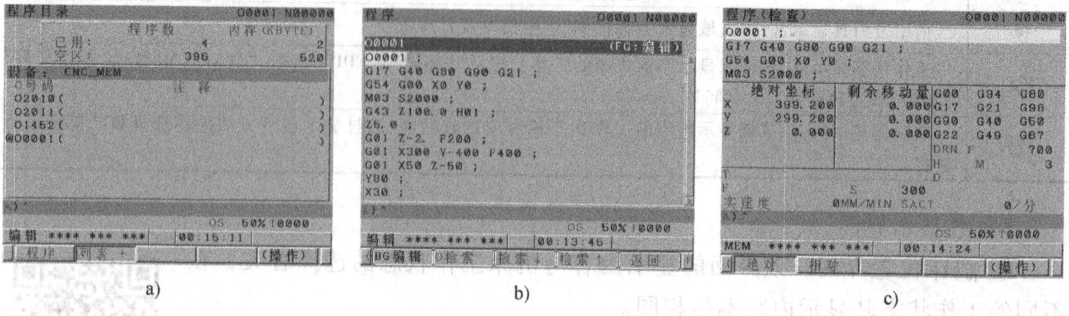

图 1-42　程序管理界面

a）程序列表界面　b）当前程序界面　c）程序检查界面

③ 补偿设置界面。选择OFS/SET功能键进入补偿设置界面，它包含三类显示：工件坐标系设定（G54～G59 工件原点偏移值设定）、刀偏设置（设置刀具补偿参数）、设定手持盒（参数输入、开关等设置）。操作方法见二维码 1-16。

a. 工件坐标系设定。选择菜单软功能键［工件系］，进入工件坐标系设定界面，该界面主要用于设置对刀参数，如图 1-43a 所示。

b. 刀偏设置。选择菜单软功能键［偏置］，进入补偿参数设置界面，该界面主要用于设置刀具补偿参数，如图 1-43b 所示。

二维码 1-16

数控铣床的刀具补偿包括刀具半径补偿和刀具长度补偿。在补偿参数表中，“外形（H）”与“磨损（H）”分别表示长度补偿数据与长度磨损数据；“外形（D）”与“磨损（D）”分别表示半径补偿数据与半径磨损数据。

c. 设定手持盒。在该界面中可对系统参数输入状态、I/O 通道等进行设置，如图 1-43c 所示。

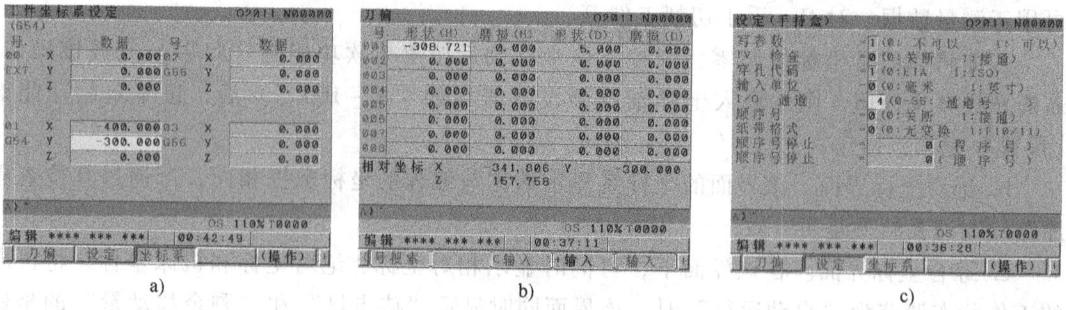

图 1-43　补偿设置界面

a）工件坐标系设定　b）刀偏设置　c）设定手持盒

④ 图形模拟界面。选择 COSTOM GRAPH 功能键进入图形模拟界面，该界面用于校验程序，可模拟显示刀具路线图。选择软功能键［参数］，设置图形模拟时的图形参数；选择软功能键［图形］，观察刀具路线图，确认程序是否正确。图形模拟界面如图 1-44 所示，操作方法见二维码 1-17。

二维码 1-17

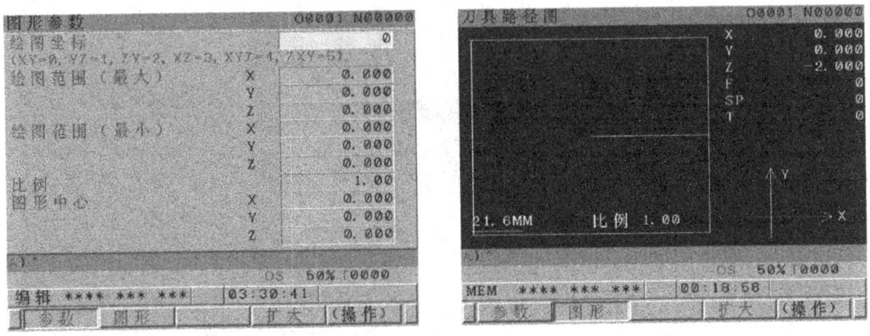

a)　　b)

图 1-44　图形模拟界面

a）图形参数设置界面　b）刀具路线模拟界面

⑤ 报警信息界面。选择 MESSAGE 功能键进入报警信息界面，如图 1-45 所示。该界面可显示机床报警信息及操作提示信息，操作者可根据信息内容排除报警，或按照提示信息进行操作。

当机床有报警产生时，LCD 下方将显示报警（红色的“ALM”字样闪烁），同时机床三色指示灯中的红灯亮，在该界面下，可通过选择软功能键［报警］及［信息］查询相关信息，也可选择［履历］查询报警信息的历史记录。

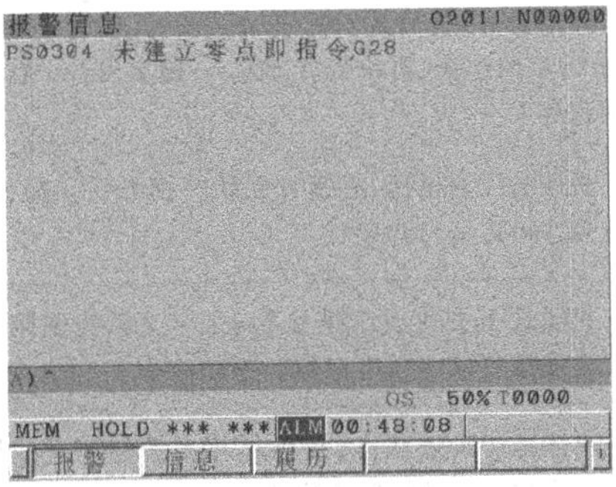

图 1-45　报警信息界面

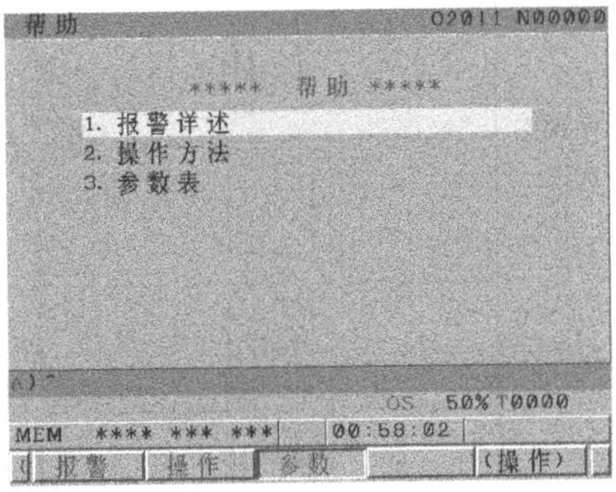

图 1-46　帮助界面

⑥ 帮助界面。选择 MDI 键盘上的 HELP 功能键，进入数控系统帮助界面，在此界面可以通过相应的软功能键（如［参数］等）查询报警详述、系统操作方法及参数信息，如图 1-46 所示。

（2）控制面板　KV650 数控铣床的控制面板如图 1-47 所示。

表 1-11 列出了该控制面板上各按钮的名称及功能。

图 1-47　KV650 数控铣床的控制面板

表 1-11　按钮说明

功能方向	按　钮	名　称	功能说明
工作状态选态		自动运行（AUTO）	此状态下，按"循环启动"按钮可执行加工程序
		编辑（EDIT）	此状态下，系统进入程序编辑状态，可对程序数据进行编辑
		手动数据输入（MDI）	此状态下，系统进入 MDI 状态，手工输入简短指令，按"循环启动"执行指令
		在线加工（DNC）	此状态下，系统进入在线加工模式，通过计算机与 CNC 的连接，可执行外部输入/输出设备中存储的程序
		回参考点（REF）	机床初次通电后，必须首先执行回参考点操作，然后才可以运行程序
		手动（JOG）	机床处于手动连续进给状态，与坐标控制按钮配合使用可以实现坐标轴的连续移动
		增量进给/步进（INC）	机床处于步进状态，与坐标控制按钮配合使用可以实现坐标轴的单步移动
		手轮（HANDLE）	机床处于手轮控制状态，与"手持单元选择"按钮配合使用可实现手轮（手持单元）控制坐标轴移动
程序运行方式选择		单段（SINGLE BLOCK）	在自动运行状态下，选中此按钮时，程序在执行完当前段后停止，按下"循环启动"按钮执行下一程序段，下一程序段执行完毕后再次停止
		程序跳步（BLOCK DELETE）	此按钮被按下后，数控程序中的跳步指令"/"有效，执行程序时，跳过"/"所在行程序段，执行后续程序

（续）

功能方向	按　钮	名　称	功能说明
程序运行方式选择		选择停止（OPT STOP）	此按钮被选中后，自动运行程序时在包含“M01”指令的程序段后停止，按下“循环启动”按钮继续运行后续程序
		程序停止	自动运行程序时在包含“M00”指令的程序段后停止，按下“循环启动”按钮继续运行后续程序
		空运行（DRY RUN）	此按钮被选中后，执行运动指令时，按系统设定的最大移动速度移动，通常用于程序校验，不能进行切削加工
		机床锁住（MC LOCK）	此按钮被按下后，机床进给运动被锁住，但主轴转动不能被锁住
		辅助功能锁住	在自动运行程序前，按下此按钮，程序中的M、S、T功能被锁住不执行
		Z轴锁住	在手动操作或自动运行程序前，按下此按钮，Z轴被锁住，不产生运动
辅助控制选择		手持单元选择	此按钮与“手轮”按钮配合使用，用于选择手轮方式
		主冷却液	按下此按钮，冷却液打开；复选此按钮，冷却液关闭
		手动润滑	按下此按钮，机床润滑电动机工作，给机床各部分润滑；松开此按钮，润滑结束（一般不用该功能）
		限位解除	用于坐标轴超程后的解除。当某坐标轴超程后，该按钮灯亮，点按此按钮，然后将该坐标轴移出超程区。超程解除后需回零
自动循环状态选择		循环暂停（CYCLE STOP）	此按钮被按下后，正在运行的程序及坐标运动处于暂停状态（但主轴转动、冷却状态保持不变），再按“循环启动”键后恢复自动运行状态
		循环启动（CYCLE START）	程序运行开始/当系统处于“自动运行”或“MDI”状态时按下此按钮，系统执行程序，机床开始动作
坐标控制		增量倍率	采用“步进”或“手轮”方式移动坐标轴时，可通过该按钮选择增量步长。×1＝0.001mm，×10＝0.01mm，×100＝0.1mm，×1000＝1mm
		X/Y/X轴选择按钮	手动状态下的X、Y、Z轴选择按钮
	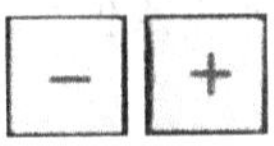	负/正方向移动按钮	手动或步进状态下，按下该按钮使所选轴产生负/正移动；在回零状态时，按下“＋”按钮将所选轴回零
		快速按钮（PAPID）	同时按下该按钮及正、负方向按钮，将进入手动快速运动状态

（续）

功能方向	按　钮	名　称	功 能 说 明
主轴控制		主轴控制按钮	依次为主轴正轴（CW）、主轴停止（STOP）、主轴反转（CCW）
急停		急停按钮（E-STOP）	按下急停按钮，使机床立即停止运行，并且所有的输出（如主轴的转动等）都会关闭（该按钮在紧急情况或关机时使用）
倍率修调	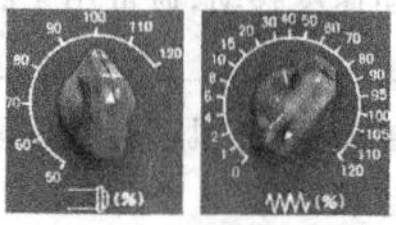	主轴倍率/进给倍率修调旋钮	主轴倍率（SPINDLE SPEED OVERIDE）用于调节主轴旋转倍率（50% ~120%）；进给倍率（FEED RATE OVERRIDE）用于调节进给/快速运动倍率（0~120%）
系统电源		系统电源开关	用于打开（ON）或关闭（OFF）系统电源
写保护		写保护开关	程序是否可以编辑的保护开关，当置于“I”时，打开写保护；置于“O”时，关闭写保护

（3）工作指示灯　数控机床的工作指示灯（三色灯）一般安装在机床外壳或系统面板上方，操作者可以通过观察指示灯的状态来判断数控机床的工作状态。数控机床工作指示灯由红、黄、绿三个指示灯组合而成，具体内容见表1-12。

表1-12　指示灯说明

指示灯状态	功能指示
红灯亮	机床有报警信息，无法正常运行，需及时排除故障
黄灯亮（频闪）	机床有操作信息，操作者应根据信息内容进行必要操作后再运行机床
绿灯亮	机床工作正常

3. 回参考点

在数控机床开机后，应首先进行手动回参考点操作。为保证安全，通常先回 Z 轴，再回 Y、X 轴。首先，将系统显示切换为综合坐标界面；然后，将工作状态选择为“回参考点”，依次选择机床控制面板上的“Z”→“+”、“Y”→“+”、“X”→“+”，使三个坐标轴分别完成回参考点。操作过程见二维码1-18。

说明：

1）回参考点前应清理并确保行程开关附近无杂物，避免发生回参考点位置错误。

2）回参考点前应确认各坐标轴远离坐标零点（建议各坐标轴数值应处于 -40mm 以上），否则在回参考点的过程中容易发生超程。

3）回参考点后坐标界面中的“机床坐标”数值为零，同时各坐标轴按钮所对应的指示灯处于频闪状态。

二维码1-18

4）完成回参考点后应及时退出参考点，将工作台移动至床身中间位置，主轴移动至较高位置。为保证安全，通常先退 $-X$ 轴、$-Y$ 轴，再退 $-Z$ 轴。

操作方法为：首先将工作状态选择为“手动”，然后选择坐标轴，按下“－”方向按钮不松开，将坐标轴移动至合适的位置。

5）在回参考点及退出参考点的过程中可通过“进给倍率修调”旋钮调节坐标轴的运动速度。

6）当遇到以下几种情况时必须回参考点。

① 首次打开机床时。

② 发生坐标轴超程报警，解除报警后。

③“机床锁住”“Z 轴锁住”功能使用结束后。

④ 发生撞机等事故并排除故障后。

4. 坐标轴移动

坐标轴的移动一般采用手轮或手动功能实现，现将两种功能介绍如下。

（1）手轮操作　在数控机床对刀操作或进行坐标轴移动操作时，手轮使用非常普遍，能够很方便地控制机床坐标轴的运动，操作视频见二维码 1-19。手轮由三部分组成：轴选择旋钮、增量倍率选择旋钮及手摇轮盘（图 1-48）。

二维码 1-19

1）手轮生效及操作。

① 选中机床控制面板上的“手轮”与“手持单元选择”按钮，手轮生效。

② 通过手轮上的“轴选择”旋钮选择需要移动的坐标轴。

③ 通过“增量倍率选择”旋钮选择合适的移动倍率（×1/×10/×100）。

④ 旋转“手摇轮盘”移动坐标轴。顺时针旋转为正向移动，逆时针旋转为负向移动，旋转速度快慢可以控制坐标轴的运动速度。

2）关闭手轮。为了防止手轮功能未被关闭而引起安全事故，关闭手轮时建议按以下步骤操作：

① 将“轴选择”旋钮旋至第 4 轴（在 3 坐标数控铣床上第 4 轴为扩展轴，等同于无效），若机床上安装有第 4 轴，则将“轴选择”旋钮旋至 X 轴。

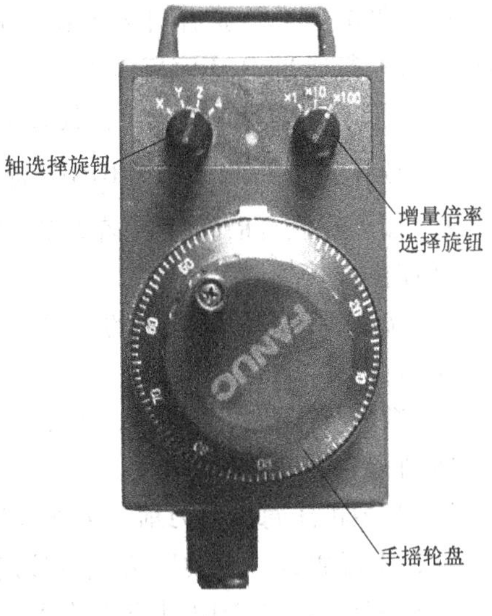

图 1-48　手轮

② 将“增量倍率选择”旋钮旋至“×1”。

③ 复选机床面板上的“手持单元选择”按钮，将工作状态切换为“编辑”。

说明：

使用手轮移动坐标轴时，应特别注意手轮旋向与坐标运动方向的关系，否则很容易出现撞刀等事故；在移动坐标轴时，要注意观察显示屏上的“机床坐标”数值，避免超程。

（2）手动操作　选择机床控制面板上的“手动”按钮，将工作状态切换为“手动”。

该状态下可进行坐标轴移动操作、主轴启动/停止控制、主轴装刀操作等，操作视频见二维码 1-20。

1）坐标轴移动操作。

① 选择需要移动的坐标轴。

② 按住移动方向按钮“+”/“-”，其相应坐标轴将连续移动，若同时按下“快速”按钮，则相应的坐标轴将快速移动。

③ 松开移动方向按钮“+”/“-”，坐标轴停止移动。

二维码 1-20

坐标轴移动速度可通过“进给倍率修调”旋钮调节。

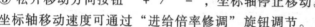

2）主轴启动/停止控制。

① 按下“CW”主轴正转键或“CCW”主轴反转键，实现主轴正转或反转。

② 按下“STOP”主轴停止键，停止主轴转动，也可选择 RESET 功能键，停止主轴转动。

主轴转速可通过“主轴倍率修调”旋钮调节。

3）解除超程。当某一坐标轴超程时，机床控制面板上的“限位解除”按钮灯被点亮，同时系统报警并停止工作。采用“手动”方式解除超程的方法如下：

① 按下“限位解除”按钮，选择 MDI 键盘上的 RESET 功能键解除报警。

② 选择超程的坐标轴按钮，再按住移动方向按钮“+”/“-”（当正方向超程时选择“-”，负方向超程时选择“+”），当坐标轴移出超程区后松开。

5. MDI 操作与程序编辑

（1）MDI 操作　选择机床控制面板上的“MDI”按钮，将工作状态切换为“MDI”。该状态下可执行通过 MDI 面板输入的简短程序语句，程序格式与一般程序格式相同。MDI 运行一般适用于简单的测试操作，其方法如下（操作视频见二维码 1-21）：

1）选择 MDI 面板上的 PROG 功能键，将显示调节为程序界面。

2）输入要执行的程序（若在程序段的结尾加上“M99”指令，则程序将循环执行）。

3）按下机床控制面板上的“循环启动”按钮，执行该程序。

二维码 1-21

说明：

1）数控机床初次通电后，若要使主轴转动，必须在 MDI 状态下执行主轴转动指令方可启动主轴。

2）数控机床每次对刀前，为保证操作安全，必须在 MDI 状态下执行主轴转动指令来启动主轴，不可通过“手动”方式直接启动主轴。

[例 1-10]　在 MDI 状态下输入“M03 S400;”，按下“循环启动”按钮后主轴以 400r/min 的转速正转。

（2）程序编辑　选择机床控制面板上“EDIT”功能键，进入编辑状态，按下 MDI 键盘上的 PROG 键，将显示调节为程序界面（程序编辑视频见二维码 1-22）。

1）新建程序。通过 MDI 键盘上的地址/数字键输入新建程序名（如

二维码 1-22

“O1234”)，按下INSERT键即可创建新程序，程序名被输入程序窗口中。但新建的程序名称不能与系统中已有的程序名称相同，否则不能被创建。

当新建程序后，若需要继续输入程序，应依次选择EOB、INSERT键插入分号并换行，此时方可输入后续程序段（即程序名必须单独一行）。

2）输入程序。操作步骤如下：

① 通过MDI键盘上的地址/数字键输入程序段（如“G43 Z100.0 H01;”)，此时程序段被输入至缓存区。

② 依次选择EOB、INSERT功能键将缓存区中的程序段输入程序窗口中并换行。缓存区中的程序如图1-49a所示。

③ 重复步骤①②输入后续程序，如图1-49b所示。

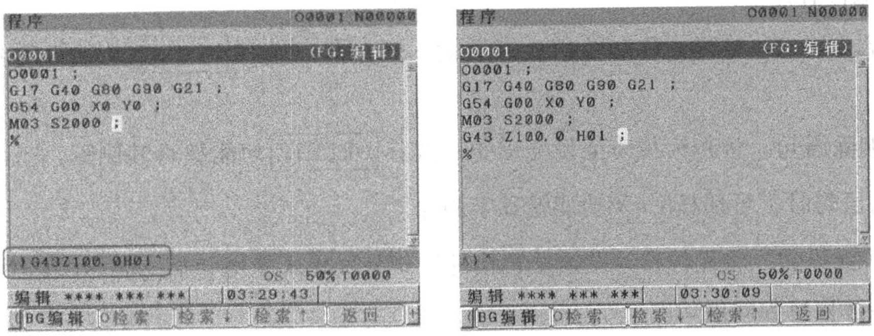

a)　　　　b)

图1-49　程序段输入

a）缓存区程序　b）完成输入

3）调用程序。

① 调用系统存储器中程序的操作步骤如下：

a. 通过MDI键盘上的地址/数字键输入需要查找的程序名至缓存区（如“O1010”）。

b. 选择MDI键盘上的→/↓，或选择软功能键［O搜索］将程序调至当前程序窗口中。

② 调用存储卡中的程序的操作步骤如下：

a. 插入存储卡（注意存储卡的插入方向是否正确，避免损坏插孔内的针头）。

b. 修改数据通道参数（在“MDI”状态下进入设定界面，将I/O通道改为4），如图1-50所示。

c. 在“EDIT”状态下选择软功能键进入存储卡目录界面（图1-51），输入要读入的文件名序号，选择［F名称］；再输入读入后的程序名（程序号），选择［O设定］，如图1-52所示。

d. 选择［执行］读入程序，在程序界面调出所需程序。

③ 查找程序语句的操作步骤如下：

a. 查找当前程序中的某一段程序。输入需要查找的程序段号（如“N90”），然后选择MDI键盘上的→/↓，或选择软功能键［检索↓］，光标将跳至被搜索的程序段号处。

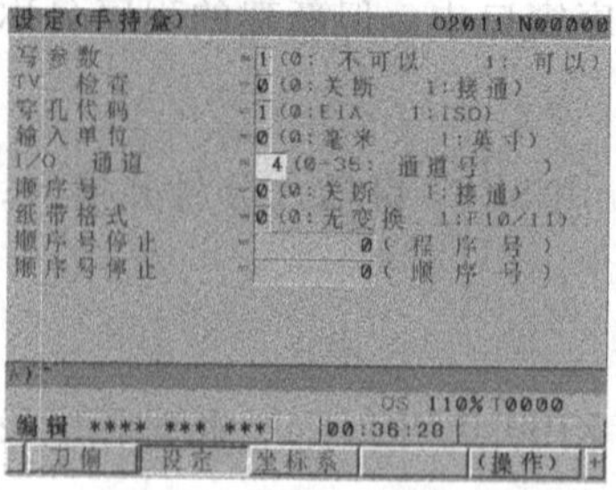

图 1-50　修改 I/O 通道

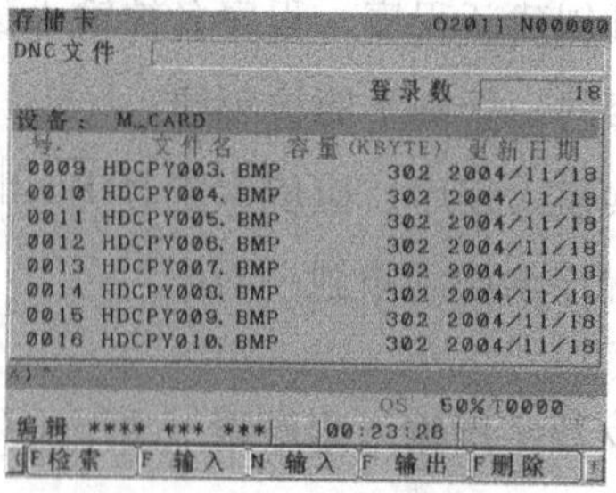

图 1-51　存储卡目录

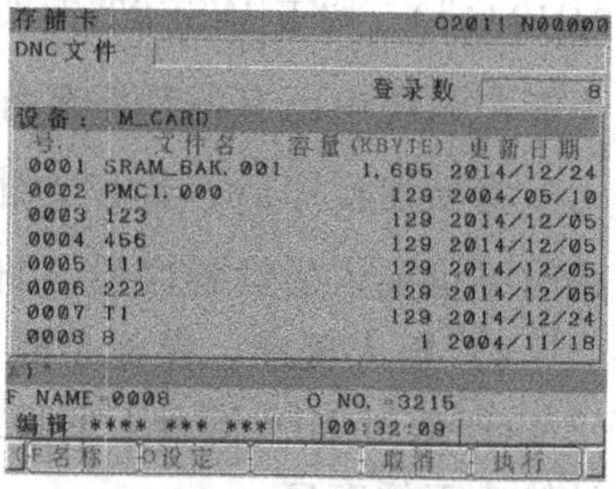

图 1-52　读入程序

b. 查找当前程序中的某个语句。输入需要查找的指令语句（如“Z－2.0”），然后选择MDI键盘上的[→]/[↓]，或选择软功能键［检索↓］，光标将跳至被搜索的语句处。

4）修改程序。

① 插入语句。将光标移动至插入点后输入新语句，选择[INSERT]功能键将其插入至程序中。

② 删除语句。将光标移动至目标语句，选择[DELETE]功能键将其删除。当需要删除缓存区内的语句时，可选择[CAN]功能键逐字删除。

③ 替换语句。将光标移动至需被替换的语句处，输入新语句后选择[ALTER]功能键，原有语句将被替换为新语句。

5）删除程序。输入需要删除的程序名，需选择[DELETE]功能键，系统将提示是否执行删除指令，选择［执行］软功能键，删除该程序。若被删除的程序为当前正在加工的程序，则该程序不能被删除。

6. 工件装夹与平口钳校正

工件安装所使用的夹具有很多类型，在后续的模块中会介绍。目前使用较广泛的夹具有平口钳和自定心卡盘，通过螺钉压板固定于机床工作台上，如图 1-53 所示。在此只介绍平口钳的安装（安装视频见二维码1-23）。

二维码 1-23

a)　　b)

图 1-53　平口钳及自定心卡盘安装工件

a）平口钳安装工件　b）自定心卡盘安装工件

（1）平口钳的校正与夹紧　现以数控铣削加工中使用较为广泛的平口钳为对象，介绍其安装与校正方法。在安装平口钳之前，需将机床工作台面、平口钳底面擦拭干净并涂上润滑油，以防生锈。

平口钳的校正即是通过某种方法使平口钳的固定钳口与机床坐标 X 轴或 Y 轴平行（通常将钳口平面与 X 轴平行），一般采用打表的方法进行校正，所使用的工具是百分表和磁性表座（图 1-54）。在打表校正之前，应先将平口钳轻放在机床工作台上，使钳口大致与 X 轴方向平行，并使用螺栓初步固定平口钳的位置，如图 1-55 所示。

a)　　b)

图 1-54　百分表与磁性表座

a）百分表　b）万能磁性表座

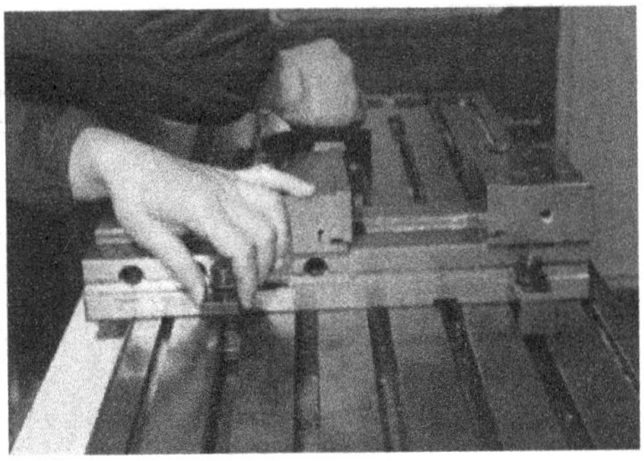

图 1-55　平口钳的安装

平口钳的校正与夹紧步骤如下：

1）将磁性表座固定在机床主轴上，将百分表固定在磁性表座上，使百分表的表杆轴线与平口钳的固定钳口面垂直，表头朝向固定钳口面，如图 1-56 所示。安装视频见二维码 1-24。

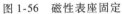

图 1-56　磁性表座固定

二维码 1-24

2）快速移动坐标轴，使百分表的表头靠近平口钳的固定钳口（注意避免发生碰撞）。

3）慢速移动坐标轴，使表头接触固定钳口面，将表头压入钳口使指针顺时针旋转 1～2 圈。

4）调整表盘，使指针调零，如图 1-57 所示。

5）将百分表从钳口平面的一端匀速拖动至另一端，根据表针变化判断钳口平面是否与机床坐标方向平行（图 1-58），使用木槌校正钳口，反复拖动百分表，使其指针变化在 1 格（0.01mm）以内。校正钳口时木槌应敲击固定钳身，以避免损坏平口钳。校正视频见二维码 1-25。

6）交替旋紧平口钳固定螺母。

7）再次拖动百分表，检查确认校正结果是否有效。

8）移动坐标轴使百分表远离平口钳，取下百分表及磁性表座，拿出调整工具，完成校正及夹紧。

二维码 1-25

（2）工件装夹　在装夹工件之前，应去掉工件上的毛刺及夹具上的杂物，定位与夹紧方式应根据零件要求确定，既要保证装夹可靠，又要保证加工质量。安装过程见二维码 1-26。

图 1-57　指针调零

图 1-58　拖表找正

1）在工件上选择合理的被夹持面与定位面，确认工件装夹时其位置方向与编程坐标方向一致。

2）使工件上的被夹持面与定位面分别与夹具中的相应位置靠齐，并旋紧螺母（夹紧力视情况而定），同时用木槌敲击校正工件，使其定位可靠，如图 1-59 所示。

二维码 1-26

7. 刀具的安装与拆卸

（1）刀具在刀柄中的安装　在安装前应检查刀具是否完好，与编程所要求的刀具是否一致；选择与刀具相对应的弹簧夹头及刀柄（如图 1-60 所示，安装直径为 ϕ8mm 的立铣刀，可以选择孔径为 8～9mm 的 ER32 弹簧夹头和 ER32 刀柄），擦净刀具、夹头及刀柄，并按以下顺序安装。

1）将弹簧夹头装入刀柄锁紧螺母内（由于锁紧螺母内为偏心式卡槽，建议将弹簧夹头倾斜一定的角度将其压入），如图 1-61 所示。

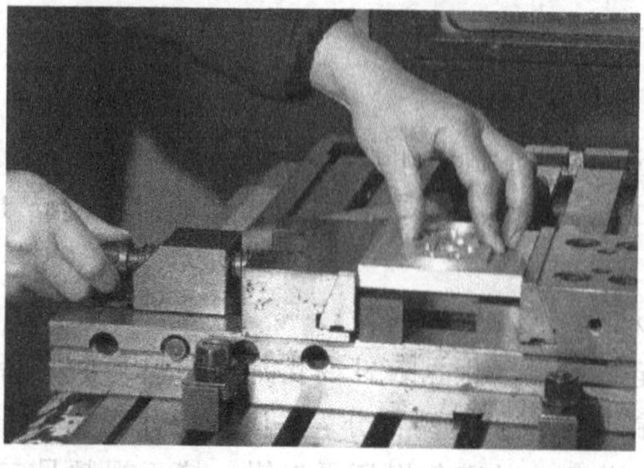

图 1-59　工件装夹示意图

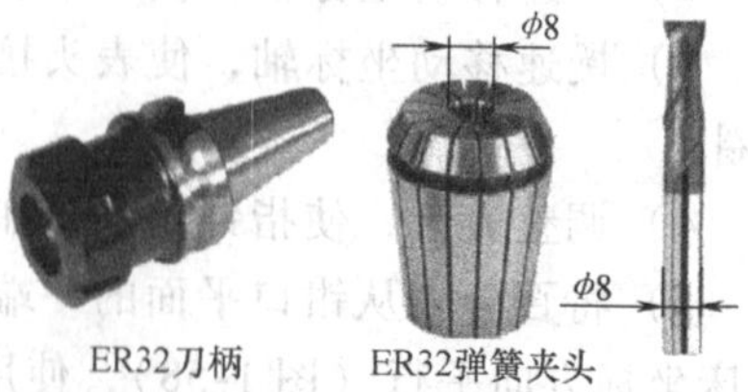

图 1-60　刀柄、夹头、刀具的选择

2）将锁紧螺母旋入刀柄，然后将刀具的刀杆部分放入弹簧夹头内（在满足加工要求的前提下，刀具应伸出短一些，以便保证足够的刚性），如图1-62所示。

3）将刀柄放进锁刀座内（图1-63），用刀柄扳手（图1-64）将锁紧螺母锁紧，完成刀具在刀柄中的安装，安装完成后的刀柄如图1-65所示。操作视频见二维码1-27。将刀具从刀柄中拆卸的操作顺序为先松开锁紧螺母，再取出刀具，最后取出弹簧夹头。

图1-61　刀具安装1

二维码1-27

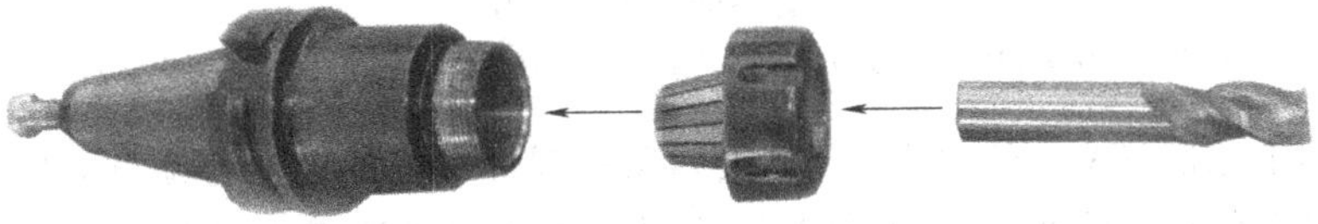

图1-62　刀具安装2

图1-63　锁刀座

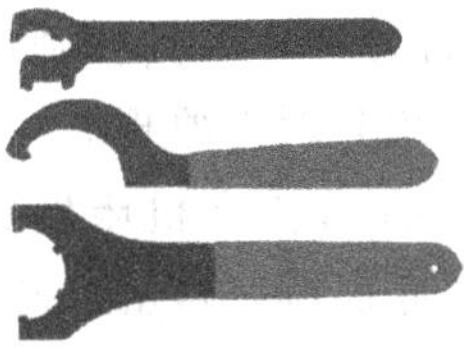

图1-64　刀柄扳手

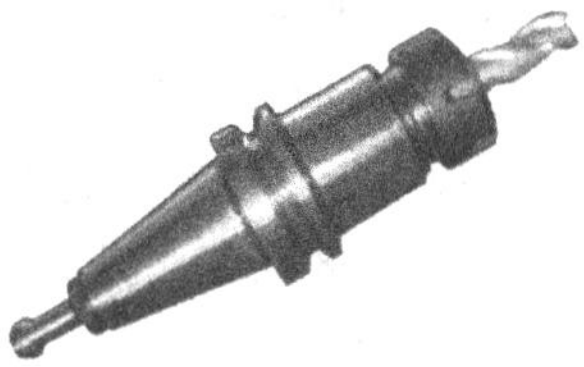

图1-65　刀柄

（2）刀柄在机床主轴上的安装（见二维码1-28）　在刀柄装入主轴前，应确保机床供气压力处于正常状态（一般为0.55～0.6MPa）。之后使机床停止运行，将机床工作状态切换为“手动”，并按以下顺序安装：

1）擦净刀柄，握住刀柄底部（握刀柄时不能接触锥柄表面，以免生锈）。

2）先按住主轴侧板上的“松刀按钮”不松开，再将刀柄的锥柄端缓慢送入主轴锥腔内（图1-66a），使主轴端面上的定位块与刀柄上的定位槽接触（图1-66b）。

3）松开“松刀按钮”，观察刀柄与主轴的接触情况，当确认刀柄安装正确后，另一只手方可松开刀柄（图1-66c）。

二维码1-28

从主轴上卸下刀柄的顺序为：

1）确认机床停止运行，将机床工作状态切换为“手动”。

2）一只手握住刀柄，另一只手按下“松刀按钮”，刀柄受重力作用与主轴自然分离。

3）取下刀柄，松开“松刀按钮”完成卸刀。

8. 对刀及其参数输入

数控铣床对刀即是通过某种方法使刀具（或找正器）找到加工原点（工件原点）在机

a)　　　　　　b)　　　　　　c)

图 1-66　主轴装刀

a）按下“松刀按钮”装入刀具　b）松开“松刀按钮”确认装刀　c）完成装刀

床坐标系下的坐标值（X、Y、Z 值）。若要对某一零件进行加工，必须首先完成对刀，让数控系统通过对刀值识别零件在工作台上的位置，才能完成该零件的加工。如图 1-67 所示，通过对刀需要找到加工原点 O_1 在机床坐标系下各轴的坐标值（X_a，Y_b，Z_c）。以下各轴对刀均设工件上表面几何中心为加工原点。

（1）Z 轴对刀

1）对刀原理。Z 轴对刀是通过某种方法让刀具找到加工原点在机床坐标系下的 Z 轴坐标值，现以标准检验棒为对刀工具，介绍其对刀原理。

如图 1-68 所示，若要让刀具找到加工原点在机床坐标系下的 Z 轴坐标值，则先在工件上放置一个标准检验棒，移动刀具使其底面刚好接触标准检验棒最高点，则此时刀具底端与工件上的表面距离刚好为 H，通过公式可计算得出 Z 轴对刀值。

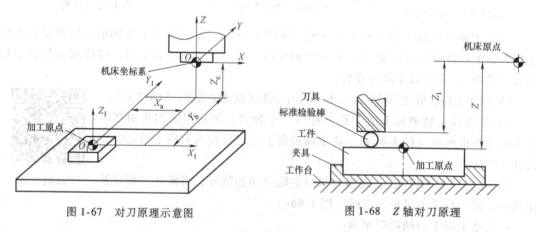

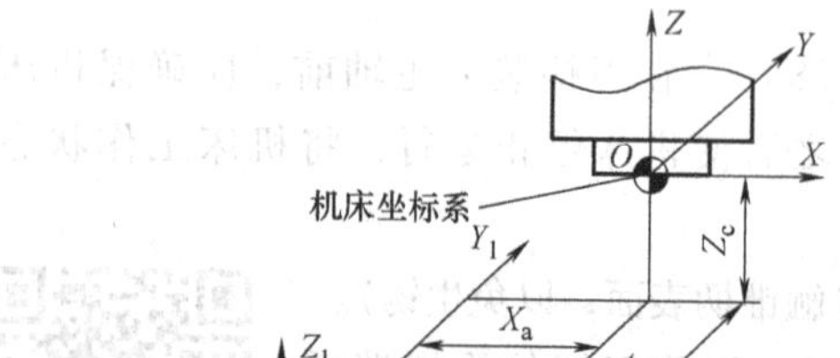

图 1-67　对刀原理示意图

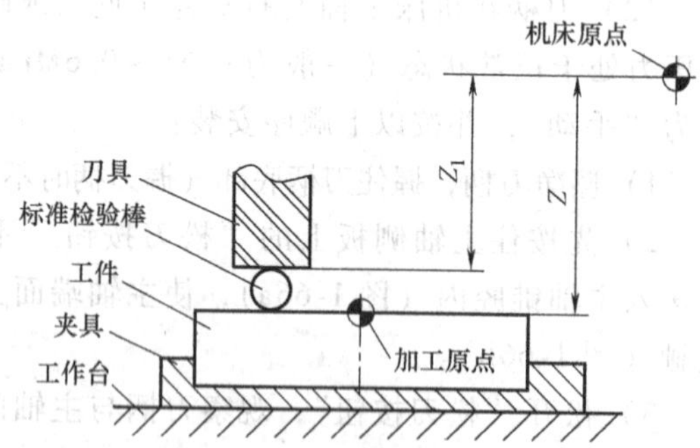

图 1-68　Z 轴对刀原理

$$Z = Z_1 - H$$

式中　Z_1——刀具底面接触标准检验棒最高点时所对应的 Z 轴坐标值（机床坐标）；

H——标准检验棒直径。

2）对刀方法。Z 轴对刀常用的方法有试切对刀、Z 轴设定器对刀、标准检验棒对刀和机外对刀仪对刀等。下面介绍几种常用的对刀方法（Z 轴对刀视频见二维码 1-29）。

① 标准检验棒对刀方法如下：

a. 主轴停转，换上切削用刀具。

b. 采用“手轮”方式将刀具移动至工件上方，使刀具底面与工件上表面之间的距离略小于检验棒直径（手轮倍率应合理，确保安全，建议当距离较小时，增量倍率选择“×10”），然后将检验棒放于工件上表面。

c. 轻推检验棒，检查其是否能够通过刀具底面与工件上表面之间的间隙。

d. 以步进方式抬高刀具（+*Z* 方向），然后按上述方法检查检验棒是否能够通过间隙。

e. 重复检验棒的操作步骤，当检验棒刚好能够通过间隙时，记下当前 *Z* 轴坐标值（机床坐标）。

f. 按公式计算得出 *Z* 轴对刀值。

g. 进入补偿参数设置界面，将计算所得的 *Z* 轴对刀值输入“外形（H）”所对应的 001 号参数表中。若使用多把刀具，可将各刀具的对刀值按顺序输入不同序号的参数表中，如图 1-69 所示。

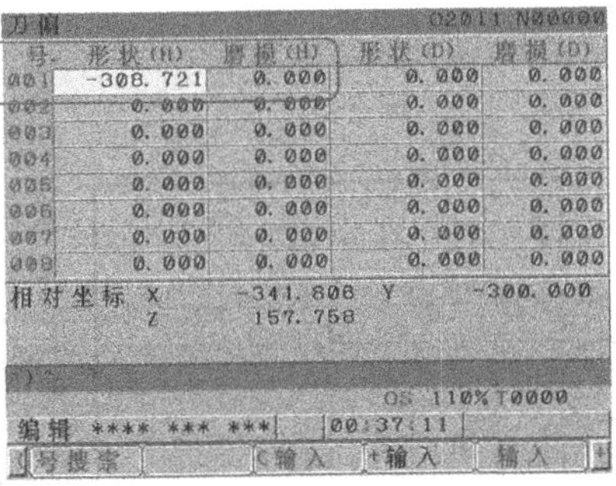

图 1-69　输入 *Z* 轴对刀值

二维码 1-29

说明：

a. 在对刀过程中，增量倍率应采用先大倍率再小倍率的方式进行。如果误差较大，必须先将标准检验棒移出刀具正下方，然后重复检验棒对刀步骤，最后完成对刀参数的输入。

b. 当刀具改变后应重新对刀获取新的 *Z* 轴对刀值。

② *Z* 轴设定器对刀。*Z* 轴设定器对刀与标准检验棒对刀方式基本相同。*Z* 轴设定器如图 1-70 所示。

在此以带表式 *Z* 轴设定器为例，说明其对刀方法。如图 1-71 所示，*Z* 轴设定器的柱体标准高度 *H* 通常为 $50^{+0.005}_{0}$mm，使用前应先对其进行调零，然后按以下步骤进行：

a. 主轴停转，换上切削用刀具。

b. 将 *Z* 轴设定器轻放于工件上表面。

c. 移动刀具使其底面缓慢接触 *Z* 轴设定器的凸台部分并下压凸台至指针指向零位（增量倍率一般选择“×10”）。

d. 采用公式计算得出 *Z* 轴对刀值并输入对刀参数表中。

（2）*X*、*Y* 轴对刀

1）对刀原理。*X*、*Y* 轴对刀即是通过某种方法让刀具找到加工原点在机床坐标系下的 *X*、*Y* 轴的坐标值。在此以寻边器为对刀工具，以 *X* 轴对刀为例（*Y* 轴对刀原理及对刀方法

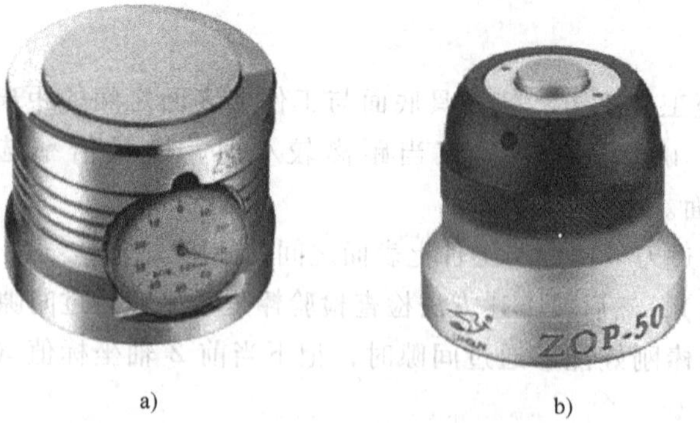

图 1-70　Z 轴设定器
a）带表式 Z 轴设定器　b）电子式 Z 轴设定器

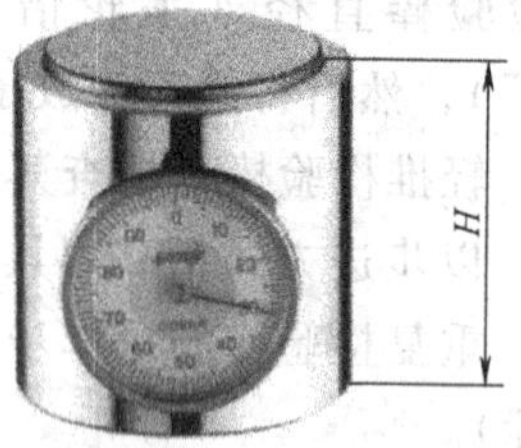

图 1-71　带表式 Z 轴设定器尺寸

与 X 轴相同），介绍其对刀原理。

① 方案一。如图 1-72 所示，加工原点在工件的对称中心，其在机床坐标系下的 X 轴的坐标值不能直接得出，而只能先用寻边器分别接触工件 A、B 两侧（使寻边器的工作外圆与工件侧面相切），并记下其所对应的 X 轴的坐标值（X_1、X_2），然后通过以下公式计算得出加工原点的 X 轴的坐标值。

$$X=(X_1+X_2)/2$$

式中　X_1——寻边器外圆与工件 A 侧面相切时所对应的 X 轴的坐标值（机床坐标）。

X_2——寻边器外圆与工件 B 侧面相切时所对应的 X 轴的坐标值（机床坐标）。

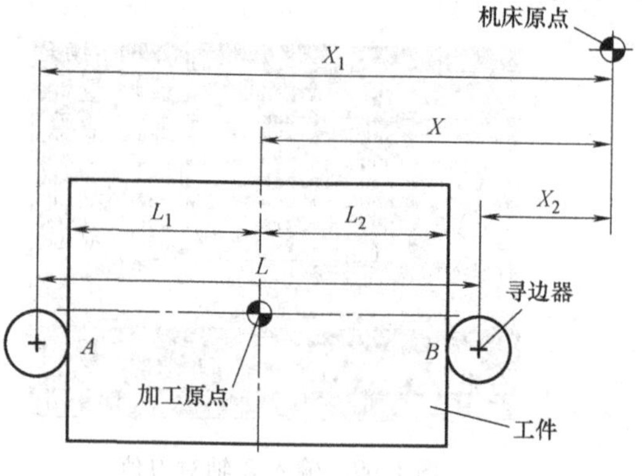

图 1-72　X 轴对刀原理

② 方案二。如图 1-72 所示，加工原点在机床坐标系下的 X 轴坐标值不能直接得出，可先用寻边器接触工件 A 侧或 B 侧（使寻边器的工作外圆与工件侧面相切），并记下其所对应的 X 轴的坐标值，然后通过公式计算得出加工原点的 X 轴的坐标值，计算公式见表 1-13。

表 1-13　对刀值的计算

序号	寻边位置（相对于加工原点而言）	计算公式	备　注
1	在加工原点的负方向（A 侧）	$X=X_1+D/2+L_1$	
2	在加工原点的正方向（B 侧）	$X=X_2-D/2-L_2$	

注：X_1——寻边器外圆与工件 A 侧面相切时所对应的 X 轴的坐标值（机床坐标）；
X_2——寻边器外圆与工件 B 侧面相切时所对应的 X 轴的坐标值（机床坐标）；
D——寻边器工作外圆直径；
L_1——工件 A 侧面与加工原点的距离（X 轴方向）；
L_2——工件 B 侧面与加工原点的距离（X 轴方向）。

以上表格中提供的两种计算公式，分别适用于寻找 A 侧面或 B 侧面。即计算公式的选用与寻边的位置有关。该方案也适用于非对称工件的对刀（即加工原点的位置未设置在工件对称中心），对刀时（X 轴方向）只需要寻找工件其中一个侧边，便可计算得出对刀值。

③ 方案三。采用方案一或方案二时，均需要通过公式计算才能得出对刀值，当数据较多时不便于计算。因此可以利用数控系统中的“相对坐标”测量出 A、B 两侧的相对距离 L（图 1-72），直接将寻边器移动至 $L/2$ 处，该位置所对应的机床坐标的 X 值，便是加工原点的 X 轴坐标值。以下介绍的对刀方法中就利用了“相对坐标”来辅助完成对刀。

2）对刀方法。X、Y 轴对刀常用的方法有试切对刀、寻边器对刀（常用寻边器如图 1-73所示）和百分表对刀。下面介绍机械式偏心寻边器对刀（X 轴方向）的方法。

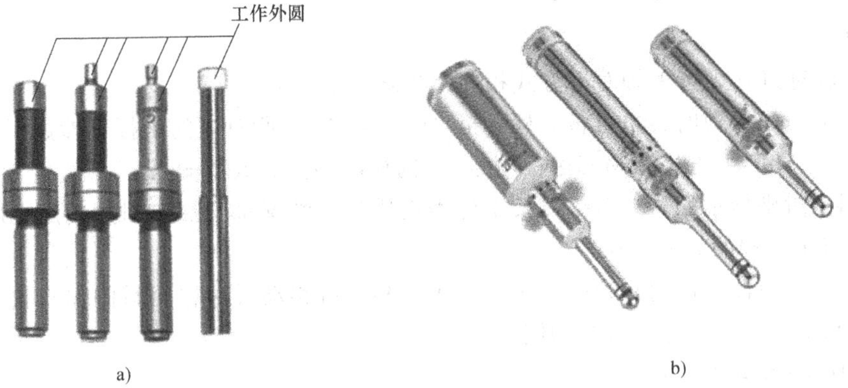

图 1-73　寻边器

a）机械式偏心寻边器　b）光电式寻边器

机械式偏心寻边器由上下两部分及连接弹簧组成（图 1-73a），寻边器的下半部分被安装在刀柄上。当寻边器以合理的转速旋转时，其上半部分受离心力而产生偏心旋转，移动寻边器使其工作外圆与工件表面接触并使其上下两部分刚好同心，此时寻边器轴心与工件表面的距离等于工作外圆的半径。X 轴对刀视频见二维码 1-30。

对刀方法如下（以图 1-72 为例介绍）。

① 将装有寻边器的刀柄安装到主轴上。

② 在 MDI 状态下启动主轴（S200 ~ S400）。

③ 采用“手轮”方式先将寻边器移动至工件 A 侧面附近，再使寻边器的工作外圆逐渐靠近工件 A 侧面（手轮倍率应合理，建议当距离较小时增量倍率选择“×10”）。

④ 以步进方式使寻边器向工件 A 侧面移动，当寻边器接触工件表面且同心时停止移动。

⑤ 将显示切换为相对坐标界面，使 X 轴的坐标值归零。

⑥ 移动寻边器离开 A 侧面，按照③与④的步骤使寻边器接触工件 B 侧面且同心时停止移动。

⑦ 记下相对坐标界面上当前 X 轴的坐标值（记为 X_L），移动寻边器离开 B 侧面。

⑧ 移动寻边器至 $X_L/2$ 处。

⑨ 进入工件坐标系设置界面，移动光标至“01（G54）”所对应的 X 轴参数栏，将当前位置所对应的机床坐标 X 轴的值输入缓存区中，按下 INPUT 功能键完成 X 轴对刀值的输入，

如图 1-74 所示。

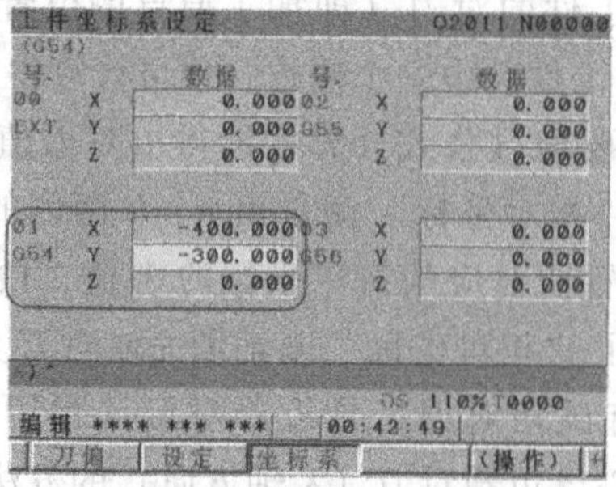

图 1-74　输入 *X/Y* 的对刀值

二维码 1-30

说明：

① *Y* 轴对刀方式与 *X* 轴对刀方式相同，在此省略介绍。

② 输入对刀参数时，也可将光标移至“01（G54）”所对应的坐标轴参数栏内（例如 *Y* 轴），输入“Y0”并选择软功能键［测量］，同样能够完成数据输入。

③ 对刀时坐标轴的移动倍率以及工件表面质量等情况都会影响对刀精度，因此需要综合考虑，确定合理的对刀方式。

④ 由于寻边器靠边同心时的状态不便于观察，可移动寻边器至瞬间偏心状态，此状态为同心与偏心的临界状态，可视为同心。

9. 程序校验与试切加工

（1）加工准备　在自动加工前，认真检查程序输入、对刀参数及刀补参数是否正确，检查工件装夹等是否正确，做好加工前的准备工作。

（2）校验程序　在自动加工前，必须对加工程序进行校验，确保程序正确后才能进行自动加工。加工程序一般采用空运行及模拟刀路轨迹的方式进行校验。在校验程序之前，应将刀具抬高，确保安全。校验程序视频见二维码 1-31。

1）空运行校验。空运行校验程序是在使刀具不接触工件（刀具一般处于工件上方）的前提下执行程序（即空走刀），刀具会以快速运动方式划出刀具路线，观察刀具实际运动路线是否正确。操作步骤如下：

① 进入工件坐标系设定界面，移动光标至“00（EXT）”所对应的 *Z* 轴参数栏，输入高度方向的安全数值（如“Z20.0”），此值输入后程序中的所有 *Z* 轴的坐标值将抬高 20mm（此距离即为空运行的安全距离），如图 1-75 所示。

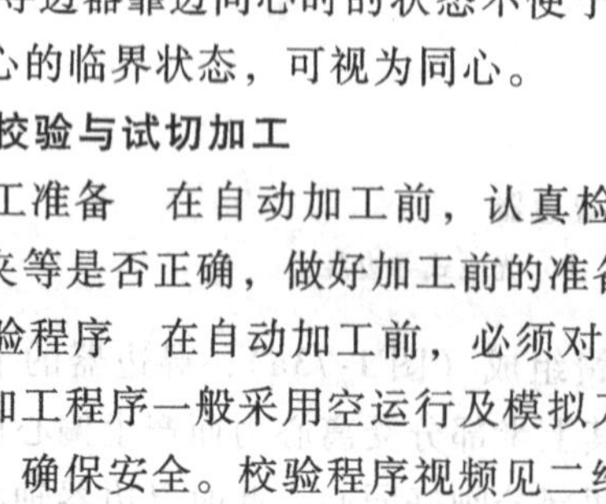

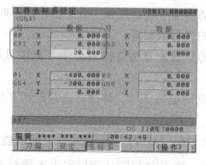

图 1-75　EXT 设置

二维码 1-31

② 将机床控制面板上的“进给倍率修调旋钮”置零，将显示调节为程序检查界面。

③ 切换机床工作状态至“自动运行”，选中机床控制面板上的“空运行”按钮（即打开“空运行”方式）及“单段”按钮。

④ 选择机床控制面板上的“循环启动”按钮执行程序，适时调节“进给倍率修调旋钮”以控制刀具的运动速度，确保运行安全。

⑤ 观察刀具运动路线是否与程序编写路径一致，同时观察程序检查界面中的“待走量”数据是否与刀具运动距离一致。

⑥ 重复步骤④~⑤直到程序执行完毕。

⑦ 复选“空运行”按钮（即取消“空运行”方式）。

⑧ 进入工件坐标系设置界面，将“00（EXT）”中的数据清零（即输入“0”），完成空运行校验。

说明：

当在空运行校验过程中发现程序错误或将要发生撞刀时，应立即将“进给倍率修调旋钮”置零，选择 MDI 键盘上的[RESET]功能键停止程序，并将刀具抬高至安全位置后重新修改程序及参数，然后再次校验，直到程序及参数完全正确。

2）模拟刀路轨迹校验。模拟刀路轨迹校验是使用数控系统的图形模拟功能，将程序的刀路轨迹以线条的形式显示给操作者，操作者通过检查此刀路轨迹是否与编程路线一致，以校验程序是否正确。操作步骤如下：

① 选择 MDI 键盘上的[COSTOM GRAPH]功能键，将显示调节为图形模拟界面。

② 依次选中机床控制面板上的“空运行”→“机床锁住”→“辅助功能锁住”按钮。

③ 在“自动运行”状态下选择“循环启动”按钮执行程序，显示器中将绘制出刀具路线图。

④ 观察刀具路线图是否正确，若有错误，应停止并修改程序，然后再次模拟刀具路线图，直到正确为止。

当刀路轨迹校验完成后，应复选“空运行”“机床锁住”“辅助功能锁住”按钮，以取消各功能状态，将各坐标轴手动返回参考点，以便为后续加工做好准备。

（3）工件试切　当程序校验无误及其他准备工作就绪后，便可进行自动加工（操作视频见二维码 1-32）。操作步骤如下：

1）关闭防护门，将机床控制面板上的“进给倍率修调旋钮”置零，调节显示为程序检查界面。

2）依次选择“自动运行”→“单段”按钮。

3）点按“循环启动”按钮执行程序，适时调节“进给倍率修调旋钮”，以控制刀具运动速度，确保运行安全。

4）当完成 Z 向下刀后，复选“单段”按钮（即取消“单段”方式），使程序以自动连续运行方式运行，直到程序结束。

5）将“进给倍率修调旋钮”置零，测量工件加工结果，确认无误后取下工件，完成工件试切。

说明：

1）加工过程中应精力集中，观察刀具切削路线是否与程序编写路径一致，同时观察程序检查界面中的“待走量”数据是否与刀具运动距离一致。

2）建议操作者将两只手分别放在“循环暂停”及“进给倍率修调旋钮”上（图 1-76），若发生碰撞等情况时立即按下“循环暂停”按钮并同时将“进给倍率修调旋钮”置零；若出现紧急情况，则立即按下急停按钮，然后进行相应处理（操作建议视频见二维码 1-33）。

图 1-76　操作建议

二维码 1-32

二维码 1-33

3）运行过程中可根据需要暂停、停止、急停或重新运行程序。当程序正在执行时可进行如下几方面的操作：

① 按下“进给保持”按钮时暂停程序执行（此时刀具进给运动暂停，但主轴仍然转动），再选择“循环启动”按钮继续执行后续程序。

② 当切换工作状态为“手动”时，暂停程序执行（此时刀具进给运动暂停，但主轴仍然转动），若要继续执行程序，应将工作状态切换回“自动运行”，选择“循环启动”按钮继续执行后续程序。

③ 按下“急停”按钮，程序中断运行，机床停止运动。若要继续运行，应先旋开“急停”按钮，使程序复位并从头开始执行。

4）若被加工工件为批量生产，则必须进行首件试切，待首件加工合格后，方可进行其余工件的加工。

10. 报警处理

当数控机床在操作过程中发生报警时，通常根据以下几种情况进行相应处理：

1）若机床在静止状态下发生报警或报警后机床停止运动，则选择 MDI 键盘上的 MESSAGE 功能键打开报警信息界面，查看报警详情，根据报警号及报警内容进行相应处理，选择 MDI 键盘上的 RESET 功能键解除报警。

2）若发生报警时机床未停止运动，应首先将“进给倍率修调旋钮”置零，再根据报警号及报警内容进行相应处理，选择 MDI 键盘上的 RESET 功能键解除报警。

3）若某些报警无法用 RESET 功能键解除，则需关断机床电源，重新启动数控系统，然后再进行相应处理。

表 1-14 列出了部分常见的英文报警信息，表 1-15 列出了常见的程序报警信息。

表 1-14 英文报警信息（部分）

报警号	代号	显示内容	报警原因
1001	A0.1	HYDRAULIC PRESSURE LOW	液压压力低
1002	A0.3	EMERGENCY STOP	急停按钮输入
1003	A0.5	BATTERY ALARM	电池报警
1004	A0.7	CNC ALARM	CNC 报警
1005	A1.4	HARDWARE LIMIT	硬限位报警
1006	A1.5	SPINDLE ALARM	主轴报警
1007	A2.1	CNC NO READY	CNC 未准备好
1009	A1.6	LUBRICATION OIL LACK	润滑液不足报警
2001	A0.4	AIR PRESSURE LOW	气压过低
2002	A0.6	CNC RESTORATION	CNC 复位
2003	A1.0	X AXIS RETURN REFERENCING POINT	*X* 轴要回参考原点
2004	A1.1	Y AXIS RETURN REFERENCING POINT	*Y* 轴要回参考原点
2005	A1.2	Z AXIS RETURN REFERENCING POINT	*Z* 轴要回参考原点
2006	A1.3	4TH AXIS RETURN REFERENCING POINT	第 4 轴要回参考原点
2007	A2.0	PEED OVERATE SWITCH IS 0%	进给倍率为 0
2008	A2.2	SPINDLE NO DIRECTIONAL	主轴未定向
2009	A2.3	Z AXIS NO IN THE 2TH REFERENCING POINT	*Z* 轴不在第 2 参考点
2010	A2.4	Z AXIS NO IN THE 3TH REFERENCING POINT	*Z* 轴不在第 3 参考点
2011	A2.5	NO SPINDLE SPEED SIGNAL	无主轴转速信号
2012	A2.7	GUIDE LUBRICATION	导轨润滑压力低

表 1-15 程序报警信息（部分）

报警号	信 息	报警原因
003	数字位太多	输入了超过允许位数的数据
004	地址没找到	在程序段的开始无地址而输入了数字或字符“ - ”
005	地址后面无数据	地址后面无适当数据，而是另一地址或 EOB 代码
006	非法使用负号	符号“ - ”输入错误(在不能使用负号的地址后输入了“ - ”符号或输入了两个或多个“ - ”符号)
007	非法使用小数点	小数点“. ”输入错误(在不允许使用的地址中输入了“. ”符号，或输了两个或多个“. ”符号)
009	输入非法地址	在有效信息区输入了不能使用的字符
010	不正确的 G 代码	使用了不能使用的 G 代码或无此功能的 G 代码
015	指令了太多的轴	超过了允许的同时控制轴数
020	超出半径公差	在圆弧插补(G02/G03)中，起始点与圆弧中心的距离不同于终点与圆弧中心的距离，差值超过了参数 3410 中指定的值
021	指令了非法平面轴	在圆弧插补中，指令了不在所选平面内(G17/G18/G19)的轴
022	没有圆弧半径	在圆弧插补中，不管是 *R*(指定圆弧半径)，还是 *I*、*J*、*K*(指定从起始点到中心的距离)，都没有被指令
033	在 CRC 中无结果	刀具补偿 C 方式中的交点不能确定
034	圆弧指令时不能起刀或取消刀补	刀具补偿 C 方式中 G02/G03 指令时，企图起刀或取消刀补
041	在 CRC 中有干涉	在刀具补偿 C 方式中，将出现过切。刀具补偿方式下连续指令了两个没有移动指令而只有停刀指令的程序段
073	程序号已使用	被指令的程序号已经使用。改变程序号或删除不要的程序，重新执行程序存储
087	缓存区溢出	当使用阅读机或穿孔机接口向存储器输入数据时，尽管指定了读入终止指令，但再读入 10 个字节点，输入仍不中断，导致输入/输出设备或 P. C. B 故障

(续)

报警号	信　　息	报 警 原 因
101	请清除存储器	当用程序编辑操作对内存执行写入操作时,关闭了电源。如果该报警出现,按住[PROG]键,同时按住[RESET]键清除存储器,但只清除编辑的程序
113	不正确指令	在用户宏程序中指定了不能用的功能指令
114	宏程序格式错误	公式的格式错误
115	非法变量号	在用户宏程序中指定了不能作为变量号的值
124	缺少结束状态	DO-END 没有一一对应
126	非法循环数	对 DOn 循环,条件 1≤n≤3 不满足

1.3.2 数控铣床常用刀柄系统

数控铣床或加工中心上使用的刀具是通过刀柄与主轴相连的，刀柄通过拉钉和主轴内的拉紧装置固定在主轴上，由刀柄夹持刀具传递速度和转矩，如图 1-77 所示。最常用的刀柄与主轴孔的配合锥面一般采用 7:24 的锥度，这种锥柄不自锁，换刀方便，与直柄相比有较高的定心精度和刚度。如今，刀柄与拉钉的结构和尺寸已标准化和系列化，在我国应用最为广泛的是 BT40 与 BT50 系统刀柄和拉钉。

1. 刀柄分类

（1）按刀柄的结构分类

1）整体式刀柄。整体式刀柄直接夹住刀具，所以刚性好，但其规格、品种繁多，给生产带来不便。

2）模块式刀柄。模块式刀柄比整体式刀柄多出中间连接部分，装配不同刀具时更换连接部分即可，克服了整体式刀柄的缺点，但对连接精度、刚性、强度等有很高的要求。

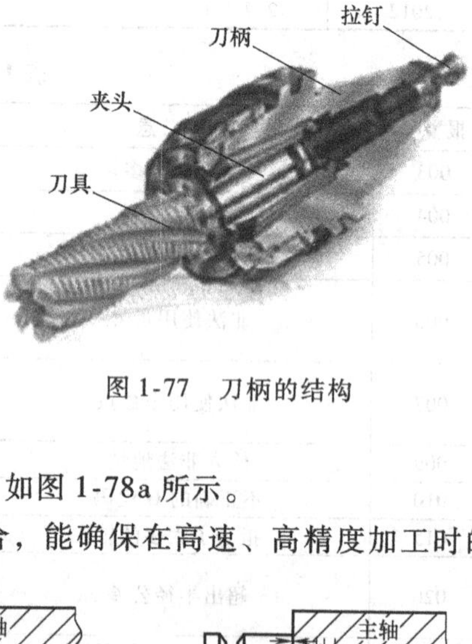

图 1-77　刀柄的结构

（2）按刀柄与主轴连接方式分类

1）一面约束。一面约束刀柄以锥面与主轴孔配合，端面有 2mm 左右的间隙，此种连接方式刚性较差，如图 1-78a 所示。

2）二面约束。二面约束以锥面及端面与主轴孔配合，能确保在高速、高精度加工时的可靠性要求，如图 1-78b 所示。

（3）按刀具夹紧方式分类

1）弹簧夹头式刀柄。如图1-79a 所示，这类刀柄使用较为广泛，采用 ER 型卡簧进行刀柄与刀具之间的连接，适用于夹持直径为 ϕ16mm 以下的铣刀进行铣削加工；若采用 KM 型卡簧，则为强力夹头刀柄，它可以提供较大的夹紧力，适用于夹持直径为 ϕ16mm 以上的铣刀进行强力铣削。

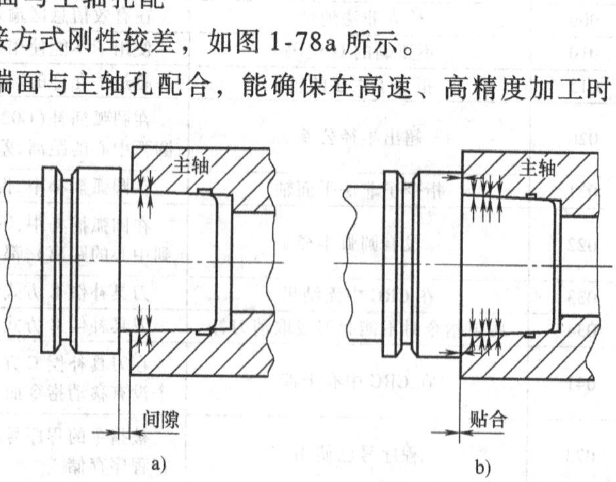

图 1-78　按刀柄与主轴连接方式分类
a）一面约束　b）二面约束

2）侧固式刀柄。如图 1-79b 所

示，这类刀柄采用侧向夹紧，适用于切削力大的加工，但一种尺寸的刀具需配备对应的一种刀柄，所以规格较多。

3）热装夹紧式刀柄。如图 1-79c 所示，这类刀柄在装刀时，需要加热刀柄孔，将刀具装入刀柄孔后，冷却刀柄，靠刀柄冷却收缩产生很大的夹紧力来夹紧刀具。这种刀柄装夹刀具后，径向圆跳动小、夹紧力大、刚性好、稳定可靠，非常适合高速切削加工。但由于安装与拆卸刀具不便，不适用于经常换刀的场合。

4）液压夹紧式刀柄。如图 1-79d 所示，这类刀柄采用液压夹紧刀具，夹持效果好，且刚性好，可提供较大的夹紧力，非常适合高速切削加工。

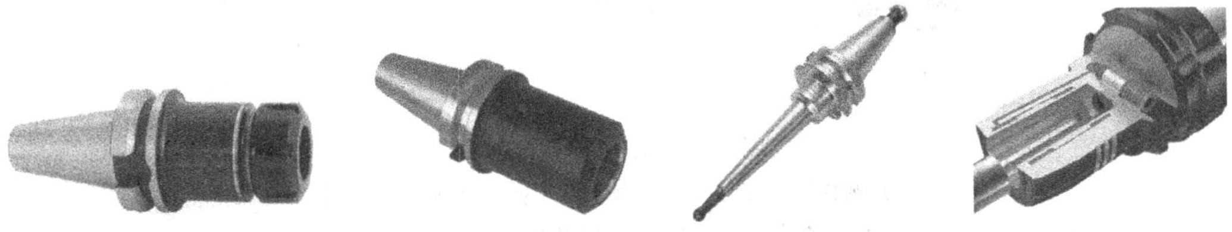

a)　　b)　　c)　　d)

图 1-79　按刀具夹紧方式分类

a）弹簧夹头式刀柄　b）侧固式刀柄　c）热装夹紧式刀柄　d）液压夹紧式刀柄

（4）按允许转速分类

1）低速刀柄。低速刀柄一般指用于主轴转速在 8000r/min 以下的刀柄。

2）高速刀柄。高速刀柄一般指用于主轴转速在 8000r/min 以上的高速加工的刀柄，其上有平衡调整环，必须通过动平衡检测后方可使用。

（5）按所夹持的刀具分类（图 1-80）

1）圆柱铣刀刀柄（图 1-80a），用于夹持圆柱铣刀。

2）锥柄钻头刀柄（图 1-80b），用于夹持莫氏锥度刀杆的钻头、铰刀等，带有扁尾槽及装卸槽。

3）面铣刀刀柄（图 1-80c），与面铣刀盘配套使用。

4）直柄钻夹头刀柄（图 1-80d），用于装夹直径在 ϕ13mm 以下的中心钻、直柄麻花钻等。

5）镗刀刀柄（图 1-80e），用于各种高精度孔的镗削加工，有单刃、双刃以及重切削等类型。

6）丝锥刀柄（图 1-80f），用于自动攻螺纹时装夹丝锥，一般具有切削力限制功能。

2. 拉钉

数控铣床或加工中心使用的拉钉如图 1-81 所示，其尺寸已标准化，ISO 和 GB 规定了 A 型和 B 型两种形式的拉钉。其中，A 型拉钉用于不带钢球的拉紧装置，B 型拉钉用于带钢球的拉紧装置。

3. 弹簧夹头及中间模块

弹簧夹头有两种，分别是 ER 弹簧夹头和 KM 弹簧夹头，如图 1-82 所示。其中，ER 弹簧夹头的夹紧力较小，适用于切削力较小的场合；KM 弹簧夹头的夹紧力较大，适用于强力切削。

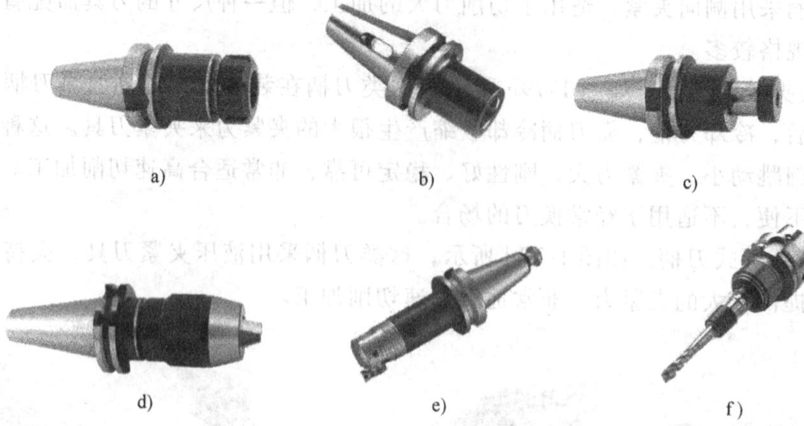

图 1-80　按夹持刀具分类

a）圆柱铣刀刀柄　b）锥柄钻头刀柄　c）面铣刀刀柄

d）直柄钻夹头刀柄　e）镗刀刀柄　f）丝锥刀柄

中间模块如图 1-83 所示，它是刀柄和刀具之间的中间连接装置。中间模块的使用，提高了刀柄的通用性能。例如，镗刀、丝锥和钻夹头与刀柄的连接就经常使用中间模块。

图 1-81　拉钉

图 1-82　弹簧夹头

a）ER 弹簧夹头　b）KM 弹簧夹头

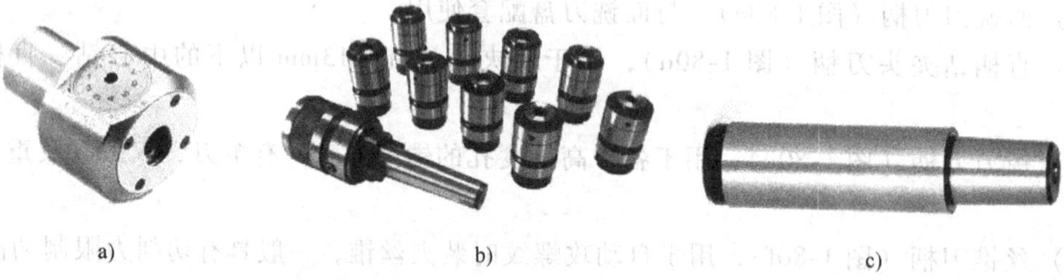

图 1-83　中间模块

a）精镗刀中间模块　b）攻螺纹夹套　c）钻夹头接杆

1.3.3　数控铣床的日常维护

数控铣床是技术密集度及自动化程度都很高的、典型的机电一体化产品。在机械制造业中，数控铣床的档次和拥有量，是反映一个企业制造能力的重要标志。但是在产品生产中，数控铣床能否达到加工精度高、产品质量稳定、生产率高的目标，除了铣床本身的精度和性能之外，还与平时操作者的使用规范以及正确的维护保养密切相关。因此，对数控铣床进行正确的维护与保养是充分发挥其工作效能的重要保障之一。

数控铣床维护不单纯是数控系统或机械部分等发生故障时进行的维修，还应该包括操作者的正确使用和日常保养等工作。

（1）维护保养的意义　数控铣床使用寿命的长短和故障率的高低，不仅取决于铣床本身的精度和性能，还取决于它的正确使用及维护保养。正确的维护与保养可以延长元器件的使用寿命，延长机械部件的磨损周期，防止意外恶性事故的发生，提高铣床工作的稳定性，充分发挥数控铣床的优势，保证企业的经济效益。

（2）维护保养的基本内容

1）一级维护。

① 日常维护。

a. 检查自动润滑系统的油面高度，需要时应及时补充（自动润滑油箱如图 1-84 所示）。

b. 检查切削液的液面高度，如有必要及时添加。

c. 检查增压缸侧油杯里的液压油，不能低于油杯的 1/4。

d. 检查供气气压是否达到 0.55～0.6MPa（图 1-85）。

e. 清除导轨面的脏物及切屑，排除切屑槽中的切屑（图 1-86）。因为切屑堆积太高会影响 X、Y 方向的行程开关，造成回参考点错误；清扫切屑时不能踩踏 X、Y 方向两端的不锈钢防护罩，以防引起变形或损坏，防护罩变形可能会使机床运动中产生异响或影响机床的运动精度。

图 1-84　自动润滑油箱

图 1-85　气压表

图 1-86　工作台清扫

② 每周维护（在日常维护基础上进行）。

a. 检查切削液浓度，一般为 3%～5%（质量分数）；清洗切削液过滤器，确保切屑不进入冷却泵输送到管道中；从切削液液面撇出漂浮的导轨润滑油。

b. 清除整个机床的切屑和脏物并擦干净。

c. 检查所有导轨及其镶钢面，并涂上少量润滑油。

d. 检查机床后部的空气过滤装置，若有污物，应重新更换元件。

2）二级维护。年度维护（在每周维护基础上进行）：

① 拆下供气气罐里的过滤元件并进行清洁处理。

② 检查主轴传动带的状况和张力。

③ 检查固定导轨和镶条位置，若有必要则进行调整。

④ 检查是否所有运动功能均有效。

⑤ 检查导轨刮板的状态，必要时进行更换。

⑥ 检查电路连接是否完整，并检查绝缘状况。

⑦ 检查冷却过滤装置状况，必要时进行更换。

⑧ 每半年在 X、Y、Z 三个方向丝杠支撑轴承中注射补充锂基润滑脂。

3）三级维护。定期更换（2 年）：由专业维修人员更换电动拉杆的碟簧及主轴传动带。

企业点评

1. 在铣床操作中要有主动规避事故发生的意识，因此在铣床自动运行前必须确认各项内容正确无误，然后才能进行加工。

2. 对于数控铣床的操作，要不断地进行实践操作练习，争取达到人机合一的程度，从中总结操作经验，必定大有收获。不同的数控系统、生产厂家所生产出的数控铣床的操作会各不相同，但都会有铣床控制必备的 6 种工作方式（“回零”“手动”“手轮”“MDI”“自动”“编辑”），通过对这 6 种工作方式进行总结，对于不熟悉的数控铣床，也同样能上手。

3. 数控铣床的对刀不仅可以使用专用对刀工具进行对刀，而且可以使用加工用的刀具进行对刀；对刀的位置不仅可以选择在工件上，而且可以选择在夹具或铣床工作台台面上，因此掌握对刀原理是非常重要的。

4. 良好的机床操机习惯和职业素养是对一名合格操作人员的必备要求，在初期的学习过程中便要注意自身良好的职业习惯的培养。

思考与练习

1. 练习装工件和装刀的操作。
2. 练习数控铣床功能按键的操作、手动操作和手轮操作。
3. 练习数控铣床对刀。
4. 练习数控程序的输入，将书中的例题程序输入数控系统并进行校验。
5. 如图 1-87 所示的零件，零件尺寸为 60mm × 60mm × 20mm，刀具为 ϕ20mm 平底立铣刀，建立合适的坐标系，分别采用指令 G90 和 G91 的方式完成该零件上凸台的程序编制。

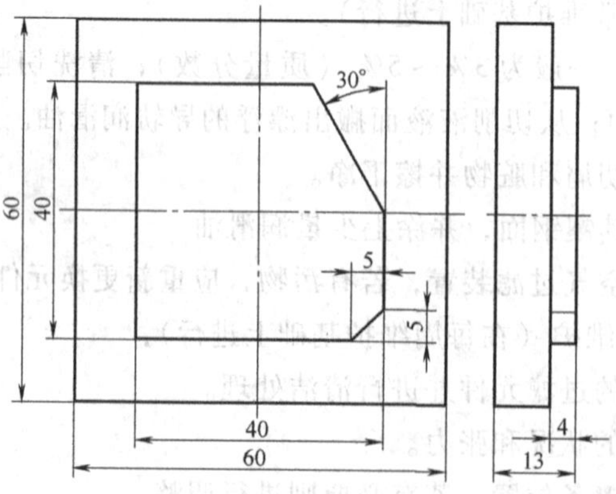

图 1-87 练习图 1

6. 如图 1-88 所示零件，零件尺寸为 80mm × 80mm × 16mm，刀具为 ϕ20mm 平底立铣刀，完成该零件上平面程序的编制，并自学附件中数控加工仿真系统后，完成该零件的仿真加工。

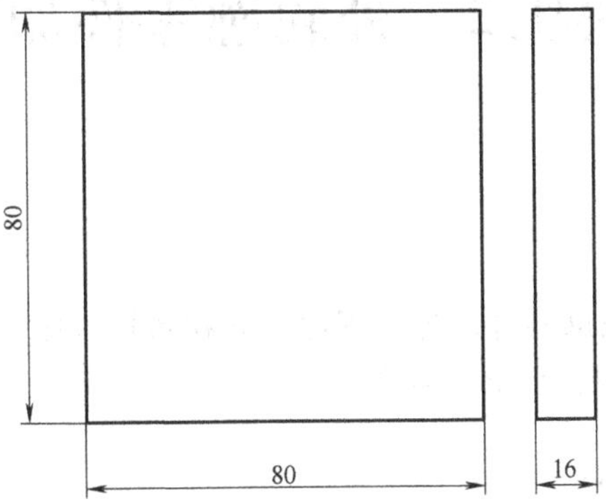

图 1-88　练习图 2

模块2　外轮廓零件加工

任务描述

编写如图2-1所示外轮廓零件的加工程序，并在数控铣床上进行加工。毛坯为ϕ68mm×81mm的棒料，材料为2A12，小批量生产。

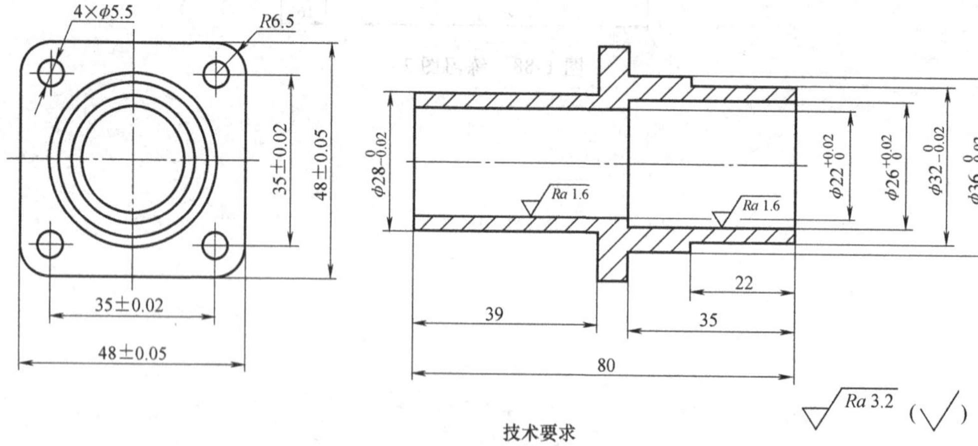

技术要求

1. 锐边倒棱C0.5。
2. 未注尺寸公差IT11(GB/T　1804—m)。

图2-1　外轮廓零件编程任务图

知识与技能点

- 坐标平面指令
- 圆弧插补指令
- 刀具半径补偿指令
- 刀具长度补偿指令
- 采用圆弧指令编写数控铣削加工程序
- 采用刀具半径补偿指令编写数控铣削加工程序

2.1　外轮廓零件加工工艺

2.1.1　常用外轮廓零件铣削刀具

常用外轮廓铣削刀具主要有面铣刀、立铣刀、键槽铣刀、模具铣刀和成形铣刀等。

1. 面铣刀

如图 2-2 所示，面铣刀的圆周表面和端面上都有切削刃，圆周表面的切削刃为主切削刃，端面上的切削刃为副切削刃。面铣刀多为套式镶齿结构，刀齿为高速钢或硬质合金，刀体为 40Cr。

刀片和刀齿与刀体的安装方式有整体焊接式、机夹焊接式和可转位式三种，其中可转位式是当前最常用的一种夹紧方式。

根据面铣刀刀具型号的不同，面铣刀直径可取 $d=40\sim400$mm，螺旋角 $\beta=10°$，刀齿数取 $z=4\sim20$。

2. 平底立铣刀

如图 2-3 所示，立铣刀是数控机床上用得最多的一种铣刀。立铣刀的圆柱表面和端面上都有切削刃，圆柱表面的切削刃为主切削刃，端面上的切削刃为副切削刃，它们可同时进行切削，也可单独进行切削。主切削刃一般为螺旋齿，这样可以增加切削平稳性，提高加工精度。由于普通立铣刀端面中心处无切削刃，所以立铣刀不能进行轴向进给，端面切削刃主要用来加工与侧面相垂直的底平面。

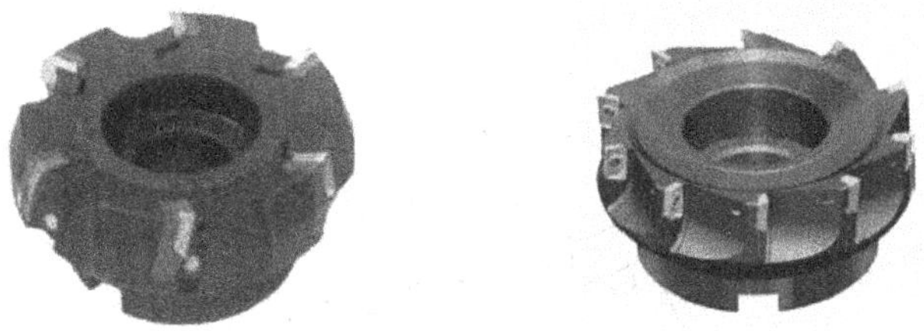

图 2-2　面铣刀

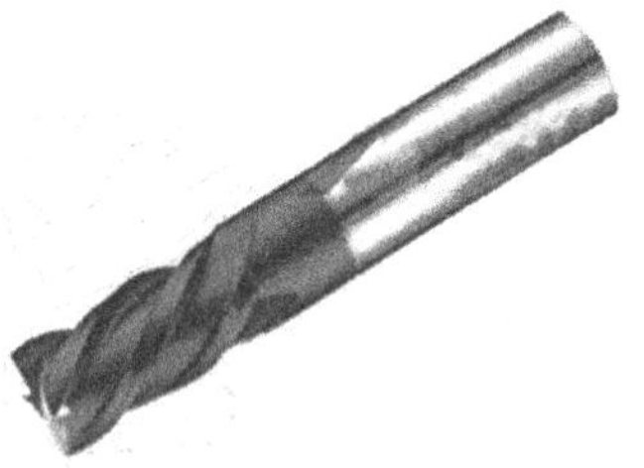

图 2-3　平底立铣刀

3. 键槽铣刀

如图 2-4 所示，键槽铣刀一般只有两个刀齿，圆柱面和端面都有切削刃，端面刃延伸至中心，既像立铣刀又像钻头。加工时先轴向进给到槽深，然后沿键槽方向铣出键槽全长。

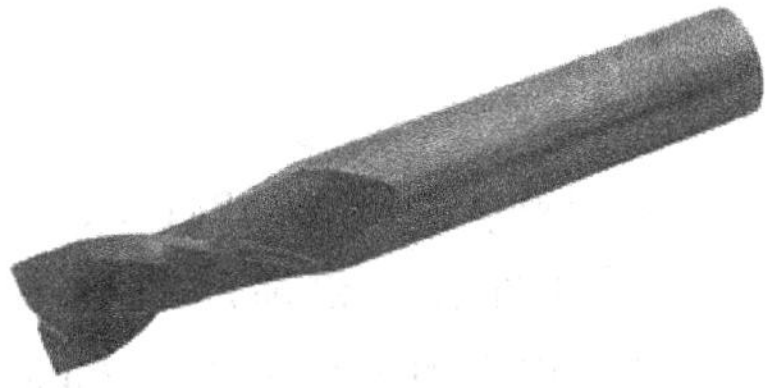

图 2-4　键槽铣刀

按国家标准规定，直柄键槽铣刀直径 $d=2\sim22$mm，锥柄键槽铣刀直径 $d=14\sim50$mm。键槽铣刀直径的精度要求较高，其偏差有 e8 和 d8 两种。键槽铣刀重磨时，只需刃磨端面切削刃，因此重磨后铣刀直径不变。

4. 模具铣刀

模具铣刀由立铣刀发展而成，可分为圆锥形立铣刀（圆锥半角 $\alpha=3°$、5°、7°、10°）、圆柱形球头立铣刀和圆锥形球头立铣刀三种，其柄部有直柄、削平型直柄和莫氏锥柄。模具铣刀中，圆柱形球头立铣刀在数控机床上应用较为广泛，如图 2-5 所示。

5. 其他铣刀

轮廓加工时除使用以上几种铣刀外，还使用鼓形铣刀和成形铣刀等。

2.1.2　铣削用量的选用

铣削加工的切削用量包括：切削速度、进给速度、背吃刀量和侧吃刀量。从刀具寿命的

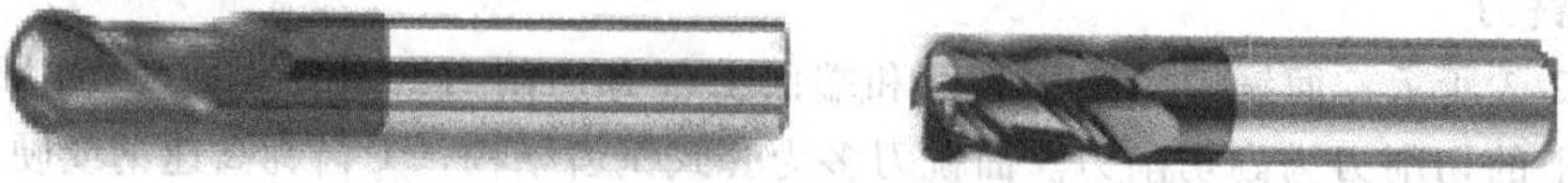

a)　　　　　　　　　　b)

图 2-5　模具铣刀

a）圆柱形球头立铣刀　b）R 铣刀

角度出发，切削用量的选择方法是：先选择背吃刀量或侧吃刀量，其次选择进给速度，最后确定切削速度。

1. 背吃刀量 a_p 或侧吃刀量 a_e

背吃刀量 a_p 为平行于铣刀轴线测量的切削层尺寸，单位为 mm。端铣时，a_p 为切削层深度；而圆周铣削时，为被加工表面的宽度。侧吃刀量 a_e 为垂直于铣刀轴线测量的切削层尺寸，单位为 mm。端铣时，a_e 为被加工表面宽度；而圆周铣削时，a_e 为切削层深度，如图2-6所示。

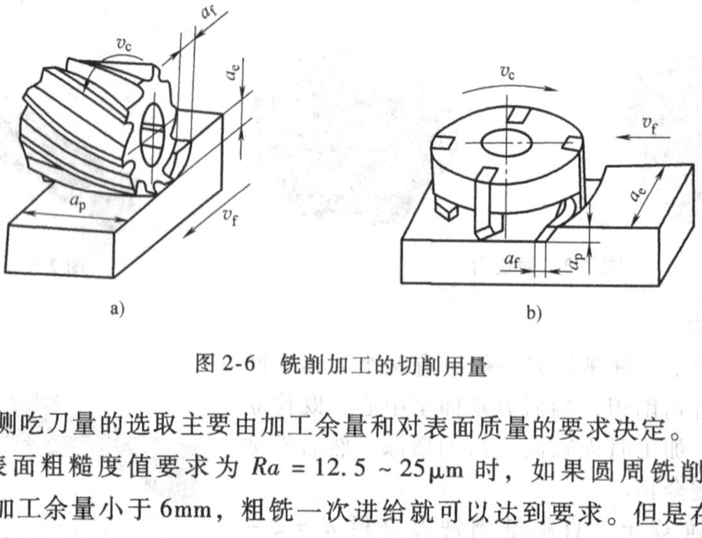

a)　　　　　　　　　　b)

图 2-6　铣削加工的切削用量

背吃刀量或侧吃刀量的选取主要由加工余量和对表面质量的要求决定。

1）当工件表面粗糙度值要求为 $Ra = 12.5 \sim 25\mu m$ 时，如果圆周铣削加工余量小于5mm，端面铣削加工余量小于6mm，粗铣一次进给就可以达到要求。但是在余量较大，工艺系统刚性较差或机床动力不足时，可分为两次进给完成。

2）当工件表面粗糙度值要求为 $Ra = 3.2 \sim 12.5\mu m$ 时，应分为粗铣和半精铣两步进行。粗铣时背吃刀量或侧吃刀量选取同前。粗铣后留有 0.5 ~ 1.0mm 余量，在半精铣时切除。

3）当工件表面粗糙度值要求为 $Ra = 0.8 \sim 3.2\mu m$ 时，应分为粗铣、半精铣、精铣三步进行。半精铣时背吃刀量或侧吃刀量为 1.5 ~ 2mm；精铣时，圆周铣侧吃刀量为 0.3 ~ 0.5mm，面铣刀背吃刀量为 0.5 ~ 1mm。

2. 进给量 f 与进给速度 v_f 的选择

铣削加工的进给量 f（mm/r）是指刀具转一周，工件与刀具沿进给运动方向的相对位移量；进给速度 v_f（mm/min）是单位时间内工件与铣刀沿进给方向的相对位移量。进给速度与进给量的关系为 $v_f = nf$（n 为铣刀转速，单位为 r/min）。进给量与进给速度是数控铣床加工切削用量中的重要参数，根据零件的表面粗糙度、加工精度要求、刀具及工件材料等因素，参考切削用量手册选取或通过选取每齿进给量 f_z，再根据公式 $f = zf_z$（z 为铣刀齿数）

计算。

每齿进给量f_z的选取主要依据工件材料的力学性能、刀具材料、工件表面粗糙度等因素。工件材料强度和硬度越高，f_z越小；反之则越大。硬质合金铣刀的每齿进给量高于同类高速钢铣刀。工件表面粗糙度要求越高，f_z就越小。每齿进给量的确定可参考表 2-1 选取。工件刚性差或刀具强度低时，应取较小值。

表 2-1　铣刀每齿进给量参考值

工件材料	f_z/mm			
	粗铣		精铣	
	高速钢铣刀	硬质合金铣刀	高速钢铣刀	硬质合金铣刀
钢	0.10～0.15	0.10～0.25	0.02～0.05	0.10～0.15
铸铁	0.12～0.20	0.15～0.30		

3. 切削速度v_c

铣削的切削速度v_c与刀具寿命、每齿进给量、背吃刀量、侧吃刀量以及铣刀齿数成反比，而与铣刀直径成正比。其原因是当f_z、a_p、a_e和z增大时，切削刃负荷增加，而且同时工作的齿数也增多，使切削热增加，刀具磨损加快，从而限制了切削速度的提高。为提高刀具寿命，允许使用较低的切削速度。但是加大铣刀直径则可改善散热条件，提高切削速度。

铣削加工的切削速度v_c可参考表 2-2 选取，也可参考有关切削用量手册中的经验公式通过计算选取。

表 2-2　铣削加工的切削速度参考值

工件材料	硬度 HBW	切削速度/(m/min)		工件材料	硬度 HBW	切削速度/(m/min)	
		硬质合金铣刀	高速钢铣刀			硬质合金铣刀	高速钢铣刀
低、中碳钢	<225 225～290 300～425	60～150 55～115 35～75	20～40 15～35 10～15	工具钢	200～250	45～80	12～25
高碳钢	<225 225～325 325～375 375～425	60～130 50～105 35～50 35～45	20～35 15～25 10～12 5～10	灰铸铁	100～140 150～225 230～290 300～320	110～115 60～110 45～90 20～30	25～35 15～20 10～18 5～10
合金钢	<225 225～325 325～425	55～120 35～80 30～60	15～35 10～25 5～10	可锻铸铁	110～160 160～200 200～240 240～280	100～200 80～120 70～110 40～60	40～50 25～35 15～25 10～20
				铝镁合金	95～100	360～600	180～300
不锈钢		70～90	20～35	黄铜		180～300	60～90
铸钢		45～75	15～25	青铜		180～300	30～50

4. 常用碳素钢材料切削用量的选择

在工厂实际生产过程中，切削用量一般根据经验并通过查表的方式来进行选取。常用碳素钢件材料 150～300HBW 切削用量的推荐值见表 2-3。

表 2-3　常用钢件材料切削用量的推荐值

刀具名称	刀具材料	切削速度/(m/min)	进给量(速度)/(mm/r)	背吃刀量/mm
中心钻	高速钢	20～40	0.05～0.10	0.5D
标准麻花钻	高速钢	20～40	0.15～0.25	0.5D
	硬质合金	40～60	0.05～0.20	0.5D

（续）

刀具名称	刀具材料	切削速度/(m/min)	进给量(速度)/(mm/r)	背吃刀量/mm
扩孔钻	硬质合金	45~90	0.05~0.40	≤2.5
机用铰刀	硬质合金	6~12	0.3~1	0.10~0.30
机用丝锥	硬质合金	6~12	P	$0.5P$
粗镗刀	硬质合金	80~250	0.10~0.50	0.5~2.0
精镗刀	硬质合金	80~250	0.05~0.30	0.3~1
立铣刀或键槽铣刀	硬质合金	80~250	0.10~0.40	1.5~3.0
	高速钢	20~40	0.10~0.40	$\leqslant 0.8D$
面铣刀	硬质合金	80~250	0.5~1.0	1.5~3.0
球头铣刀	硬质合金	80~250	0.2~0.6	0.5~1.0
	高速钢	20~40	0.10~0.40	0.5~1.0

注：D 为孔直径，P 为螺距。

5. 计算公式

通过所学知识对进给量 f、背吃刀量 a_p、切削速度 v_c 三者进行合理选用。表 2-4 提供了切削用量的计算公式。

表 2-4　铣削参数计算公式表

符　号	术　语	单　位	公　式
v_c	切削速度	m/min	$v_c=\frac{\pi D_c n}{1000}$
n	主轴转速	r/min	$n=\frac{1000v_c}{\pi D_c}$
v_f	进给速度	mm/min	$v_f=f_z n z_n$
		mm/r	$v_f=f_n n$
f_z	每齿进给量	mm	$f_z=\frac{v_f}{n z_n}$
f_n	每转进给量	mm/r	$f_n=\frac{v_f}{n}$

注：z_n 是刀具的齿数；D_c 是刀具的直径。

[例 2-1]　计算转速及进给速度。

条件：加工 50mm×50mm×10mm 的凸台，毛坯材料 45 钢，选用 ϕ10mm 的硬质合金键槽铣刀，背吃刀量为 1.5mm。请计算转速 n 的范围及进给速度 v_f（注意进给速度 v_f 的单位为 mm/min）。

解：根据表 2-3，选择 v_c 为 80~250m/min，f_n 为 0.10~0.40mm/r。

根据表 2-4，选择 $n=\frac{1000v_c}{\pi D_c}$ 和 $v_f=f_n n$。

$n_1=\frac{1000v_c}{\pi D_c}=\frac{1000\times 80}{3.14\times 10}\text{r/min}=2547\text{r/min}$，$v_{f1}=n_1 f_n=2547\times 0.1\text{mm/min}=254\text{mm/min}$；

$n_2=\frac{1000v_c}{\pi D_c}=\frac{1000\times 250}{3.14\times 10}\text{r/min}=7961\text{r/min}$，$v_{f2}=n_2 f_n=7961\times 0.4\text{mm/min}=3184\text{mm/min}$。

根据以上计算可知，转速 n 的范围为 2547~7961r/min，进给速度 v_f 的范围为 254~3184mm/min。

2.1.3 立铣刀的周铣削工艺

1. 起止高度与安全高度

(1) 起止高度 起止高度是指进退刀的初始高度（起始和返回平面）。程序开始时，刀具将先到达这一高度，同时在程序结束后，刀具也将退回到这一高度，起止高度一般大于或等于安全高度，如图 2-7 所示。

(2) 安全高度 安全高度也称为提刀高度（安全平面），是为了避免刀具碰撞工件而设定的高度（*Z* 值）。安全高度是在铣削过程中，刀具需要转移位置时，将退到这一高度再进行 G00 快速定位到下一进刀位置的高度。此值一般情况下应大于零件的最大高度（即高于零件的最高表面），如图 2-7 所示。

(3) 进刀和退刀高度 刀具在此高度位置实现快速下刀与切削进给的过渡（进刀和退刀平面），刀具以 G00 快速下刀到指定位置，然后以工进速度下刀到加工位置。如果不设定该值，刀具以 G00 的速度直接下刀到加工位置。若该位置又在工件内或工件上，且采用垂直下刀方式，则极不安全。即使是空的位置下刀，使用该值也可以使机床有缓冲过程，确保下刀所到位置的准确性，但是该值也不宜取得太大，因为下刀插入速度往往比较慢，太长的慢速下刀距离将影响加工效率，如图 2-8 和图 2-9 所示。

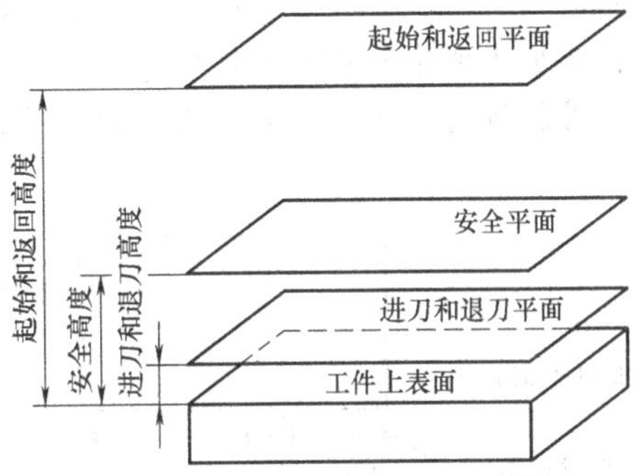

图 2-7 起止高度与安全高度

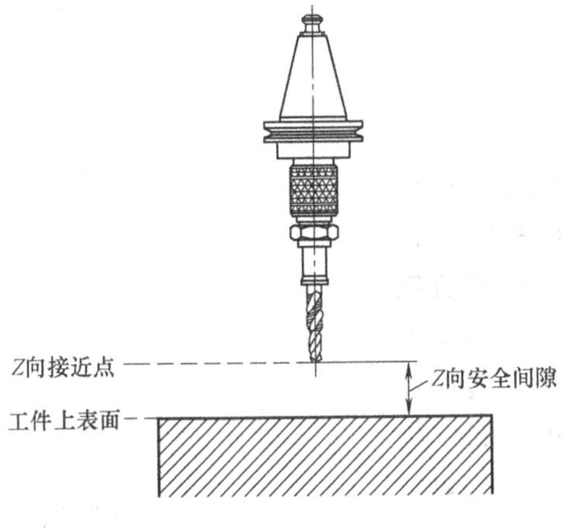

图 2-8 进刀和退刀高度

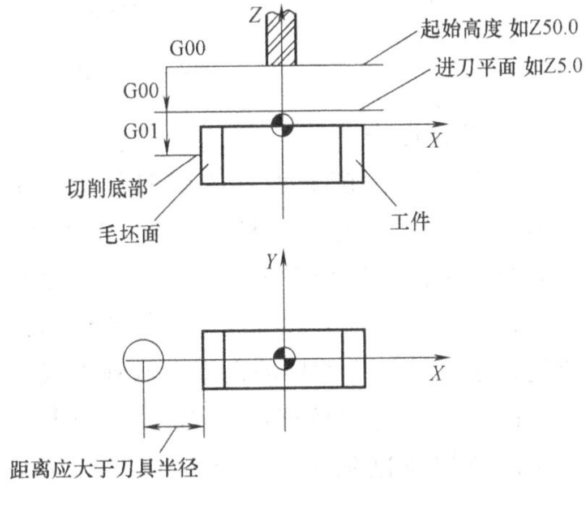

图 2-9 *Z* 向下刀

在加工过程中，当刀具需要在两点间移动而不切削时，是否需要提刀到安全平面呢？当设定为抬刀时，刀具将先提高到安全平面，再在安全平面上移动，否则将直接在两点间移动而不提刀。直接移动可以节省抬刀时间，但是必须注意安全，在移动路径中不能有凸出的部位。特别注意在编程中，当分区域选择加工曲面且分区加工时，中间没有选择的部分是否有高于刀具移动路线的部分。在粗加工时，对较大面积的加工通常建议使用抬刀，以便在加工时可以暂停，并对刀具进行检查。而在精加工时，常使用不抬刀，以加快加工速度，特别是像角落部分的加工，抬刀将造成加工时间大幅延长，如图 2-7 所示。

2. 水平方向进/退刀方式

为了改善铣刀开始接触工件和离开工件表面时的状况，数控编程时一般要设置刀具接近工件和离开工件表面时的特殊运行轨迹，避免刀具直接与工件表面相撞和保护已加工表面。水平方向进/退刀方式分为“直线”与“圆弧”两种方式，分别需要设定进/退刀线长度和进/退刀圆弧半径。

精加工轮廓时，一般以与被加工表面相切的圆弧方式接触和退出工件表面，如图 2-10 所示，图中的切入轨迹是以圆弧方式与被加工表面相切，退出时也是以一个圆弧轨迹离开工件。另一种方式是，以被加工表面法线方向进入和退出工件表面，进入和退出轨迹是与被加工表面相垂直（法向）的一段直线，此方式轨迹相对较短，适用于表面要求不高的情况，常在粗加工或半精加工中使用。

外轮廓常见的水平方向进、退刀的方式如图 2-11 和图 2-12 所示。

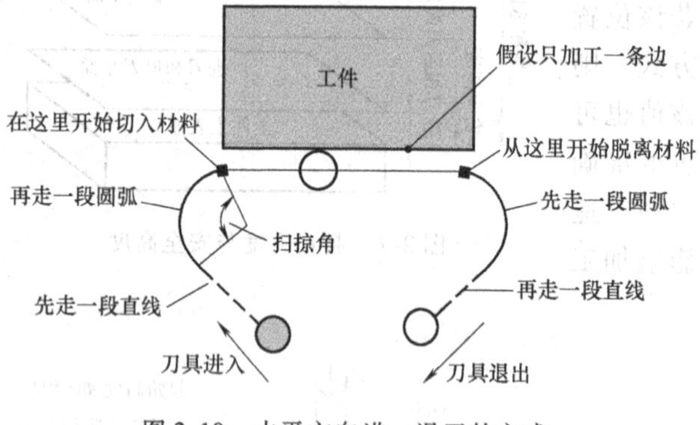

图 2-10　水平方向进、退刀的方式

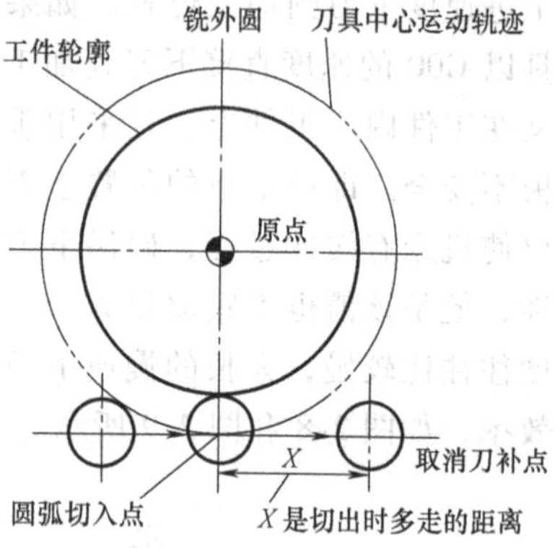

图 2-11　圆弧的切入/切出

3. 顺铣和逆铣

（1）顺铣　切削处刀具的旋向与工件的送进方向一致。通俗地说，是刀齿追着材料“咬”，刀齿刚切入材料时切得深，而脱离工件时则切得少。顺铣时，作用在工件上的垂直铣削力始终是向下的，能起到压住工件的作用，而且垂直铣削力的变化较小，故产生的振动也小，有利于减小工件加工表面的粗糙度值，从而得到较好的表面质量。同时顺铣也有利于排屑，所以数控铣削加工一般尽量用顺铣法加工，如图 2-13a 所示。

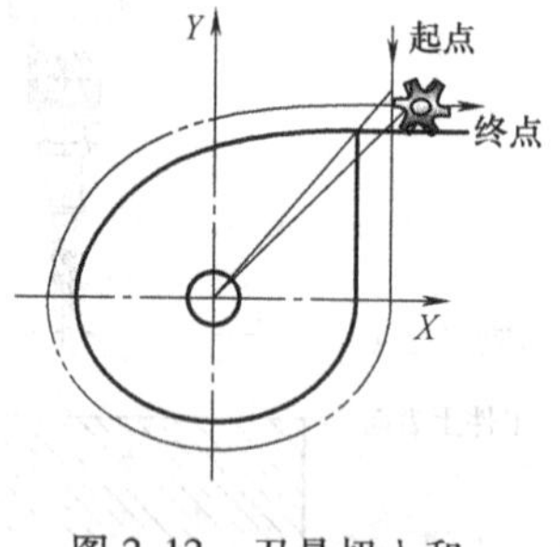

图 2-12　刀具切入和切出时的外延

（2）逆铣　切削处刀具的旋向与工件的送进方向相反。通俗地说，是刀齿迎着材料“咬”，刀齿刚切入材料时切得薄，而脱离工件时切得厚。这种方式机床受冲击较大，加工后的表面不如顺铣光洁，消耗在工件进给运动上的动力较大。由于铣刀切削刃在加工表面上需要滑动一小段距离，切削刃容易磨损。但对于表面有硬皮的毛坯工件，顺铣时铣刀刀齿一开始就切削到硬皮，切削刃容易损坏，而逆铣时则无此问题，如图 2-13b 所示。

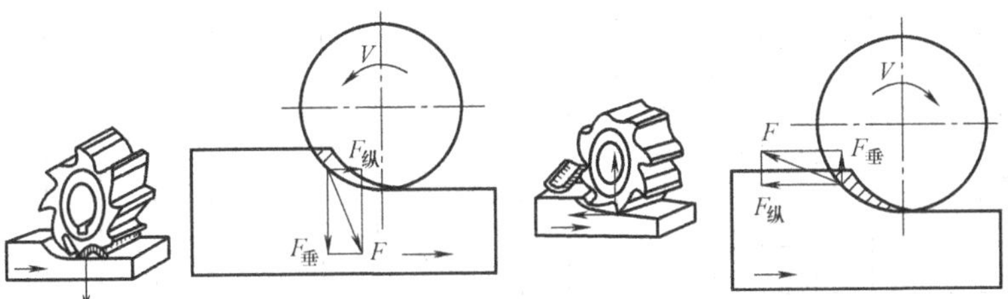

a) b)

图 2-13 顺铣和逆铣

2.1.4 外轮廓零件工艺制订

1. 零件图工艺分析

通过零件图（图 2-1）工艺分析，确定零件的加工内容、加工要求，初步确定各个加工结构的加工方法。

（1）加工内容 该零件主要由孔、外圆及外轮廓组成，毛坯是棒料，毛坯尺寸为 $\phi65$mm × 81mm；内孔尺寸：$\phi22$mm × 45mm 和 $\phi26$mm × 35mm；外圆尺寸：$\phi28$mm × 39mm，$\phi32$mm × 22mm，$\phi36$mm × 13mm；铣 48mm × 48mm 和 $R6.5$mm 的圆弧，钻 4 × $\phi5.5$mm 孔。

零件的主要加工要求为：

1）内孔：$\phi22^{+0.02}_{0}$ mm 的孔保证公差为 0.02mm，$\phi26^{+0.02}_{0}$ mm 的孔保证公差为 0.02mm。

2）外圆：$\phi28^{0}_{-0.020}$mm、$\phi32^{0}_{-0.020}$mm 及 $\phi36^{0}_{-0.020}$mm 保证公差为 0.02mm。

3）正四边形（48 ±0.05)mm 保证公差为 0.1mm。

4）4 × $\phi5.5$mm 中心孔、(35 ±0.02) mm 保证公差为 0.04mm。

5）以上尺寸要求中未标注公差的基本尺寸按自由尺寸公差等级 IT11。

6）零件表面粗糙度：内孔 $\phi22^{+0.02}_{0}$mm 和 $\phi26^{+0.02}_{0}$mm 要求保证 Ra 值为 1.6μm，其余要求保证 Ra 值为 3.2μm。

7）未注锐边倒角 C0.5mm。

（2）各结构的加工方法 由于该零件毛坯为棒料、小批量生产，首先在数控车床上用中心钻钻中心孔，然后用钻头钻孔，粗车、精车内孔和外圆；之后调头车端面，粗车、精车内孔和外圆；最后在数控铣床上按粗铣→精铣的方法加工四方形和圆弧。

2. 机床选择

根据零件的结构特点及加工要求，选择在数控车床和数控铣床上进行加工，选用配备 FANUC-0i 系统的 KV650 数控铣床加工该零件比较合适。该机床参数详见表 1-1。

3. 装夹方案的确定

根据零件的结构特点，在数控铣床上铣四方及圆弧时，采用自定心卡盘的装夹方式，夹持 $\phi36^{0}_{-0.020}$mm 的外圆，以端面定位。由于零件加工的总高度为 6mm，装夹示意图如图 2-14 所示。由于在数控铣床加工之前，零件的外形尺寸已经加工到位，因此在数控铣床上装夹时需要将工件校正，以保证零件加工的正确性。

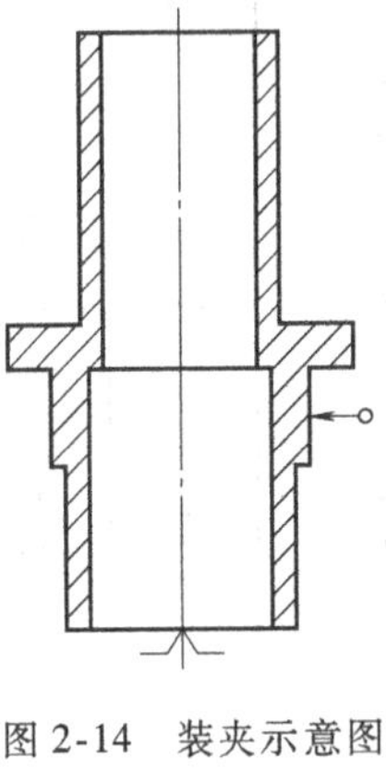

图 2-14 装夹示意图

4. 工艺过程卡制定（表 2-5）

表 2-5　工艺过程卡

（工厂）	机械工艺过程卡	产品型号		零件图号			
		产品名称		零件名称		共 1 页	第 1 页

材料牌号	2A12	毛坯种类	棒料	毛坯外形尺寸	ϕ68mm × 81mm	每毛坯可制件数		每台件数		备注	

工序号	工序名称	工序内容	车间	工段	设备	工艺装备	工时/min 准终	工时/min 单件
1	备料	备料 ϕ68mm × 81mm 棒料						
2	数控车	(1)钻中心孔	金工					
		(2)钻 ϕ12mm 通孔	数控		CK6140			
		(3)扩 ϕ20mm 通孔						
		(4)粗车右端外圆、内孔						
		(5)精车右端外圆、内孔，保证达到图样要求						
3	数控车	(1)调头粗车左端外圆、内孔						
		(2)精车左端外圆、内孔，保证达到图样要求						
4	数控铣	(1)粗铣四方及圆弧			KV650			
		(2)精铣四方及圆弧，达到图样要求						
		(3)在 4 × ϕ5.5mm 孔处钻中心孔						
		(4)在 4 × ϕ5.5mm 孔处钻 ϕ5.5mm 通孔						
5	钳	去毛刺						

										设计（日期）	审核（日期）	标准化（日期）	会签（日期）
标记	处数	更改文件号	签字	日期	标记	处数	更改文件号	签字	日期				

5. 加工顺序的确定

由于在数控车床上已完成了零件的尺寸加工，因而在数控铣床上只需完成四方及圆弧的加工。按照先粗后精的原则，先粗加工四方及圆弧，并留余量，再进行精加工。

6. 刀具与量具的确定

因为该零件为平面类零件，适合选用平底立铣刀进行加工。在粗加工时主要考虑加工效率，因此可选用较大直径的平底立铣刀，精加工时也可选用同一把立铣刀。所以粗、精加工选择 ϕ16mm 高速工具钢铣刀，$z_n=3$。

刀具与量具的选择分别参见表 2-6 和表 2-7。

表 2-6　数控加工刀具卡（参考）

产品名称或代号			零件名称		零件图号		备　注
工步号	刀具号	刀具名称	刀　具		刀具材料		
			直径/mm	长度/mm			
1	T01	平底立铣刀	ϕ16		高速钢		3 刃
2	T02	平底立铣刀	ϕ16		高速钢		3 刃
编　制		审　核		批　准		共　页　第　页	

表 2-7　数控加工量具卡（参考）

产品名称或代号		零件名称		零件图号	
序号	量具名称	量具规格	分度值	数量	
1	游标卡尺	0～150mm	0.02mm	1 把	
2	外径千分尺	25～50mm	0.01mm	1 把	
3	粗糙度样板			1 套	
编　制		审　核		批　准		共　页　第　页

7. 拟订数控铣削加工工序卡（见表2-8）

表 2-8　数控铣削加工工序卡

数控加工工序卡	产品型号		零件图号			
	产品名称		零件名称		共 1 页	第 1 页
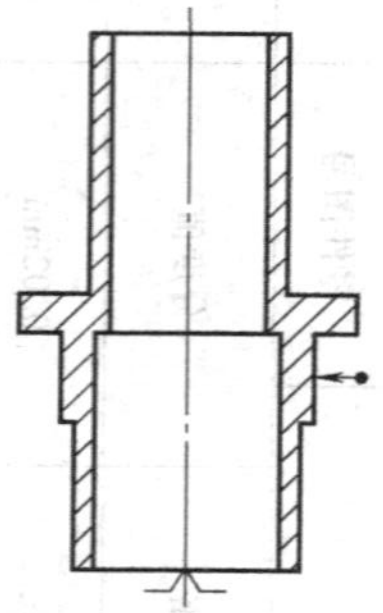	车间	工序号	工序名称	材料牌号		
	数控	4	数控铣	2A12		
	毛坯种类	毛坯外形尺寸	每毛坯可制件数	每台件数		
	棒料	ϕ65mm × 81mm				
	设备名称	设备型号	设备编号	同时加工		
	数控铣床	KV650				
	夹具编号		夹具名称	切削液		
			自定心卡盘			
	工位器具编号		工位器具名称	工序工时		
				准终	单件	

工步号	工步名称	工艺装备	主轴转速/（r/min）	切削速度/（m/min）	进给量/（mm/min）	背吃刀量/mm	进给次数	工时 机动	工时 单件
1	粗铣四方形(48 ± 0.05)mm 及 *R*6.5mm 的圆弧，单边留 0.2mm 的余量	KV650 数控铣床 ϕ16mm 立铣刀 游标卡尺	3600	180	1000	6			
2	精铣四方形(48 ± 0.05)mm 及 *R*6.5mm 的圆弧，达到图样要求	KV650 数控铣床 ϕ16mm 立铣刀 千分尺	3900	200	600	6			
3	钻 4 × ϕ5.5mm 的通孔，达到图样要求								

标记	处数	更改文件号	签字	日期	标记	处数	更改文件号	签字	日期	设计（日期）	审核（日期）	标准化（日期）	会签（日期）

2.2 外轮廓零件编程

2.2.1 坐标平面指令

坐标平面指令的作用是指定编程平面，如圆弧插补指令、刀具半径补偿指令、孔加工指令等在编程时均需要确定合理的编程平面。当机床坐标系及工件坐标系确定后，对应地就确定了三个坐标平面，即 *XY* 平面、*ZX* 平面和 *YZ* 平面（图 2-15）。坐标平面指令的选择与平面的对应关系是：

G17：选择 *XY* 平面。

G18：选择 *ZX* 平面。

G19：选择 *YZ* 平面。

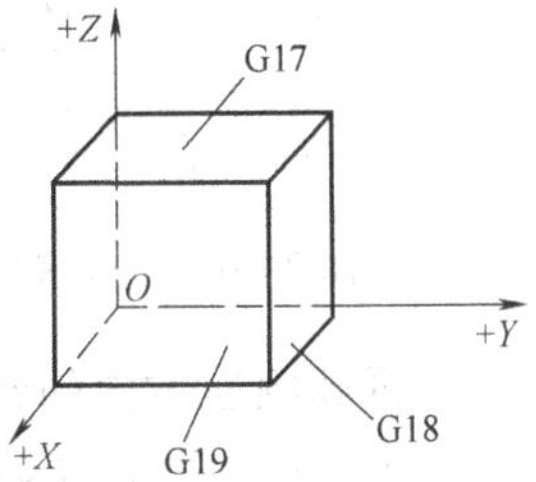

图 2-15　平面指令的选择

2.2.2 圆弧插补指令

1. 编程格式

程序段有两种书写方式，一种是圆心法，即 I、J、K 编程；另一种是半径法，即 R 编程。编程格式如下：

在 *XY* 平面内：$G17\begin{Bmatrix}G02\\G03\end{Bmatrix}X\_\quad Y\_\begin{Bmatrix}I\_\quad J\_\\R\_\end{Bmatrix}F\_;$

在 *ZX* 平面内：$G18\begin{Bmatrix}G02\\G03\end{Bmatrix}X\_\quad Z\_\begin{Bmatrix}I\_\quad K\_\\R\_\end{Bmatrix}F\_;$

在 *YZ* 平面内：$G19\begin{Bmatrix}G02\\G03\end{Bmatrix}Y\_\quad Z\_\begin{Bmatrix}J\_\quad K\_\\R\_\end{Bmatrix}F\_;$

2. 指令含义（表 2-9）

表 2-9　指令含义

条　件	指　令		说　明
平面选择	G17		圆弧在 *XY* 平面上
	G18		圆弧在 *ZX* 平面上
	G19		圆弧在 *YZ* 平面上
旋转方向	G02		顺时针方向圆弧插补指令
	G03		逆时针方向圆弧插补指令
终点位置	G90 时	*X*、*Y*、*Z*	为终点数值，是工件坐标系中的坐标值
	G91 时	*X*、*Y*、*Z*	为从起点到终点的增量
圆心的坐标	*I*、*J*、*K*		圆弧起点到圆心的增量，如图 2-16 所示
半径	*R*		圆弧半径

注意：*I*、*J*、*K* 为起点到圆心的距离，如图 2-16 所示，其算法为：圆心坐标值 - 圆弧起点坐标值，即

$$\begin{cases}I = X_{圆心} - X_{圆弧起点}\\J = Y_{圆心} - Y_{圆弧起点}\\K = Z_{圆心} - Z_{圆弧起点}\end{cases}$$

[**例 2-2**]　图 2-17 所示轨迹 *AB*，用圆弧指令编写的程序段如下：

圆弧 1：G03 X2.68 Y20.0 R20.0；

　　　　G03 X2.68 Y20.0 I－17.32 J－10.0；

圆弧 2：G02 X2.68 Y20.0 R20.0；

　　　　G02 X2.68 Y20.0 I－17.32 J10.0；

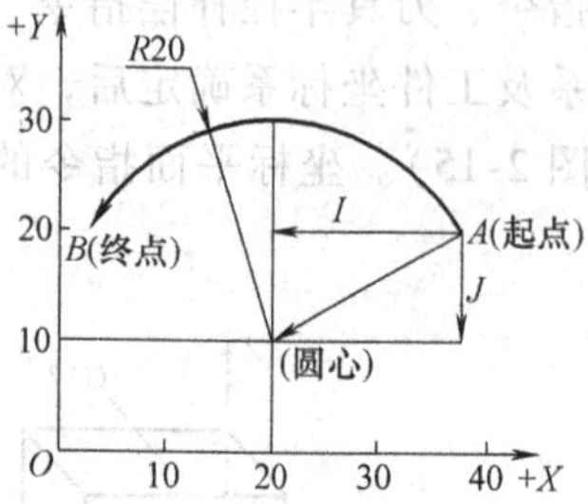

图 2-16　圆弧编程中的 *I*、*J* 值

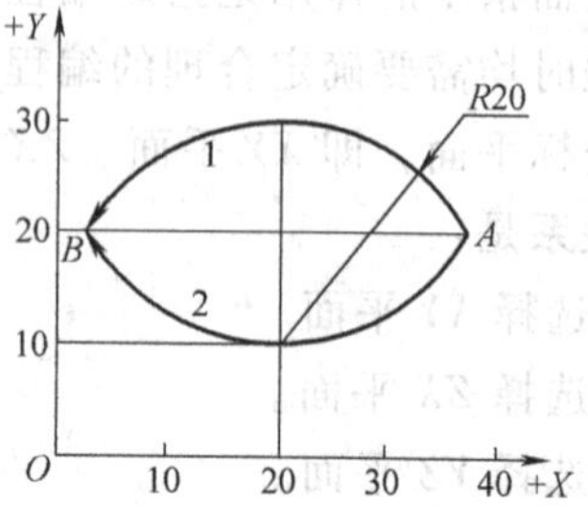

图 2-17　*R* 及 *I*、*J*、*K* 编程举例

3. 圆弧顺逆方向的判别

沿圆弧所在平面（如 *XY* 平面）的另一坐标轴（*Z* 轴）的正方向向负方向看，顺时针方向为顺时针圆弧（即 G02），逆时针方向为逆时针圆弧（即 G03），如图 2-18 所示。

4. 注意事项

圆弧半径 *R* 有正值与负值之分。当圆弧圆心角小于或等于 180°（图 2-19 中圆弧 1）时，程序中的 *R* 用正值表示；当圆弧圆心角大于 180°并小于 360°（图 2-19 中圆弧 2）时，*R* 用负值表示。需要注意的是，该指令格式不能用于整圆插补的编程，整圆插补需用 I、J、K 方式编程。

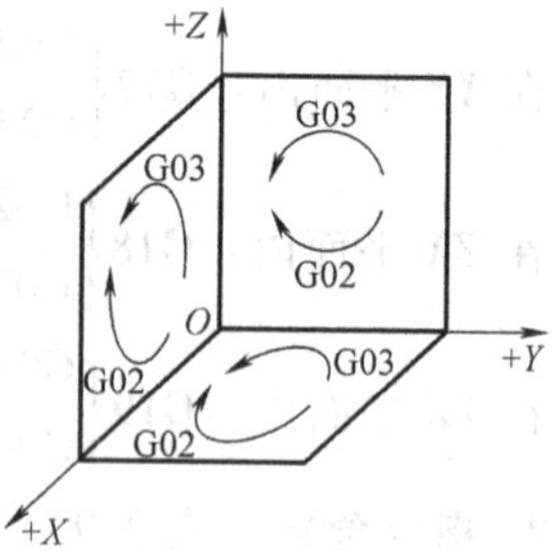

图 2-18　圆弧顺逆方向的判别

[**例 2-3**]　如图 2-19 所示轨迹 *AB*，用 R 指令格式编写的程序段如下：

圆弧 1：G02 X31.96 Y24.05 R40.0 F100；

圆弧 2：G02 X31.96 Y24.05 R－40.0 F100；

[**例 2-4**]　如图 2-20 所示，起点在（30，0），整圆程序的编写如下：

① 绝对值编程：G90 G02 X30.0 Y0 I－30.0 F300；

② 增量值编程：G91 G02 X0 Y0 I－30.0 F300；

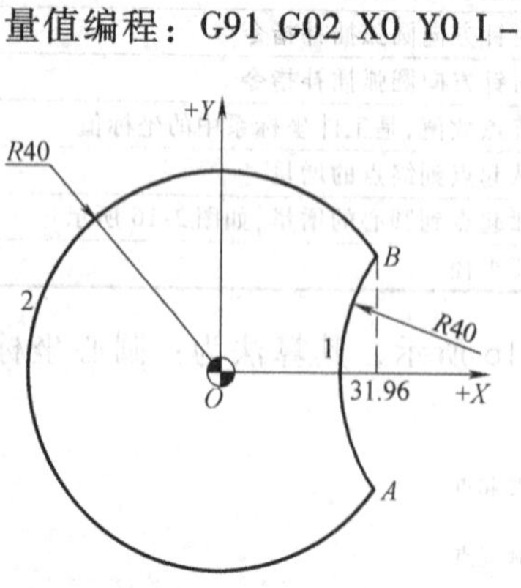

图 2-19　*R* 值的正负判断

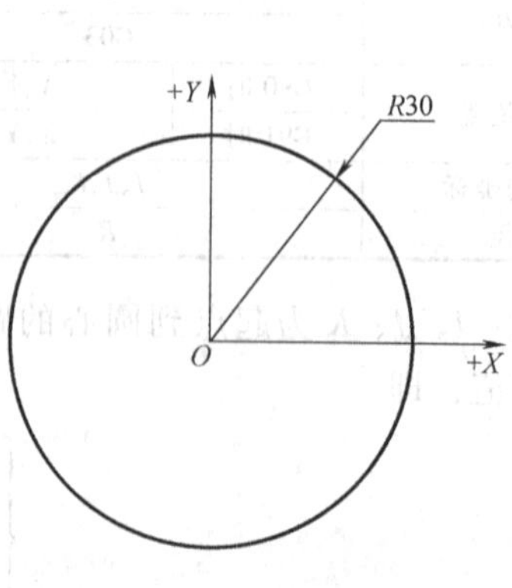

图 2-20　整圆编程例图

2.2.3 刀具补偿

1. 刀具补偿功能

在数控编程过程中，为了编程方便，通常将数控刀具假想成一个点。在编程时，一般不考虑刀具的长度与半径，而只考虑刀位点与编程轨迹重合。但在实际加工过程中，由于刀具半径与刀具长度各不相同，在加工中势必造成很大的加工误差。因此，实际加工时必须通过刀具补偿指令，使数控机床根据实际使用的刀具尺寸自动调整各坐标轴的移动量，确保实际加工轮廓和编程轨迹完全一致。数控机床的这种根据实际刀具尺寸自动改变坐标轴位置，使实际加工轮廓和编程轨迹完全一致的功能，称为刀具补偿功能。

数控铣床的刀具补偿功能分为刀具半径补偿功能和刀具长度补偿功能。

2. 刀位点

刀位点是指加工和编制程序时，用于表示刀具特征的点，如图 2-21 所示，同时也是对刀和加工的基准点。车刀与镗刀的刀位点，通常是指刀具的刀尖；钻头的刀位点通常指钻尖；立铣刀、端面铣刀的刀位点指刀具底面的中心；而球头铣刀的刀位点指球头中心（球头顶点）。

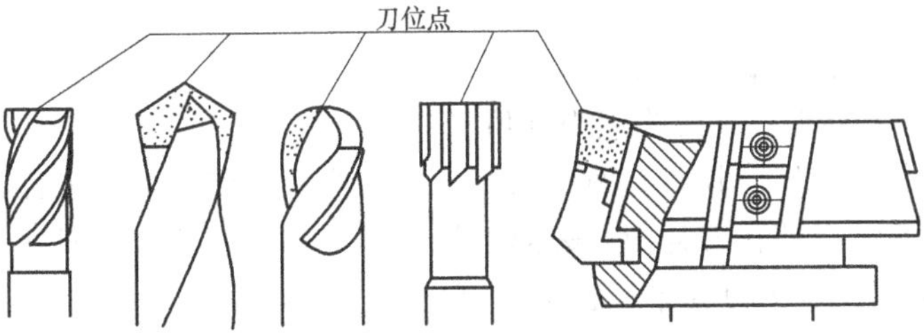

图 2-21 数控刀具的刀位点

3. 刀具半径补偿

（1）刀具半径补偿功能 在编制轮廓铣削加工程序时，一般按工件的轮廓尺寸进行刀具轨迹编程，而实际的刀具运动轨迹与工件轮廓有一偏移量（即刀具半径），在编程中通过刀具半径补偿功能来调整坐标轴移动量，使刀具运动轨迹与工件轮廓一致。因此，运用刀具半径补偿功能来编程可以达到简化编程的目的。

根据刀具半径补偿在工件拐角处过渡方式的不同，刀具半径补偿通常分为 B 型刀具半径补偿和 C 型刀具半径补偿两种。

B 型刀具半径补偿在工件轮廓的拐角处采用圆弧过渡，如图 2-22a 所示的圆弧$\overset{\frown}{DE}$。这样在外拐角处，刀具切削刃始终与工件尖角接触，刀具的刀尖始终处于切削状态。采用此种刀具半径补偿方式会使工件上尖角变钝、刀具磨损加剧，甚至在工件的内拐角处引起过切现象。

C 型刀具半径补偿采用了较为复杂的刀偏计算，计算出拐角处的交点，如图 2-22b 所示的 B 点，使刀具在工件轮廓拐角处采用了直线过渡的方式，如图 2-22b 中的直线 AB 与 BC，从而彻底解决了 B 型刀具半径补偿存在的不足。FANUC 数控系统默认的刀具半径补偿形式为 C 型。下面讨论的刀具半径补偿都是指 C 型刀具半径补偿。

（2）刀具半径补偿指令格式 编程格式：

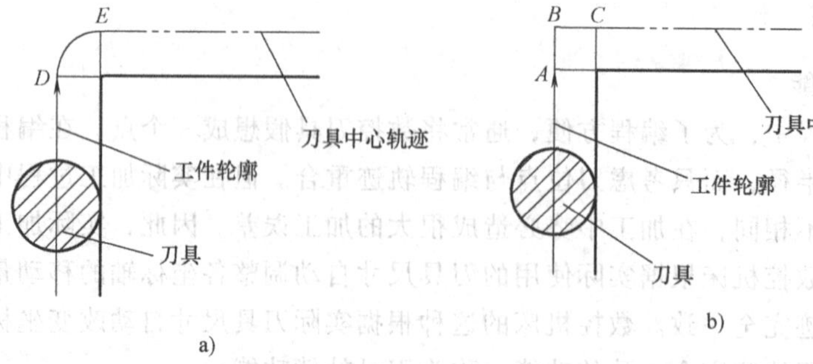

图 2-22 刀具半径补偿的拐角过渡方式

a）B 型刀具半径补偿 b）C 型刀具半径补偿

G41 G01/G00 X_ Y_ F _ D_; （刀具半径左补偿）

G42 G01/G00 X_ Y_ F_ D_; （刀具半径右补偿）

G40 G01/G00 X_ Y_ F_; （刀具半径补偿取消）

其中：G41——刀具半径左补偿指令。

G42——刀具半径右补偿指令。

G40——刀具半径补偿取消指令。

X、Y——建立刀补直线段的终点坐标值。

D——刀具半径补偿号。其后有两位数字，是数控系统存放刀具半径补偿值的地址（图 2-23）。如 D01 代表了存储在刀补内存表第 1 号中的刀具半径值。刀具半径补偿值需预先用手工输入（其数值不一定为刀具半径，可正可负）。

G41、G42、G40 均为模态指令。

（3）G41 指令与 G42 指令的判断方法 处在补偿平面外另一坐标轴的正方向，沿刀具的移动方向看，当刀具处在切削轮廓左侧时，称为刀具半径左补偿（即 G41）；当刀具处在工件的右侧时，称为刀具半径右补偿（即 G42），如图 2-24 所示。

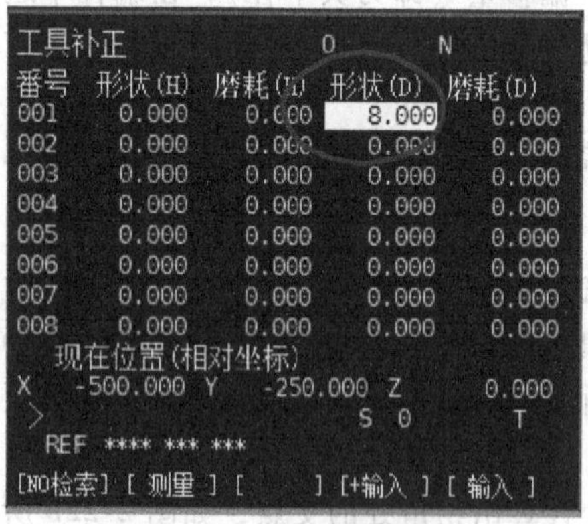

图 2-23 刀具半径补偿界面

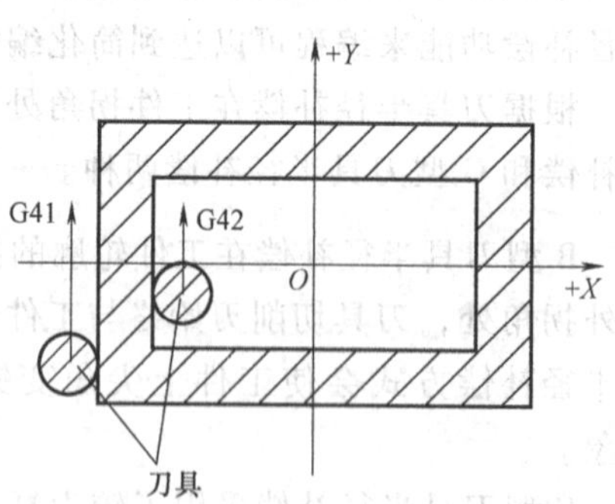

图 2-24 G41 指令与 G42 指令的判别

（4）刀具半径补偿过程（图 2-25） 刀具半径补偿的过程分三步，即刀补的建立、刀补的执行和刀补的取消。程序如下：

程　　序	注　　释
O0010;	
…	
N10 G41 G01 X100.0 Y100.0 D01 F100;	刀补建立
N20 Y200.0;	刀补执行
N30 X200.0;	
N40 Y100.0;	
N50 X100.0;	
N60 G40 G00 X0 Y0;	刀补取消
…	

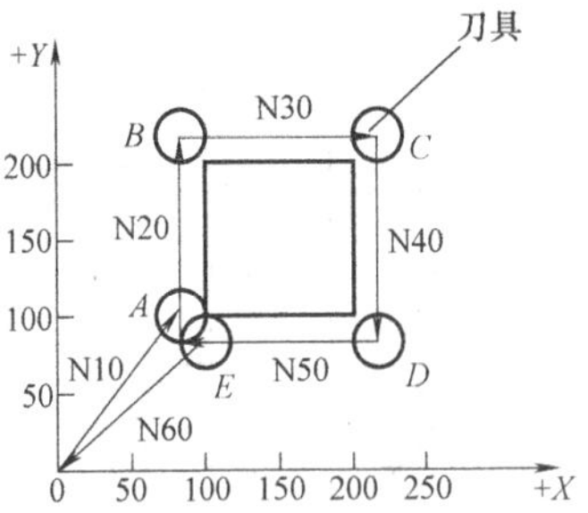

图 2-25　刀具半径补偿过程

1）刀补的建立。刀补的建立是在刀具从起点接近工件时，刀心轨迹从与编程轨迹重合过渡到与编程轨迹偏离一个偏置量的过程。在此过程中，刀具必须要有直线移动。

2）刀补的执行。刀具中心始终与编程轨迹相距一个偏置量，直到刀补取消。一旦刀补建立，不论加工任何可编程的轮廓，刀具中心始终让开编程轨迹一个偏置值。

3）刀补的取消。刀补的取消是指刀具离开工件，刀心轨迹从与编程轨迹偏离一个偏置量过渡到与编程轨迹重合的过程。在此过程中，刀具必须要有直线移动。其刀具半径补偿运动过程见二维码 2-1。

二维码 2-1

（5）刀具半径补偿的作用

1）刀具因磨损、重磨、换新刀而引起刀具直径改变后，不必修改程序，只需在刀具参数设置中输入变化后的刀具直径。如图 2-26a 所示，1 为未磨损的刀具，2 为磨损后的刀具，两者直径不同，只需将刀具参数中的刀具半径 R_1 改为 R_2，即可适用同一程序。

2）使用同一个程序、同一把刀具，可同时进行粗、精加工。如图 2-26b所示，刀具半径 R，精加工余量 a；粗加工时，偏置量设为（$R+a$），则加工出点画线轮廓；精加工时，用同一程序，同一刀具，但偏置量设为 R，则加工出实线轮廓。

3）在模具加工中，利用同一个程序，可加工出同一公称尺寸的凹、凸型面。如图2-26c 所示，在加工外轮廓时，将偏置量设为 $+D$，刀具中心将沿轮廓的外侧切削；当加工内轮廓时，偏置量设为 $-D$，这时刀具中心将沿轮廓的内侧切削。

（6）注意事项

1）在刀补的建立中，如果存在有两段以上的没有移动指令或存在非指定平面轴的移动指令段，则可能产生进刀不足或进刀超差，如图 2-27a 所示。其原因是数控系统预读的两个程序段都没有进给，因而无法确定刀具的前进方向。非补偿平面移动指令通常指只有 G、M、S、F、T 代码的程序段（如 G90、M05 等）、程序暂停程序段（如 G04 X10.0）和 G17 平面加工中的 Z 轴移动指令等。

2）为保证工件质量，在切入前建立刀补，在切出后撤销刀补。即刀补的建立和取消应

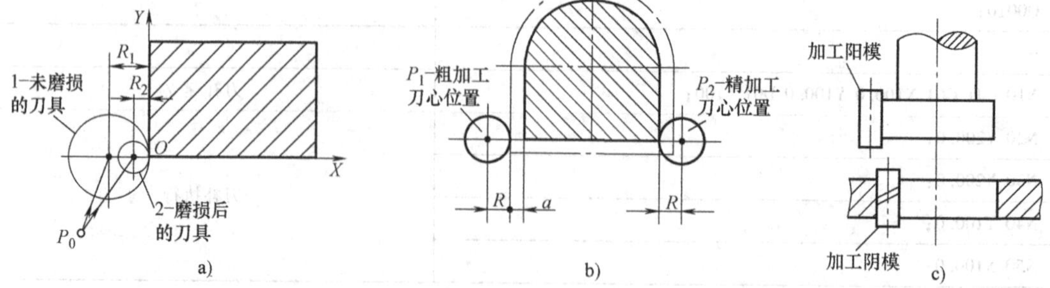

图 2-26　刀具半径补偿的作用

a）刀具直径改变　b）粗、精加工　c）凹、凸型面加工

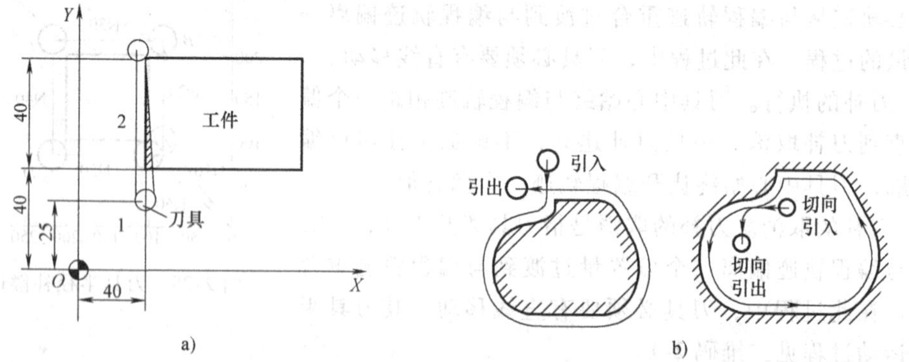

图 2-27　刀具半径建立注意事项

a）确定不了前进的方向造成过切　b）切入前建刀补，在切出后撤刀补

该在工件轮廓以外（如延长线上）进行，如图 2-27b 所示。

3）当刀具半径大于所加工工件内轮廓转角、沟槽以及加工台阶高度时会产生过切（图 2-28）。

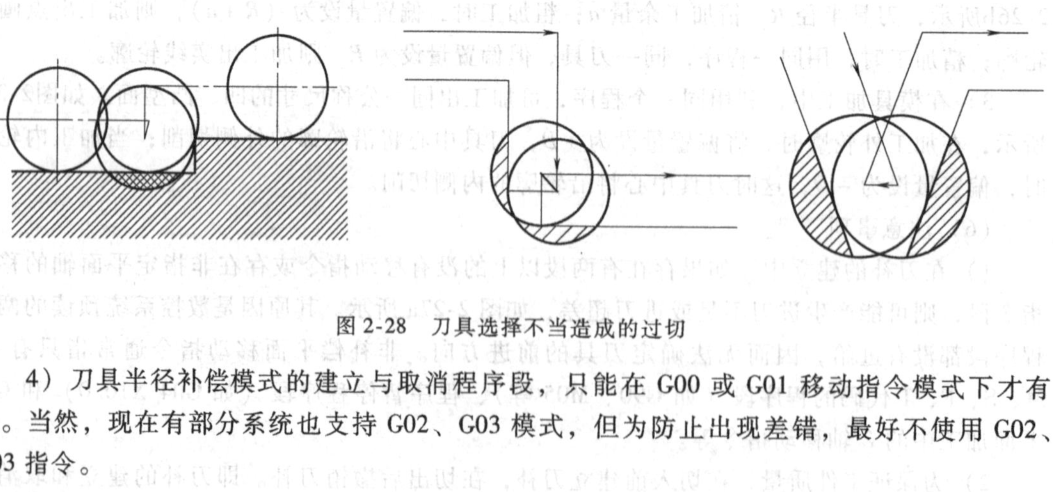

图 2-28　刀具选择不当造成的过切

4）刀具半径补偿模式的建立与取消程序段，只能在 G00 或 G01 移动指令模式下才有效。当然，现在有部分系统也支持 G02、G03 模式，但为防止出现差错，最好不使用 G02、G03 指令。

5）为保证刀补建立与刀补取消时刀具与工件的安全，通常采用 G01 运动方式来建立或取消刀补。如果采用 G00 运动方式来建立或取消刀补，则要采取先建立刀补再下刀和先退刀再取消刀补的方法。

6）为了便于计算坐标，可采用切向切入方式或法向切入方式来建立或取消刀补。对于不便于沿工件轮廓切向或法向切入切出时，可根据情况增加一个辅助程序段。刀具半径补偿建立与取消程序段的起始位置与终点位置尽量与补偿方向在同一侧，如图 2-29 中的 *OA* 所示，以防止在刀具半径补偿建立与取消过程中刀具产生过切现象，如图 2-29 中的 *OM* 所示。

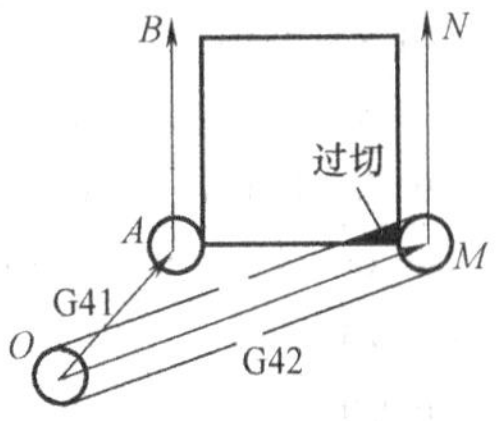

图 2-29　刀补建立与取消路线

（7）刀具半径补偿加工实例

［例 2-5］　如图 2-30a 所示，选用 ϕ16mm 的键槽铣刀在 100mm × 100mm × 45mm 的毛坯上加工 50mm × 50mm × 4mm 和圆弧半径 *R*5mm 的外形轮廓，试编写加工程序。

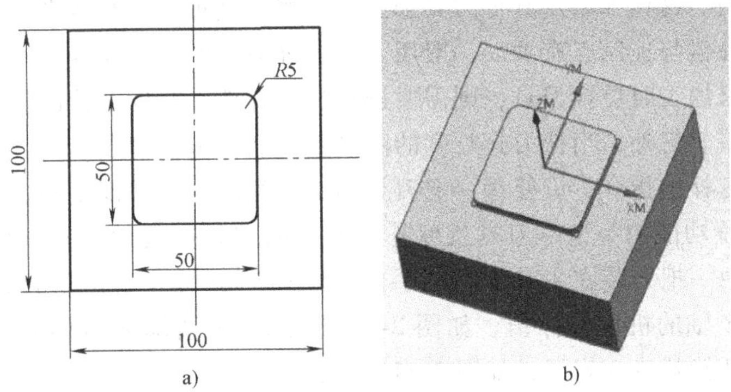

图 2-30　刀具半径补偿编程实例

a）平面图　b）实体图

加工程序如下：

程　　序	注　　释
O0010;	程序名
G90 G94 G40 G80 G49 G21 G17;	程序保护头
G91 G28 Z0;	刀具回 *Z* 向零点
G54 G90 G00 X -60.0 Y -60.0;	设定工件坐标系，刀具快速点定位到工件外侧，轨迹 1
M03 S800;	主轴正转
G43 G00 Z100.0 H01;	刀具长度补偿
Z5.0;	*Z* 向快速移动到安全平面
G01 Z -4.0 F100;	刀具切削进给至切削层深度
G41 G01 X -25.0 Y -50.0　F100　D01;	建立刀具半径补偿
Y20.0;	G17 平面切削加工
G02 X -20.0 Y25.0 R5.0;	刀具走 *R*5mm 的圆弧
G01 X20.0;	刀具走直线到 X20 的坐标处
G02 X25.0 Y20.0 R5.0;	刀具走 *R*5mm 的圆弧

（续）

程　序	注　释
G01 Y－20.0；	刀具走直线到 Y－20 的坐标处
G02 X20.0 Y－25.0 R5.0；	刀具走 *R*5mm 的圆弧
G01 X－20.0；	刀具走直线到 X－20 的坐标处
G02 X－25.0 Y－20.0 R5.0；	刀具走 *R*5mm 的圆弧
G03 X－43.0 Y－25.0 R9.0；	刀具圆弧切出
G40 G01 X－60.0 Y－60.0；	取消刀具半径补偿
G00 Z5.0；	刀具 *Z* 向抬刀到安全平面
Z100.0；	刀具 *Z* 向抬刀到初始平面
M30；	程序结束并返回

4. 刀具长度补偿

数控镗、铣床和加工中心所使用的刀具，每把刀具的长度都不相同，同时，由于刀具磨损或其他原因也会引起刀具长度发生变化，然而一旦对刀完成，数控系统便记录了相关点的位置，并加以控制。这样如果用其他刀具加工，必将出现加工不足或者过切的现象。

铣刀的长度补偿与控制点有关。一般用一把标准刀具的刀头作为控制点，则该刀具称为零长度刀具。如果加工时更换刀具，则需要进行长度补偿。长度补偿的值等于所换刀具与零长度刀具的长度差。另外，当把刀具长度的测量基准面作为控制点，则刀具长度补偿始终存在。使用刀具长度补偿指令，可使每一把刀具加工出的深度尺寸都正确。

（1）长度补偿功能的类型　刀具长度补偿的目的就是让其他刀具刀位点与程序中指定坐标重合。选其中一把刀装在主轴上，用手轮向下移动 *Z* 轴，当移动的 *Z* 轴与编程原点重合时，记下此时 *Z* 轴的机械坐标值，如图 2-31a 所示，把值输入刀偏表“001”外形（H）里面，这时长度补偿就建立好了，如图 2-31b 所示。

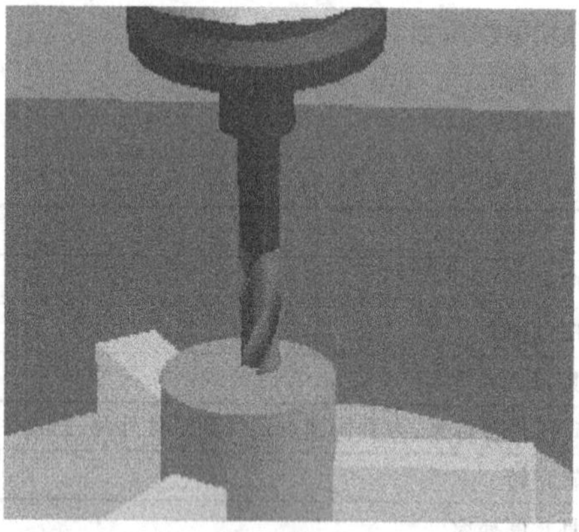

a)

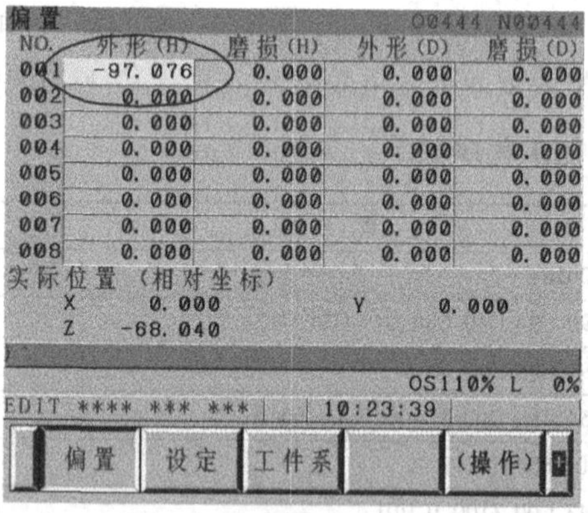

b)

图 2-31　刀具长度补偿

a）刀具移动到编程原点　b）刀具长度补偿界面

（2）刀具长度补偿的实现（分三步）

1）刀补的建立。在刀具从起点开始到达安全高度，基准点轨迹从与编程轨迹重合过渡到与编程轨迹偏离一个偏置量的过程。

2）刀补进行。基准点始终与编程轨迹相距一个偏置量直到刀补取消。

3）刀补取消。刀具离开工件，基准点轨迹从与编程轨迹偏离一个偏置量过渡到与编程轨迹重合的过程。

（3）刀具长度补偿指令。编程格式：

G43 G00/G01 Z_ H_;　　　　（刀具长度正补偿）

G44 G00/G01 Z_ H_;　　　　（刀具长度负补偿）

G49 G00/G01 Z_;　　　　（取消刀具长度补偿）

其中：G43——刀具长度正补偿，指令基准点沿指定轴的正方向偏置补偿地址中指定的数值。

G44——刀具长度负补偿，指令基准点沿指定轴的负方向偏置补偿地址中指定的数值。

Z——补偿轴的终点值（在 G43/G44 中表示编程坐标数值，在 G49 中表示机床坐标数值）。

H——刀具长度补偿号，是刀具长度偏置量的存储器地址。

G49——取消刀具长度补偿。

G43、G44、G49 均为模态指令，它们可以相互注销。

说明：

1）进行刀具长度补偿前，须完成对刀工作，即补偿地址下必须有相应补偿量。

2）刀补的引入和取消要求应在 G00 或 G01 程序段，且必须在 Z 轴上进行。

3）G43、G44 指令不要重复指定，否则会报警。

4）一般刀具长度补偿量的符号为正。若取为负值，会引起刀具长度补偿指令 G43 与 G44 的相互转换。

（4）刀具长度补偿的作用

1）使用刀具长度补偿指令，在编程时不必考虑刀具的实际长度及各把刀具长度尺寸的不同。

2）当由于刀具磨损、更换刀具等原因引起刀具长度尺寸变化时，只要修正刀具长度补偿量，而不必调整程序或刀具。

（5）刀具长度补偿量的确定

1）如图 2-32a 所示，第一种方法事先通过机外对刀法测量出刀具长度（图中 H01 和 H02），作为刀具长度补偿值（该值应为正），输入到对应的刀具补偿参数中。此时，工件坐标系（G54）中 Z 值的偏置值应设定为工件原点相对机床原点的 Z 向坐标值（该值为负）。

2）如图 2-32b 所示，第二种方法将工件坐标系（G54）中 Z 值的偏置值设定为零，即 Z 向的工件原点与机床原点重合，通过机内对刀测量出刀具 Z 轴返回机床原点时刀位点相对工件基准面的距离（图中 H01、H02 均为负值），作为每把刀具长度的补偿值。

3）如图 2-32c 所示，第三种方法将其中一把刀具作为基准刀，其长度补偿值为零，其他刀具的长度补偿值为与基准刀的长度差值（可通过机外对刀测量）。此时应先通过机内对刀法测量出基准刀在 Z 轴返回机床原点时刀位点相对工件基准面的距离，并输入到工件坐标系（G54）中 Z 值的偏置参数中。

（6）刀具长度补偿的应用

［例 2-6］ 按图 2-33 所示走刀路线完成数控加工程序编制。

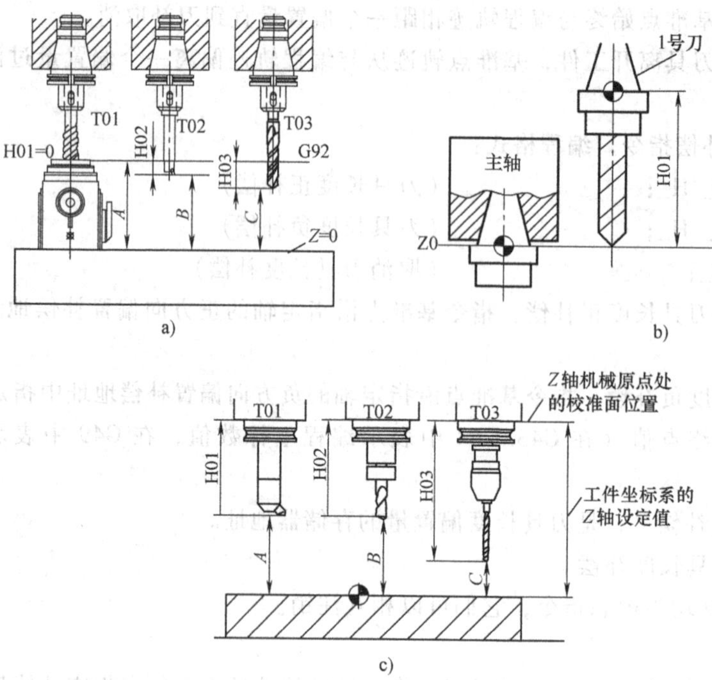

图 2-32　刀具长度补偿设定方法

a）基准刀法　b）Z值置零法　c）绝对刀长法

程序如下（H01 地址下置入偏置值为 3.0）：

程　　序	注　释
O1234;	
G21 G17 G40 G49 G80 G94 G98;	
/G91 G28 Z0;	
/G28 X0 Y0;	
M03 S630;	
G54 G90 G00 X70.0 Y25.0;	
G43 Z50.0 H01;	
G00 Z5.0;	
G01 Z-30.0 F100;	
G00 Z5.0;	
X40.0 Y45.0;	
G01 Z-15.0 F80;	
G04 P3000;	
G00 Z50.0;	
M30;	

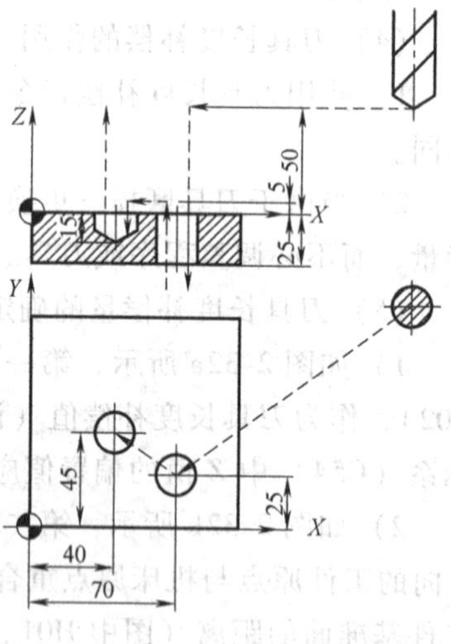

图 2-33　刀具长度补偿加工

当偏置号的改变而造成偏置值的改变时，新的偏置值并不加到旧偏置值上。例如，H01 的偏置值为 20.0，H02 的偏置值为 30.0，程序为

G90 G43 Z100.0 H01;　　　（Z 轴坐标将达到 120.0）

G90 G43 Z100.0 H02;　　　（Z 轴坐标将达到 130.0）

2.2.4 外轮廓零件编程

1. 确定并绘制走刀路线

（1）粗加工走刀路线　粗加工时，由于工件是圆形的，深度 6mm 一次性下刀，铣 48mm×48mm 的四方形及 *R*6.5mm 的圆弧，故走刀路线如图 2-34a 所示。

（2）精加工走刀路线　由于粗加工已完成，精加工单边有 0.2mm 的余量，则走刀路线沿四方形及 *R*6.5mm 的圆弧走一刀即可，路线如图 2-34b 所示。

2. 数控加工程序编制

以工件上表面几何中心为编程原点，编程坐标系设置如图 2-35 所示。

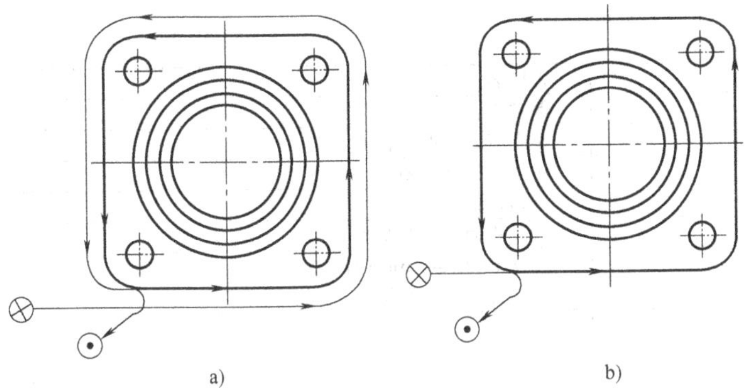

图 2-34　四方形及圆弧加工的走刀路线

a）粗加工走刀路线　b）精加工走刀路线

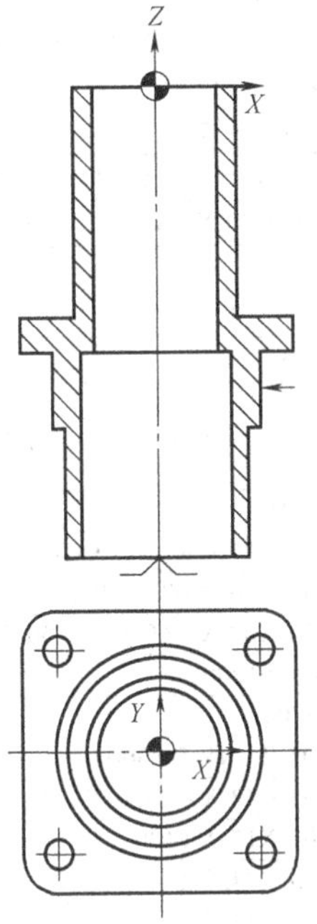

图 2-35　编程坐标系设置

3. 编写加工程序

粗铣四方形及圆弧加工程序：

程　　序	注　　释
O0001；	程序名
G17 G21 G40 G49 G80 G90；	保护头
G43 G00 Z100.0 H01；	建立刀具长度正补偿
Z5.0；	刀具移动到安全距离
G54 G00 X-60.0 Y-40.0；	建立工件坐标系
M03 S800；	主轴正转
G01 Z-45.5 F300；	刀具下到-45.5mm 处
G01 G42 X-45.0 Y-28.0 D01；	建立刀具半径补偿
G01 X17.5 F150；	粗加工工件外轮廓（四方形及圆弧）
G03 X28.0 Y-17.5 R10.5；	

（续）

程　序	注　释
G01 Y17.5;	粗加工工件外轮廓（四方形及圆弧）
G03 X17.5 Y28.0 R10.5;	
G01 X－17.5;	
G03 X－28.0 Y17.5 R10.5;	
G01 Y－17.5;	
G03 X－21.5 Y－24.2 R6.7;	
G01 X17.5;	
G03 X24.2Y－17.5 R6.7;	
G01 Y17.5;	
G03 X17.5 Y24.2 R6.7;	
G01 X－17.5;	
G03 X－24.2 Y17.5 R6.7;	
G01 Y－17.5;	
G03 X－17.5 Y－24.2 R6.7;	
G02 X－17.5 Y－37.6 R10.0	刀具切线退出
G01 G40 X－45.0 Y－28.0 F300;	取消刀具半径补偿
Z5.0;	刀具移动到安全距离
G00 Z100.0;	刀具移动到初始平面
M30;	程序结束并返回

精铣四方形及圆弧加工程序：

O0002;	程序名
G17 G21 G40 G49 G80 G90;	保护头
G43 G00 Z100.0 H02;	建立刀具长度正补偿
G54 G00 X－60.0 Y－50.0;	建立工件坐标系
M03 S1200;	主轴正转
Z5.0;	刀具移动到安全距离
G01 Z－45.5 F300;	刀具下到－45.5mm 处
G01 G42 X－35.0 Y－24.0 D02 F200;	建立刀具半径补偿
G01 X17.5 F100;	精加工工件外轮廓（四方形及圆弧）
G03 X24.0 Y－17.5 R6.5;	
G01 Y17.5;	
G03 X17.5 Y24.0 R6.5;	
G01 X－17.5;	
G03 X－24.0 Y17.5 R6.5;	
G01 Y－17.5;	
G03 X－17.5 Y－24.0 R6.5;	
G02 X－17.5 Y－42.0 R9.0;	刀具切线退出
G01 G40 X－35.0 Y－50.0;	取消刀具半径补偿
G01 Z5.0 F300;	刀具移动到安全距离
G00 Z100.0;	刀具移动到初始平面
M30;	程序结束并返回

2.3　外轮廓零件加工实施

2.3.1　工件装夹与校正

在数控铣床上，圆柱形毛坯的工件通常用自定心卡盘作为夹具，用压板将自定心卡盘压紧在工作台台面上，使其轴线与机床主轴平行。自定心卡盘装夹圆柱形工件的定位如图2-36所示。定位工件外圆圆心时，将百分表固定在主轴上，表头接触外圆侧素线，可手动旋转主轴，轴向定位圆棒料的外轮廓圆心。如果有偏差或偏差较大，根据百分表的读数值在 XY 平面内手摇移动 X 轴或 Y 轴，接着再次用百分表检查偏差，直至手动旋转主轴时百分表读数小于0.01mm为止。此时，工件轴线与主轴轴线同轴，说明工件已经装夹完毕了。

图2-36　工件的定位

2.3.2　对刀与参数设置

1. 对刀方法

根据现有条件和加工精度要求选择对刀方法，可采用试切法、寻边器对刀、机内对刀仪对刀、自动对刀等，其中试切法对刀精度较低。加工中常用寻边器和 Z 向设定器对刀，效率高，能保证对刀精度。

2. 对刀工具

（1）寻边器　寻边器主要用于确定工件坐标系原点在机床坐标系中的 X、Y 值，也可以测量工件的简单尺寸。

寻边器有偏心式和光电式等类型，我们采用的是偏心式。通过 MDI 手动输入 M03 S400 使主轴旋转，然后用手轮移动 X 轴，使偏心式的寻边器靠工件的一侧，当寻边器上下同心时，这时输入 X 归零，抬起 Z 轴，把寻边器移动到 X 轴工件的另一侧，把 Z 轴移下去，使寻边器靠在工件的另一侧，待寻边器上下同心时，这时记录 X 的相对坐标值，如图2-37所示。然后抬起 Z 轴，移动 X 轴到相对坐标值的一半，这时在坐标系（G54）中输入 X0 测量，G54 中的 X 值就是工件 X 的编程原点。Y 方向的对刀与 X 方向的对刀一样。

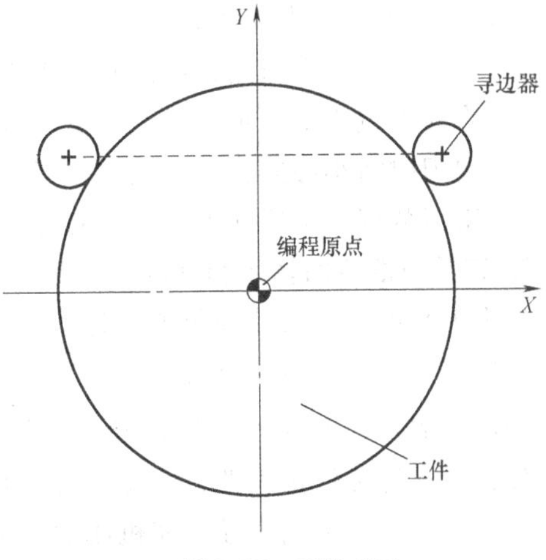

图2-37　X 轴对刀

（2）Z 轴对刀　Z 轴对刀主要用于确定工件坐标系原点在机床坐标系的 Z 轴坐标，或者说是确定刀具在机床坐标系中的高度。

3. 对刀过程

1）X、Y 向对刀。

① 将工件通过自定心卡盘装在机床工作台上，装夹时，工件都应留出寻边器的测量位置。

② 快速移动工作台和主轴，让寻边器靠近工件的左侧。

③ 改用微调操作，让寻边器慢慢接触到工件左侧，直到寻边器上下同心，这时输入 *X* 归零。

④ 抬起寻边器至工件上表面之上（此时，*Y* 轴不能移动），快速移动工作台和主轴，让寻边器靠近工件右侧。

⑤ 改用微调操作，让寻边器慢慢接触到工件右侧，直到寻边器上下同心，记下此时 *X* 相对坐标系的坐标值，如 80.0；抬起寻边器至工件上表面之上，快速移动 *X* 轴到 *X* 相对坐标值 40.0 处，这时在 G54 中输入 X0 测量，如图2-37所示。

⑥ 同理可测得工件坐标系原点在机械坐标系中的 *Y* 轴坐标值。

2）*Z* 向对刀。*Z* 向对刀方法与模块 1 中的对刀方法相同，在此不做介绍。

3）将测得的 *X*、*Y*、*Z* 值输入到如图 2-38 和图 2-39 所示位置。

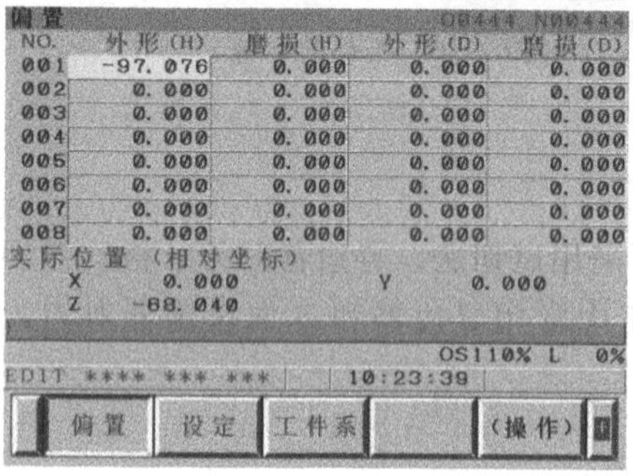

图 2-38　*Z* 值输入

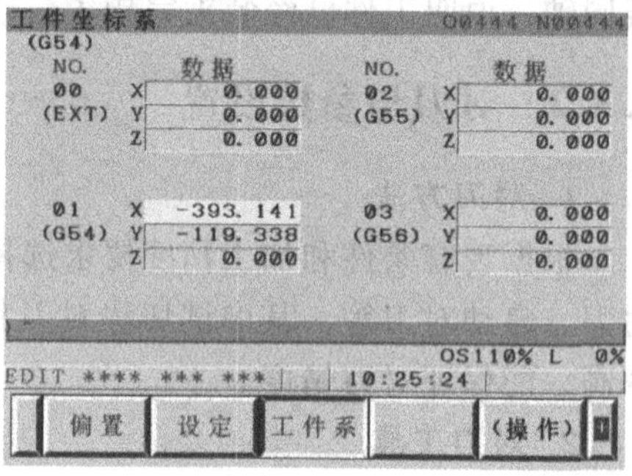

图 2-39　*X*、*Y* 值输入

4. 注意事项

在对刀操作过程中需注意以下问题：

1）根据加工要求采用正确的对刀工具，控制对刀误差。

2）在对刀过程中，可通过改变微调进给量来提高对刀精度。

3）对刀时需小心操作，尤其要注意移动方向，避免发生碰撞危险。

4）对刀数据一定要存入与程序对应的存储地址，防止因调用错误而产生严重后果。

5. 刀具补偿值的输入和修改

根据刀具的实际尺寸和位置，将刀具半径补偿值和刀具长度补偿值输入到与程序对应的存储位置（图 2-40、图 2-41）。

需注意的是，补偿数据的正确性、符号的正确性及数据所在地址的正确性，这些都将影响到加工，如果输入有误，有可能会导致撞机或加工报废。

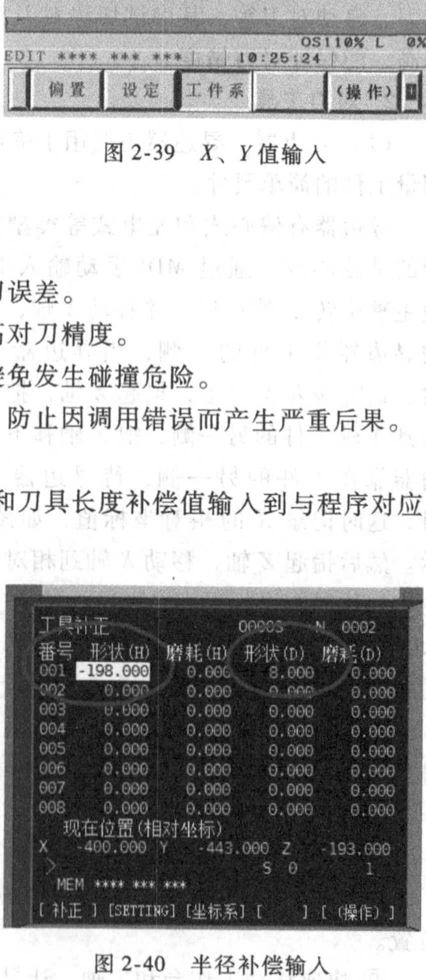

图 2-40　半径补偿输入

2.3.3　加工过程控制

用 ϕ16mm 立铣刀粗加工，已去除大部分加工余量。精加工之前，在刀偏表 1 号位的“形状”栏里设定为 8mm，如图 2-40 所示，在工艺分析时，单边留了 0.2mm 的精加工余量。

在零件的实际加工过程中，由于刀具磨损、让刀等原因导致实际轮廓尺寸与理论轮廓尺寸有偏差。通常在进行精加工时，加工余量相对稳定，可方便地通过实测获取精加工时，由工艺系统带来的误差，然后根据所得误差修改刀补值。这样，可完全依据零件的理论轮廓尺寸编写精加工程序，用刀补值来补偿加工中由于工艺系统所引起的误差来提高轮廓的加工精度。

粗加工后进行测量，如果实际轮廓比原轮廓大了0.2mm，可按照（实际值-理论值）/2进行刀补的修正。这时可在磨耗（D）里面输入 -0.1，如图2-41所示。加工过程见二维码2-2。

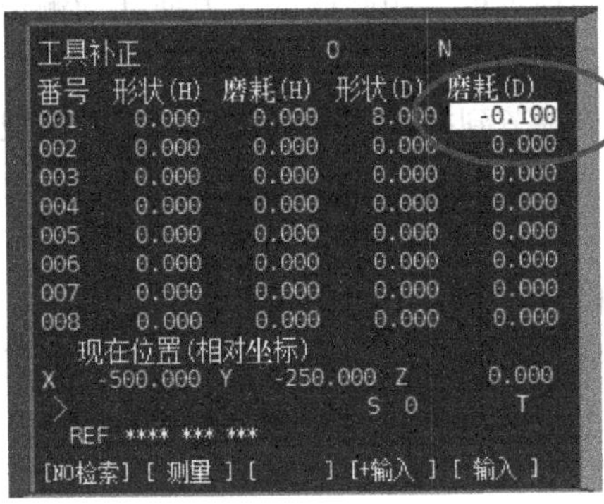

图2-41 磨耗的输入

二维码2-2

2.3.4 零件测量及误差分析

1. 测量工具

（1）游标卡尺　游标卡尺是一种常用的量具，具有结构简单、使用方便、精度中等和测量尺寸范围大等特点。它可以测量零件的外径、内径、长度、宽度、厚度、深度和孔距等，应用范围很广。

结构组成：游标卡尺由尺身和游标组成。尺身与固定卡脚制成一体；游标与活动卡脚制成一体，并能在尺身上滑动。游标卡尺有0.02mm、0.05mm、0.1mm三种分度值。

读数方法：游标卡尺是利用尺身刻度间距与游标刻度间距读数的。以0.02mm游标卡尺为例，尺身的刻度间距为1mm，当两卡脚合并时，尺身上49mm刚好等于游标上50格，游标每格长为0.98mm。尺身与游标的刻度间相差为（1-0.98）mm=0.02mm，因此它的分度值为0.02mm（游标上直接用数字刻出），如图2-42所示。

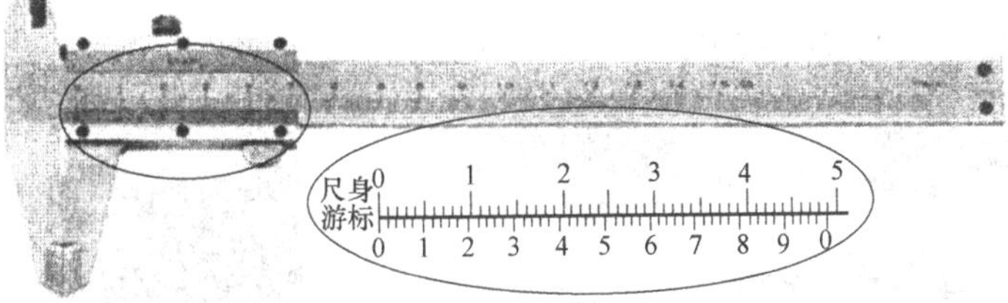

图2-42 游标卡尺的刻线

注意事项：

1）测量前应把卡尺擦干净，检查卡尺的两个测量面和测量刃口是否平直无损。当把两个量爪紧密贴合时，应无明显的间隙，同时游标和尺身的零位刻线要相互对准。这个过程称为校对游标卡尺的零位。

2）移动尺框时，活动要自如，不应有过松或过紧甚至晃动的现象。用固定螺钉固定尺框时，卡尺的读数不应有所改变。在移动尺框时，不要忘记松开固定螺钉，但不宜过松，以免掉落。

3）当测量零件的外尺寸时，卡尺两测量面的连线应垂直于被测量表面，不能歪斜。测量时，可以轻轻摇动卡尺，放正垂直位置，先把卡尺的活动测量爪张开，使测量爪能自由地卡进工件，把零件贴靠在固定测量爪上，然后移动尺框，用轻微的压力使活动测量爪接触零件。若卡尺带有微动装置，此时可拧紧微动装置上的固定螺钉，再转动调节螺母，使测量爪接触零件并读取尺寸。不可把卡尺的两个测量爪调节到接近甚至小于所测尺寸，把卡尺强制性地卡到零件上去，这样做会使测量爪变形，或使测量面过早磨损，使卡尺失去应有的精度。

4）用游标卡尺测量零件时，不应过分地施加压力，所用压力应使两个测量爪刚好接触零件表面。如果测量压力过大，不但会使测量爪弯曲或磨损，且测量爪在压力作用下会产生弹性变形，使测量得的尺寸不准确（外尺寸小于实际尺寸，内尺寸大于实际尺寸）。

5）在游标卡尺上读数时，应把卡尺水平放置，朝着亮光的方向，使人的视线尽可能和卡尺的刻线表面垂直，避免由于视线的歪斜造成读数误差。

6）为了获得正确的测量结果，可多测量几次。即在零件的同一截面上的不同方向进行测量。对于较长零件，则应当在全长内平均取几个部位进行测量，这样可以获得一个比较正确的测量结果。

（2）千分尺　千分尺是比游标卡尺更精密的长度测量仪器，它的量程为 0 ~ 25mm，分度值是 0.01mm。由固定的尺架、测砧、测微螺杆、固定套管、微分筒、测力装置和锁紧装置等组成，如图 2-43 所示。

外径千分尺刻度线及分度值说明，如图 2-44 所示。

1）固定套管上的水平线上、下各有一列间距为 1mm 的刻度线，上侧刻度线在下侧两相邻刻度线中间。

2）微分筒上的刻度线是将圆周分为 50 等份的水平线，它是做旋转运动的。

3）根据螺旋运动原理，当微分筒旋转一周时，测微螺杆前进或后退一个螺距（为 0.5mm）。即当微分筒旋转一个分度后，它转过了 1/50 周，这时螺杆沿轴线移动了 1/50 × 0.5mm = 0.01mm，因此，使用千分尺可以准确读出 0.01mm 的数值。

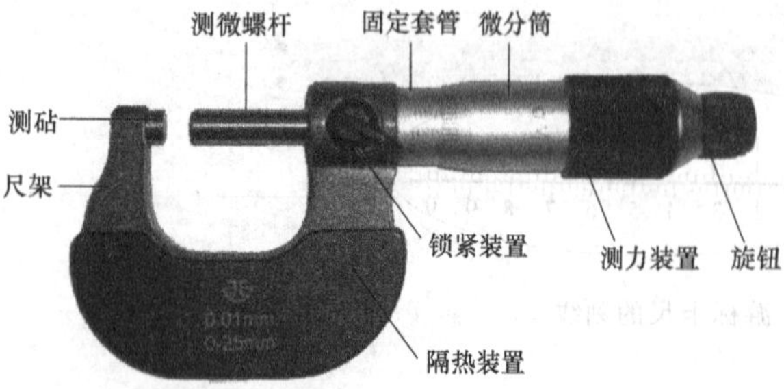

图 2-43　千分尺

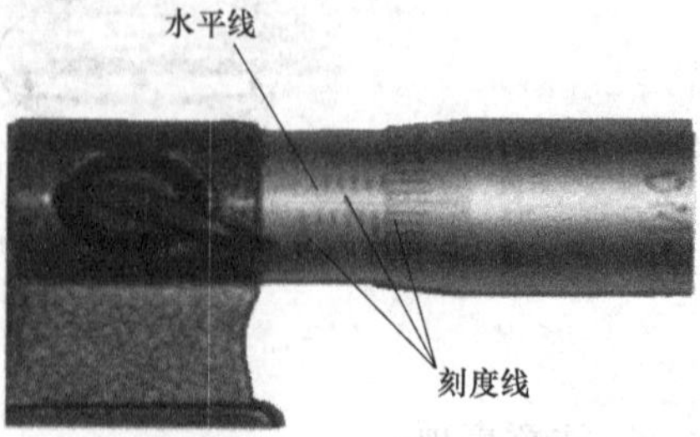

图 2-44　千分尺刻度线及分度值

外径千分尺的测量方法如下：

1）将被测物擦干净，千分尺使用时轻拿轻放。

2）松开千分尺锁紧装置，校准零位，转动旋钮，使测砧与测微螺杆之间的距离略大于被测物体。

3）一只手拿千分尺的尺架，将待测物置于测砧与测微螺杆的端面之间，另一只手转动旋钮，当螺杆要接近物体时，改旋测力装置直至听到喀喀声后再轻轻转动 0.5 ~ 1 圈。

4）旋紧锁紧装置（防止移动千分尺时螺杆转动）即可读数。

外径千分尺的读数方法如下：

1）先以微分筒的端面为准线，读出固定套管下刻度线的分度值。

2）再以固定套管上的水平横线作为读数准线，读出可动刻度上的分度值，读数时应估读到最小刻度的十分之一，即 0.001mm。

3）如微分筒的端面与固定刻度的下刻度线之间无上刻度线，测量结果即为下刻度线的数值加可动刻度的值。

4）如微分筒端面与下刻度线之间有一条上刻度线，测量结果应为下刻度线的数值加上 0.5mm，再加上可动刻度的值。示例如图 2-45 所示。

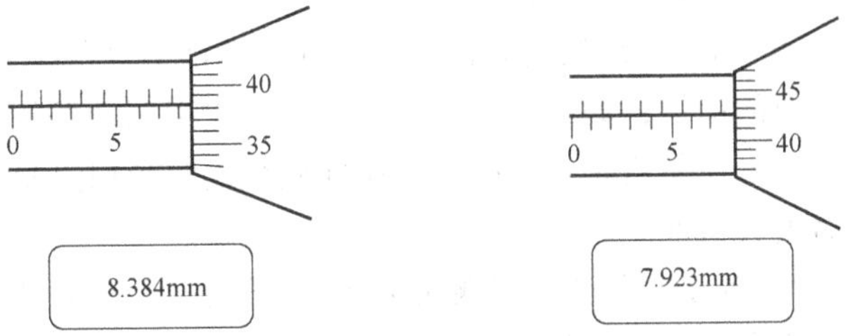

图 2-45　千分尺的读数

千分尺零误差的判定：当测微螺杆与测砧接触后，可动刻度上的零线与固定刻度上的水平横线应该是对齐的，如图 2-46a 所示；如果没有对齐，测量时就会产生系统误差——零误差。如无法消除零误差，则应考虑其对读数的影响。

1）可动刻度的零线在水平横线上方，且第 x 条刻度线与横线对齐，即说明测量时的读数要比真实值小（$x/100$）mm，这种零误差叫作负零误差，如图 2-46b 所示。

2）可动刻度的零线在水平横线下方，且第 y 条刻度与横线对齐，则说明测量时的读数要比真实值大（$y/100$）mm，这种误差叫正零误差，如图 2-46c 所示 。

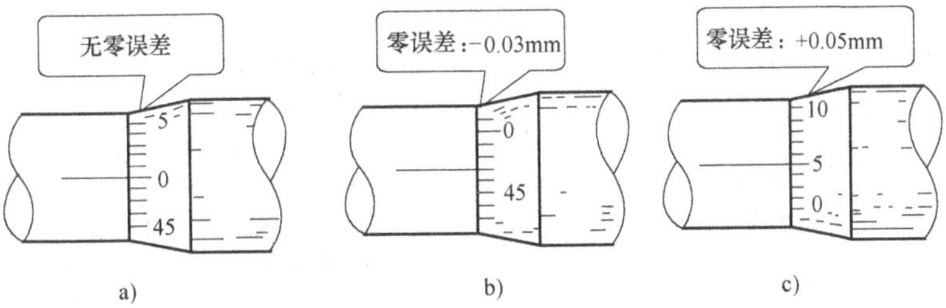

a)　b)　c)

图 2-46　千分尺误差的判定

对于存在零误差的千分尺，测量结果应等于读数 − 零误差，即物体直径 = 固定刻度读数 + 可动刻度读数 − 零误差。

外径千分尺的保养及保管如下：

1）轻拿轻放。

2）将测砧、微分筒擦拭干净，避免因沾上切屑粉末、灰尘，而影响测量。

3）将测砧与测微螺杆分开，拧紧固定螺钉，避免长时间接触而造成生锈。

4）不得放在潮湿、温度变化大的地方。

5）禁止用千分尺测量运转或高温的物件。

6）严禁用千分尺当卡钳用或当锤子来敲击他物。

使用千分尺测量零件尺寸时，必须注意以下几点：

1）调整零位：测量0～25mm的零件，直接用后面的棘轮转动对零；对于测量25mm以上的零件，用调节棒调节零位。

2）测量外径时，在最后测量时应该活动一下千分尺，避免偏斜。

3）在对零位和测量的时候，都要使用棘轮，这样才能保持千分尺使用的拧紧力（5N）。

4）测量前应把千分尺擦干净，检查千分尺的测微螺杆是否有磨损，测微螺杆紧密贴合时，应无明显的间隙。

5）测量时，零件必须在千分尺的测量面中心测量。

6）测量时，用力要均匀，轻轻旋转棘轮，以响三声为旋转限度，零件在测微螺杆和测砧之间要保持似掉非掉的状态。

7）用千分尺测量零件时，最好在零件上进行读数，放松后取出千分尺，这样可以减少对砧面的磨损；如果必须取下读数时，应用制动器锁紧测微螺杆后，再轻轻滑出零件。把千分尺当卡规使用是错误的，因这样做会使测量面过早磨损，甚至会使测微螺杆或尺架发生变形而失去精度。

8）为了获得正确的测量结果，可在同一位置上再测量一次。尤其是测量圆柱形工件时，应在同一圆周的不同方向测量几次，检查工件有没有圆度误差，再在全长的各个部位测量几次，检查工件有没有圆柱度误差。

9）测量零件时，零件上不能有异物，并须在常温下测量。

2. 误差分析

（1）铣削加工常见问题产生原因及解决方法（表2-10）

表2-10 铣削加工常见问题产生原因及解决方法

问　　题	产 生 原 因	解 决 方 法
前刀面产生月牙洼	刀片与切屑焊住	1)用抗磨损刀片、涂层合金刀片 2)降低铣削深度或铣削负荷 3)用较大的铣刀前角
刃边粘切屑	变化振动负荷造成增加铣削力与温度	1)将刀尖圆弧或倒角处用磨石研光 2)改变合金牌号,增加刀片强度 3)减少每齿进给量;铣削硬材料时,降低铣削速度 4)使用足够的润滑性能和冷却性能好的切削液
刀齿热裂	高温时迅速变化温度	1)改变合金牌号 2)降低铣削速度 3)适量使用切削液
刀齿刃边缺口或下陷	刀片受拉压交变应力;铣削硬材料刀片氧化	1)加大铣刀倒角 2)将刀片切削刃用磨石研光 3)降低每齿进给量

（续）

问　　题	产生原因	解决方法
镶齿切削刃破碎或刀片裂开	过高的铣削力	1）采用抗振合金牌号刀片 2）采用强度较高的负角铣刀 3）用较厚的刀片、刀垫 4）减小进给量或铣削深度 5）检查刀片座是否全部接触
刃口过度磨损或边磨损	磨削作用、机械振动及化学反应	1）采用抗磨合金牌号刀片 2）降低铣削速度，增加进给量 3）进行刃磨或更换刀片
铣刀排屑槽结渣	不正常的切屑、容屑槽太小	1）增大容屑空间和排屑槽 2）铣削铝合金时，抛光排屑槽
铣削中工件产生鳞刺	过高的铣削力及铣削温度	1）铣削硬度在 34～38HRC 以下软材料及硬材料时，增加铣削速度 2）改变刀具几何角度，增大前角并保持刃口锋利 3）采用涂层刀片
工件产生冷硬层	铣刀磨钝，铣削厚度太小	1）刃磨或更换刀片 2）增加每齿进给量 3）采用顺铣 4）用较大后角和正前角铣刀
表面粗糙度参数值偏大	铣削用量偏大、铣削中产生振动、铣刀跳动、铣刀磨钝	1）降低每齿进给量 2）采用宽刃大圆弧修光铣刀片 3）检查工作台镶条，消除其间隙以及其他运动部件的间隙 4）检查主轴孔与刀杆配合以及刀杆与铣刀配合，消除其间隙，或在刀杆上加装惯性飞轮 5）检查铣刀刀齿跳动，调整或更换刀片，用磨石研磨刃口，降低刃口表面粗糙度参数值 6）刃磨与更换可转位刀片的刃口或刀片，保持刃口锋利 7）铣削侧面时，用有侧隙角的错齿或镶齿三面刃铣刀
平面度超差	铣削中工件变形，铣刀轴心线与工件不垂直，工件在夹紧中产生变形	1）减小夹紧力，避免产生变形 2）检查夹紧点是否在工件刚度最好的位置 3）在工件的适当位置增设可锁紧的辅助支撑，以提高工件刚度 4）检查定位基面是否有毛刺、杂物，是否全部接触 5）在工件的安装夹紧过程中应遵照由中间向两侧或对角顺次夹紧的原则，避免由于夹紧顺序不当而引起的工件变形 6）减小铣削深度 a_p，降低铣削速度 v，加大进给量 f，采用小余量、低速度大进给铣削，尽可能降低铣削时工件的温度变化 7）精铣前，放松工件后再夹紧，以消除粗铣时的工件变形 8）校准铣刀轴线与工件平面的垂直度，避免产生工件表面铣削时的下凹
垂直度超差	立铣刀铣侧面时直径偏小，或振动、摆动，三面刃铣刀垂直于轴线进给铣侧面时刀杆刚度不足	1）选用直径较大、刚度好的立铣刀 2）检查铣刀套筒或夹头与主轴的同轴度以及内孔与外圆的同轴度，并消除安装中可能产生的歪斜 3）减小进给量或提高铣削速度 4）适当减小三面刃铣刀直径，增大刀杆直径，并降低进给量，以减小刀杆的弯曲变形
尺寸超差	立铣刀、键槽铣刀、三面刃铣刀等刀具本身摆动	1）检查铣刀刃磨后是否符合图样要求，及时更换磨损的刀具 2）检查铣刀安装后的摆动是否超过精度要求范围 3）检查铣刀刀杆是否弯曲；检查铣刀与刀杆套筒接触之间的端面是否平整或与轴线是否垂直，或有杂物、毛刺未清除

（2）外轮廓零件加工误差分析（表 2-11）

表 2-11　外轮廓零件加工误差分析

影响因素	产生原因
装夹与校正	工件装夹不牢固，加工过程中产生松动与振动
	工件校正不正确
刀具	刀具尺寸不正确或产生磨损
	对刀不正确，工件的位置尺寸产生误差
	刀具刚性差，刀具加工过程中产生振动
加工	刀具补偿参数设置不正确
	精加工余量过大
	切削用量选择不当，导致切削力、切削热过大，从而产生热变形和内应力
	切削力过大，导致刀具发生弹性变形，加工面呈锥形
测量	量具自身误差
	使用量具不当
	测量人员的操作习惯
	测量环境
尺寸	程序不正确
	刀具补偿参数设置不正确
	测量方法不正确

企业点评

在机械加工过程中，往往有很多因素影响工件的最终加工质量，如何使工件的加工达到质量要求，如何减少各种因素对加工精度的影响，是加工前必须考虑的事情。

1. 把工件装在自定心卡盘上时，一定要用百分表找正，否则加工出来的工件就不对称。

2. 用机械式寻边器对刀，偏差不能太大，否则与 ϕ28mm 的外圆不同心。如果误差大，则可以用百分表打表找中心的方法对刀。

3. 刀具装得不宜太长，因为太长易产生振动，导致四方形及圆弧四周产生振纹。

4. 切削用量不宜太大，因为太大容易断刀，且易产生振动，导致加工出来的零件质量不好。

5. 粗加工后一定要进行测量，否则工件尺寸有可能偏大或者偏小。

思考与练习

1. 试编写图 2-47 所示梅花凸台的数控铣削加工程序。

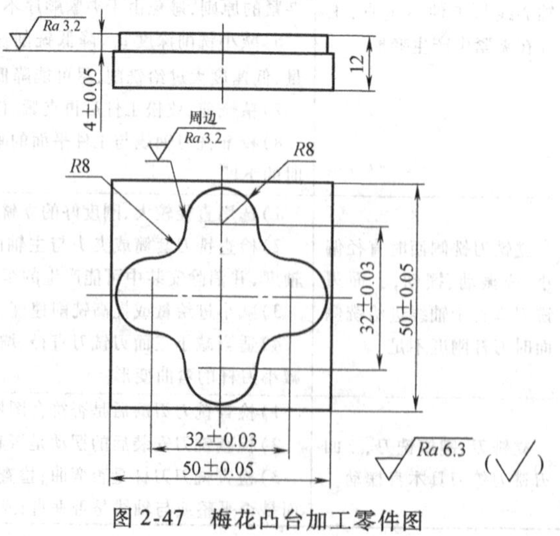

图 2-47　梅花凸台加工零件图

2. 试编写图 2-48 所示带圆弧凸台的加工程序。

3. 试编写图 2-49 所示六边形的数控铣削加工程序。

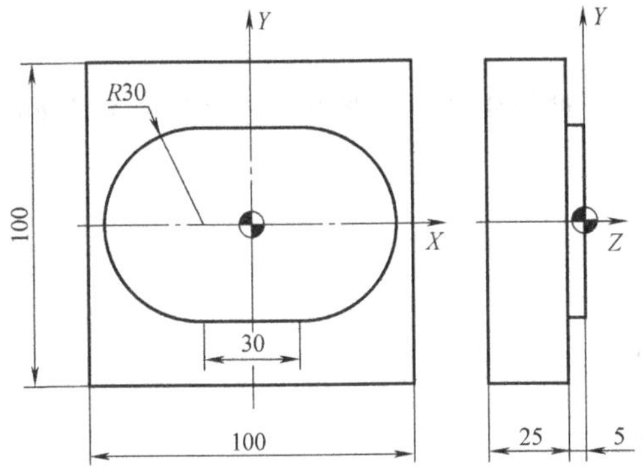

图 2-48　圆弧凸台加工零件图

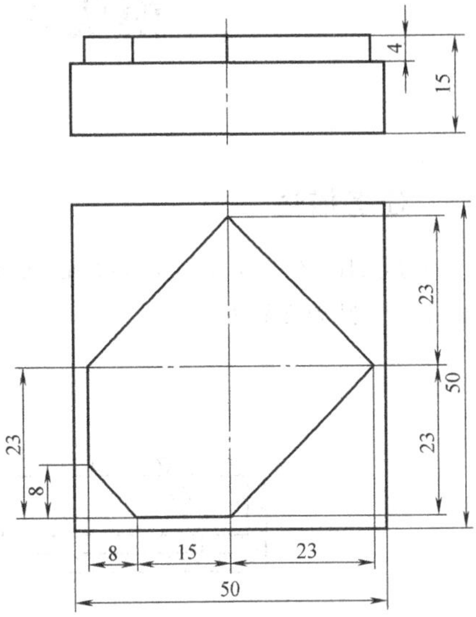

图 2-49　六边形加工零件图

4. 试编写图 2-50 所示圆弧凸台的数控铣削加工程序。

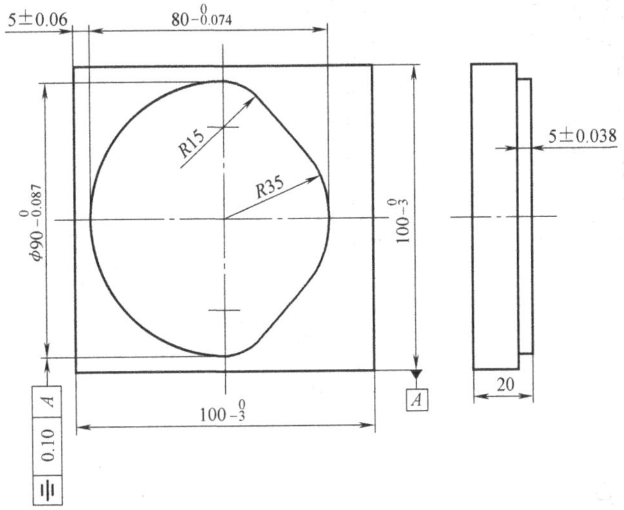

图 2-50　圆弧凸台零件图

模块3　内轮廓零件加工

任务描述

完成如图3-1所示壳体零件的加工（该零件为小批量生产，毛坯尺寸为62mm×50mm×18mm，材料为2A12）。

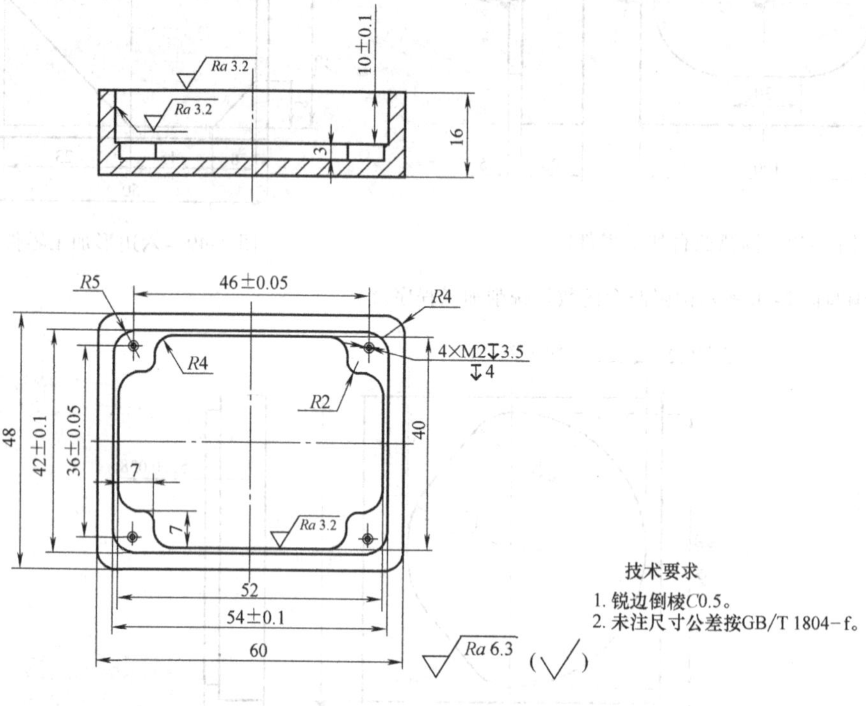

图3-1　内轮廓零件

知识与技能点

- 内轮廓零件铣削加工方法
- 子程序的编制方法
- 数控铣削常用的夹具
- 铣削零件深度检测量具
- 内轮廓零件铣削进刀方式的确定
- 采用子程序方式编写数控铣削加工程序
- 合理选择数控铣削夹具
- 正确选择和使用量具完成零件的检测

3.1 内轮廓零件加工工艺

3.1.1 内轮廓零件铣削加工工艺

1. 内轮廓加工方法

内轮廓（型腔）加工是数控铣削中常见的一种加工。内轮廓加工需要在边界线确定的一个封闭区域内去除材料，该区域由侧壁和底面围成，侧壁和底面可以是斜面、凸台、球面以及其他形状，内轮廓内部可以全空或有孤岛。对于形状比较复杂或内部有孤岛的内轮廓，则需要使用计算机辅助（CAM）编程。内轮廓加工切屑难排出，散热条件差，故要有良好的冷却条件。同时，加工工艺也直接影响内轮廓加工质量，内轮廓加工时须重点考虑深度方向刀具切入方法及水平方向刀路设计。

（1）深度方向刀具切入方法

1）垂直切深进刀方式。采用垂直切深进刀时，须选择切削刃过中心的键槽铣刀进行加工，不能采用平底立铣刀进行加工。另外，由于采用这种进刀方式切削时，刀具中心切削速度为零，因此，选择键槽铣刀进行加工时，应选用较低的切削进给速度。

2）在工艺孔中进刀方式。在内轮廓加工中，为保证刀具强度，有时需用平底立铣刀来加工，但由于部分平底立铣刀中心无切削刃，无法进行 Z 向垂直切削，所以可选用直径稍小的钻头先加工出工艺孔，再以平底立铣刀进行 Z 向垂直切削，如图 3-2 所示。这种方式的特点是进刀路线简单、编程简单，但要两把刀具（钻头 + 立铣刀），所以生产组织工作较繁琐。

3）斜线式进刀方式。刀具以斜线方式切入工件来达到 Z 向进刀的目的，即在两个切削层之间，刀具从上一层的高度沿斜线以渐进的方式切入工件，直到下一层的高度，然后正式切削，如图 3-3 所示。此进刀方式能有效地避免分层切削刀具中心处切削速度过低的缺点，改善了刀具的切削条件，提高了切削效率，广泛应用于大尺寸的内轮廓粗加工。

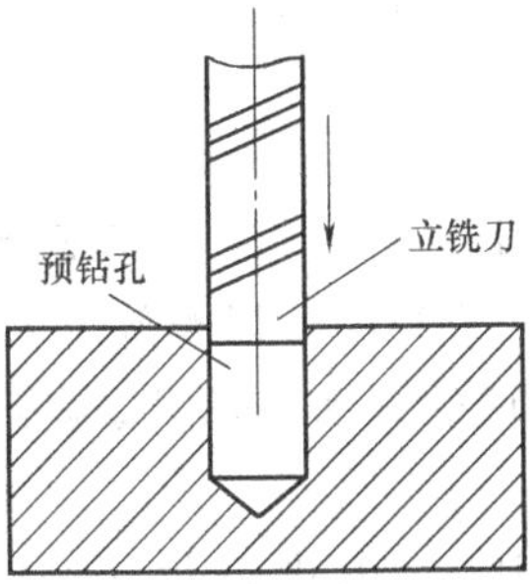

图 3-2　通过预钻孔下刀铣型腔

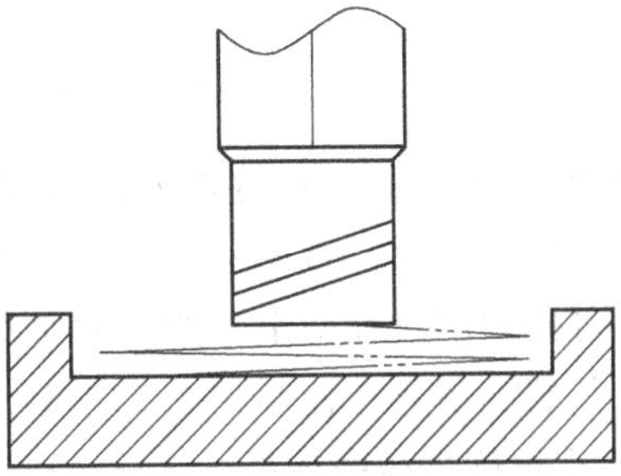
图 3-3　立铣刀斜线下刀

① 斜线下刀的角度分析。刀的端刃部分旋转后形成一个环状体，当刀具沿一斜线下刀时，处于前方的切削刃与处于后方的切削刃间存在切深差（图 3-4），此切深差随着刀轨与工件上表面夹角的增大而增大，当此切深差超过立铣刀端刃的容屑区域内侧刃长时，工件上的残留材料就会挤压刀具，影响刀具寿命，严重时会损坏刀具。斜线下刀的刀轨与工件上表面夹角的极限（图 3-5）的计算公式为

$$\theta = \arctan(h/d)$$

式中 h——平底立铣刀端刃头部容屑区内侧刃长；

d——平底立铣刀端刃头部容屑区直径。

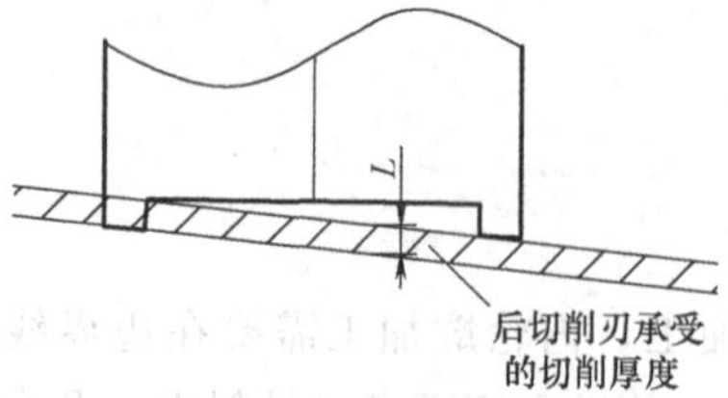

图 3-4 前后切削刃间的切深差

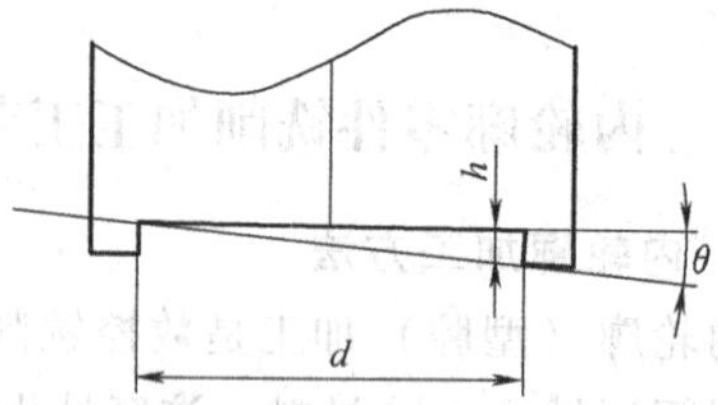

图 3-5 斜线下刀角度

进一步考虑到斜线下刀为往返切削运动，反向切削时，切削路线后部切削刃承担的切深逐渐加大，此时的切深为单向切削时切深的两倍，因此下刀角度应调整为

$$\theta = \arctan[h/(2d)]$$

② 斜线下刀的切削长度。如图 3-6 所示，当切削行程不够时，容屑区内侧切削刃会产生切削不到的区域，从而产生了材料残留。此时，尽管斜线下刀的角度取值合适，在切削的初始阶段为正常切削，但随着切深的增加，残留的材料就会顶住刀具，影响切削，甚至会损坏刀具。实际分析得出，切削行程必须大于或等于 d，即端刃移动轨迹必须覆盖整个切削区，端刃的切削区域必须相接或重叠。例如 ϕ16mm 的三刃立铣刀，d 为 8mm，在斜向下刀时，切削路径在水平方向的长度分量应大于 8mm。

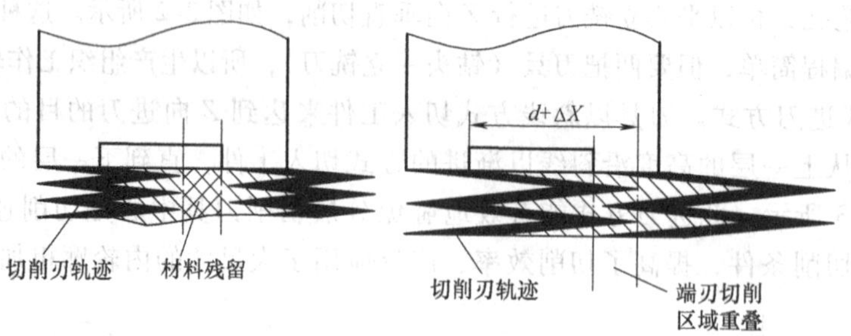

图 3-6 切削长度对材料残留情况的影响

4）螺旋进刀方式。螺旋进刀，即在两个切削层之间，刀具从上一层的高度沿螺旋线以渐进的方式切入工件，直到下一层的高度，然后正式切削（图 3-7）。以螺旋下刀方式铣削型腔时，可使切削过程稳定，能有效避免轴向垂直受力所造成的振动。采用螺旋下刀方式粗铣型腔，其螺旋角通常控制在 1.5°～3°之间。

① 最小螺旋半径的选择。平底立铣刀端面切削刃不到中心，其中心有一个工艺孔，孔的直径一般为刀具直径的 35%。当螺旋半径小于刀具直径的 35% 时，执行螺旋下刀的过程中，刀具中心孔（即工艺孔）内的材料无法被完全切除，造成漏切（图 3-8）。刀具不断地下降，中心孔不断地受孔下漏切材料的挤压，由此产生顶刀。顶刀后会出现“烧刀”或者刀具折断，对机床的主轴造成相当大的损伤，影响机床精度。故在加工过程中，刀具的最小螺旋半径应大于刀具中心孔的半径。

② 最大螺旋半径。当最大螺旋半径大于刀具直径 D 的时候，螺旋中心处涂色区域内的材料将会产生漏切，如图 3-9 所示，导致螺旋下刀已经完成即 Z 方向已经到位的时候，工件

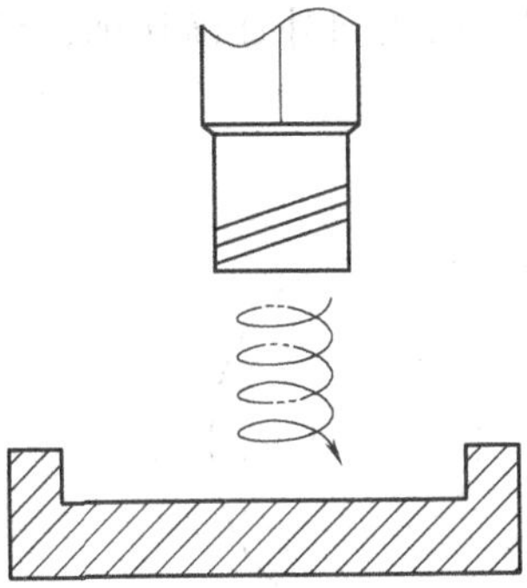

图 3-7　螺旋下刀

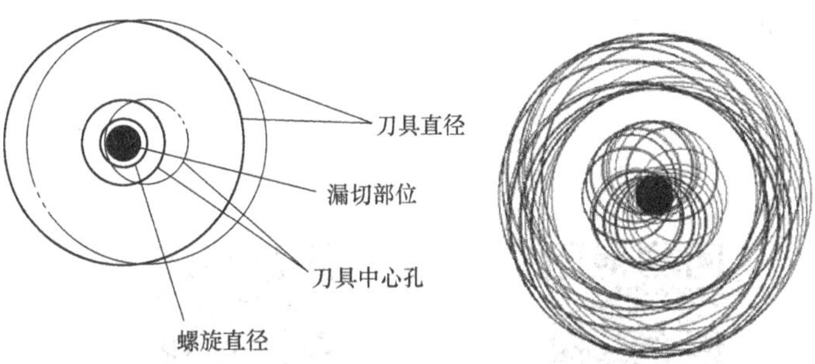

图 3-8　螺旋半径小于刀具中心孔的螺旋轨迹图

中心仍然保留了一个小圆台。若此时再进行铣削，因不易受力，圆台处的材料会被刀具挤断，使得底部表面粗糙度无法达到要求，故最大螺旋半径不能超过刀具半径值。

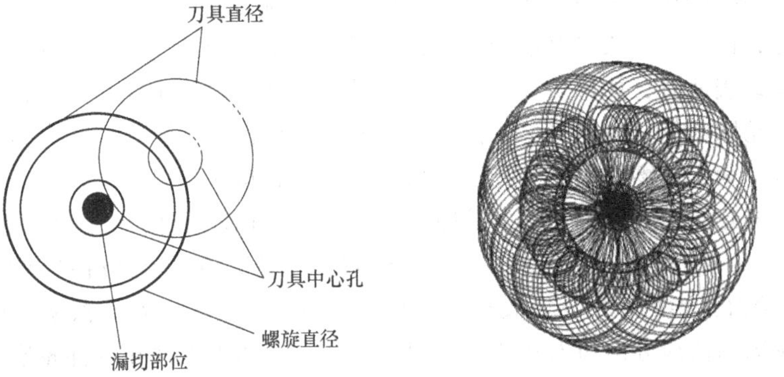

图 3-9　螺旋半径大于刀具半径时的螺旋轨迹图

（2）水平方向刀路设计

1）粗加工刀路设计。型腔的加工分粗、精加工。先用粗加工从内切除大部分材料，因为粗加工不可能都在顺铣模式下完成，也不可能保证所有地方留作精加工的余量完全均匀，所以在精加工之前通常要进行半精加工。这种情况下可能使用一把或多把刀具。

常见的矩形型腔粗加工路线有：Z 字形行切（图 3-10a），见二维码 3-1；环绕切削（图 3-10b），见二维码 3-2；把 Z 字形运动和环绕切削结合起来用一把刀进行粗加工和半精加工也是一个很好的方法，因为它集中了两者的优点，如图 3-10c 所示。

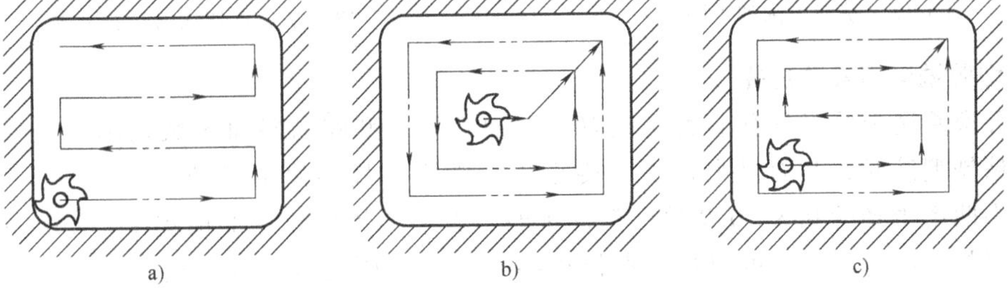

图 3-10　矩形型腔粗加工方法刀路

a）Z 形刀路　b）环绕切削刀路　c）Z 形刀路粗加工和环绕半精加工

常见的圆柱型腔粗加工路线如图 3-11 所示，刀具从中心下刀，由里向外逐渐切削，保留精加工余量。

二维码 3-1　　二维码 3-2

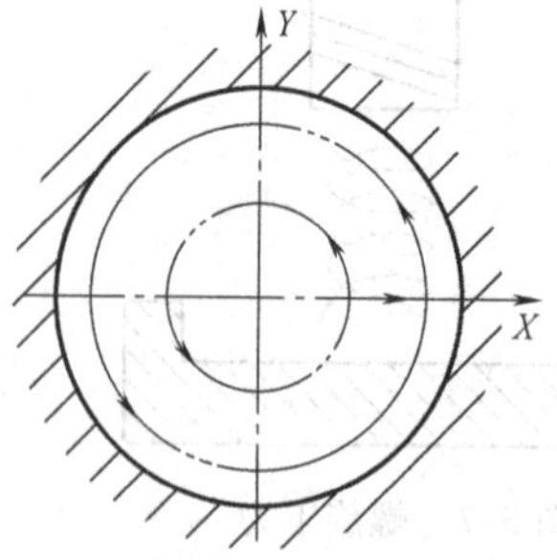

图 3-11　圆柱型腔粗加工路线

2）精加工刀路设计。内轮廓精加工时，当使用切入、切出方法选择立铣刀侧刃铣削轮廓类零件时，为减少接刀痕迹，保证零件表面质量，铣刀的切入和切出点应选在零件轮廓曲线的延长线上，而不应沿法向直接切入零件，以免加工表面产生刀痕，保证零件轮廓光滑。

铣削内轮廓表面时，如果切入和切出无法外延，切入与切出应尽量采用圆弧过渡。以铣削一个整内圆轮廓为例，如图 3-12 所示。选择 *A* 点为下刀起始点，*C* 点为切入点，同时 *C* 点也为切出点。为保证零件轮廓的光滑，采用圆弧方式切入切出（*BC* 段和 *CG* 段）；在进行轮廓加工之前要建立刀具半径补偿（假使建立刀具左补偿），则应在 *BC* 段之前加上刀补，故 *AB* 段为建立刀补段；依次加工完 $C \rightarrow D \rightarrow E \rightarrow F \rightarrow C$ 轮廓后，刀具沿 *CG* 圆弧切出，然后在直线段 *GA* 撤销刀具半径补偿，完成整个轮廓的走刀路线安排。在无法实现圆弧过渡时，铣刀可沿零件轮廓的法线方向切入和切出，但需将切入、切出点选在零件轮廓两几何元素的交点处，如图 3-13 所示，且进给过程中要避免停顿。

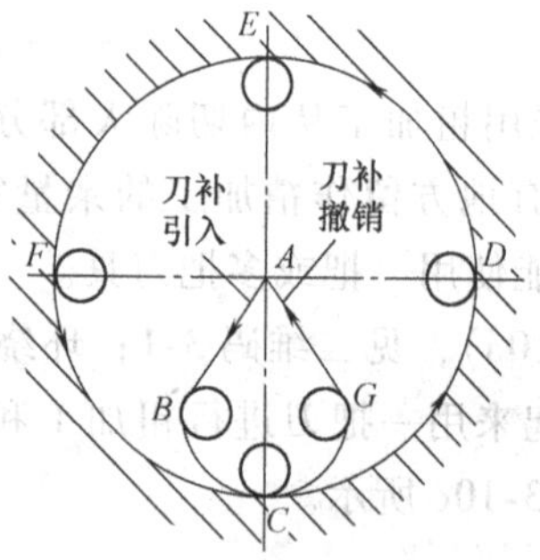

图 3-12　铣削内圆加工路径

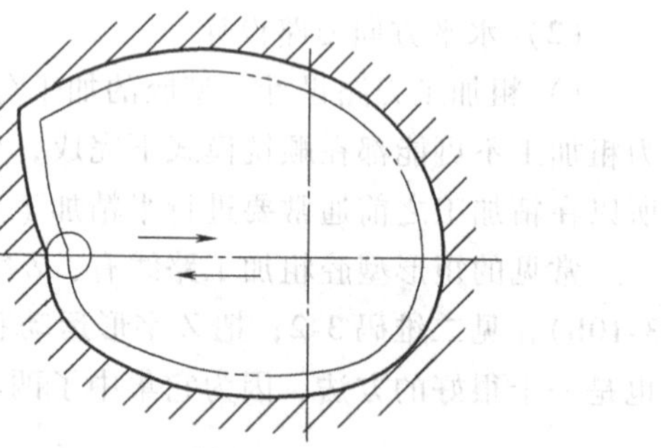

图 3-13　从尖点切入铣削内轮廓

2. 型腔铣削刀具的选择

适合型腔铣削的刀具有平底立铣刀、键槽铣刀，型腔的斜面区域则用 R 刀或球头刀加工。精铣型腔时，其刀具半径一定要小于型腔零件最小曲率半径，刀具半径一般取内轮廓最小曲率半径的 0.8～0.9 倍，粗加工时，在不干涉内轮廓的前提下，尽量选取直径较大的刀具，因为直径大的刀具比直径小的刀具抗弯强度大，加工时不容易受力弯曲与振动。

在刀具切削刃（螺旋槽长度）满足最大深度的前提下，尽量缩短刀具伸出的长度，立铣刀的长度越长，抗弯强度减小，受力弯曲程度大。这样会影响加工质量，并容易产生振动，加速切削刃的磨损。

注意：

1）根据以上特征和要求，对于内轮廓的编程和加工要选择合适的刀具直径，刀具直径太小将影响加工效率；刀具直径太大可能使某些转角处难以切削，或由于岛屿的存在形成不必要的区域。

2）由于圆柱形铣刀垂直切削时受力情况不好，因此要选择合适的刀具类型，一般可选择双刃的键槽铣刀，并注意下刀时的方式，可选择斜向下刀或螺旋形下刀，以改善下刀切削时刀具的受力情况。

3）当刀具在一个连续的轮廓上切削时使用一次刀具半径补偿，刀具在另一个连续的轮廓上切削时应重新使用一次刀具半径补偿，避免过切或留下多余的凸台。

3. 型腔铣削用量

粗加工时，为了得到较高的切削效率，可选择较大的切削用量，但刀具的背吃刀量与侧吃刀量应与加工条件（机床、工件、夹具、刀具）相适应。

实际应用中，一般让 Z 方向的背吃刀量不超过刀具的半径；直径较小的立铣刀，背吃刀量一般不超过刀具直径的 1/3。侧吃刀量与刀具直径大小成正比，与背吃刀量成反比，一般侧吃刀量取 0.6 ~ 0.9 倍的刀具直径。值得注意的是型腔粗加工开始第一刀时，刀具为全刃切削，切削力大，切削条件差，应适当减小进给量和切削速度。

精加工时，为了保证加工质量，应避免工艺系统受力变形，精加工时背吃刀量不应过大，数控机床的精加工余量可略小于普通机床，一般在深度、宽度方向留 0.2 ~ 0.5mm 余量进行精加工。精加工时，进给量大小主要受表面粗糙度要求的限制，切削速度大小主要取决于刀具寿命。

4. 内轮廓加工工艺分析举例

下面以图 3-14 所示的矩形型腔零件图为例进行讨论。

（1）型腔铣削的加工任务　如图 3-14 所示型腔，侧壁轮廓垂直，底面水平。矩形封闭区域大小为宽 40mm、长 55mm、深 10mm，内轮廓最小曲率半径为 R4mm。

内轮廓尺寸公差为 0.05mm，表面粗糙度 Ra = 3.2μm。型腔轮廓 X、Y 向对称，处于 X、Y 向的对称面为 X、Y 向基准，因此选用型腔中心作为 X、Y 向的工件零点。假设上表面已经过精加工，选工件上表面为 Z 向零点。

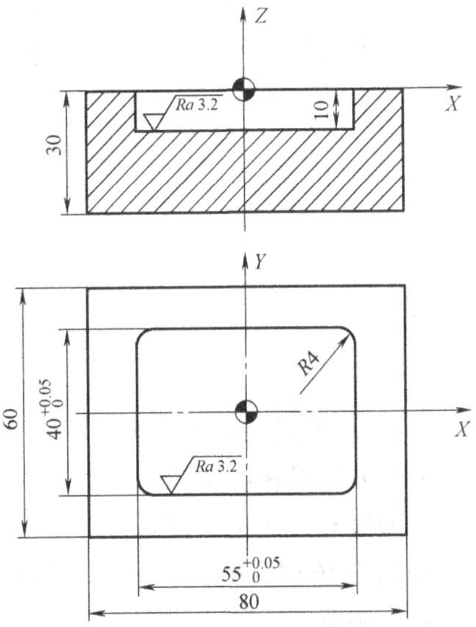

图 3-14　矩形型腔零件图

（2）刀具选择　矩形型腔的四个角都有圆角，圆角的半径限定刀具的半径选择，且圆角的半径大于或等于所用精加工刀具的半径。本例中圆角为 4mm，使用 ϕ8mm 键槽铣刀用于粗加工，但精加工中刀具半径应略小于圆角半径，以便于刀具能通过半径补偿切削轮廓，精加工选用 ϕ6mm 的立铣刀比较合理。因此确定粗加工刀具直径 ϕ8mm，精加工刀具直径 ϕ6mm，刀具材料为高速钢。

（3）加工方法及余量分析　设计型腔分粗加工、半精加工、精加工三个阶段，粗加工完成 53mm×38mm 的区域，型腔粗加工留下的单边 1mm 加工余量，包括精加工余量和半精加工余量。精加工单边余量 $S=0.5$mm，半精加工单边余量 $C=0.5$mm，如图 3-15 所示。

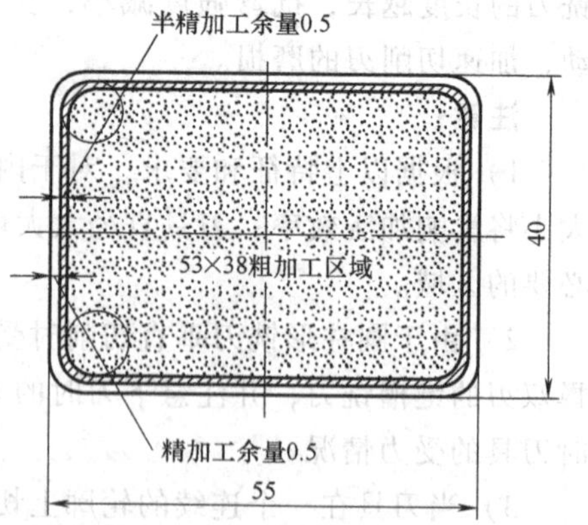

图 3-15　X、Y 向余量分配

设计粗加工让刀具沿 Z 字形路线在封闭区域内来回运动，是一种高效的粗加工方法，但粗加工刀具沿 Z 字形路线来回运动在加工表面上留下扇形残留量，切削余量不均匀时很难保证精加工的加工质量，因此需要半精加工，其目的是消除扇形残留量。从 Z 形刀路粗加工后，接着开始半精加工，刀具路径环绕一周留下了均匀的单边 0.5mm 的精加工余量。型腔 Z 向深度为 10mm，考虑到加工刀具直径较小，Z 向分 4 层粗切，每层 2.5mm。

（4）粗加工路线设计

1）切入方法及切入点。设计粗加工区域为 53mm×38mm 的矩形区域，刀具切入工件的点有两个位置比较实用：型腔中心和型腔拐角圆心。本例中 ϕ8mm 的刀具起点设在如图 3-16a 所示的起点位置，该点处在粗加工切削区域左下角，刀具与区域的两边相切。起点坐标是($X-22.5$，$Y-15$)。

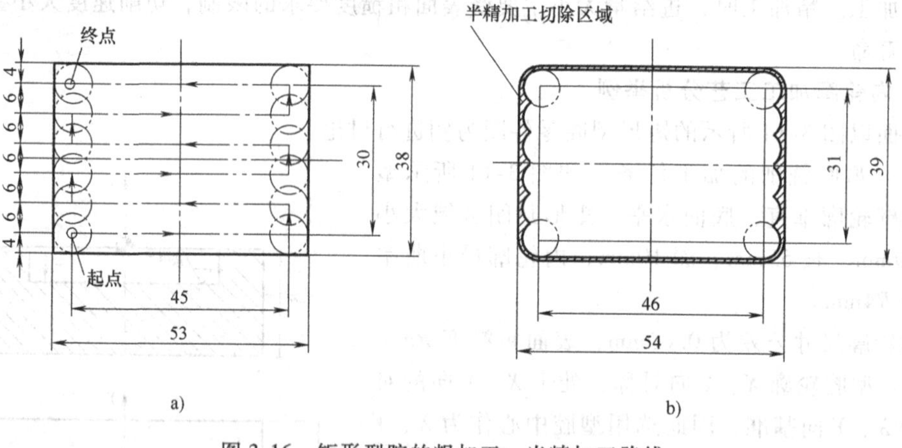

图 3-16　矩形型腔的粗加工、半精加工路线
a）Z 形刀路粗加工　b）环绕刀路半精加工

2）Z 形刀路间距值。型腔沿 Z 形刀路粗加工后留下扇形残留量的大小与两次切削之间的间距（Z 形刀路间距）有关，型腔粗加工中的间距就是刀具切入材料的宽度。Z 形刀路的相邻两刀应有一定的重叠部分，Z 形刀路间距通常为刀具直径的 70% ~90%。

如图 3-16a 所示，Y 向以 Z 形刀路间距 Q 为单位进行 N 次数进给，最终型腔粗加工区域被切除，则有

$$QN=(38-2\times4)\text{mm}=30\text{mm}$$

式中的38mm为粗加工区域宽度；4mm为粗加工的刀具半径。

本例设计 Y 向以Z形刀路间距为单位的进给次数是5，Z形刀路间距为 Q，则有

$$Q \times 5 = (38 - 2 \times 4)\,\text{mm}$$

得：$Q = 6\text{mm}$。间距6mm是 $\phi 8\text{mm}$ 的立铣刀直径的75%，这对于 $\phi 8\text{mm}$ 的立铣刀来说比较合适。

3）Z形刀路切削长度。如图3-16a所示，粗加工时Z形刀路的 X 向进给增量为

$$(53 - 2 \times 4)\,\text{mm} = 45\text{mm}$$

4）半精加工切削的长度和宽度。由于半精加工与粗加工在本例中使用同一把刀具，因此粗加工后刀具开始进行半精加工，由于 X、Y 向的半精加工余量为0.5mm，本例中，粗加工的最后刀具位置在型腔的左上角坐标为（$X-22.5$，$Y15$），经过“G91 G1 X-0.5 Y0.5”的增量移动，就可到达在型腔的左上角的半精加工的起点，如图3-16b所示。

（5）精加工刀具路径　粗加工和半精加工完成后，使用另一把刀具 $\phi 6\text{mm}$ 进行精加工并得到最终尺寸。选择轮廓中心点作为加工起点位置。精加工切削中，使用刀具半径补偿功能主要是为了在加工调试时，可以通过调整半径补偿值保证尺寸公差的要求。由于刀具半径补偿不能在圆弧插补运动中启动，因此必须添加建立和取消半径补偿的直线运动，以及切入、切出轮廓的圆弧。图3-17所示为矩形型腔的典型精加工刀具路径（起点在型腔中心）。

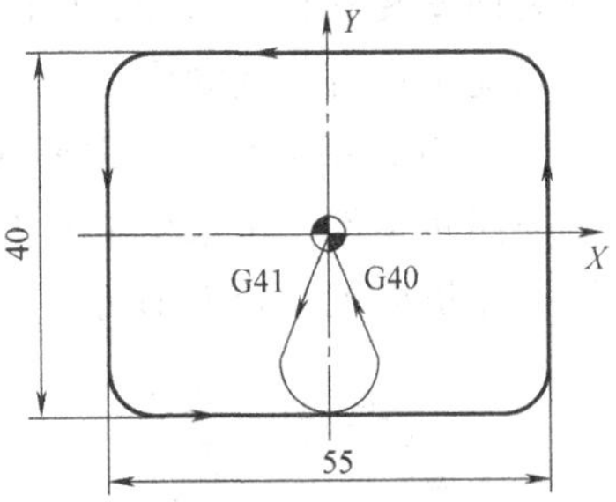

图3-17　矩形型腔的典型精加工刀具路径

3.1.2　数控铣床夹具

在数控铣床上常用的夹具类型有通用夹具、组合夹具、专用夹具、成组夹具等，在选择时需要考虑产品的质量保证、生产批量、生产率及经济性。

1. 通用铣削夹具

通用铣削夹具已实现了标准化。其特点是通用性强、结构简单，装夹工件时无须调整或稍加调整即可，主要用于单件小批量生产。通用铣削夹具有机用平口钳、通用螺钉压板、回转工作台和自定心卡盘等。

（1）机用平口钳（又称机用虎钳）　机用虎钳属于通用可调夹具，同时也可以作为组合夹具的一部分，适用于尺寸较小的方形工件的装夹。由于其具有通用性强、夹紧快速、操作简单、定位精度较高等特点，因此被广泛应用。机用虎钳的组成见二维码3-3。

数控铣削加工中一般使用精密平口钳（定位精度在0.01～0.02mm）或工具平口钳（定位精度在0.001～0.005mm）。当加工精度要求不高或采用较小夹紧力即可满足要求的零件时，常用机械式平口钳，靠丝杠螺母的相对运动来夹紧工件（图3-18a）；当加工精度要求较高，需要较大的夹紧力时，可采用较高精度的液压式平口钳（图3-18b）。

机用虎钳安装时应根据加工精度要求，控制钳口与 X 或 Y 轴的平行度，零件夹紧时要注意控制工件变形及上翘现象。

（2）螺钉压板　对于较大或四周不规则的工件，无法采用机用虎钳或其他夹具装夹时，可用压板通过T形槽用螺栓、螺母、垫铁将工件压紧在工作台台面上（图3-19）。用压板装

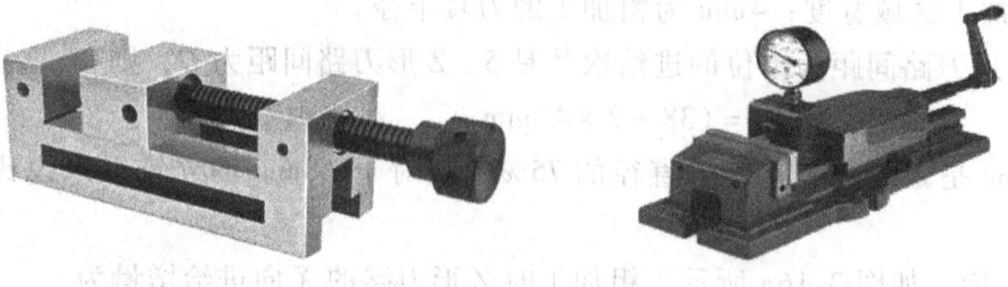

a)　　　　b)

图 3-18　机用虎钳

a）机械式平口钳　b）液压式平口钳

二维码 3-3

夹工件时，压板一端搭在工件上，另一端搭在垫铁上，应使压板、垫铁的高度略高于工件，以保证夹紧效果。压板螺栓应尽量靠近工件，以增大压紧力，但压紧力要适中，或在压板与工件表面安装软材料垫片，以防工件变形或工件表面受到损伤。工件不能在工作台台面上拖动，以免工作台台面划伤。

（3）铣床用卡盘　当需要在数控铣床上加工回转体零件时，可以采用自定心卡盘装夹，对于非回转零件，可采用单动卡盘装夹，如图 3-20 所示。在使用时，用 T 形槽用螺栓将卡盘固定在机床工作台上即可。

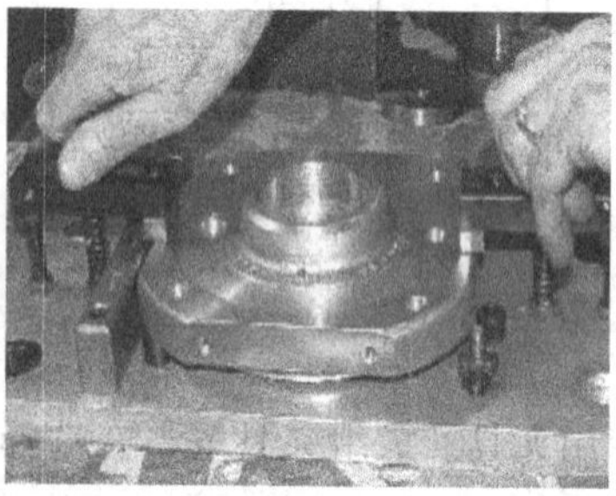

图 3-19　螺钉压板

图 3-20　铣床用卡盘

（4）分度回转用夹具

1）分度头。许多机械零件，如花键、离合器、齿轮等零件在加工中心上加工时，常采用分度头分度的方法来等分每一个齿槽，从而加工出合格的零件。分度头是数控铣床或普通铣床的主要部件。图 3-21 所示为数控分度头，图 3-22 所示为数控分度头的应用。分度头加工见二维码 3-4。

图 3-21　数控分度头

图 3-22　数控分度头的应用

二维码 3-4

2）分度工作台。分度工作台只能完成分度运动，不能实现圆周进给，它是按照数控系统的指令，在需要分度时将工作台连同工件回转一定的角度，分度时也可以采用手动分度，分度工作台一般只能回转规定的角度（如90°、60°和45°等），图3-23所示为分度工作台。

3）数控回转工作台。数控回转工作台的主要作用是根据数控装置发出的指令脉冲信号，完成圆周进给运动，并进行各种圆弧加工或曲面加工，也可以进行分度工作。数控回转工作台可以使数控铣床增加一个或两个回转坐标，通过数控系统实现四坐标或五坐标联动，有效地扩大工艺范围，加工更为复杂的工件，如图3-24所示。数控回转工作台的应用见二维码3-5。

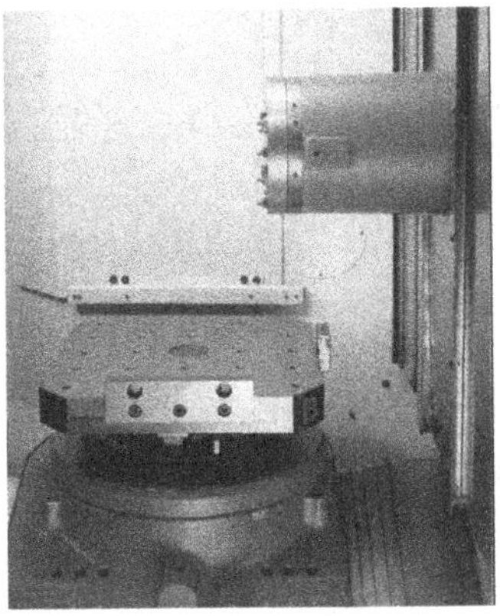

图3-23　分度工作台

图3-24　数控回转工作台

二维码3-5

（5）电永磁夹具　电永磁夹具（图3-25）是以钕铁硼等新型永磁材料为磁力源，运用现代磁路原理而设计出来的一种新型夹具。大量的机加工实践表明，电永磁夹具可以大幅度提高数控机床、加工中心的综合加工效能。

电永磁夹具的夹紧与松开过程只需1s左右，因此大幅缩短了装夹时间。常规机床夹具的定位元件和夹紧元件占用空间较大，而电永磁夹具没有这些占用空间的元件，因此与常规机床夹具相比，电永磁夹具的装夹范围更大，这有利于充分利用数控机床的工作台和工作行程，也有利于提高数控机床的综合加工效能，电永磁夹具的吸力一般在1.47～1.76MPa。电永磁夹具应用见二维码3-6。

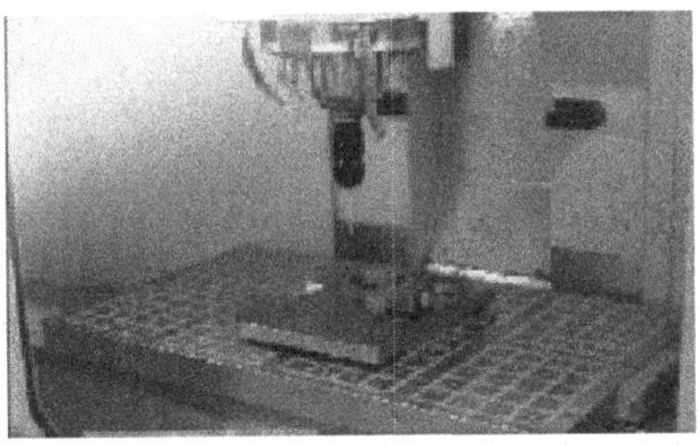

图3-25　电永磁夹具

二维码3-6

2. 专用夹具

专用夹具是专为某个零件的某道工序设计的。其特点是结构紧凑、操作迅速方便。但这类夹具的设计和制造的工作量大、周期长、投资大，只有在大批量生产中才能充分发挥它的经济效益。

3. 组合夹具

组合夹具是由一套预先制造好的标准元件组装而成的专用夹具。它具有专用夹具的优点，用完后可拆卸存放，从而缩短了生产准备周期，减少了加工成本。因此，组合夹具既适用于单件及中、小批量生产，又适用于大批量生产。图 3-26 所示为孔系组合夹具的组装示意图，图 3-27 所示为孔系组合夹具的应用。

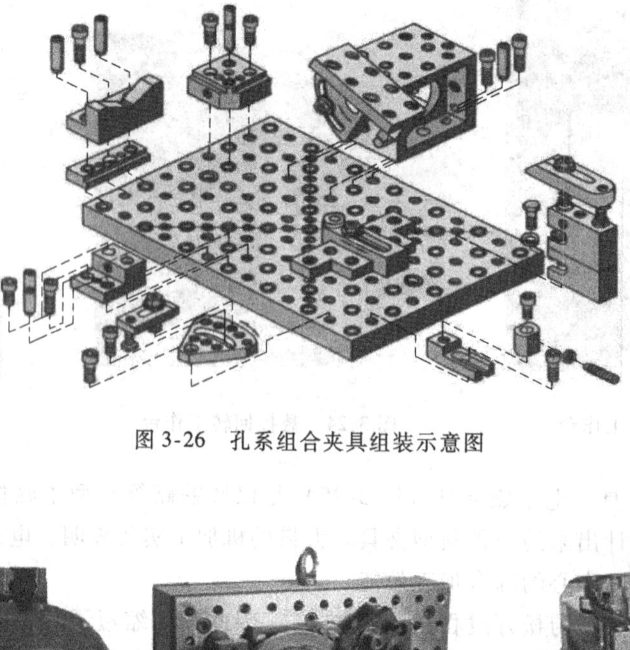

图 3-26　孔系组合夹具组装示意图

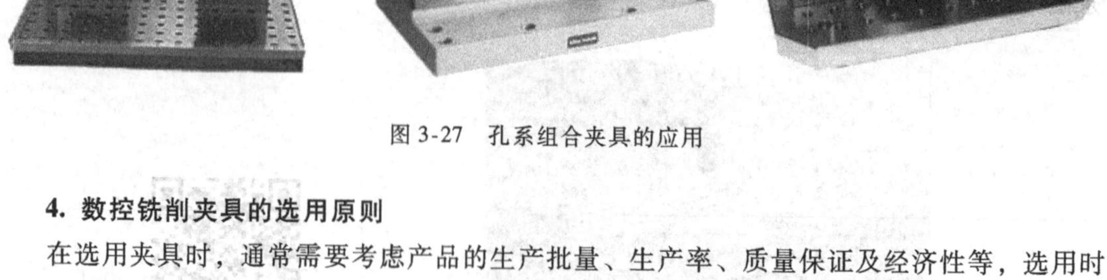

图 3-27　孔系组合夹具的应用

4. 数控铣削夹具的选用原则

在选用夹具时，通常需要考虑产品的生产批量、生产率、质量保证及经济性等，选用时可参照下列原则：

1）在单件或研制新产品且零件比较简单时，尽量选择机用虎钳和自定心卡盘等通用夹具。

2）在生产量小或研制新产品时，应尽量采用通用组合夹具。

3）小批或成批生产时可考虑采用专用夹具，但应尽量简单。

4）在生产批量较大时可考虑采用多工位夹具和气动、液压夹具。

3.1.3 内轮廓零件工艺制订

1. 零件图工艺分析

（1）加工内容及技术要求　本次要加工的零件属于壳体类零件，主要由外轮廓及内轮廓组成，所有表面都需要加工。零件毛坯为62mm×50mm×18mm，材料2A12，切削加工性能较好，无热处理要求。

54mm×42mm的矩形型腔的尺寸公差为±0.1mm，M2螺纹孔孔距公差为±0.05mm，矩形型腔深度公差为±0.1mm，零件上表面与内轮廓表面粗糙度要求为*Ra*3.2μm，外轮廓表面粗糙度为*Ra*6.3μm。

（2）加工方法　零件外轮廓表面粗糙度要求为*Ra*6.3μm，可以在普通铣床上完成六面体的加工，外轮廓倒角及内轮廓可在数控铣床上采用粗铣—精铣的加工方法，M2螺纹孔可由钳工完成。

2. 机床选择

根据零件的结构及精度要求并结合现有车间设备条件，外轮廓选用普通铣床加工，内轮廓选用配备FANUC-0i系统的KV650数控铣床，KV650数控铣床的技术参数见表1-1。

3. 装夹方案的确定

根据零件的结构特点，采用机用虎钳装夹比较合适，铣削内轮廓时，以底面定位，采用垫铁支撑在数控铣床上，装夹示意图如图3-28所示。

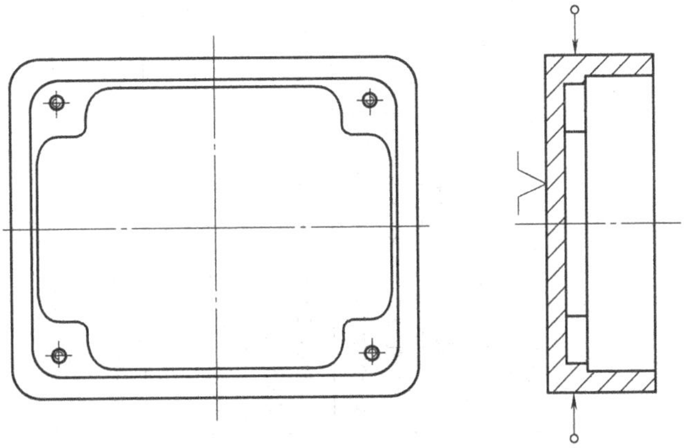

图3-28　装夹示意图

4. 工艺过程卡的制定

根据以上分析，确定机械加工工艺过程卡（表3-1）。

表 3-1 机械工艺过程卡

（工厂）	机械工艺过程卡	产品型号		零件图号			
		产品名称		零件名称	壳体	共 1 页	第 1 页

材料牌号	2A12	毛坯种类	板料	毛坯外形尺寸	62mm × 50mm × 18mm	每毛坯可制件数	1	每台件数		备注	

工序号	工序名称	工序内容	车间	工段	设备	工艺装备	工时/min 准终	工时/min 单件
1	备料	备 62mm × 50mm × 18mm 方料			锯床			
2	普铣	铣六面，保证尺寸 60mm × 48mm × 16mm，保证表面质量 *Ra*6.3μm	金工车间		普通铣床	机用虎钳		
3	数控铣	（1）铣 *R*4mm 的圆角至尺寸要求	数控车间		数控铣床	机用虎钳		
		（2）粗铣 54mm × 42mm 的矩形型腔及 52mm × 40mm 的花形型腔，型腔侧面留 0.1mm 的余量，深度至图样要求						
		（3）精铣 54mm × 42mm 的矩形型腔及 52mm × 40mm 的花形型腔至图样要求						
		（4）钻 4 × A3 的中心孔						
4	钳工	（1）钻 M2 的底孔	钳工车间		钻床			
		（2）攻 M2 的内螺纹						
		去毛刺						
5	检验							
							设计（日期）	审核（日期）
							标准化（日期）	会签（日期）
标记	处数	更改文件号	签字	日期	标记	处数	更改文件号	签字	日期

下面介绍加工顺序的确定，刀具、量具的确定，拟订数控铣削加工工序卡等内容（只分析数控铣削加工部分）。

5. 加工顺序的确定

由于在普通铣床上已经完成 60mm ×48mm ×16mm 的六面体的加工，且尺寸已保证，因而在数控铣床上只需完成外轮廓 *R*4mm 的圆角加工及两个内型腔的加工。按照先粗后精的原则，先从上到下完成其粗加工，再进行各轮廓的精加工。在粗加工时，由于有两个不同形状的内型腔，因此应该在深度方向分两层加工，第一层先去除 54mm ×42mm 的矩形型腔内部的残料，第二层去除 52mm ×40mm 的花形型腔的残料。

6. 刀具、量具的确定

因为该零件为平面类零件，适合选用平底立铣刀进行加工。在粗加工时主要考虑加工效率，因此可选用较大直径的平底立铣刀，精加工时可选用较小直径的平底立铣刀。考虑到内型腔的最小凹圆弧半径为 *R*4mm，所以该零件粗加工选择 ϕ8mm 硬质合金立铣刀；精加工选择 ϕ6mm 硬质合金立铣刀。刀具卡见表 3-2。

表 3-2　数控加工刀具卡

<table>
<tr><td colspan="2">产品名称或代号</td><td></td><td>零件名称</td><td></td><td>零件图号</td><td rowspan="3">备注</td></tr>
<tr><td rowspan="2">工步号</td><td rowspan="2">刀具号</td><td rowspan="2">刀具名称</td><td colspan="2">刀具</td><td rowspan="2">刀具材料</td></tr>
<tr><td>直径/mm</td><td>长度/mm</td></tr>
<tr><td>1</td><td>T01</td><td>平底立铣刀</td><td>ϕ8</td><td></td><td>硬质合金</td><td></td></tr>
<tr><td>2</td><td>T02</td><td>平底立铣刀</td><td>ϕ6</td><td></td><td>硬质合金</td><td></td></tr>
<tr><td></td><td></td><td></td><td></td><td></td><td></td><td></td></tr>
<tr><td></td><td></td><td></td><td></td><td></td><td></td><td></td></tr>
<tr><td>编　制</td><td></td><td>审　核</td><td></td><td>批　准</td><td></td><td>共 1 页　　第 1 页</td></tr>
</table>

根据该零件尺寸公差，内外轮廓都采用游标卡尺测量，量具卡见表 3-3。

表 3-3　量具卡

<table>
<tr><td>产品名称或代号</td><td></td><td>零件名称</td><td></td><td>零件图号</td><td></td></tr>
<tr><td>序号</td><td>量具名称</td><td>量具规格</td><td colspan="2">分度值</td><td>数量</td></tr>
<tr><td>1</td><td>游标卡尺</td><td>0 ~ 150mm</td><td colspan="2">0.02mm</td><td>1 把</td></tr>
<tr><td>2</td><td>粗糙度样板</td><td></td><td colspan="2"></td><td>1 套</td></tr>
<tr><td>编　制</td><td></td><td>审 核</td><td></td><td>批　准</td><td>共 1 页　　第 1 页</td></tr>
</table>

7. 拟订数控铣削加工工序卡

根据以上分析制订工序卡，见表 3-4。

表 3-4　工序卡

（工厂）	数控加工工序卡	产品型号		零件图号		
		产品名称		零件名称	共 1 页	第 1 页

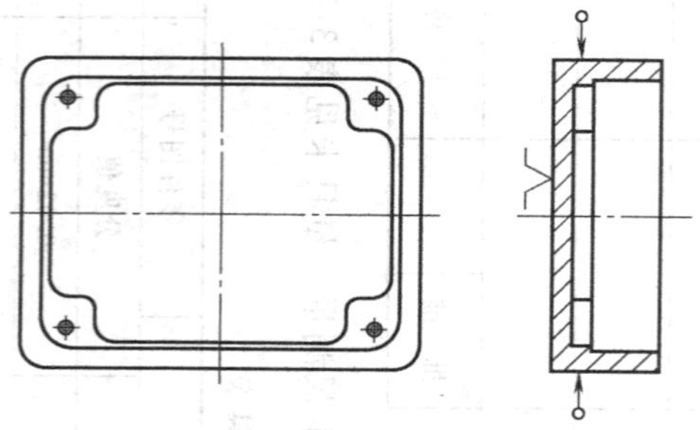

车间	工序号	工序名称	材料牌号
	3	数控铣	2A12
毛坯种类	毛坯外形尺寸	每毛坯可制件数	每台件数
板料	62mm × 50mm × 18mm	1	
设备名称	设备型号	设备编号	同时加工件数
数控铣床	KV650		

夹具编号	夹具名称	切削液	
	机用虎钳		
工位器具编号	工位器具名称	工序工时	
		准终	单位

工步号	工步名称	工艺装备	主轴转速/（r/min）	切削速度/（m/min）	进给量/（mm/min）	背吃刀量/mm	进给次数	工时 机动	工时 单件
1	粗铣 54mm × 42mm 的矩形型腔及 52mm × 40mm 的花形型腔，型腔侧面留 0.1mm 的余量；深度至图样要求	机用虎钳	4000	100	1200	1			
2	精铣 54mm × 42mm 的矩形型腔及 52mm × 40mm 的花形型腔至图样要求	机用虎钳	5000	100	1500	5			
					设计（日期）	审核（日期）	标准化（日期）	会签（日期）	
标记	处数	更改文件号	签字	日期	标记	处数	更改文件号	签字	日期

3.2 内轮廓零件编程

3.2.1 子程序的应用

1. 子程序的定义

机床的加工程序可以分为主程序和子程序两种。主程序是一个完整的零件加工程序，或是零件加工程序的主体部分，它和被加工零件或加工要求一一对应，不同的零件或不同的加工要求，都只有唯一的主程序。

在编制加工程序时，有时会遇到一组程序段在一个程序中多次出现，或者在几个程序中都要使用它。这个典型的加工程序段可以做成固定程序，并单独加以命名，这组程序段就称为子程序。子程序通常不可以作为独立的加工程序使用，它只能通过调用，实现加工中的局部动作。子程序执行结束后，能自动返回到调用的主程序中。

2. 子程序格式

在大部分数控系统中，子程序和主程序的格式并无本质的区别。子程序和主程序在程序号及程序内容方面基本相同，但结束标记不同，主程序用 M02 或 M30 指令表示程序结束；而子程序则用 M99 指令表示程序结束，并实现自动返回主程序功能。

如下所示：

```
O0100;
…
N10 G91 G01 Z-2.0 F100;
…
N80 G91 G28 Z0;
N90 M99;
```

对于子程序结束指令 M99，可单独书写一行，也可与其他指令同行书写，上述程序中的 N80 与 N90 程序段可写为“G91 G28 Z0 M99;”。

3. 子程序的调用

在 FANUC 系统中，子程序的调用可通过辅助功能代码 M98 指令进行，且在调用格式中将子程序的程序号地址改为 P，常用的子程序调入格式有两种。

（1） M98 P×××××××；其中，P 后面的前 3 位为重复调用次数，省略时为调用一次；后 4 位为子程序号。采用这种调用格式时，调用次数前的 0 可以省略不写，但子程序号前的 0 不可省略。例如：“M98 P50010”表示调用子程序“O0010”5 次，而“M98 P0510”则表示调用子程序“O510”1 次。

（2） M98 P××××L×××；其中，P 后面的 4 位为子程序号；L 后面的 3 位为重复调用次数，省略时为调用一次。

子程序的执行过程可表示为：

主程序：

```
O0001;                      子程序：
N10…;                       O0100;
N20 M98 P0100;              …
N30…;                       M99;
…
O0200;                      O0300;
N60 M98 P20300;             …
…                           M99;
N100 M30;
```

4. 子程序的嵌套

为了进一步简化程序，可以让子程序调用另一个子程序，这一功能称为子程序的嵌套。当主程序调用子程序时，该子程序被认为是一级子程序。系统不同，其子程序的嵌套级数也不相同，FANUC 系统可实现子程序四级嵌套，如图 3-29 所示。

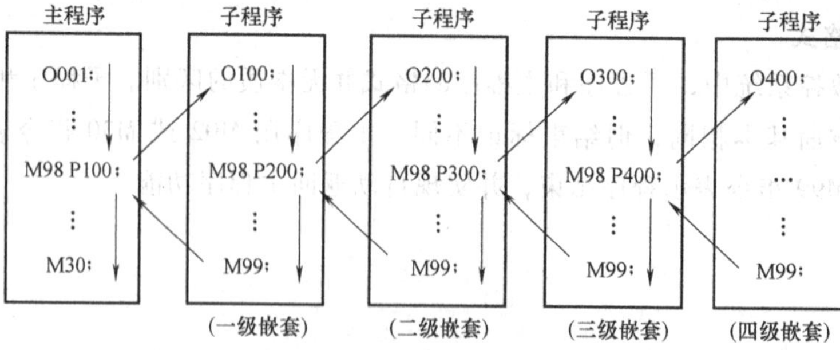

图 3-29　子程序嵌套

5. 子程序调用的特殊用法

（1）子程序返回到主程序某一程序段　如果在子程序返回程序段中加上 Pn，则子程序在返回主程序时将返回到主程序中程序段号为“n”的那个程序段。其程序格式如下：

M99 Pn;

例：M99 P100;　　　　　（返回到 N100 程序段）

（2）自动返回到程序头　如果在主程序中执行 M99 指令，则程序将返回到主程序的开头并继续执行程序；也可以在主程序中插入“M99 Pn;”用于返回到指定的程序段；为了能够执行后面的程序，通常在该指令前加“/”，以便在不需要返回执行时，跳过该程序段。

（3）强制改变子程序重复执行的次数　用“M99 L××;”指令可强制改变子程序重复执行的次数，其中，“L××”表示子程序调用的次数。

6. 子程序的应用

（1）实现零件的分层切削　当零件在某个方向上的总背吃刀量比较大时，可通过调用子程序并采用分层切削的方式来编写该轮廓的加工程序。

［例 3-1］　在数控铣床上加工如图 3-30 所示的凸台外形轮廓，*Z* 向采用分层切削的方式进行，每次 *Z* 向背吃刀量为 5mm，试编写其数控铣削加工程序。

其加工程序如下，零件仿真加工见二维码 3-7。

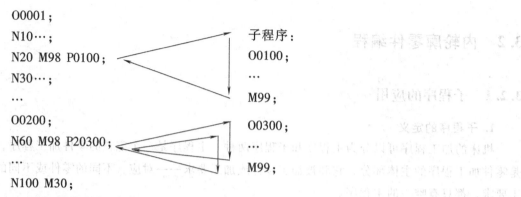

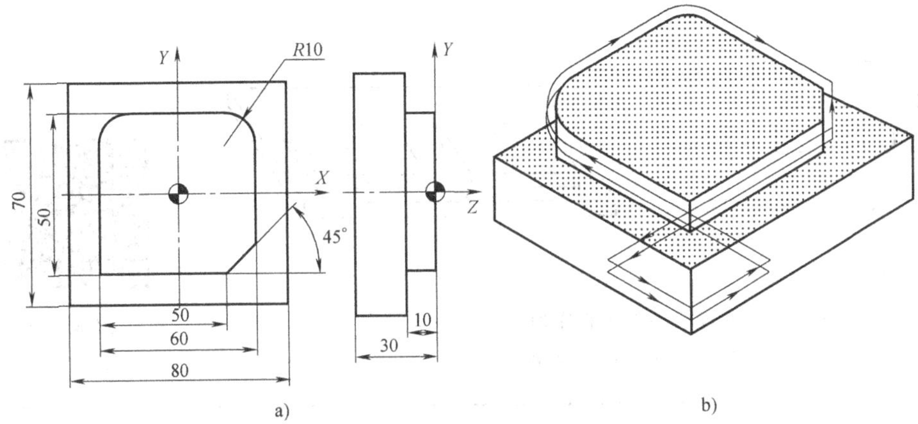

图 3-30　*Z* 向分层切削子程序实例

a）实例平面图　b）子程序轨迹图

二维码 3-7

程　　序	注　　释
O0001；	主程序
G90 G94 G40 G21 G17；	程序保护头
G54 G00 X－40.0 Y－40.0；	*XY* 平面快速点定位
M03 S1000；	主轴正转，转速为 1000r/min
G43 Z100.0 H01；	建立刀具长度正补偿，刀具抬至距工件上表面 100mm 处
Z20.0；	
G01 Z0.0 F50；	刀具下降到子程序 *Z* 向起始点
M98 P21000；	调用子程序 2 次
G00 Z50.0；	
M30；	

子程序如下：

程　　序	注　　释
O1000；	子程序
G91 G01 Z－5.0 F100；	刀具从 Z0 或 Z－5.0 位置增量向下移动 5mm
G90 G41 G01 X－30.0 D01 F100；	建立左刀补，并从轮廓切线方向切入
Y15.0；	
G02 X－20.0 Y25.0 R10；	
G01 X20.0；	
G02 X30.0 Y15.0 R10；	
G01 Y－15.0；	
G01 X20.0 Y－25.0；	
X－40.0；	沿切线切出
G40 Y－40.0；	取消刀补
M99；	子程序结束，返回主程序

（2）同平面内多个相同轮廓工件的加工　在数控编程时，只编写其中一个轮廓的加工程序，然后用主程序调用。

［例 3-2］　加工如图 3-31 所示外形轮廓的零件，矩形凸台高为 5mm，试编写该外形轮廓的数控铣削精加工程序。

其精加工程序如下。零件仿真加工见二维码 3-8。

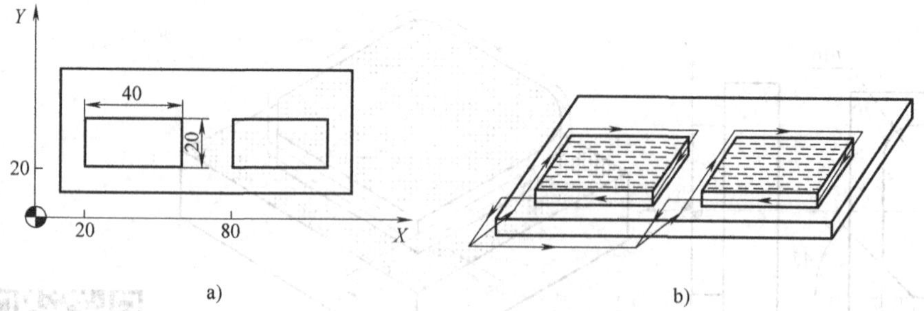

图 3-31　同平面多轮廓子程序加工实例

a）实例平面图　b）子程序轨迹图

二维码 3-8

程　　序	注　　释
O0001;	主程序
G90 G94 G40 G21 G17;	程序保护头
G54 G00 X0 Y－10.0;	*XY* 平面快速点定位
M03 S1000;	主轴正转,转速为 1000r/min
G43 G00 Z100.0 H01;	建立刀具长度正补偿,刀具抬至距工件上表面 100mm 处
G01 Z－5.0 F50;	刀具 *Z* 向下降至凸台底平面
M98 P21213;	调用子程序 2 次
G90 G00 Z100.0;	抬刀至安全平面
M30;	程序结束

子程序如下：

程　　序	注　　释
O1213;	子程序
G91 G41 G01 X20.0 Y25.0 D01 F100;	建立左刀补,并从轮廓切线方向切入
X0 Y25.0;	
X40.0;	
Y－20.0;	
X－45.0;	
G40 X－15.0 Y－30.0;	取消刀补
X60.0;	刀具移动到子程序第二次循环的起始点
M99;	子程序结束,返回主程序

（3）实现程序的优化　加工中心的程序往往包含有许多独立的工序，编程时，把每一个独立的工序编成一个子程序，而让主程序只有换刀和调用子程序的命令，从而实现优化程序的目的。

7. 使用子程序注意事项

1）注意主程序与子程序之间绝对坐标与增量坐标模式代码的变换。在例 3-3 中，子程序采用了 G91 模式，但需要注意及时进行 G90 与 G91 模式的变换。

[例 3-3]	O1;（MAIN）	O2;（SUB）	
G90 模式	G90 G54;	G91…;	
G91 模式	M98 P2;	…;	G91 模式
	…;	M99;	
G90 模式	G90…;		
	M30;		

2）在半径补偿模式中的程序不能被分支。在例 3-4 中，刀具半径补偿模式在主程序及子程序中被分支执行，当采用这种形式编程时，系统将出现程序出错报警。正确的程序书写格式见例 3-5。

［**例 3-4**］

主程序	子程序
O1；（主程序）	O2；（子程序）
G91…；	…；
G41…；	M99；
M98 P2；	
G40…；	
M30；	

［**例 3-5**］

主程序	子程序
O1；（主程序）	O2；（子程序）
G90…；	G41…；
…；	…；
M98 P2；	G40…；
M30；	M99；

3.2.2 内轮廓零件编程

1. 走刀路线的确定

（1）粗加工走刀路线的确定　在粗加工时，由于有两个不同形状的内型腔，因此应该在深度方向分两层加工，第一层先去除 54mm×42mm 的矩形型腔内部的残料，第二层去除 52mm×40mm 的花形型腔的残料。两个不同深度层的走刀路线如图 3-32 所示。

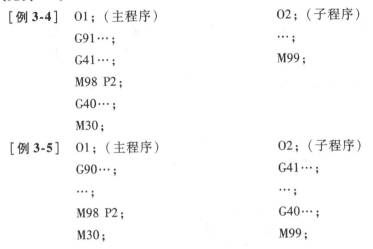

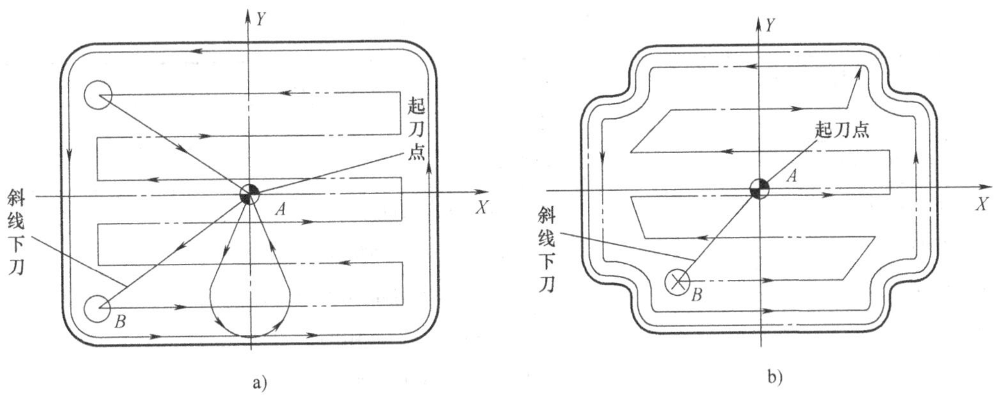

图 3-32　粗加工刀路

a）矩形型腔粗加工刀路　b）花形型腔粗加工刀路

（2）精加工走刀路线的确定（图 3-33）

2. 数控加工程序编制

以工件上表面几何中心为编程原点，零件编程坐标系设置如图 3-34 所示。

其粗加工内轮廓程序如下：

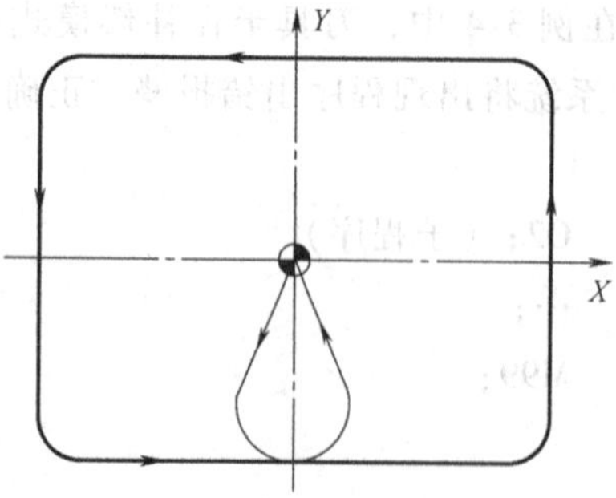

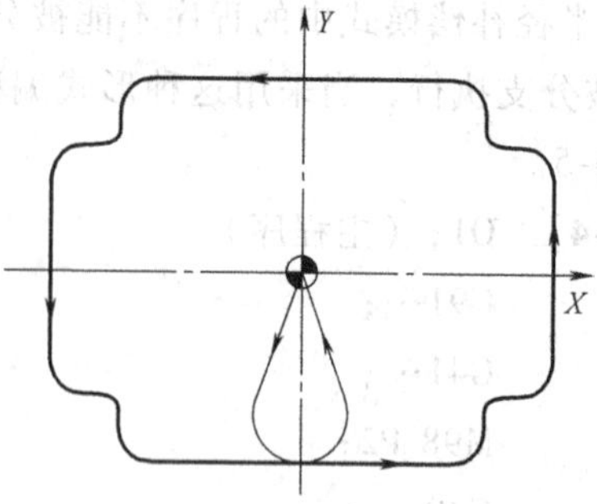

图 3-33　精加工刀路

a）矩形型腔精加工刀路　b）花形型腔精加工刀路

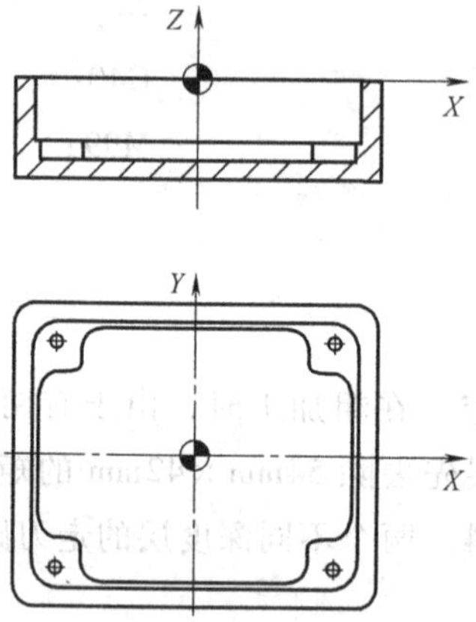

图 3-34　零件编程坐标系

程　　序	注　　释
O0001;	主程序
G90 G94 G40 G21 G17;	程序保护头
G54 G00 X0 Y0;	*XY* 平面快速点定位
M03 S4000;	主轴正转,转速为 4000r/min
G43 G00 Z100.0 H01;	建立刀具长度正补偿,刀具抬至距工件上表面 100mm 处
G00 Z5.0;	刀具下降到工件上表面附近
G01 Z0 F100;	刀具下降到子程序 *Z* 向起始点
M98 P101234;	调用子程序 O1234 共 10 次
M98 P31235;	调用子程序 O1235 共 3 次
G01 Z5.0 F1200;	抬刀至工件上表面
G90 G00 Z50.0;	抬刀至安全平面
M05;	主轴停止
M02;	程序结束

程　序	注　释
O1234;	子程序:粗加工矩形型腔
G91 G01 X-22.5 Y-16.5 Z-1.0 F1200;	斜线下刀
X45.0;	
Y6.0;	
X-45.0;	
Y6.0;	
X45.0;	
Y6.0;	
X-45.0;	
Y6.0;	
X45.0;	
Y7.0;	
X-45.0;	
G90 X0 Y0;	返回下刀点
G41 G01 X-6.0 Y-15.0 D01 F1200;	建立刀具半径左补偿(半精加工开始)
G03 X0 Y-21.0 R6.0;	
G01 X22.0;	
G03 X27.0 Y-16.0 R5;	
G01 Y16.0;	
G03 X22.0 Y21.0 R5.0;	
G01 X-22.0 Y21.0;	
G03 X-27.0 Y16.0 R5.0;	
G01 Y-16.0;	
G03 X-22.0 Y-21.0 R5.0;	
G01 X0;	
G03 X6.0 Y-15.0 R5.0;	
G40 G01 X0 Y0;	取消刀具半径补偿
M99;	子程序结束
O1235;	子程序:粗加工花形型腔
G91 G01 X-12.0Y-15.0 Z-1.0 F1200;	斜线下刀
G01 X24.0;	
X6.0 Y6.0;	
X-36.0;	
X-1.5 Y6.0;	
X41.0;	
Y6.0;	
X-41.0;	
X7.5 Y6.0;	
X26.0;	
G90 G41 X15.0 Y20.0 D01;	
X-15.0;	
G03 X-19.0 Y16.0 R4;	
G01 X-19.0 Y15.0;	
G02 X-21.0 Y13.0 R2;	
G01 X-22.0 Y13.0;	
G03 X-26.0 Y9.0 R4;	
G01 Y-9.0;	
G03 X-22.0 Y-14.0 R4;	

（续）

程　　序	注　　释
G01 X－21.0；	
G02 X－19.0 Y－15.0 R2；	
G01 Y－16.0；	
G03 X－15.0 Y－20.0 R4；	
G01 X15.0；	
G03 X19.0 Y－16.0 R4；	
G01 Y－15.0；	
G02 X21.0 Y－13.0 R2；	
G01 X22.0；	
G03 X26.0 Y－9.0 R4；	
G01 Y9.0；	
G03 X22.0 Y13.0 R4；	
G01 X21.0；	
G02 X19.0 Y15.0 R2；	
G01 Y16.0；	
G03 X15.0 Y20.0 R4；	
G40 G01 X0 Y0；	返回下刀点
M99；	子程序结束

精加工程序如下：

程　　序	注　　释
O1236；	精加工四方型腔和花形型腔
G90 G94 G40 G21 G17；	程序保护头
G54 G00 X0 Y0；	*XY* 平面快速点定位
M03 S5000；	主轴正转，转速为 5000r/min
G43 G00 Z100.0 H02；	建立刀具长度正补偿，刀具抬至距工件上表面 100mm 处
G00 Z5.0；	刀具下降到工件上表面附近
G01 Z－10.0 F1000；	刀具下降到程序 *Z* 向起始点
G41 G01 X－6.0 Y－15.0 D02 F1500；	建立刀具左补偿
G03 X0 Y－21.0 R6.0；	圆弧方式切入
G01 X22.0；	
G03 X27.0 Y－16.0 R5；	
G01 Y16.0；	
G03 X22.0 Y21.0 R5.0；	
G01 X－22.0 Y21.0；	
G03 X－27.0 Y16.0 R5.0；	
G01 Y－16.0；	
G03 X－22.0 Y－21.0 R5.0；	
G01 X0；	
G03 X6.0 Y－15.0 R5.0；	
G40 G01 X0 Y0；	取消刀具半径补偿
G01 Z－13.0 F1000；	
G41 G01 X－5.0 Y－15.0 D02 F1500；	建立刀具左补偿
G03 X0 Y－20.0 R5.0；	圆弧方式切入
G01 X15.0 Y－20.0 ；	

（续）

程　　序	注　　释
G03 X19.0 Y-16.0 R4.0;	
G01 Y-15.0;	
G02 X21.0 Y-13.0 R2;	
G01 X22.0 Y-13.0;	
G03 X26.0 Y-9.0 R4;	
G01 X26.0 Y9.0;	
G03 X22.0 Y13.0 R4;	
G01 X21.0 Y13.0;	
G02 X19.0 Y15.0 R2;	
G01 Y16.0;	
G03 X15.0 Y20.0 R4;	
G01 X-15.0;	
G03 X-19.0 Y16.0 R4;	
G01 Y15.0;	
G02 X-21.0 Y13.0 R2;	
G01 X-22.0;	
G03 X-26.0 Y9.0 R4;	
G01 X-26.0 Y-9.0;	
G03 X-22.0 Y-13.0 R4;	
G01 X-21.0;	
G02 X-19.0 Y-15.0 R2;	
G01 Y-16.0;	
G03 X-15.0 Y-20.0 R4;	
G01 X0;	
G03 X5.0 Y-15.0 R5;	
G40 G01 X0 Y0;	
G01 Z10.0;	
G00 Z100.0;	抬刀至安全平面
M30;	程序结束

3.3 内轮廓零件加工实施

3.3.1 工件装夹与校正

1. 工件装夹

本模块加工的零件为方形轮廓，形状规则，可选用机用虎钳装夹。其装夹如图 3-35 所示。

2. 机用虎钳装夹与校正

1）要对机用虎钳钳口进行找正，以保证机用虎钳的钳口方向与主轴刀具的进给方向平行或垂直。机用虎钳钳口的找正方法如图 3-36 所示，首先将百分表用磁性表座固定在主轴上，百分表触头接触钳口，沿平行于钳口的方向移动主轴，根据百分表读数用铜棒轻敲机用虎钳进行调整，保证钳口与主轴移动方向平行或垂直。

2）用机用虎钳装夹工件时，要根据工件的切削高度在机用虎钳内垫上合适的高精度平

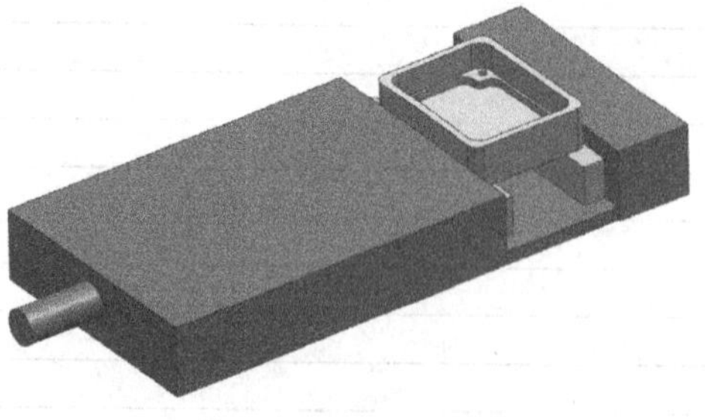

图 3-35　零件的装夹

图 3-36　校正机用虎钳钳口

行垫铁，以保证工件在切削过程中不会产生受力移动；装夹工件时，必须将工件侧基准面紧贴固定钳口，在钳口平行于刀杆的情况下，承受铣削力的钳口必须是固定钳口。工件装夹后所处的坐标位置应与编程中的工件坐标位置相同。

3.3.2　对刀与参数设置

本模块加工的零件几何形状对称，编程时编程原点选在零件的几何中心上表面，所以对刀时采用分中法，将 X、Y 方向的对刀数值输入图 1-74 的参数表中，Z 方向的对刀数值输入图 1-69 的参数表中，同时在刀偏表中输入刀具补偿值。一定要注意 ϕ8mm 立铣刀数值的输入位置为 1 号刀补位，ϕ6mm 立铣刀数值的输入位置为 2 号刀补位，不能搞错。

3.3.3　加工过程控制

在零件的实际加工过程中，由于刀具磨损、让刀等原因导致实际轮廓尺寸与理论轮廓尺寸有偏差。通常在进行精加工时，加工余量相对稳定，这样可方便地通过实测获取精加工时由于工艺系统带来的误差，然后根据所得误差修改刀补值。这样，可完全依据零件的理论轮廓尺寸编写精加工程序，用刀补值来补偿加工中由于工艺系统所引起的误差来提高轮廓的加工精度。

1. 工件内轮廓粗加工

用 ϕ8mm 的立铣刀粗加工，去除大部分加工余量。同时沿工件轮廓进行半精加工，在刀偏表 1 号位“形状”里设定为 4.2mm，如图 3-37 所示，以保证轮廓侧面 0.2 mm 的精加工余量。内轮廓粗加工仿真见二维码 3-9。

2. 工件内轮廓精加工

用 ϕ6mm 立铣刀精加工之前，在刀偏表 2 号位“形状”里设定为 3.1mm，精加工后进行测量，如果实际轮廓比原轮廓小了 0.4mm（理论上应为 0.2mm，也就是理论值比实际值大），可按照公式 $R_{补} = R_{刀} -$（理论值 - 实际值）/2 进行刀补的修正，则精加工刀具半径补偿值应设为 2.9mm。

如果实际轮廓比原轮廓小了 0.1mm（理论上应为 0.2mm，也就是理论值比实际值小），可按照公式 $R_{补} = R_{刀} +$（实际值 - 理论值）/2 进行刀补的修正，则精加工刀具半径补偿值应设为 3.05 mm。内轮廓精加工仿真见二维码 3-10。

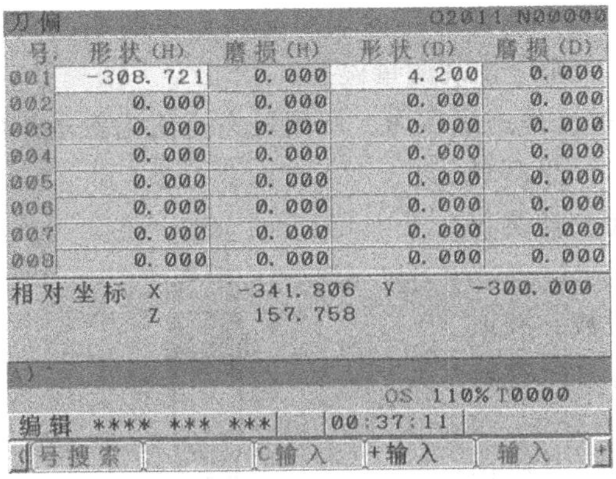

图 3-37　刀偏表

二维码 3-9

二维码 3-10

3.3.4　零件测量及误差分析

1. 深度测量工具

（1）深度游标卡尺　深度游标卡尺如图 3-38 所示，用于测量零件的深度尺寸或台阶高低和槽的深度。它的读数方法和游标卡尺完全一样。

测量时，先把测量基座轻轻压在工件的基准面上，两个端面必须接触工件的基准面，如图 3-39a 所示。测量内孔深度时，应把基座的端面紧靠在被测孔的端面上，使尺身与被测孔的中心线平行，如图 3-39b 所示，再移动尺身，直到尺身的端面接触到工件的被测量面（台阶面）上，然后用紧固螺钉固定尺框，提起卡尺，读出深度尺寸。

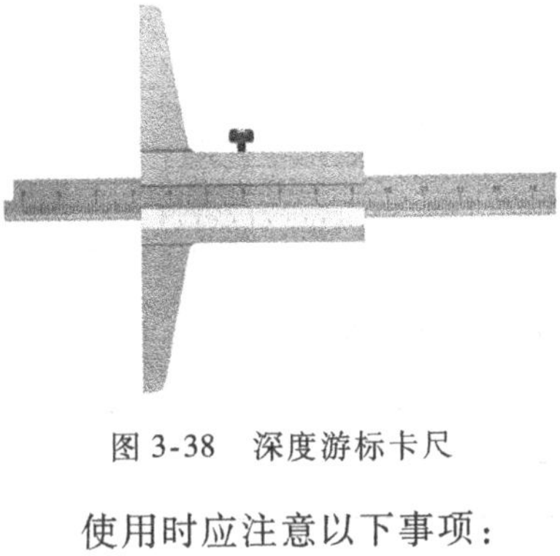

图 3-38　深度游标卡尺

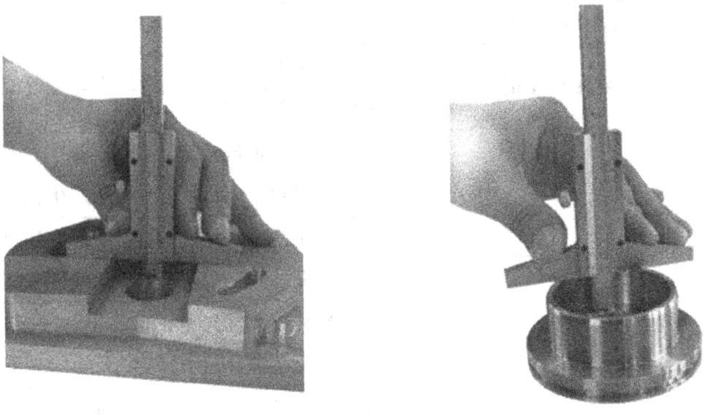

a)　　b)

图 3-39　深度游标卡尺的测量

使用时应注意以下事项：

1）测量前，应将被测量表面擦干净，以免灰尘、杂质磨损量具。

2）卡尺的测量基座和尺身端面应垂直于被测表面并贴合紧密，不得歪斜，否则会造成测量结果不准。

3）应在足够的光线下读数，两眼的视线与卡尺的刻线表面垂直，以减小读数误差。

4）在机床上测量零件时，要等零件完全停稳后进行，否则不但会使量具的测量面过早磨损而失去精度，且容易造成事故。

5）测量沟槽深度或当其他基准面是曲线时，测量基座的端面必须放在曲线的最高点上，只有这样测量结果才是工件的实际尺寸，否则会出现测量误差。

6）用深度游标卡尺测量零件时，不允许过分地施加压力，所用压力应使测量基座刚好接触零件基准表面，尺身刚好接触测量平面。如果测量压力过大，不但会使尺身弯曲或基座磨损，还会使测得的尺寸不准确。

7）为减小测量误差，可适当增加测量次数，并取其平均值。即在零件的同一基准面上的不同方向进行测量。

（2）深度千分尺　深度千分尺（图3-40）是应用螺旋副转动原理将回转运动变为直线运动的一种量具。其结构主要由微分筒、固定套管、测量杆、基座、测力装置、锁紧装置等组成。它是用来测量工件中表面粗糙度值小、尺寸精度要求高的台阶以及槽和不通孔深度的。测量时以基座测量面作为基准面，测量杆的长度可根据工件的尺寸不同进行调换。

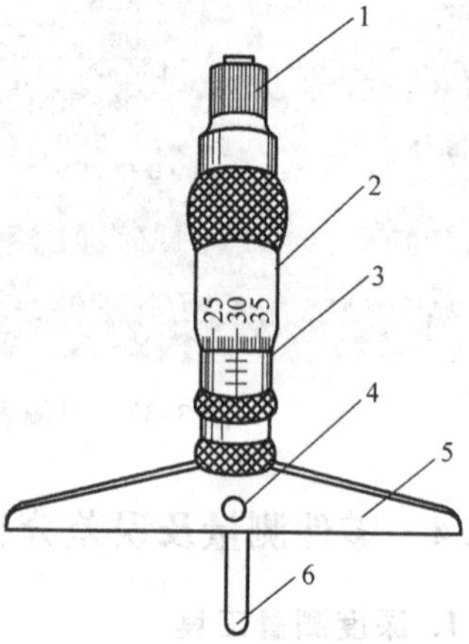

图3-40　深度千分尺的组成

1—测力装置　2—微分筒　3—固定套管　4—锁紧装置　5—基座　6—测量杆

2. 零件误差分析

（1）尺寸精度误差分析　铣削加工过程中造成尺寸精度降低的原因是多方面的，在实际加工过程中，尺寸精度降低的原因见表3-5。

表3-5　尺寸精度降低原因分析

影响因素	产生原因
装夹与校正	工件装夹不牢固，加工过程中产生松动与振动
	工件校正不正确
刀具	刀具尺寸不正确或产生磨损
	对刀不正确，工件的位置尺寸产生误差
	刀具刚性差，刀具加工过程中产生振动
加工	背吃刀量过大，导致刀具发生弹性变形，加工面呈锥形
	刀具补偿参数设置不正确
	精加工余量选择过大或过小
	切削用量选择不当，导致切削力、切削热过大，从而产生热变形和内应力
工艺系统	机床原理误差（由于数控系统的插补原理等所产生的误差）
	机床几何误差
	工件定位不正确或夹具与定位元件制造误差

（2）影响表面粗糙度的因素　加工过程中，影响表面粗糙度的因素见表3-6。

表3-6　影响表面粗糙度的因素

影响因素	产生原因
装夹与校正	工件装夹不牢固，加工过程中产生振动
刀具	刀具磨损后没有及时修磨
	刀具刚性差，使刀具在加工过程中产生振动
	主偏角、副偏角及刀尖圆弧半径选择不当

（续）

影响因素	产生原因
加工	进给量选择过大，残留层高度增加
	切削速度选择不合理，产生积屑瘤
	背吃刀量（精加工余量）选择过大或过小
	Z 向分层切深后没有进行精加工，留有接刀痕迹
	切削液选择不当或使用不当
	加工过程中刀具停顿
加工工艺	工件材料热处理不当或热处理工艺安排不合理
	采用不适当的进给路线，精加工采用逆铣

企业点评

1. 壳体零件在数控加工中，占有相当大的比例。在机械设备中，壳体零件通常作为设备的外壳，里面装有各种机械、电子零件和机构。壳体内安装这些零件的型面是型腔。型腔一般由多个侧面与底面构成。侧面多为二维的直面和曲面，有的中间还有凸台。壳体零件的加工主要是型腔的加工，因为要控制刀具走曲线、圆弧线，普通铣床无法进行这种加工，所以，壳体零件的型腔多用数控铣床加工。

2. 壳体零件的生产类型不同，其毛坯也不同。单件小批量生产，毛坯多为板料，成本低；批量生产，多用铸件，节省材料，加工效率高。根据毛坯的不同，加工工艺也不同。毛坯为板料时，要考虑下刀问题，因为立铣刀除了键槽铣刀外，是不能直接向下进刀的，因为立铣刀底齿中间有中心孔，不能切削，所以，直接下刀是要打刀的。而毛坯为铸件，则不存在这个问题，因底面余量一般都较小，立铣刀的中心孔不会被堵死，所以不会打刀。

3. 粗铣去余量，毛坯不同，方法也不一样。毛坯若为板料，则要分层铣，每一层可采用行切法，用立铣刀逐层切削余量。毛坯若为铸件，型腔的底面和侧面余量均很小，底面最多分 2～3 层进刀即可，每层也可采用行切法，用立铣刀逐层切削余量。轮廓侧面和凸台的侧面，用立铣刀精铣轮廓即可保证精度。综上所述，型腔加工工艺主要有如下三部分，下刀、逐层行切、精铣轮廓。

思考与练习

1. 加工如图 3-41 所示的零件，坯料六面是已经加工好的 60mm × 60mm × 30mm 的方料，零件材料 45 钢，编制该零件的数控加工程序。

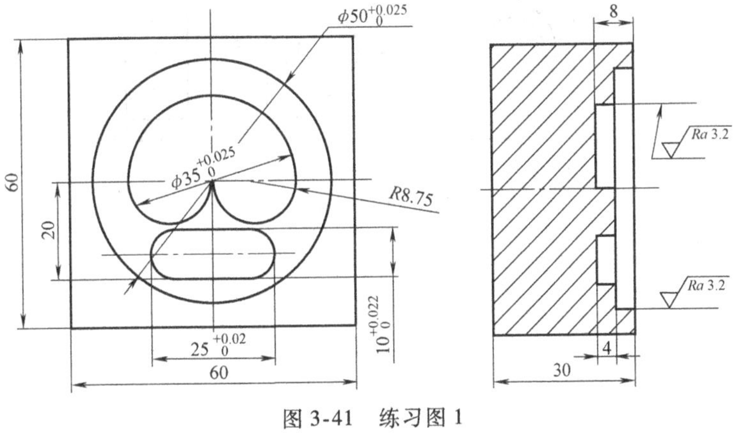

图 3-41　练习图 1

2. 加工如图 3-42 所示的零件，坯料六面是已经加工好的 100mm×100mm×25mm 的方料，零件材料 45 钢，编制该零件的数控加工程序。

3. 加工如图 3-43 所示的零件，坯料六面是已经加工好的 120mm×120mm×20mm 的方料，零件材料 45 钢，编制该零件的数控加工程序。

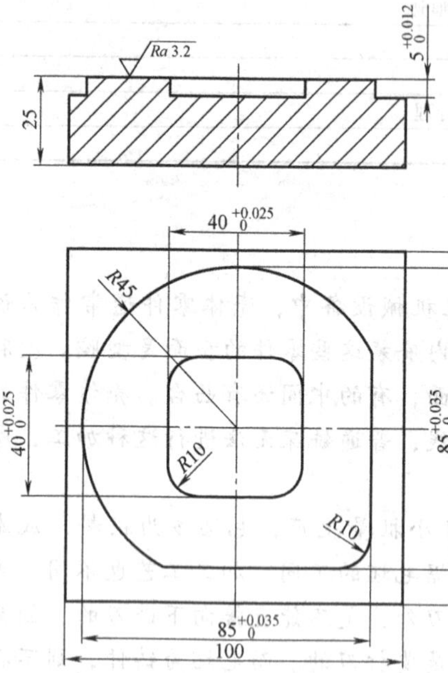

图 3-42　练习图 2

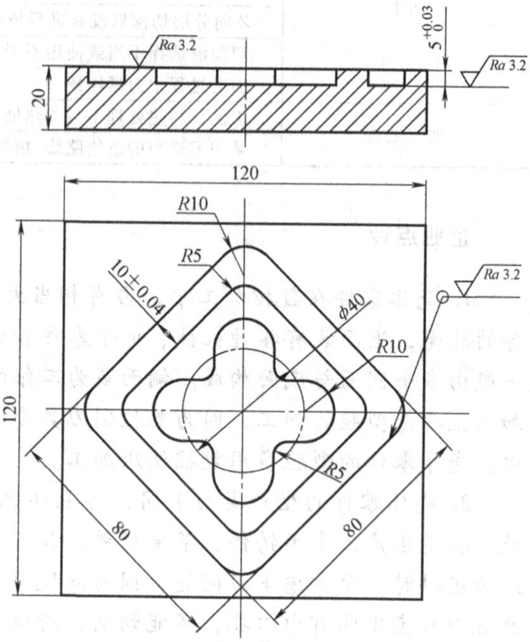

图 3-43　练习图 3

4. 加工如图 3-44 所示的零件，坯料六面是已经加工好的 100mm×100mm×20mm 的方料，零件材料 45 钢，编制该零件的数控加工程序。

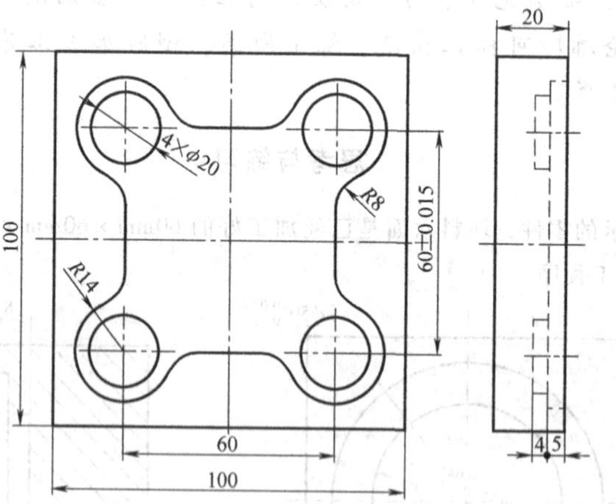

图 3-44　练习图 4

模块4　孔系零件加工

任务描述

完成图4-1所示零件的加工（该零件为小批量生产，毛坯尺寸为210mm×190mm×35mm，材料为45钢）。

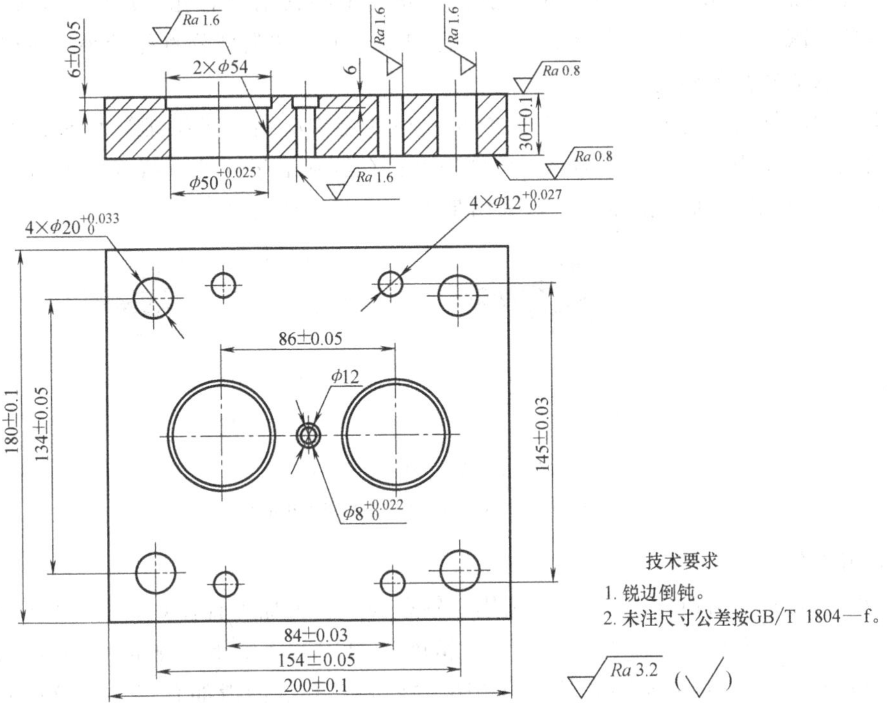

图4-1　孔加工任务图

知识与技能点

- 孔加工的常用加工方法
- 钻、扩、铰、镗孔及螺纹加工的工艺
- 钻、扩、铰、镗孔及螺纹加工的编程指令
- 孔加工路线的确定
- 孔加工方案的确定
- 孔加工固定循环程序的编制
- 孔加工精度检测及误差分析

4.1 孔加工工艺

在数控铣床及加工中心上，常用的孔加工方法有钻孔、扩孔、铰孔、镗孔及攻螺纹等。通常情况下，在数控铣床及加工中心上能较方便地加工出 IT7 ~ IT9 精度的孔。下面对各类孔加工方法进行介绍。

4.1.1 钻、扩、铰孔加工工艺

1. 钻孔加工刀具及工艺

常用的钻孔加工刀具有中心钻、麻花钻等。

（1）中心钻　一般在用麻花钻钻削前，要先用中心钻钻中心孔，用以准确确定孔中心的起始位置，减少定位误差，引导麻花钻进行加工。由于切削部分直径较小，所以用中心钻钻孔时，应选取较高的转速。

常用的中心钻有 A 型中心钻（不带护锥）和 B 型中心钻（带护锥）两种，如图 4-2 所示。在加工中若仅用于钻中心孔时 A、B 型均可；在遇到工序较长、精度要求高的工件加工时，为了避免 60°定心锥被损坏，一般采用带护锥的 B 型中心钻。

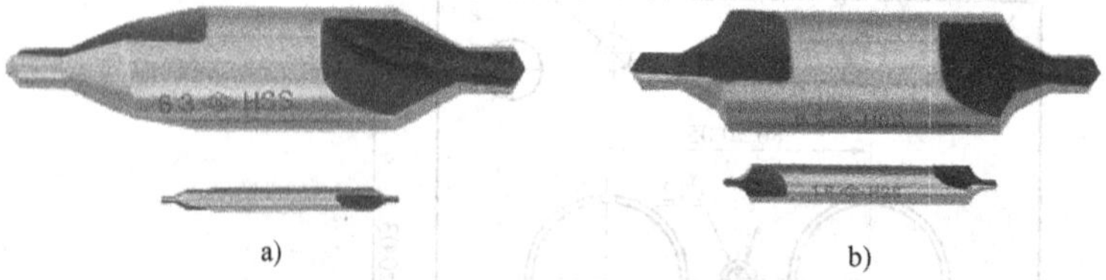

图 4-2　常用中心钻类型

a）不带护锥的中心钻　b）带护锥的中心钻

（2）麻花钻

1）麻花钻的工艺特点。标准麻花钻用于钻孔加工，可加工直径 0.05 ~ 125mm 的孔。

钻孔加工方式为孔的粗加工方法，尺寸精度在 IT10 以下，孔的表面粗糙度一般只能达到 $Ra12.5\mu m$。对于精度要求不高的孔（如螺栓的贯穿孔、润滑油孔以及螺纹底孔），可以直接采用钻孔方式加工。

2）麻花钻的结构。标准麻花钻的结构如图 4-3 所示，由柄部、颈部和工作部分组成。

① 柄部。柄部是钻头的夹持部分，并在钻孔时传递转矩和轴向力，有直柄和锥柄两种形状。一般直径小于 13mm 的麻花钻采用直柄（图 4-4），直径为 13mm 或 13mm 以上的麻花钻采用锥柄。

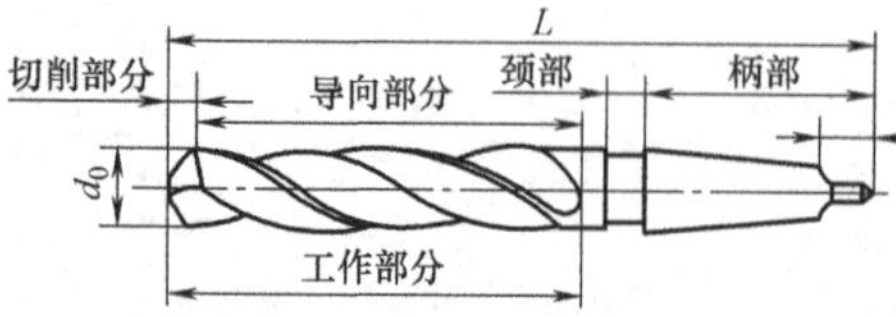

图 4-3　锥柄麻花钻的结构

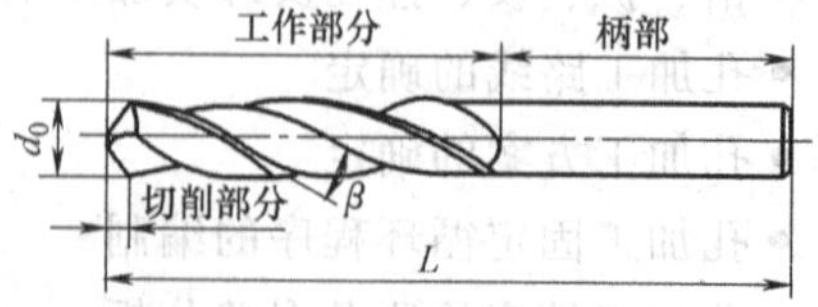

图 4-4　直柄麻花钻的结构

② 颈部。麻花钻的颈部凹槽是磨削钻头柄部时的砂轮越程槽，槽底通常刻有钻头的规格等。直柄钻头一般无颈部。

③ 工作部分。工作部分是钻头的主要部分，由切削部分和导向部分组成。

标准麻花钻的切削部分由两个主切削刃、两个副切削刃、一个横刃和两条螺旋槽组成，如图 4-5 所示。在加工中心上钻孔，因无夹具钻模导向，且受两切削刃上切削力不对称的影响，容易引起钻孔偏斜，故要求钻头的两切削刃必须有较高的刃磨精度（两刃长度一致，顶角对称于钻头中心线或先用中心钻确定中心，再用钻头钻孔）。

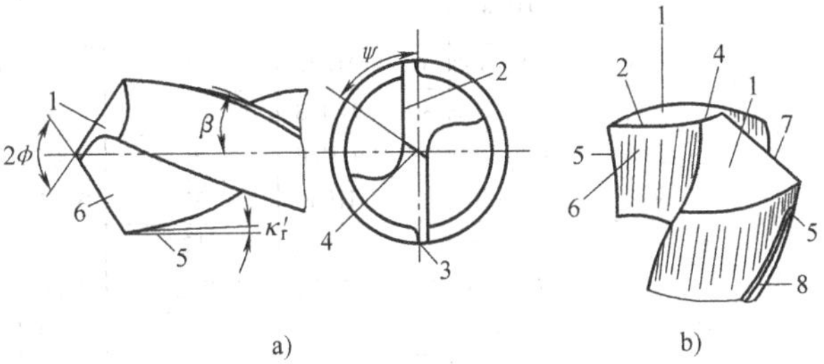

图 4-5　麻花钻切削部分的组成

1—主后面　2—主切削刃　3—副后面　4—横刃　5—副切削刃　6—前面　7—主切削刃刀　8—副后面（棱边）

3）切削用量的选择。高速工具钢麻花钻钻削不同材料的切削用量参见表 4-1。

表 4-1　高速工具钢麻花钻钻削不同材料的切削用量

加工材料		硬度		切削速度 v/(m/min)	钻头直径 d_0/mm					钻头螺旋角 /(°)	钻尖角 /(°)	备注
		布氏 HBW	洛氏		<3	3~6	6~13	13~19	19~25			
					进给量 f/(mm/r)							
铝及铝合金		45~105	0~62HRB	105	0.08	0.15	0.25	0.40	0.48	32~42	90~118	
铜及铜合金	高加工性	0~124	10~70HRB	60	0.08	0.15	0.25	0.40	0.48	15~40	118	
	低加工性	0~124	10~70HRB	20	0.08	0.15	0.25	0.40	0.48	0~25	118	
镁及镁合金		50~90	0~52HRB	45~120	0.08	0.15	0.25	0.40	0.48	25~35	118	
锌合金		80~100	41~62HRB	75	0.08	0.15	0.25	0.40	0.48	32~42	118	
碳钢	w_C=0~0.25%	125~175	71~88HRB	24	0.08	0.13	0.20	0.26	0.32	25~35	118	
	w_C=0~0.50%	175~225	88~98HRB	20	0.08	0.13	0.20	0.26	0.32	25~35	118	
	w_C=0~0.90%	175~225	88~98HRB	17	0.08	0.13	0.20	0.26	0.32	25~35	118	
合金钢	w_C=0.12%~0.25%	175~225	88~98HRB	21	0.08	0.15	0.20	0.40	0.48	25~35	118	
	w_C=0.30%~0.65%	175~225	88~98HRB	15~18	0.05	0.09	0.15	0.21	0.26	25~35	118	
马氏体时效钢		275~325	28~35HRC	17	0.08	0.13	0.20	0.26	0.32	25~32	118~135	
不锈钢	奥氏体	135~185	75~90HRB	17	0.05	0.09	0.15	0.21	0.26	25~35	118~135	用含钴高速钢
	铁素体	135~185	75~90HRB	20	0.05	0.09	0.15	0.21	0.26	25~35	118~135	
	马氏体	135~185	75~90HRB	20	0.08	0.15	0.25	0.40	0.48	25~35	118~135	用含钴高速钢
	沉淀硬化	150~200	82~94HRB	15	0.05	0.09	0.15	0.21	0.26	25~35	118~135	用含钴高速钢
工具钢		196	94HRB	18	0.08	0.13	0.20	0.26	0.32	25~35	118	
		241	24HRC	15	0.08	0.13	0.20	0.26	0.32	25~35	118	
灰铸铁	软	120~150	0~80HRB	43~46	0.08	0.15	0.25	0.40	0.48	20~30	90~118	
	中硬	160~220	80~97HRB	24~34	0.08	0.13	0.20	0.26	0.32	14~25	90~118	
可锻铸铁		112~126	0~71HRB	27~37	0.08	0.13	0.20	0.26	0.32	20~30	90~118	
球墨铸铁		190~225	0~98HRB	18	0.08	0.13	0.20	0.26	0.32	14~25	90~118	

（续）

加工材料		硬度		切削速度 v/(m/min)	钻头直径 d_0/mm					钻头螺旋角/(°)	钻尖角/(°)	备注
		布氏HBW	洛氏		<3	3~6	6~13	13~19	19~25			
					进给量 f/(mm/r)							
高温合金	镍基	150~300	0~32HRB	6	0.04	0.08	0.09	0.11	0.13	28~35	118~135	用含钴高速钢
	铁基	180~230	89~99HRB	7.5	0.05	0.09	0.15	0.21	0.26	28~35	118~135	
	钴基	180~230	89~99HRB	6	0.04	0.08	0.09	0.11	0.13	28~35	118~135	
钛及钛合金	纯钛	110~200	0~94HRB	30	0.05	0.09	0.15	0.21	0.26	30~38	135	用含钴高速钢
	α及α+β	300~360	31~39HRC	12	0.08	0.13	0.20	0.26	0.32	30~38	135	
	β	275~350	29~38HRC	7.5	0.04	0.08	0.09	0.11	0.13	30~38	135	
碳		—	—	18~21	0.04	0.08	0.09	0.11	0.13	25~35	90~118	
塑料		—	—	30	0.08	0.13	0.20	0.26	0.32	15~25	118	
硬橡胶		—	—	30~90	0.05	0.09	0.15	0.21	0.26	10~20	90~118	

4）钻孔时的注意事项如下：

① 钻削孔径大于30mm的大孔时，一般应分两次钻削。第一次用0.6~0.8倍孔径的钻头钻削，第二次用所需直径的钻头扩孔。扩孔钻头应使用两条主切削刃长度相等、对称的钻头，否则会使孔径扩大。

② 钻削直径在1mm以下的小孔时，开始进给力要小，防止钻头弯曲和滑移，以保证钻孔试切的正确位置。钻削过程要经常退出钻头排屑和加注切削液。切削速度可选在2000~3000r/min，进给力应小而平稳，不宜过大过快。

2. 扩孔加工刀具及工艺

（1）麻花钻　在实际生产中常用经修磨的麻花钻当扩孔钻使用。在实心材料上钻孔时，如果孔径较大，不能用麻花钻一次钻出，常用直径较小的麻花钻预钻一孔，再用直径较大的麻花钻扩孔。用麻花钻扩孔时，扩孔前的钻孔直径为孔径的1/2~7/10，扩孔时的切削速度约为钻孔的1/2，进给量为钻孔的1.5~2倍。

（2）扩孔钻

1）扩孔钻的工艺特点。扩孔是孔的半精加工方法，尺寸精度为IT10~IT9，孔的表面粗糙度可控制在 $Ra3.2 \sim 6.3\mu m$。当钻削孔径大于30mm的孔时，为了减小钻削力，提高孔的质量，一般先用0.5~0.7倍孔径的钻头钻出底孔，再用扩孔钻进行扩孔，也可采用镗刀扩孔。这样可较好地保证孔的精度，控制表面粗糙度，且生产率也高于直接用大钻头一次钻出。

2）扩孔钻的结构。标准扩孔钻一般有3~4条主切削刃，结构形式有直柄式、锥柄式、套式等。图4-6所示为锥柄式扩孔钻。扩孔直径较小时，可选用直柄式扩孔钻；扩孔直径中等时，可选用锥柄式扩孔钻；扩孔直径较大时，可选用套式扩孔钻。

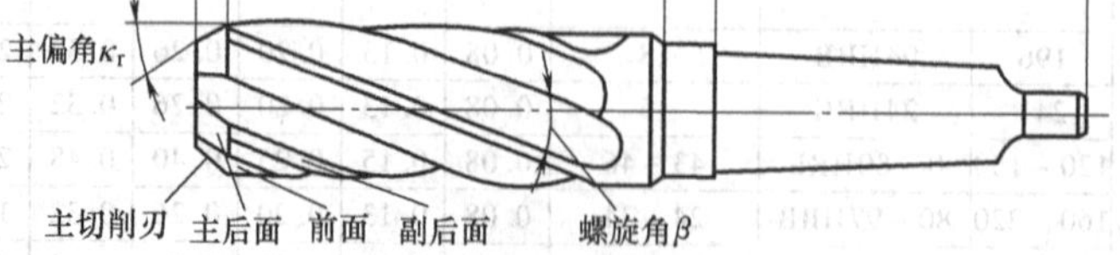

图4-6　锥柄式扩孔钻

3）切削用量的选择。扩孔钻的切削用量见表 4-2。

表 4-2　扩孔钻的切削用量

D_0	碳素结构钢 R_m = 650MPa（加切削液）							灰铸铁（195HBW）						
	f	v	n	v	n	v	n	f	v	n	v	n	v	n
		d = 10		d = 15		d = 20			d = 10		d = 15		d = 20	
25	≤0.2	45.7	581	48.8	621	—	—	0.2	43.9	559	45.7	581	—	—
	0.3	37.3	474	39.9	507	—	—	0.3	37.3	475	38.8	495	—	—
	0.4	32.3	411	34.5	439	—	—	0.4	33.2	423	34.6	441	—	—
	0.5	28.8	368	30.9	392	—	—	0.6	28.3	360	29.5	375	—	—
	0.6	26.3	336	28.1	359	—	—	0.8	25.2	320	26.3	334	—	—
	0.8	22.8	290	24.4	310	—	—	1.0	23.1	294	24	305	—	—
	1.0	20.4	260	21.8	287	—	—	1.2	21.4	272	22.3	284	—	—
	1.2	18.6	237	19.9	254	—	—	1.4	20.1	256	21	267	—	—
	—	—	—	—	—	—	—	1.6	19.1	243	19.8	253	—	—
	f	d = 10		d = 15		d = 20		f	d = 10		d = 15		d = 20	
30	≤0.2	46.4	491	49.1	520	53.5	566	0.2	44.6	473	15.9	487	47.8	507
	0.3	37.8	401	40.1	425	43.4	461	0.3	37.9	402	39.1	414	40.7	437
	0.4	33.8	348	34.7	368	37.6	400	0.4	33.8	359	34.8	369	36.2	384
	0.5	29.3	312	31.1	329	33.6	357	0.6	28.7	305	29.5	314	30.8	327
	0.6	26.8	284	28.3	301	30.7	326	0.8	25.6	271	26.3	279	27.5	291
	0.8	23.1	246	24.6	261	26.6	282	1.0	23.4	248	24.1	256	25.1	266
	1.0	20.7	219	22	233	23.9	252	1.2	21.8	231	22.4	238	23.3	247
	1.2	19	200	20	213	21.7	231	1.4	20.5	217	21.2	223	22	233
	—	—	—	—	—	—	—	1.6	19.4	206	20	212	20.8	221
	f	d = 15		d = 20		d = 30		f	d = 15		d = 20		d = 30	
40	≤0.2	43.4	346	48.6	387	55.8	444	0.3	38.2	304	39.1	311	41.9	334
	0.3	35.5	282	39.7	316	45.6	363	0.4	34.1	271	34.8	277	37.4	297
	0.4	30.7	245	34.4	273	39.5	314	0.6	28.9	231	29.6	236	31.8	253
	0.5	27.5	219	30.7	245	35.3	281	0.8	25.8	206	26.4	210	28.3	225
	0.6	25.1	199	28	223	32.2	256	1.0	23.6	188	24.1	192	25.9	206
	0.8	21.7	173	24.3	193	27.9	223	1.2	22	174	22.4	179	24	191
	1.0	19.4	155	21.7	173	25	198	1.4	20.6	165	21.1	168	22.6	180
	1.2	17.7	142	19.8	158	22.8	182	1.6	19.6	156	20	159	21.4	171
	—	—	—	—	—			1.8	18.7	149	19	152	20.5	163
	f	d = 20		d = 30		d = 40		f	d = 20		d = 30		d = 40	
50	0.2	46.6	296	50.6	321	58	369	0.3	38.4	245	40.1	255	12.9	273
	0.3	38.1	242	11.3	263	47.4	302	0.4	34.3	218	35.7	227	38.3	244
	0.4	32.9	210	35.8	228	41	262	0.6	29.1	185	30.3	193	32.5	207
	0.5	29.5	188	32	204	36.8	234	0.8	26	166	27.1	172	29	184
	0.6	26.9	171	29.2	186	33.6	214	1.0	23.8	151	24.7	158	26.5	169
	0.8	23.3	149	25.3	161	29	185	1.2	22.1	141	23	147	24.7	157
	1.0	20.8	133	22.6	144	26	166	1.4	20.7	133	21.6	138	23.1	148
	1.2	19	123	20.6	132	23.7	151	1.6	19.7	125	20.5	131	22	140
	1.4	17.6	112	19.5	122	22	140	1.8	18.8	119	19.6	125	20.9	134
	f	d = 30		d = 40		d = 50		f	d = 30		d = 40		d = 50	
60	0.3	39.3	208	12.6	220	19.1	261	0.4	35	186	36.4	193	39.1	207
	0.4	34.1	180	36.9	196	42.5	225	0.6	29.7	158	31	165	33.2	176
	0.5	30.4	162	33	175	38	202	0.8	26.5	141	27.6	147	29.6	157
	0.6	27.8	148	30.2	160	34.7	184	1.0	24.2	129	25.3	134	27.1	143
	0.8	24.1	128	26.1	139	30.1	159	1.2	22.5	119	23.5	125	25.2	134
	1.0	21.5	114	23.3	124	26.9	142	1.4	21.2	112	22.1	117	23.7	125
	1.2	19.7	104	21.4	113	24.6	130	1.6	20.1	107	20.9	111	22.4	119
	1.4	18.2	96	19.8	105	22.7	120	1.8	19.1	101	19.9	106	21.4	113
	1.6	17.1	90	18.4	98	21.3	113	2	18.4	98	19.1	101	20.5	109

注：f 为进给量（mm/r）；v 为切削速度（m/min）；n 为转速（r/min）；D_0 为扩孔钻直径（mm）；d 为工件底孔直径（mm）。

（3）锪孔钻　锪孔钻有较多的刀齿，以成形法将孔端加工成所需的形状。如图 4-7 所示，锪孔钻主要用于加工各种沉头螺钉的沉头孔（平底沉孔、锥孔或球面孔）或削平孔的外端面。

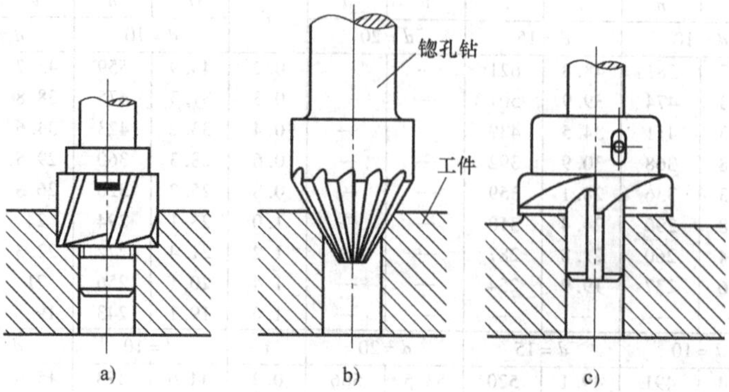

图 4-7　锪钻加工

a）柱形锪钻锪孔　b）锥形锪钻锪锥孔　c）端面锪钻锪孔端面

高速钢及硬质合金锪钻加工的切削用量见表 4-3。

表 4-3　高速钢及硬质合金锪钻加工的切削用量

加工材料	高速钢锪钻		硬质合金锪钻	
	进给量 f/(mm/r)	切削速度 v/(m/min)	进给量 f/(mm/r)	切削速度 v/(m/min)
铝	0.13 ~ 0.38	120 ~ 245	0.15 ~ 0.30	15 ~ 245
黄铜	0.13 ~ 0.25	45 ~ 90	0.15 ~ 0.30	120 ~ 210
软铸铁	0.13 ~ 0.18	37 ~ 43	0.15 ~ 0.30	90 ~ 107
软钢	0.08 ~ 0.13	23 ~ 26	0.10 ~ 0.20	75 ~ 90
合金钢及工具钢	0.08 ~ 0.13	12 ~ 24	0.10 ~ 0.20	55 ~ 60

3. 铰孔加工刀具及工艺

（1）铰孔的工艺特点　铰孔是对中小直径的孔进行半精加工和精加工的方法，也可用于磨孔或研孔前的预加工。孔的精度可达 IT6 ~ IT9，孔的表面粗糙度可控制在 $Ra0.4 \sim 3.2\mu m$。

（2）铰孔的刀具　铰孔的刀具为铰刀，为定尺寸刀具，可以加工圆柱孔、圆锥孔、通孔和不通孔。粗铰时余量一般为 0.10 ~ 0.35mm，精铰时余量一般为 0.04 ~ 0.06mm。

1）铰刀的种类。铰刀的种类较多，按材质可分为高速工具钢铰刀、硬质合金铰刀等；按柄部形状可分为直柄铰刀、锥柄铰刀、套式铰刀等；按适用方式可分为机用铰刀和手用铰刀。图 4-8 所示为各类铰刀的外形。

2）铰刀的结构。标准机用铰刀如图 4-9 所示，有 4 ~ 12 齿，由工作部分、颈部和柄部组成。铰刀工作部分包括切削部分与校准部分。切削部分为锥形，担负主要的切削工作；校准部分的作用是校正孔径、修光孔壁和导向。校准部分包括圆柱部分和倒锥部分。圆柱部分保证铰刀直径和便于测量，倒锥部分可减少铰刀与孔壁的摩擦和减小孔径扩大量。

整体式铰刀的柄部有直柄和锥柄之分，直径较小的铰刀一般做成直柄形式，而大直径铰刀则常做成锥柄形式。

3）铰刀切削用量的选择。高速钢铰刀加工不同材料的切削用量见表 4-4，硬质合金铰刀铰孔的切削用量见表 4-5。

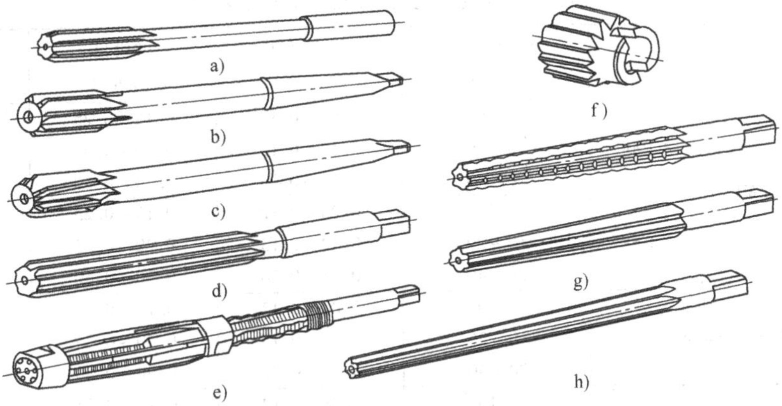

图 4-8　各类铰刀的外形

a）直柄机用铰刀　b）锥柄机用铰刀　c）硬质合金锥柄机用铰刀　d）手用铰刀
e）可调节手用铰刀　f）套式机用铰刀　g）直柄莫式圆锥铰刀　h）手用 1:50 锥度铰刀

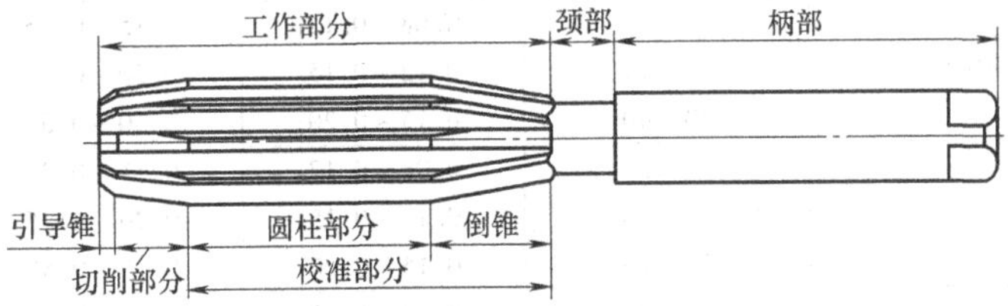

图 4-9　机用铰刀

表 4-4　高速钢铰刀加工不同材料的切削用量

铰刀直径 d_0/mm	低碳钢 120～200HBW		低合金钢 200～300HBW		高合金钢 300～400HBW		软铸铁 130HBW		中硬铸铁 175HBW		硬铸铁 230HBW	
	f	v	f	v	f	v	f	v	f	v	f	v
6	0.13	23	0.10	18	0.10	7.5	0.15	30.5	0.15	26	0.15	21
9	0.18	23	0.18	18	0.15	7.5	0.20	30.5	0.20	26	0.20	21
12	0.20	27	0.20	21	0.18	9	0.25	36.5	0.25	29	0.25	24
15	0.25	27	0.25	21	0.20	9	0.30	36.5	0.30	29	0.30	24
19	0.30	27	0.30	21	0.25	9	0.38	36.5	0.38	29	0.36	24
22	0.33	27	0.33	21	0.25	9	0.43	36.5	0.43	29	0.41	24
25	0.51	27	0.38	21	0.30	9	0.51	36.5	0.51	29	0.41	24

铰刀直径 d_0/mm	可锻铸铁		铸造黄铜及青铜		铸造铝合金及锌合金		塑料		不锈钢		钛合金	
	f	v	f	v	f	v	f	v	f	v	f	v
6	0.10	17	0.13	46	0.15	43	0.13	21	0.05	7.5	0.15	9
9	0.18	20	0.18	46	0.20	43	0.18	21	0.10	7.5	0.20	9
12	0.20	20	0.23	52	0.25	49	0.20	24	0.15	9	0.25	12
15	0.25	20	0.30	52	0.30	49	0.25	24	0.20	9	0.25	12
19	0.30	20	0.41	52	0.38	49	0.30	24	0.25	11	0.30	12
22	0.33	20	0.43	52	0.43	49	0.33	24	0.30	12	0.38	18
25	0.38	20	0.51	52	0.51	49	0.51	24	0.36	14	0.51	18

注：v 为切削速度（m/min）；f 为进给量（mm/r）。

表 4-5　硬质合金铰刀铰孔的切削用量

加工材料			铰刀直径 d_0/mm	背吃刀量 a_p/mm	进给量 f/(mm/r)	切削速度 v/(m/min)
钢	R_m/MPa	≤1000	<10	0.08 ~ 0.12	0.15 ~ 0.25	6 ~ 12
			10 ~ 20	0.12 ~ 0.15	0.20 ~ 0.35	
			20 ~ 40	0.15 ~ 0.20	0.30 ~ 0.50	
		>1000	<10	0.08 ~ 0.12	0.15 ~ 0.25	4 ~ 10
			10 ~ 20	0.12 ~ 0.15	0.20 ~ 0.35	
			20 ~ 40	0.15 ~ 0.20	0.30 ~ 0.50	
铸钢(R_m≤700MPa)			<10	0.08 ~ 0.12	0.15 ~ 0.25	6 ~ 10
			10 ~ 20	0.12 ~ 0.15	0.20 ~ 0.35	
			20 ~ 40	0.15 ~ 0.20	0.30 ~ 0.50	
灰铸铁 HBW		≤200	<10	0.08 ~ 0.12	0.15 ~ 0.25	8 ~ 15
			10 ~ 20	0.12 ~ 0.15	0.20 ~ 0.35	
			20 ~ 40	0.15 ~ 0.20	0.30 ~ 0.50	
		>200	<10	0.08 ~ 0.12	0.15 ~ 0.25	5 ~ 10
			10 ~ 20	0.12 ~ 0.15	0.20 ~ 0.35	
			20 ~ 40	0.15 ~ 0.20	0.30 ~ 0.50	
冷硬铸铁(65 ~ 80HS)			<10	0.08 ~ 0.12	0.15 ~ 0.25	3 ~ 5
			10 ~ 20	0.12 ~ 0.15	0.20 ~ 0.35	
			20 ~ 40	0.15 ~ 0.20	0.30 ~ 0.50	
黄铜			<10	0.08 ~ 0.12	0.15 ~ 0.25	10 ~ 20
			10 ~ 20	0.12 ~ 0.15	0.20 ~ 0.35	
			20 ~ 40	0.15 ~ 0.20	0.30 ~ 0.50	
铸青铜			<10	0.08 ~ 0.12	0.15 ~ 0.25	15 ~ 30
			10 ~ 20	0.12 ~ 0.15	0.20 ~ 0.35	
			20 ~ 40	0.15 ~ 0.20	0.30 ~ 0.50	
铜			<10	0.08 ~ 0.12	0.15 ~ 0.25	6 ~ 12
			10 ~ 20	0.12 ~ 0.15	0.20 ~ 0.35	
			20 ~ 40	0.15 ~ 0.20	0.30 ~ 0.50	
铝	w_{Si}≤7%		<10	0.09 ~ 0.12	0.15 ~ 0.25	15 ~ 30
			10 ~ 20	0.14 ~ 0.15	0.20 ~ 0.35	
			20 ~ 40	0.18 ~ 0.20	0.30 ~ 0.50	
	w_{Si} >14%		<10	0.08 ~ 0.12	0.15 ~ 0.25	10 ~ 20
			10 ~ 20	0.12 ~ 0.15	0.20 ~ 0.35	
			20 ~ 40	0.15 ~ 0.20	0.30 ~ 0.50	
热塑性树脂			<10	0.09 ~ 0.12	0.15 ~ 0.25	15 ~ 30
			10 ~ 20	0.14 ~ 0.15	0.20 ~ 0.35	
			20 ~ 40	0.18 ~ 0.20	0.30 ~ 0.50	
热固性树脂			<10	0.08 ~ 0.12	0.15 ~ 0.25	10 ~ 20
			10 ~ 20	0.12 ~ 0.15	0.20 ~ 0.35	
			20 ~ 40	0.15 ~ 0.27	0.30 ~ 0.50	

注：粗铰（*Ra*1.6 ~ 3.2μm）钢和灰铸铁时，切削速度也可增至 60 ~ 80m/min。

4.1.2　镗孔加工工艺

1. 镗孔的工艺特点

镗孔加工可对不同孔径的孔进行粗加工、半精加工和精加工。粗镗的尺寸公差等级为 IT13 ~ IT12，表面粗糙度值为 *Ra*6.3 ~ 12.5μm；半精镗的尺寸公差等级为 IT10 ~ IT9，表面粗糙度值为 *Ra*3.2 ~ 6.3μm；精镗的尺寸公差等级为 IT8 ~ IT7，表面粗糙度值为 *Ra*0.8 ~ 1.6μm。

镗孔可修正前面工序造成的孔轴线的弯曲、偏斜等形状位置误差。

2. 镗孔的刀具

（1）镗刀的分类　镗刀种类很多，按加工精度可分为粗镗刀和精镗刀。此外，镗刀按切削刃数量可分为单刃镗刀和双刃镗刀。

1）粗镗刀。倾斜型单刃粗镗刀如图4-10所示，其结构简单，用螺钉将镗刀刀头装夹在镗杆上。刀杆顶部和侧部有两个锁紧螺钉，分别起调整尺寸和锁紧作用。根据粗镗刀刀头在刀杆上的安装形式，粗镗刀又分成倾斜型粗镗刀和直角型粗镗刀。镗孔时，所镗孔径的大小要靠调整刀头的悬伸长度来保证。但由于调整麻烦、效率低，所以大多用于单件小批量生产。

2）精镗刀。精镗刀大部分选用可调精镗刀（图4-11）和微调精镗刀（图4-12）。这种镗刀的径向尺寸可以在一定范围内进行微调，且调节方便、精度高。调整尺寸时，先松开锁紧螺钉，然后转动带刻度盘的调整螺母，调至所需尺寸后再拧紧锁紧螺钉。

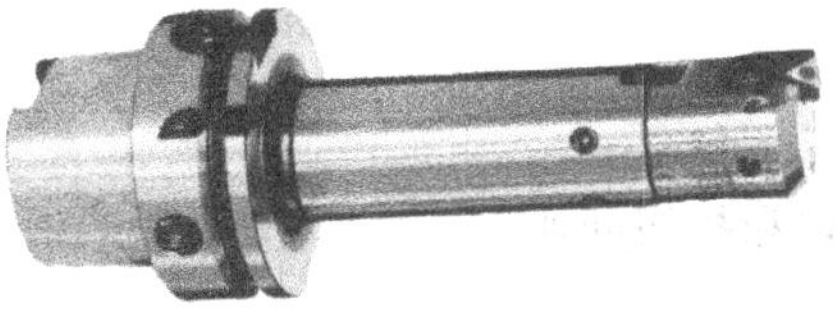

图4-10　倾斜型单刃粗镗刀

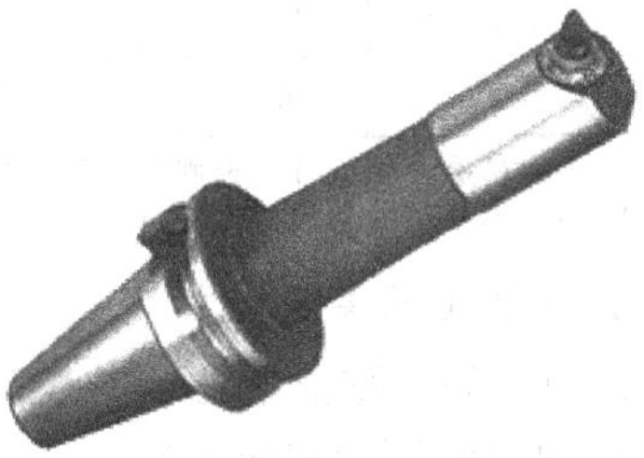

图4-11　可调精镗刀

3）双刃镗刀。如图4-13所示，其两端有一对对称的切削刃同时参加切削，与单刃镗刀相比，每转进给量可提高1倍左右，所以生产效率高，也可以消除切削力对镗杆的影响。

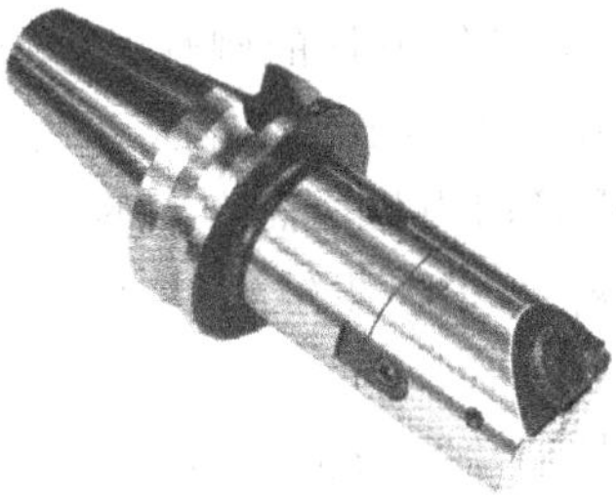

图4-12　微调精镗刀

图4-13　双刃镗刀

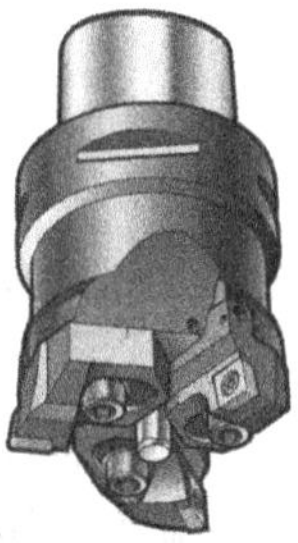

图4-14　可调粗镗刀刀头

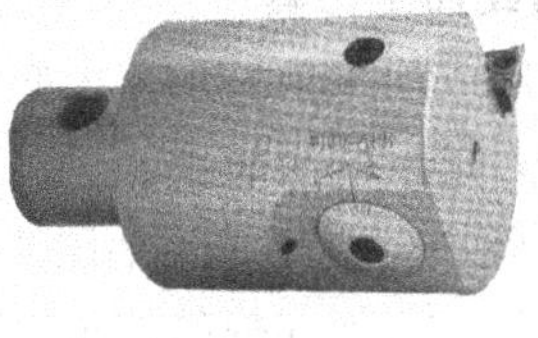

图4-15　微调精镗刀刀头

4）镗孔刀刀头。镗孔刀刀头有粗镗刀刀头和精镗刀刀头之分，如图4-14、图4-15所示。粗镗刀刀头与普通焊接车刀相类似；微调精镗刀刀头上的刻度盘，可根据要求进行精确调整，从而保证加工精度。

（2）镗刀的切削用量选择 镗刀的切削用量可参考表4-6。

表4-6 镗刀的切削用量表

加工方式	刀具材料	v/(m/min)					f/(mm/r)	a_p/mm（直径上）
		软钢	中硬钢	铸铁	铝镁合金	铜合金		
半精镗	高速钢	18~25	15~18	18~22	50~75	30~60	0.1~0.3	0.1~0.8
	硬质合金	50~70	40~50	50~70	150~200	150~200	0.08~0.25	
精镗	高速钢	25~28	18~20	22~25	50~75	30~60	0.02~0.08	0.05~0.2
	硬质合金	70~80	60~65	70~80	150~200	150~200	0.02~0.06	
钻孔	高速钢	20~25	12~18	14~20	30~40	60~80	0.08~0.15	—
扩孔		22~28	15~18	20~24	30~50	60~90	0.1~0.2	2~5
精钻精铰		6~8	5~7	6~8	8~10	8~10	0.08~0.2	0.05~0.1

注：1. 加工精度高，工件材料硬度高时，切削用量选低值。
2. 刀架不平衡或切屑飞溅大时，切削速度选低值。

3. 镗孔加工的关键技术

镗孔加工的关键技术是解决镗刀杆的刚性问题和排屑问题。

（1）刚性问题的解决方案

1）选择截面积大的刀杆。为了增加刀杆的刚性，应根据所加工孔的直径和预钻孔的直径，尽可能选择截面积大的刀杆。

通常情况下，孔径在$\phi30\sim\phi120$mm范围内，镗刀杆直径一般为孔径的7/10~4/5。孔径小于$\phi30$mm时，镗刀杆直径取孔径的4/5~9/10。

2）刀杆的伸出长度尽可能短。镗刀刀杆伸得太长，会降低刀杆的刚性，容易引起振动。因此，为了增加刀杆的刚性，选择刀杆长度时，只需使刀杆伸出长度略大于孔深即可。

3）选择合适的切削角度。为了减小切削过程中由于受径向力作用而产生的振动，镗刀的主偏角一般应选得较大。镗铸铁孔或精镗时，一般取$\kappa_r=90°$；粗镗钢件孔时，取$\kappa_r=60°\sim75°$。

（2）排屑问题的解决方案 排屑问题主要通过控制切屑流出方向来解决。精镗孔时，要求切屑流向待加工表面（即前排屑），此时，应选择正刃倾角的镗刀。加工不通孔时，通常向刀杆方向排屑，此时，应选择负刃倾角的镗刀。

4.1.3 螺纹加工工艺

1. 螺纹加工刀具

在铣床或加工中心加工内螺纹时，大多采用丝锥攻螺纹的方法来加工内螺纹，也可采用螺纹铣削刀具来铣削螺纹。

（1）丝锥 机用丝锥如图4-16所示，由工作部分和柄部组成。工作部分包括切削部分和校准部分。切削部分的前角为8°~10°，后角铲磨成6°~8°。前端磨出切削锥角，使切削负荷分布在几个刀齿上，可让切削省力。校正部分的大径、中径、小径均有（0.05~

0.12)/100mm 的倒锥，以减小与螺孔的摩擦，减小所攻螺纹的扩张量。

丝锥螺纹公差：机用丝锥有 H1、H2 和 H3 三种；手用丝锥为 H4 一种。不同公差带丝锥加工内螺纹的相应公差等级见表 4-7。

图 4-16　机用丝锥

表 4-7　不同公差带丝锥加工内螺纹的相应公差等级

GB/T 968—2008 丝锥公差带代号	旧标准丝锥公差带代号	适用于内螺纹的公差带等级
H1	2 级	4H、5H
H2	2a 级	5G、6H
H3	—	6G、7H、7G
H4	3 级	6H、7H

注：1. 由于影响攻螺纹尺寸的因素很多，如材料性质、机床条件、丝锥装夹方法、切削速度和冷却润滑条件等。因此，此表只能作为选择丝锥时参考。

2. 一般较小的螺纹孔适合采用手动攻螺纹的方式加工。

（2）螺纹铣刀　螺纹铣刀如图 4-17 所示。螺纹铣削加工与传统螺纹加工方式相比，在加工精度、加工效率方面具有极大优势，加工时不受螺纹结构和螺纹旋向的限制，如一把螺纹铣刀可加工多种不同旋向的内、外螺纹。对于不允许有过渡扣或退刀槽结构的螺纹，采用螺纹铣削加工十分容易实现。此外，螺纹铣刀的寿命是丝锥的几倍甚至几十倍，且在数控铣削螺纹过程中，对螺纹直径尺寸的调整极为方便。

2. 内螺纹的工艺知识

（1）普通螺纹简介　普通螺纹是我国应用最为广泛的一种三角形螺纹，牙型角为 60°。普通螺纹分粗牙螺纹和细牙螺纹。普通粗牙螺纹的螺距是标准螺距，其代号用字母“M”及公称直径表示，如 M16、M12 等。普通细牙螺纹代号用字母“M”及公称直径 × 螺距表示，如 M24 × 1.5、M27 × 2 等。

图 4-17　螺纹铣刀

普通螺纹有左旋螺纹和右旋螺纹之分。右旋螺纹不标注旋向，左旋螺纹应在螺纹标记的末尾处加注“LH”字样，如 M20 × 1.5LH。

（2）底孔直径的确定　攻螺纹时，丝锥在切削金属的同时，还伴随较强的挤压作用。因此，金属产生塑性变形形成凸起挤向牙尖，使攻出的螺纹小径小于攻螺纹前加工出的底孔直径。因此，攻螺纹前的底孔直径应稍大于螺纹小径，否则攻螺纹时因挤压作用而使螺纹牙顶与丝锥牙底之间没有足够的容屑空间，容易将丝锥箍住，甚至折断丝锥。这种现象在攻塑性较大的材料的螺纹时更为严重。但底孔直径也不应过大，否则会使螺纹牙型高度不够，降低强度。

攻螺纹前所加工的底孔直径大小通常根据经验公式决定，其公式为

$$D_{底} = D - P \qquad \text{（加工钢件等塑性金属）}$$

$$D_{底} = D - 1.05P \qquad \text{（加工铸铁等脆性金属）}$$

式中　$D_{底}$——攻螺纹、钻螺纹底孔用钻头直径（mm）；

D——螺纹大径（mm）；

P——螺距（mm）。

对于细牙螺纹，其螺纹的螺距已在螺纹代号中作了标记；而对于粗牙螺纹，每一种螺纹螺距的尺寸规格也是固定的，如 M8 的螺距为 1.25mm，M10 的螺距为 1.5mm，M12 的螺距为 1.75mm 等，具体请查阅有关螺纹尺寸参数表。

（3）不通孔螺纹底孔长度的确定　攻不通孔螺纹时，由于丝锥切削部分有锥角，端部不能切出完整的牙型，所以钻孔深度要大于螺纹的有效深度，如图 4-18 所示。一般取

$$H_{钻}=h_{有效}+0.7D$$

式中　$H_{钻}$——底孔深度（mm）；

$h_{有效}$——螺纹有效深度（mm）；

D——螺纹大径（mm）。

（4）螺纹轴向起点和终点尺寸的确定　在数控机床上攻螺纹时，沿螺距方向的 Z 向进给应和机床主轴的旋转保持严格的速比关系，但在实际攻螺纹开始时，伺服系统不可避免地有一个加速的过程，结束前也相应有一个减速的过程，在这两段时间内，螺距得不到有效的保证。为了避免这种情况的出现，在安排工艺时要尽可能考虑合理的导入距离 δ_1 和导出距离 δ_2（即前节所说的“超越量”），如图 4-19 所示。

图 4-18　不通孔螺纹底孔长度

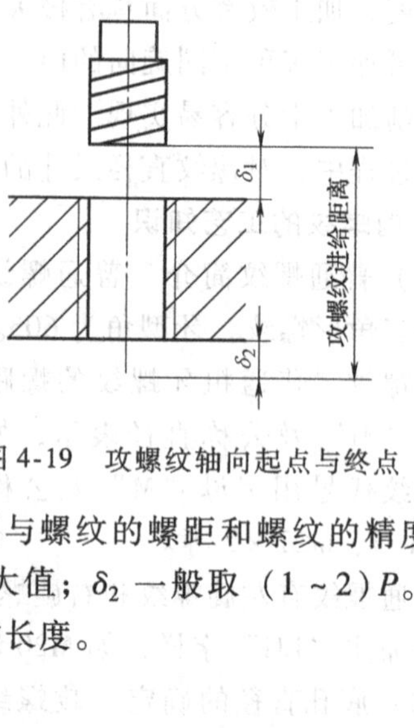

图 4-19　攻螺纹轴向起点与终点

δ_1 和 δ_2 的数值与机床拖动系统的动态特性有关，还与螺纹的螺距和螺纹的精度有关。一般 δ_1 取（2～3）P，对大螺距和高精度的螺纹则取较大值；δ_2 一般取（1～2）P。此外，在加工通孔螺纹时，导出量还要考虑丝锥前端切削锥角的长度。

4.1.4　孔加工路线及加工方案的确定

1. 孔加工路线的确定

（1）孔加工导入量　孔加工导入量是指在孔加工过程中，刀具从快进转为工进时，刀尖点位置与孔上表面之间的距离。如图 4-20 所示，ΔZ 即为孔加工导入量。

孔加工导入量的具体值由工件表面的尺寸变化量确定，一般情况下取 2～10mm。当孔上表面为已加工表面时，孔加工导入量取 2～5mm。

（2）孔加工超越量　孔加工超越量是指在加工不通孔或通孔时，孔加工刀具超越孔有效深度的那部分长度。如图 4-20 所示，$\Delta Z'$即为孔加工超越量，该值一般大于或等于钻尖高度，$Zp=D/2\cos\alpha\approx0.3D$。

扩、铰、镗不通孔时，刀具超越量取 0mm；钻不通孔时，刀具超越量等于 Zp；镗通孔时，刀具超越量取 1～3mm；扩、铰通孔时，刀具超越量取 3～5mm；钻通孔时，刀具超越

量等于 $Z_p+(1\sim3)$mm。

(3) 孔系加工路线的选择　对于位置精度要求不高的孔系加工，在安排刀具路线时，主要考虑刀路长短，一般遵循最短路线原则；对于位置精度要求较高的孔系加工，要注意孔的加工顺序的安排，避免反向走刀所带入的反向间隙，影响位置精度。

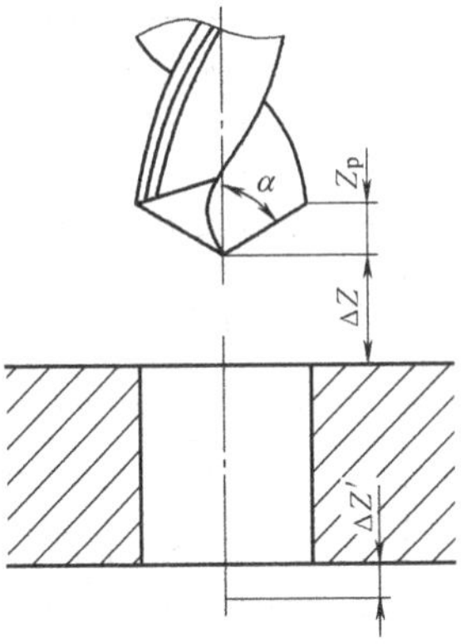

图 4-20　孔加工导入量与超越量

如图 4-21 所示的孔系加工，如按 *A*—1—2—3—4—5—6—*B* 的顺序安排走刀路线，加工路线最短，但在加工 5、6 孔时，*X* 走刀方向与加工 1、2、3 孔时相反，其反向间隙会使定位误差增加，从而影响孔的位置精度。因此，该加工顺序适合于位置精度要求不高的孔系加工。而位置精度要求较高的孔系加工，可采用 *A*—1—2—3—*B*—6—5—4 的加工顺序，如图 4-22 所示。

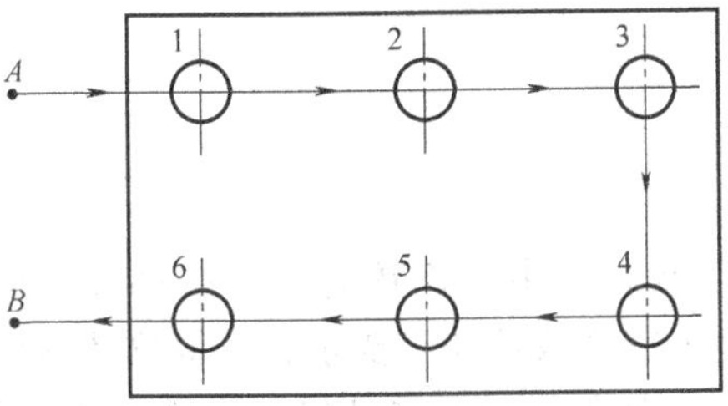

图 4-21　孔系加工顺序 1

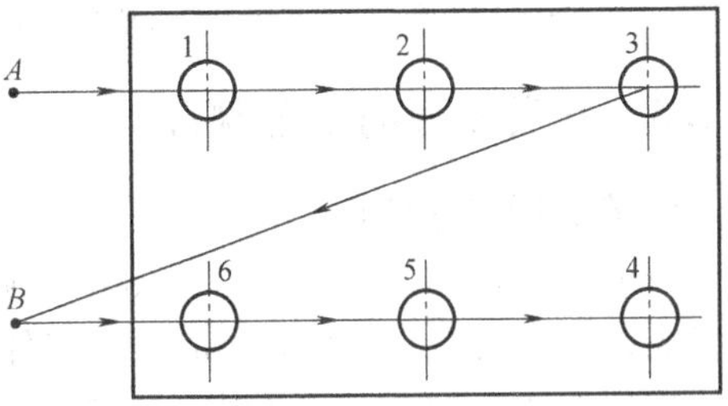

图 4-22　孔系加工顺序 2

2. 孔加工方案的确定

孔的加工方法可参考表 4-8。

表 4-8　孔的加工方法推荐选择表

序号	加工方案	尺寸精度	表面粗糙度 *Ra*/μm	适用范围
1	钻	IT11 ~ IT13	12.5	加工未淬火钢及铸铁的实心毛坯，也可用于加工非铁金属（但表面粗糙度值稍高），孔径 <20mm
2	钻—铰	IT8 ~ IT9	1.6 ~ 3.2	
3	钻—粗铰—精铰	IT7 ~ IT8	0.8 ~ 1.6	
4	钻—扩	IT11	6.3 ~ 12.5	加工未淬火钢及铸铁的实心毛坯，也可用于加工非铁金属（但表面粗糙度值稍高），孔径 >20mm
5	钻—扩—铰	IT8 ~ IT9	1.6 ~ 3.2	
6	钻—扩—粗铰—精铰	IT7	0.8 ~ 1.6	
7	钻—扩—机铰—手铰	IT6 ~ IT7	0.1 ~ 0.4	
8	钻—（扩）—拉	IT7 ~ IT9	0.1 ~ 1.6	大批量生产中小零件的通孔
9	粗镗（或扩孔）	IT11 ~ IT12	6.3 ~ 12.5	除淬火钢外各种材料，毛坯有铸出孔或锻出孔
10	粗镗（粗扩）—半精镗（精扩）	IT9 ~ IT10	1.6 ~ 3.2	
11	粗镗（粗扩）—半精镗（精扩）—精镗（铰）	IT7 ~ IT8	0.8 ~ 1.6	
12	粗镗（扩）—半精镗（精扩）—精镗—浮动镗刀块精镗	IT6 ~ IT7	0.4 ~ 0.8	

（续）

序号	加工方案	尺寸精度	表面粗糙度 $Ra/\mu m$	适用范围
13	粗镗（扩）—半精镗—磨孔	IT7～IT8	0.2～0.8	主要用于加工淬火钢，也可用于未淬火钢，但不宜用于加工有色金属
14	粗镗（扩）—半精镗—粗磨—精磨	IT6～IT7	0.1～0.2	
15	粗镗—半精镗—精镗—金刚镗	IT6～IT7	0.05～0.4	主要用于精度要求较高的有色金属加工
16	钻—（扩）—粗铰—精铰—珩磨 钻—（扩）—拉—珩磨 粗镗—半精镗—精镗—珩磨	IT6～IT7	0.025～0.2	精度要求很高的孔

注：1. 在加工直径小于30mm且没有预孔的毛坯孔时，为了保证钻孔加工的定位精度，可选择在钻孔前先将孔口端面铣平或采用打中心孔的加工方法。
2. 对于表中的扩孔及粗镗加工，也可采用立铣刀铣孔的加工方法。
3. 在加工螺纹孔时，先加工出螺纹底孔。对于直径在M6以下的螺纹，通常采用手动攻螺纹的方法，不在加工中心上加工；对于直径在M6～M20的螺纹，通常采用攻螺纹的加工方法；而对于直径在M20以上的螺纹，可采用螺纹镗刀或螺纹铣刀进行镗削或铣削加工。

4.1.5 孔类零件的工艺制订

1. 零件图工艺分析

（1）加工内容及技术要求　图4-1所示零件属于板件。由六面体外形、阶梯孔、通孔等组成，所有表面及孔都需要加工。零件尺寸标注基本符合数控加工要求，轮廓描述清晰。

零件毛坯为210mm×190mm×35mm的45钢板料，切削加工性能较好，无热处理要求。

此零件的长、宽、高尺寸精度要求不高，分别为200±0.1mm、180±0.1mm、30±0.1mm；上、下表面粗糙度要求高，为$Ra0.8\mu m$。内孔$2\times\phi50^{+0.025}_{0}$mm、$4\times\phi20^{+0.033}_{0}$mm、$4\times\phi12^{+0.027}_{0}$mm、$\phi8^{+0.022}_{0}$mm有较高的尺寸精度要求，孔壁的表面粗糙度要求均为$Ra1.6\mu m$，且内孔$2\times\phi50^{+0.025}_{0}$mm的位置尺寸要求为86±0.05mm，$4\times\phi20^{+0.033}_{0}$mm的位置尺寸要求为154±0.05mm和134±0.05mm，$4\times\phi12^{+0.027}_{0}$mm的位置尺寸要求为145±0.03mm和84±0.03mm。其余孔的尺寸精度要求不高，粗糙度要求为$Ra3.2\mu m$。

（2）加工方法　该零件的外形尺寸要求不高，但上、下表面的表面粗糙度要求较高，可选择铣出六面体外形，只在上、下表面留余量磨削的方法加工；内孔$\phi50^{+0.025}_{0}$mm的尺寸精度及表面粗糙度要求较高，所以选择打中心孔→钻孔→粗铣孔→精镗孔的方法加工；内孔$\phi20^{+0.033}_{0}$mm的尺寸精度及表面粗糙度要求较高，选择打中心孔→钻孔→粗铣孔→精镗孔的方法加工；内孔$\phi12^{+0.027}_{0}$mm的尺寸精度及表面粗糙度要求也较高，选择打中心孔→钻孔→扩孔→铰孔的方法加工；内孔$\phi8^{+0.022}_{0}$mm的尺寸精度及表面粗糙度要求较高，选择打中心孔→钻孔→铰孔的方法加工；$\phi54$mm台阶孔的尺寸精度要求不高，采用打中心孔→钻孔→粗铣孔→精铣孔的方法加工；$\phi12$mm台阶孔的尺寸精度要求不高，采用打中心孔→钻孔→锪孔的方法加工。

根据以上分析，兼顾精度与效率，最终确定外形在普通铣床和外圆磨床上加工，孔在数控铣床上加工。

2. 机床选择

根据零件的结构特点、加工要求以及现有车间的设备条件，普通铣床选用X715立式铣床，数控铣床选用配备 FANUC 0i 系统的 KV650 数控铣床。

3. 装夹方案的确定

在实际加工中接触的通用夹具为平口钳、自定心卡盘和压板。

根据工艺分析，该零件在普通铣床上铣削外形轮廓时采用平口钳装夹，在数控铣床上加工孔时采用压板装夹。

在普通铣床上的装夹方法如图 4-23 所示，先以下表面为基准加工上表面；再翻面，以上表面为基准加工下表面，以此类推，加工出外轮廓的六个表面。

在数控铣床上加工的所有内容能一次装夹完成，装夹方法如图 4-24 所示，以底面为定位基准，加工各孔。

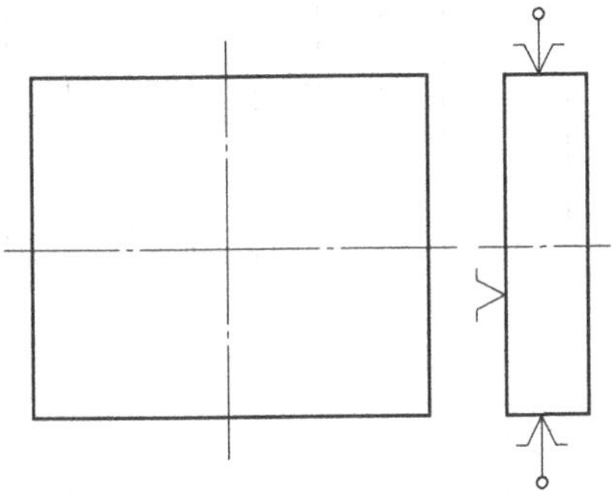

图 4-23　普通铣削装夹简图

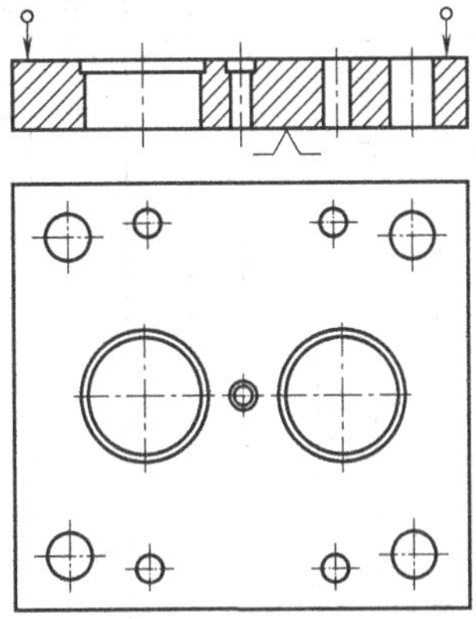

图 4-24　数控铣削装夹简图

4. 工艺过程卡片的制订

根据以上分析，制订零件的加工工艺过程卡见表 4-9。（注：以下内容只分析数控铣削加工部分）。

5. 加工顺序的确定

① 在孔 $2\times\phi50^{+0.025}_{0}$mm、$4\times\phi20^{+0.033}_{0}$mm、$4\times\phi12^{+0.027}_{0}$mm、$\phi8^{+0.022}_{0}$mm 处打中心孔。

② 在孔 $2\times\phi50^{+0.025}_{0}$mm、$4\times\phi20^{+0.033}_{0}$mm、$4\times\phi12^{+0.027}_{0}$mm、$\phi8^{+0.022}_{0}$mm 处钻 $\phi7.9$mm 的通孔。

③ 在孔 $2\times\phi50^{+0.025}_{0}$mm 处铣 $\phi49.5$mm 的通孔，在孔 $2\times\phi^{+0.033}_{0}$mm 处铣 $\phi19.7$mm 的通孔，并将 $2\times\phi54$mm 的孔铣至尺寸要求。

④ 在孔 $4\times\phi12^{+0.027}_{0}$mm 处扩孔至 $4\times\phi11.9$mm。

⑤ 锪孔 $\phi12$ 至尺寸要求。

⑥ 镗孔 $2\times\phi50^{+0.025}_{0}$mm、$4\times\phi20^{+0.033}_{0}$mm 至尺寸要求。

⑦ 铰孔 $4\times\phi12^{+0.027}_{0}$mm、$\phi8^{+0.022}_{0}$mm 至尺寸要求。

6. 刀具、量具的确定

① 打中心孔均选用 A3 中心钻。

② 在孔 $\phi50^{+0.025}_{0}$mm、$\phi20^{+0.033}_{0}$mm、$\phi12^{+0.027}_{0}$mm、$\phi8^{+0.022}_{0}$mm 处钻通孔选用 $\phi7.9$mm

表 4-9　机械加工工艺过程卡

（工厂）	机械工艺过程卡	产品型号		零件图号			
		产品名称		零件名称	固定板	共 1　页	第　1 页
材料牌号	45 钢	毛坯种类	板材	毛坯外形尺寸	210mm × 190mm × 35mm	每毛坯可制件数	1
每台件数		备注					

	工序号	工序名称	工序内容	车间	工段	设备	工艺装备	工时/min 准终	工时/min 单件
	1	备料	备尺寸为 210mm × 190mm × 35mm 的 45 钢板料			锯床			
	2	普铣	铣尺寸为 200mm × 180mm × 30mm 的六面体外形，上、下表面各留 0.1mm 磨削余量			普通铣床	平口钳		
	3	磨	磨六面体的上、下表面至尺寸要求			平面磨床			
	4	数铣	①加工孔 $2\times\phi50^{+0.025}_{0}$ mm 至尺寸要求			数控铣床	压板		
			②加工孔 $2\times\phi54$mm 至尺寸要求						
			③加工孔 $4\times\phi20^{+0.033}_{0}$ mm 至尺寸要求						
			④加工孔 $4\times\phi12^{+0.027}_{0}$ mm 至尺寸要求						
			⑤加工孔 $\phi8^{+0.022}_{0}$ mm 至尺寸要求						
			⑥加工孔 $\phi12$mm 至尺寸要求						
描图	5	钳工	去毛刺						
	6	检验							
描校									
底图号									
装订号									

										设计（日期）	审核（日期）	标准化（日期）	会签（日期）
标记	处数	更改文件号	签字	日期	标记	处数	更改文件号	签字	日期				

的麻花钻。

③ 铣 ϕ49.5mm、ϕ19.7mm、ϕ54mm 的孔选用 ϕ16mm 的平底立铣刀。

④ 在孔 $\phi 12^{+0.027}_{0}$mm 处扩孔选用 ϕ11.9mm 的扩孔钻。

⑤ 锪 ϕ12mm 的孔选用 ϕ12mm 的锪孔刀。

⑥ 镗 $\phi 50^{+0.025}_{0}$mm 的孔选用 ϕ50mm 的微调精镗刀。

⑦ 镗 $\phi 20^{+0.033}_{0}$mm 的孔选用 ϕ20mm 的微调精镗刀。

⑧ 铰 $\phi 12^{+0.027}_{0}$mm、$\phi 8^{+0.022}_{0}$mm 的孔分别选用 ϕ12mm、ϕ8mm 的机用铰刀。

具体刀具型号见表 4-10。

外形尺寸精度要求不高，采用游标卡尺测量即可。孔径测量可以采用内径千分表测量，具体量具型号见表 4-11。

表 4-10 刀具型号

产品名称或代号			零件名称		零件图号	备注
工步号	刀具号	刀具名称	刀具规格		刀具材料	
			直径/mm	长度/mm		
1	T01	中心钻	A3		高速工具钢	
2	T02	麻花钻	ϕ7.9		高速工具钢	
3	T03	立铣刀	ϕ16		硬质合金	
4	T04	扩孔钻	ϕ11.9		硬质合金	
5	T05	锪孔钻	ϕ12		硬质合金	
6	T06	微调精镗刀	ϕ50		硬质合金	
7	T07	微调精镗刀	ϕ20		硬质合金	
8	T08	机用铰刀	ϕ12H7		高速工具钢	
9	T09	机用铰刀	ϕ8H7		高速工具钢	
编制		审核		批准		共 1 页　第 1 页

表 4-11 量具型号

产品名称或代号		零件名称		零件图号	
序号	量具名称	量具规格	精度	数量	
1	游标卡尺	0 ~ 150mm	0.02mm	1 把	
2	内径千分尺	0 ~ 25mm	0.01mm	1 把	
3	内径千分尺	25 ~ 50mm	0.01mm	1 把	
4	深度游标卡尺	0 ~ 150mm	0.02mm	1 把	
5	百分表	0 ~ 10mm	0.01mm	1 只	
编制		审 核		批准	共 1 页　第 1 页

7. 拟订数控铣削加工工序卡片

根据前面的分析，制订该零件数控铣削加工部分的工序卡片见表 4-12、表 4-13。

表 4-12 数控加工工序卡（一）

（工厂）	数控加工工序卡	产品型号		零件图号			
		产品名称		零件名称	固定板	共 2 页	第 1 页
		车间	工序号	工序名称	材料牌号		
			4	数铣	45 钢		
		毛坯种类	毛坯外形尺寸	每毛坯可制件数	每台件数		
		板材	210mm × 190mm × 35mm	1			
		设备名称	设备型号	设备编号	同时加工件数		
		数控铣床	KV650				
		夹具编号		夹具名称	切削液		
				压板			
		工位器具编号		工位器具名称	工序工时		
					准终	单件	

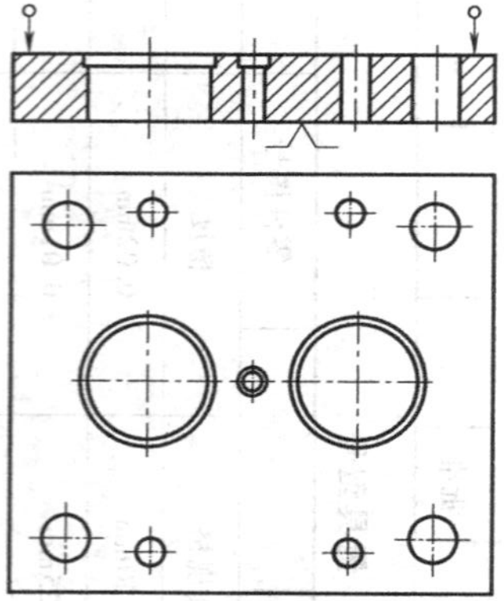

工步号	工步名称	工艺装备	主轴转速/(r/min)	切削速度/(m/min)	进给量/(mm/min)	背吃刀量/mm	进给次数	工时 机动	工时 单件
1	在孔 2 × ϕ50mm、4 × ϕ20mm、4 × ϕ12mm、ϕ8mm 处打 A3 中心孔	压板	1270	12	100				
2	在孔 2 × ϕ50mm、4 × ϕ20mm、4 × ϕ12mm、ϕ8mm 处钻 ϕ7.9mm 的通孔	压板	800	20	80				
3	在孔 2 × ϕ50mm 处粗铣 ϕ49.5mm 的通孔，在孔 4 × ϕ20mm 处粗铣 ϕ19.7mm 的通孔	压板	1600	80	250	1			
4	铣 2 × ϕ54mm 的台阶孔至尺寸要求	压板	1600	80	250	1			
5	在孔 4 × ϕ12mm 处扩孔至 ϕ11.9mm	压板	1200	45	120				

描图														
描校														
底图号											设计（日期）	审核（日期）	标准化（日期）	会签（日期）
装订号														
	标记	处数	更改文件号	签字	日期	标记	处数	更改文件号	签字	日期				

表 4-13　数控加工工序卡（二）

（工厂）	数控加工工序卡	产品型号		零件图号		
		产品名称		零件名称	固定板	共 2 页　第 2 页
		车间	工序号	工序名称	材料牌号	
			4	数铣	45 钢	
		毛坯种类	毛坯外形尺寸	每毛坯可制件数	每台件数	
		板材	210mm × 190mm × 35mm	1		
		设备名称	设备型号	设备编号	同时加工件数	
		数控铣床	KV650			
		夹具编号		夹具名称	切削液	
				压板		
		工位器具编号		工位器具名称	工序工时	
					准终	单件

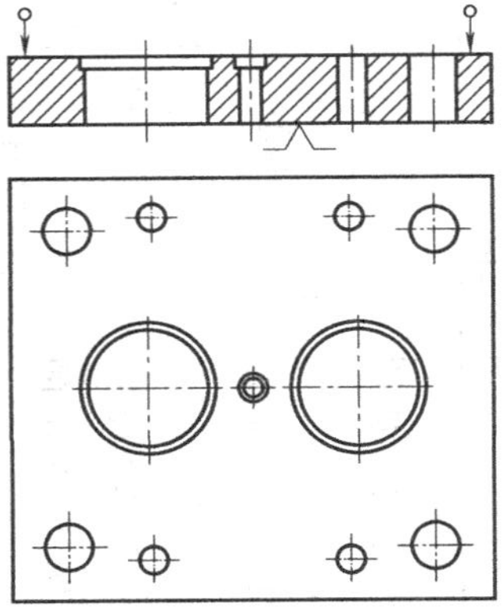

工步号	工步名称	工艺装备	主轴转速/(r/min)	切削速度/(m/min)	进给量/mm	背吃刀量/mm	进给次数	工时 机动	工时 单件
6	锪孔 ϕ12mm 至尺寸要求	压板	1300	50	130				
7	镗孔 2 × ϕ50mm 至尺寸要求	压板	410	65	15				
8	镗孔 4 × ϕ20mm 至尺寸要求	压板	1000	60	40				
9	铰孔 4 × ϕ12mm 至尺寸要求	压板	200	7.5	20				
10	铰孔 ϕ8mm 至尺寸要求	压板	300	7.5	30				

描图　描校　底图号　装订号

标记	处数	更改文件号	签字	日期	标记	处数	更改文件号	签字	日期	设计（日期）	审核（日期）	标准化（日期）	会签（日期）

4.2 孔加工编程

4.2.1 钻、扩、铰孔加工编程

1. 孔加工固定循环指令概述

在数控铣床与加工中心上进行孔加工时，通常采用系统配备的固定循环功能进行编程。

通过对这些固定循环指令的使用，可以在一个程序段内完成某个孔加工的全部动作（孔加工进给、退刀、孔底暂停等），从而大大减少编程的工作量。FANUC 0i 系统数控铣床（加工中心）的固定循环指令及其动作见表4-14。

表4-14 孔加工固定循环及其动作一览表

G代码	加工动作	孔底部动作	退刀动作	用途
G73	间隙进给	—	快速进给	钻深孔
G74	切削进给	暂停、主轴正转	切削进给	攻左螺纹
G76	切削进给	主轴准停	快速进给	精镗孔
G80	—	—	—	取消固定循环
G81	切削进给	—	快速进给	钻孔
G82	切削进给	暂停	快速进给	钻孔与锪孔
G83	间隙进给	—	快速进给	钻深孔
G84	切削进给	暂停、主轴正转	切削进给	攻右螺纹
G85	切削进给	—	切削进给	铰孔
G86	切削进给	主轴停	快速进给	镗孔
G87	切削进给	主轴正转	快速进给	反镗孔
G88	切削进给	暂停、主轴正转	手动	镗孔
G89	切削进给	暂停	切削进给	镗孔

（1）孔加工固定循环动作　孔加工固定循环动作如图4-25所示。

动作①：*XY*（G17）平面快速定位（图4-25中的*AB*段）。

动作②：*Z*向快速进给到*R*面（图4-25中的*BR*段）。

动作③：*Z*轴切削进给，进行孔加工（图4-25中的*RZ*段）。

动作④：孔底部的动作（图4-25中的*Z*点）。

动作⑤：*Z*轴退刀（图4-25中的*ZR*段）。

动作⑥：*Z*轴快速回到起始位置（图4-25中的*RB*段）。

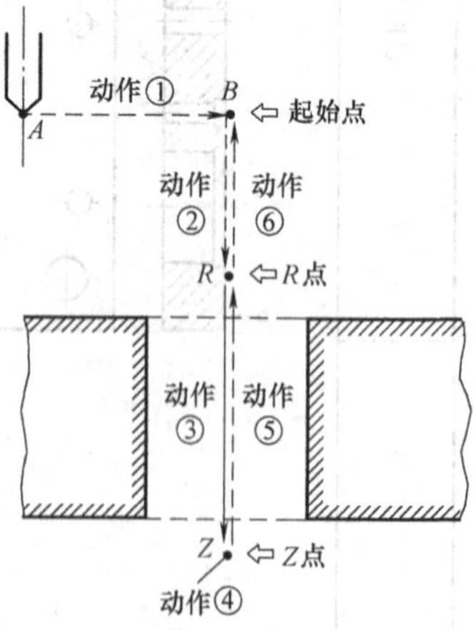

图4-25　孔加工固定循环动作

（2）固定循环编程格式　孔加工固定循环的通用编程格式如下：

G99/G98 G73 ~ G89 X __ Y __ Z __ R __ Q __ P __ F __ K __;

其中：

G99/G98——孔加工完成后的刀具返回方式。

G73 ~ G89——孔加工固定循环指令。

X、Y——指定孔在 *XY* 平面内的位置。

Z——孔底平面的位置。

R——*R* 点平面的位置。

Q——在 G73、G83 深孔加工指令中，表示刀具的每次加工深度；在 G76、G87 精镗孔指令中，表示主轴准停后刀具沿准停反方向的让刀量。

P——指定刀具在孔底的暂停时间，数字不加小数点，以毫秒（ms）作为时间单位。

F——孔加工切削进给时的进给速度。

K——指定孔加工循环的次数，该参数仅在增量编程中使用。

在实际编程时，并不是每一种孔加工循环的编程都必须要用到以上格式的所有代码。如钻孔固定循环指令格式：

G81 X50.0 Y50.0 Z -30.0 R5.0 F80;

以上格式就未使用 P、Q、K 参数。

以上格式中，除 K 代码外，其他所有代码都是模态代码，只有在循环取消时才被清除，因此这些指令一经指定，在后面的重复加工中不必重新指定。

［**例 4-1**］ G82 X50.0 Y50.0 Z -30.0 R5.0 P1000 F80;

X100.0;

G80;

执行以上指令时，将在两个不同位置加工出两个相同深度的孔。

取消孔加工固定循环用 G80 指令表示。另外，如果在孔加工循环中出现 01 组的 G 代码，则孔加工方式也会被取消。

1）固定循环平面。

① 初始平面。如图 4-26 所示，初始平面是为安全下刀而规定的一个平面。初始平面可以设定在任意一个安全高度上。当使用同一把刀具加工多个孔时，刀具在初始平面内的任意移动将不会与夹具、工件凸台等发生干涉。

② *R* 点平面。*R* 点平面又称参考平面。这个平面是刀具下刀时，由快速进给（简称快进）转为切削进给（简称工进）的高度平面，该平面与工件表面的距离主要考虑工件表面的尺寸变化，一般情况下取2 ~ 5mm，如图 4-26 所示。

③ 孔底平面。加工不通孔时，孔底平面就是孔底的 *Z* 轴高度。而加工通孔时，除要考虑孔底平面的位置外，还要考虑刀具的超越量，如图 4-26 中的 *Z* 点，以保证孔的成形。

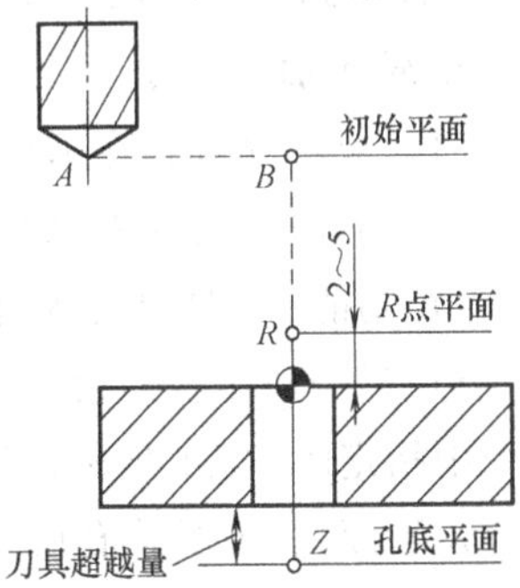

图 4-26 固定循环平面

2）G98 与 G99 指令方式。当刀具加工到孔底平面后，刀具从孔底平面返回有两种返回方式，即返回到初始平面和返回到 *R* 点平面，分别用 G98 与 G99 来指定。

① G98 指令方式。G98 指令为系统默认返回方式，表示

返回初始平面，如图 4-27a 所示。

当采用固定循环进行孔系加工时，通常不必返回到初始平面；但是当完成所有孔加工后，或者各孔位之间存在凸台或夹具等干涉时，则需返回初始平面，保证加工安全。G98 指令格式如下：

G98 G81 X __ Y __ Z __ R __ F __;

② G99 指令方式。G99 指令表示返回 *R* 点平面，如图 4-27b 所示。在没有凸台等干涉情况下，为了节省加工时间，刀具一般返回到 *R* 点平面。G99 指令格式如下：

G99 G81 X __ Y __ Z __ R __ F __;

3）G90 与 G91 指令方式。固定循环中 *X*、*Y*、*Z* 和 *R* 等值的指定与 G90 与 G91 指令的方式选择有关，但 *Q* 值与 G90 与 G91 指令方式无关。

① G90 指令方式。G90 指令方式中，*X*、*Y*、*Z* 和 *R* 均采用绝对坐标值指定，如图 4-28a 所示。此时，*R* 一般为正值，而 *Z* 一般为负值。

② G91 指令方式。G91 指令方式中，*R* 值是指从初始平面到 *R* 点平面的增量值，而 *Z* 值是指从 *R* 点平面到孔底平面的增量值，如图 4-28b 所示，*R* 值与 *Z* 值（G87 除外）均为负值。

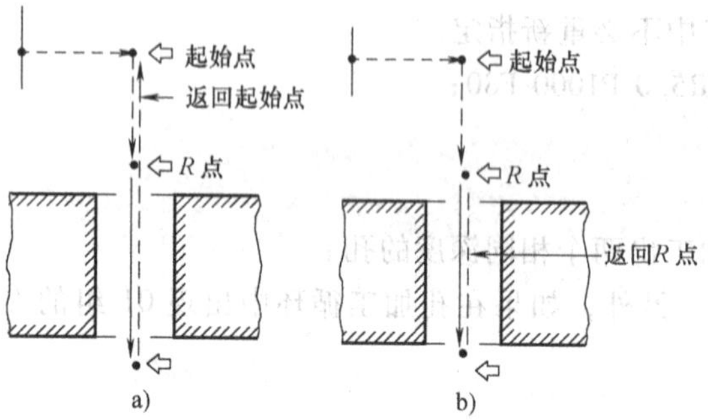

图 4-27　G98 与 G99 方式

a）G98 方式　b）G99 方式

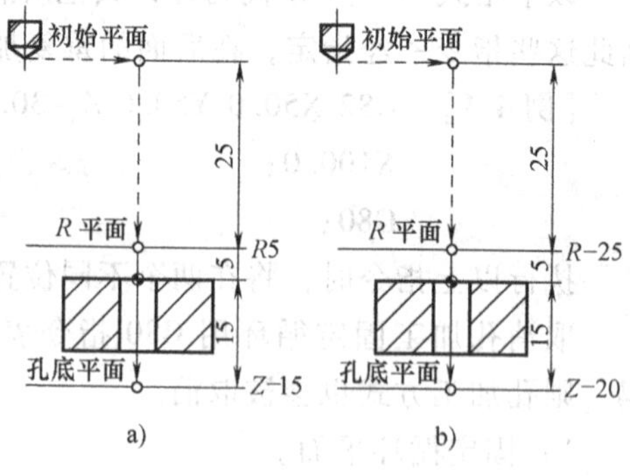

图 4-28　G90 与 G91 方式

a）G90 方式　b）G91 方式

［例 4-2］　G90 G99 G81 X __ Y __ Z-15.0 R5.0 F __;

［例 4-3］　G91 G99 G81 X __ Y __ Z-20.0 R-25.0 F __;

2. 钻削加工指令

（1）钻孔循环指令 G81

1）编程格式：G99/G98 G81 X __ Y __ Z __ R __ F __;

2）功能。G81 指令常用于普通钻孔。

3）指令动作。其指令动作如图 4-29 所示，刀具在初始平面快速（G00 方式）定位到指令中指定的 *X*、*Y* 坐标位置，再沿 *Z* 向快速定位到 *R* 点平面，然后执行切削进给到孔底平面（*Z* 平面），刀具从孔底平面快速沿 *Z* 向退回到 *R* 点平面或初始平面。G81 动作讲解视频见二维码 4-1，运动仿真视频见二维码 4-2。

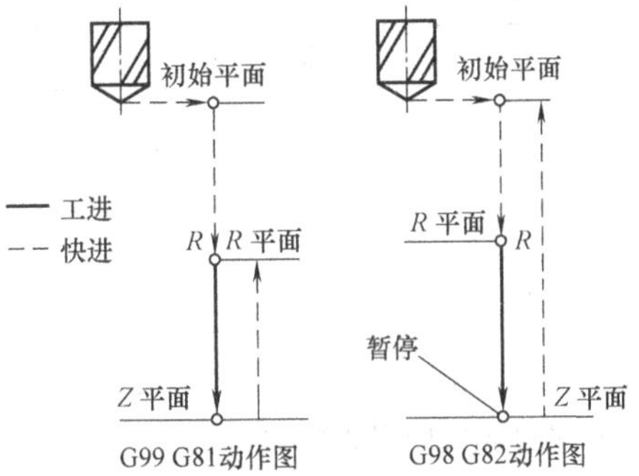

图 4-29　G81 与 G82 指令动作图

二维码 4-1

二维码 4-2

[例 4-4]　用 G81 指令编写如图 4-30 所示孔的加工程序。

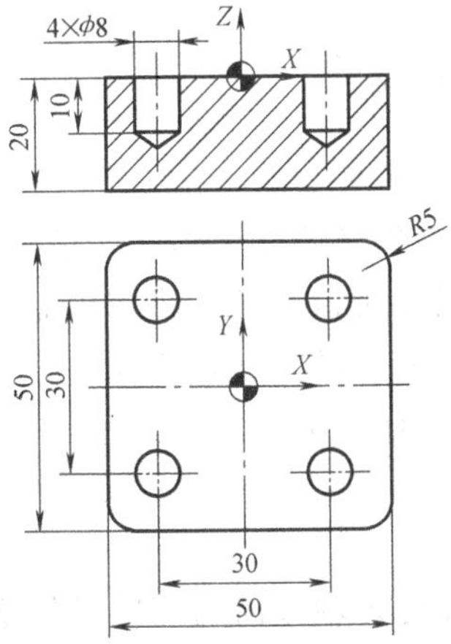

图 4-30　G81 指令编程实例

二维码 4-3

仿真加工视频见二维码 4-3，程序如下：

程　　序	注　　释
O0001;	
N10 G90 G49 G40 G80 G21 G94;	
N20 G54 G00 X0.0 Y0.0;	
N30 G43 Z100.0 H01;	Z100.0 即为初始平面
N40 M03 S800 M08;	
N50 G99 G81 X-15.0 Y15.0 Z-12.31 R5.0 F80;	钻左上方孔，*Z* 向超越量为钻尖高度 2.31mm
N60 X15.0;	加工右上方孔
N70 Y-15.0;	加工右下方孔
N80 G98 X-15.0;	加工左下方孔，返回初始平面
N90 G80 M09;	取消固定循环
N100 G91 G28 Z0.0;	*Z* 轴返回参考点
N110 M30;	

以上孔加工程序若采用 G91 方式编程，则其程序修改如下：

程　　序	注　　释
O0001;	
N10 G90 G49 G40 G80 G21 G94;	
N20 G54 G00 X0.0 Y0.0;	
N30 G43 Z100.0 H01;	Z100.0 即为初始平面
N40 M03 S800 Z5.0 M08;	
N50 G99 G91 G81 G01 X－15.0 Y15.0 Z－17.31 R－95.0 F80;	钻左上方孔，Z 向超越量为钻尖高度 2.31mm
N60 X30.0;	加工右上方孔
N70 Y－30.0;	加工右下方孔
N80 G98 X－30.0;	加工左下方孔，返回初始平面
N90 G80 M09;	取消固定循环
N100 G91 G28 Z0.0;	Z 轴返回参考点
N110 M30;	

（2）高速深孔钻削循环指令 G73 与深孔排屑钻削循环指令 G83　所谓深孔，通常是指孔深与孔径之比在 5～10 之间的孔。加工深孔时，易出现散热差、排屑困难、钻杆刚性差，易使刀具损坏和引起孔的轴线偏斜等问题，从而影响加工精度和生产率。

1）编程格式：G99/G98 G73 X__ Y__ Z__ R__ Q__ F__;

G99/G98 G83 X__ Y__ Z__ R__ Q__ F__;

2）功能。G73 指令与 G83 指令多用于深孔加工。

3）指令动作。如图 4-31 所示，G73 指令通过刀具 Z 轴方向的间歇进给实现断屑动作。钻削时，钻头进给一个 Q 值后快速回退一个 d 值的距离，之后，再快速进给到 Z 向距上次切削孔底平面 d 处。从该点处，快进变成工进，工进距离为 Q＋d。Q 值是指每一次的加工深度（均为正值且为带小数点的值），由指令参数 Q 指定；d 值是指每一次的回退距离，由系统指定，无需用户指定。G73 动作讲解及运动仿真视频见二维码 4-4。

G83 指令通过 Z 轴方向的间歇进给实现断屑与排屑动作。该指令与 G73 指令的不同之处在于，刀具间歇进给后快速回退到 R 点，之后，再快速进给到 Z 向距上次切削孔底平面 d 处，从该点处，快进变成工进，工进距离为 Q＋d。G83 动作讲解及运动仿真视频见二维码4-5。

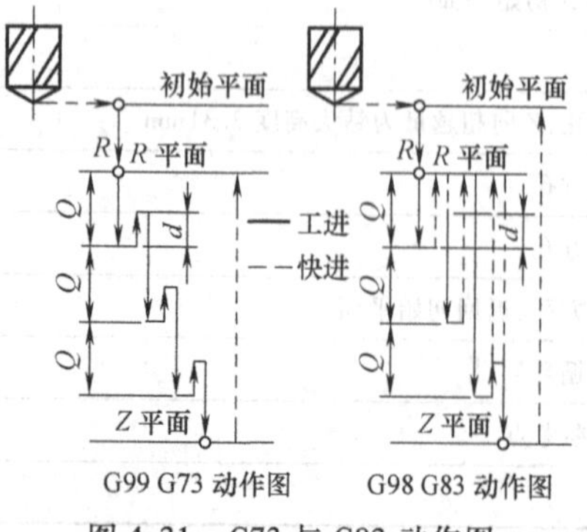

图 4-31　G73 与 G83 动作图

二维码 4-4

二维码 4-5

［例 4-5］ 试用 G73 或 G83 指令编写如图 4-32 所示的孔加工程序。

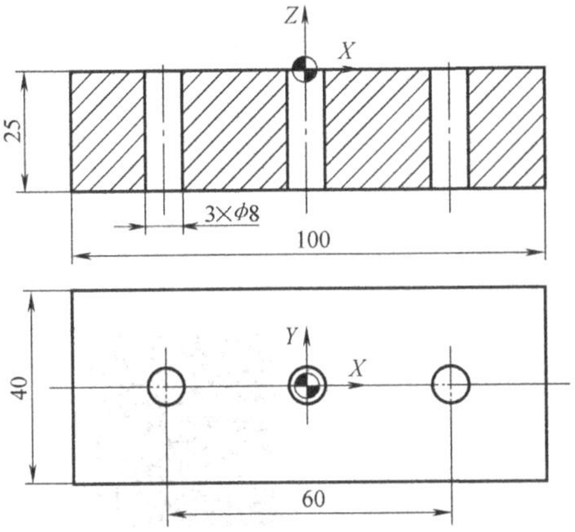

图 4-32　G73 与 G83 编程实例

二维码 4-6

仿真加工视频见二维码 4-6，程序如下：

程　　序	注　　释
O0002；	
N10 G90 G49 G80 G40 G21 G94；	
N20 G54 G00 X0.0 Y0.0；	
N30 G43 Z100.0 H01；	
N40 M03 S800 M08；	
N50 G99 G83 X－30.0 Y0 Z－28.31 R5.0 Q5.0 F80；	加工左方孔，每次背吃刀量为 5mm
N60 X0；	加工中间孔，每次背吃刀量为 5mm
N70 G98 X30.0；	加工右方孔，每次背吃刀量为 5mm
N90 G80 M09；	
N100 G91 G28 Z0；	
N110 M30；	

3. 扩孔加工指令

1）编程格式。G99/G98 G82 X __ Y __ Z __ R __ P __ F __；

2）功能。常用于扩、锪孔或台阶孔的加工。

3）指令动作。G82 与 G81 指令动作基本相同，只是 G82 指令在孔底增加了进给后的暂停，以提高孔底表面质量。若 G82 指令中不指定暂停参数 P，则与 G81 指令完全相同。G82 动作讲解及运动仿真视频见二维码 4-7。

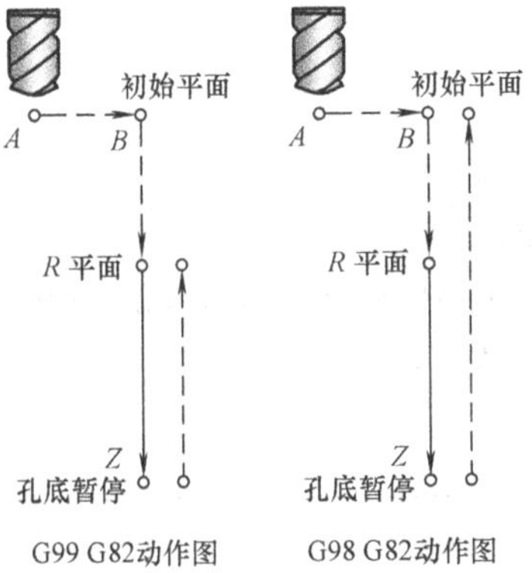

图 4-33　G82 动作图

二维码 4-7

[例 4-6] 图 4-34 所示零件 ϕ8mm 孔已钻出，试用 G82 指令编写锪孔的加工程序。

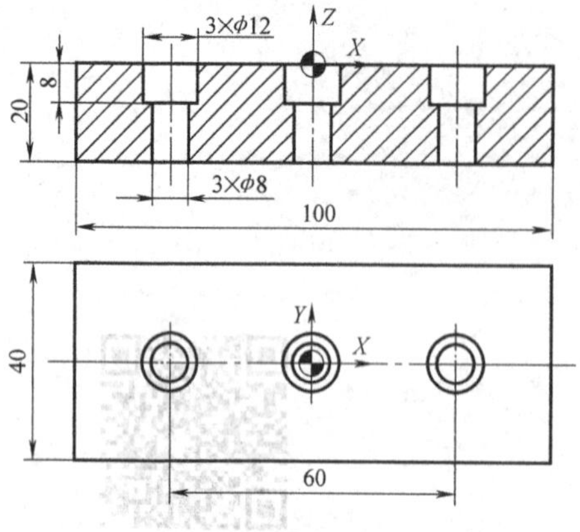

图 4-34 G82 编程实例

二维码 4-8

仿真加工视频见二维码 4-8，程序如下：

程　序	注　释
O0003;	
N10 G90 G94 G40 G80 G21 G49;	
N20 G54 G00 X0.0 Y0.0;	
N30 G43 Z100.0 H01;	
N40 M03 S600 M08;	
N50 G99 G82 X -30.0 Y0 Z -8.0 R5.0 P1000 F80;	锪左方孔，孔底暂停 1 秒
N60 X0;	锪中间孔
N70 G98 X30.0;	锪右方孔
N80 G80 M09;	取消固定循环
N90 G91 G28 Z0.0;	
N100 M30;	

以上指令如果要以 G91 方式编程，则其程序修改如下：

程　序	注　释
O0001;	
……	
N40 M03 S600;	Z100.0 即为初始平面
N50 G91 X -60.0 Y0.0 M08;	X、Y 平面定位到增量编程的起点
N60 G99 G82 X30.0 Z -13.0 R -95.0 P1000 F80 K3;	参数 K 在增量编程中使用时，该动作循环 3 次，即钻出相隔 30.0mm 的 3 个孔
N70 G80 M09;	
……	

4. 铰孔加工指令

1）编程格式：G99/G98 G85 X__ Y__ Z__ R__ F__;

2）功能。该指令常用于铰孔和扩孔加工，也可用于粗镗孔加工。

3）指令动作。如图 4-35 所示，当执行 G85 固定循环指令时，刀具以切削进给方式加工到孔底，然后以切削进给方式返回到 *R* 平面；当执行 G98 方式时，继续从 *R* 平面快速返回到初始平面。

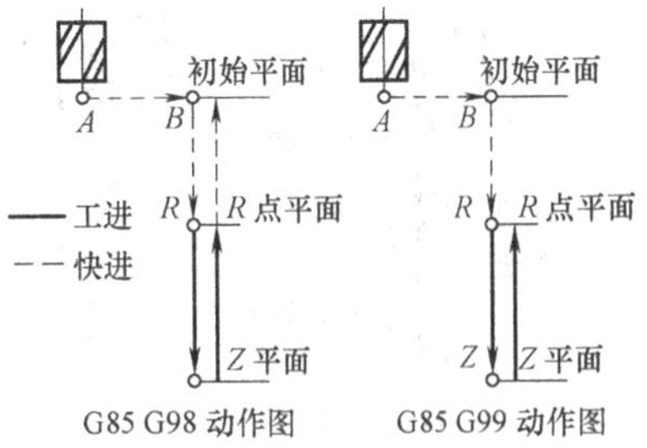

图 4-35　G85 指令动作图

[例 4-7]　图 4-36 所示孔的粗加工已完成，试用 G85 指令编写孔的精加工程序。

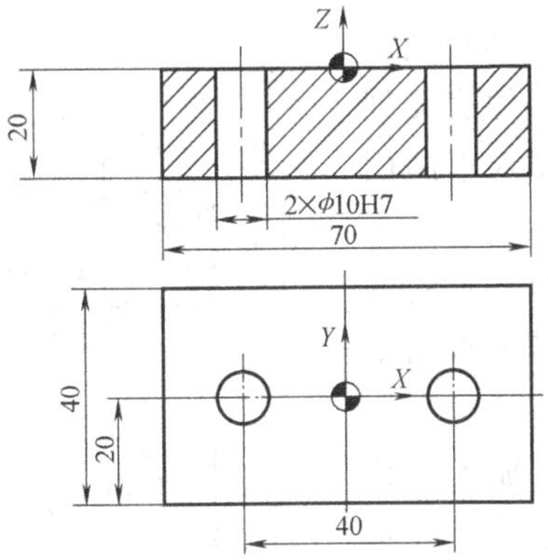

图 4-36　G85 编程实例

二维码 4-9

仿真加工视频见二维码 4-9，程序如下：

程　　序	注　　释
O0004；	
……	
M03 S300 M08；	
G99 G85 X－20.0 Y0 Z－23.0 R5.0 P1000 F60；	铰左方孔，*Z* 向超越量为 3mm
G98 X20.0；	铰右方孔
G80 M09；	
……	

4.2.2　镗孔加工编程

1. 粗镗孔加工指令

除了前面介绍的铰孔指令 G85 可用于粗镗孔外，还有 G86、G88、G89 等指令也可用于镗孔，且其指令格式与铰孔固定循环指令 G85 的格式相类似。

1）编程格式：G99/G98 G86 X__ Y__ Z__ R__ P__ F__；

G99/G98 G88 X__ Y__ Z__ R__ P__ F__；

G99/G98 G89 X__ Y__ Z__ R__ P__ F__；

2）指令动作。如图 4-37 所示，执行 G86 循环指令时，刀具以切削进给方式加工到孔

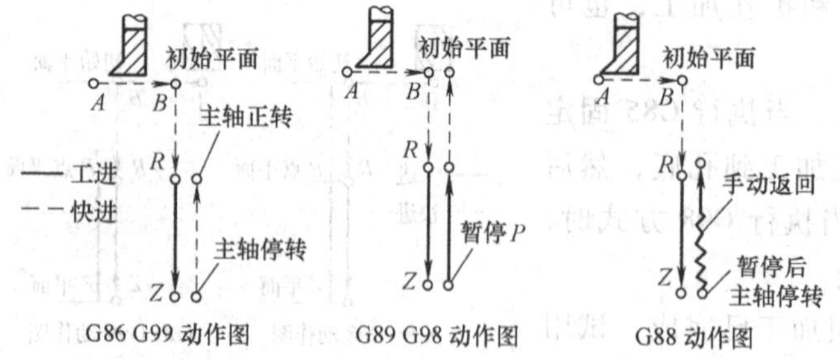

图 4-37　粗镗孔指令动作图

二维码 4-10

底，然后主轴停转，刀具快速退到 R 点平面后，主轴正转。采用这种方式退刀时，刀具在退回过程中容易在工件表面划出条痕。因此，该指令常用于精度及表面粗糙度要求不高的镗孔加工。粗镗孔实际加工视频见二维码 4-10。

G89 指令动作与前节介绍的 G85 指令动作类似，不同的是 G89 指令动作在孔底增加了暂停功能，因此该指令常用于阶梯孔的加工。

G88 循环指令较为特殊，刀具以切削进给方式加工到孔底，然后刀具在孔底暂停后主轴停转，这时可通过手动方式从孔中安全退出刀具。这种加工方式虽能提高孔的加工精度，但加工效率较低。因此，该指令常在单件加工中采用。

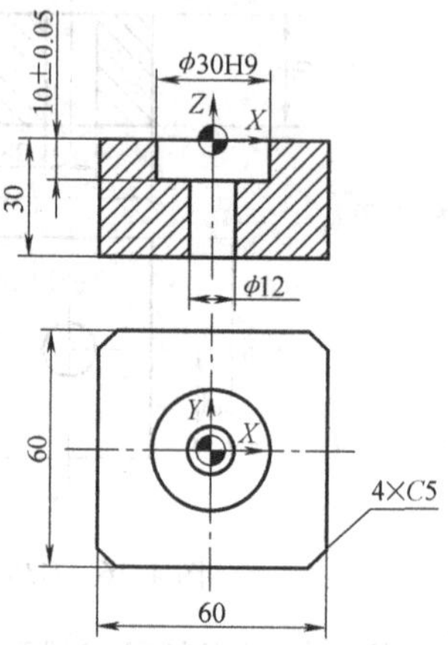

图 4-38　粗镗孔指令编程实例

［例 4-8］　试用粗镗孔指令编写图 4-38 所示 ϕ30mm 孔的加工程序。

程　　序	注　　释
O0005;	
G90 G17 G49 G40 G80 G21 G94;	
G54 G00 X0.0 Y0.0;	
G43 Z100.0 H01;	
M03 S700 M08;	
G98 G89 X0 Y0 Z-10.0 R5.0 P1500 F150;	粗镗孔至尺寸
G80 M09;	
G91 G28 Z0.0;	
M30;	

2. 精镗孔加工指令 G76 与反镗孔加工指令 G87

1）编程格式：G99/G98 G76 X__ Y__ Z__ R__ Q__ P__ F__;

G99/G98 G87 X__ Y__ Z__ R__ Q__ F__;

2）指令动作。如图 4-39 所示，执行 G76 循环指令时，刀具以切削进给方式加工到孔底，实现主轴准停，刀具向刀尖相反方向移动 Q，使刀具离开工件表面，保证刀具不划伤工件表面，然后快速退刀至 R 平面或初始平面，刀具正转，该指令主要用于精密镗孔加工。

G76 镗孔加工视频见二维码 4-11。

执行 G87 循环指令时，刀具在 G17 平面内快速定位后，主轴准停，刀具向刀尖相反方向偏移 Q，然后快速移动到孔底（R 点），在这个位置刀具按原偏移量反向移动相同的 Q 值，主轴正转，并以切削进给方式加工到 Z 平面，主轴再次准停，并沿刀尖相反方向偏移 Q，快速提刀至初始平面并按原偏移量返回到 G17 平面的定位点，主轴开始正转，循环结束。由于在执行 G87 循环指令的过程中，退刀时刀尖未接触工件表面，故加工表面质量较好，所以该循环指令常用于精密孔的镗削加工。

注意：G87 循环指令不能用 G99 指令进行编程。

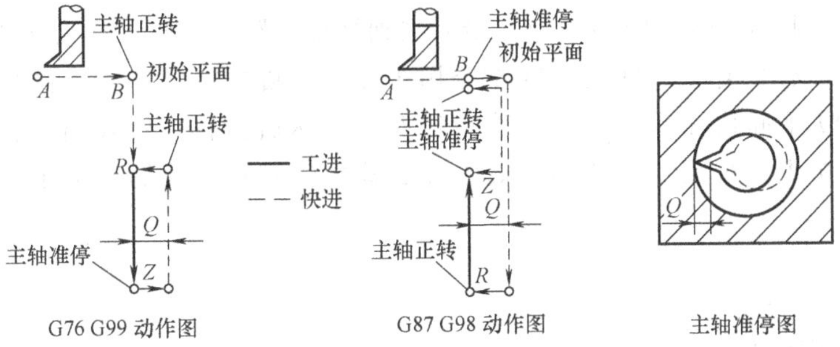

二维码 4-11

图 4-39　粗镗孔指令动作图

[例 4-9]　试用精镗孔循环指令编写图 4-40 中 2 个 ϕ25mm 孔的加工程序。

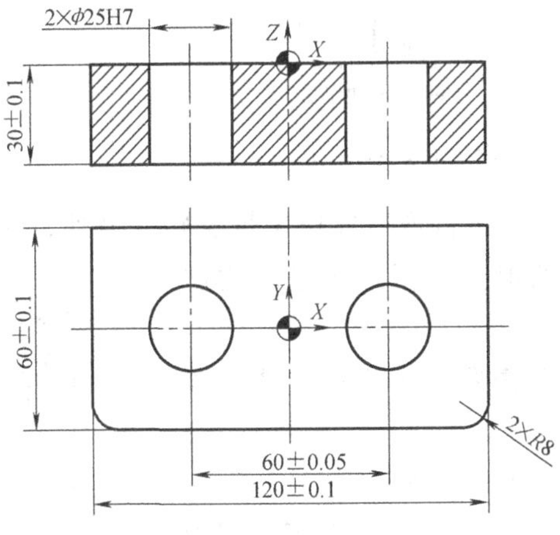

图 4-40　精镗孔指令编程实例

程　序	注　释
O0006;	
……	
M03 S1200 M08;	
G99 G76 X-30.0 Y0 Z-31.0 R5.0 Q0.2 F70;	G76 精镗左方孔，镗孔后反方向让刀 0.2mm
G98 X30.0;	G76 精镗右方孔
G80 M09;	
……	

4.2.3 螺纹加工编程

1. 攻螺纹编程

（1）刚性攻右旋螺纹指令 G84 与攻左旋螺纹指令 G74

1）编程格式：G99/G98 G84 X__ Y__ Z__ R__ P__ F__；

G99/G98 G74 X__ Y__ Z__ R__ P__ F__；

注意：指令中的 F 是指螺纹的导程，单线螺纹则为螺纹的螺距。

2）指令动作。如图 4-41 所示，G74 循环指令为左旋螺纹攻螺纹指令，用于加工左旋螺纹。执行该循环指令时，首先主轴反转，在 G17 平面快速定位后快速移动到 *R* 点，然后执行攻螺纹指令，到达孔底后，主轴正转退回到 *R* 点，最后主轴恢复反转，完成攻螺纹动作。

G84 指令动作与 G74 指令基本类似，只是 G84 指令用于加工右旋螺纹。执行该循环指令时，首先主轴正转，在 G17 平面快速定位后快速移动到 *R* 点，然后执行攻螺纹指令，到达孔底后，主轴反转退回到 *R* 点，最后主轴恢复正转，完成攻螺纹动作。攻螺纹加工视频见二维码 4-12。

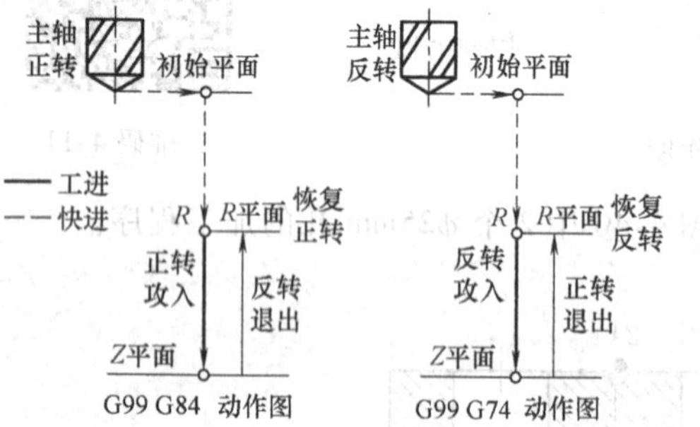

图 4-41 G74 指令与 G84 指令动作图

二维码 4-12

在执行 G74 指令前，应先进行换刀并使主轴反转。另外，在用 G74 指令与 G84 指令攻螺纹期间，进给倍率和进给保持（循环暂停）均被忽略。

刚性攻螺纹指令使用时需要指定刚性方式，有以下三种：

① 在攻螺纹指令段之前指定“M29 S__;”。

② 在包含攻螺纹指令的程序段中指定“M29 S__;”。

③ 将系统参数“No. 5200#0”设为 1。

注意：如果在 M29 和 G84/G74 之间指定主轴转速和轴移动指令，将产生系统报警；而如果在 G84/G74 中仅指定 M29 指令，也会产生系统报警。因此，本任务及以后任务中采用第三种指定刚性攻螺纹方式。

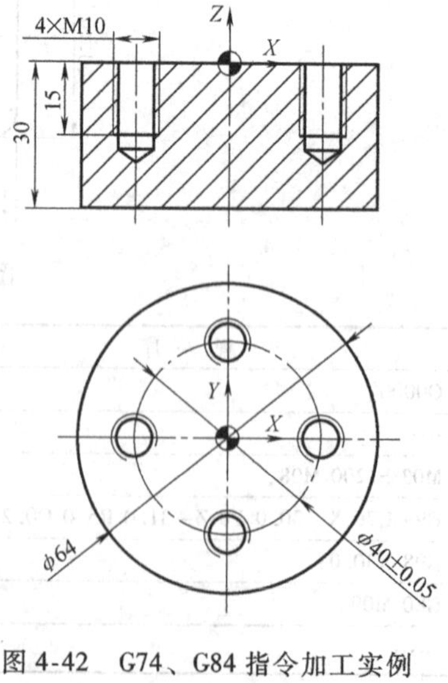

图 4-42 G74、G84 指令加工实例

［例 4-10］ 试用攻螺纹循环指令编写图 4-42 中

4 个螺纹孔的加工程序。

该螺纹未标注旋向，为右旋螺纹，应采用 G84 加工。在攻螺纹前，应加工出与螺纹小径相等的螺纹底孔。由于 M12 粗牙螺纹的螺距为 1.75mm，因此根据上节所介绍的孔底直径经验公式，算出孔底直径应为

$$D_{底} = D - P = (12 - 1.75)\,mm = 10.25mm$$

攻螺纹的加工程序如下：

程　序	注　释
O0007；	
G90 G17 G49 G40 G80 G21 G94；	
G54 G00 X0.0 Y0.0；	
G43 Z100.0 H01；	
M03 S150 M08；	
G99 G84 X -20.0 Y0 Z -15.0 R5.0 P1000 F1.5；	攻第一个右旋螺纹
X0 Y20.0；	攻第二个右旋螺纹
X20.0 Y0；	攻第三个右旋螺纹
G98 X0 Y -20.0；	攻第四个右旋螺纹
G80 M09；	
G91 G28 Z0.0；	
M30；	

（2）深孔攻螺纹断屑或排屑循环指令

① 编程格式：G99/G98 G84 X__ Y__ Z__ R__ P__ Q__ F__；

G99/G98 G74 X__ Y__ Z__ R__ P__ Q__ F__；

② 指令动作。如图 4-43 所示，深孔攻螺纹的断屑与排屑动作与深孔钻动作类似，不同之处在于刀具在 *R* 点平面以下的动作均为切削加工动作。

深孔攻螺纹断屑与排屑动作的选择是通过修改系统攻螺纹参数来实现的。将系统参数“No.5200#5”设为 0 时，不能实现深孔断屑攻螺纹；而将系统参数“No.5200#5”设为 1 时，可实现深孔断屑攻螺纹。

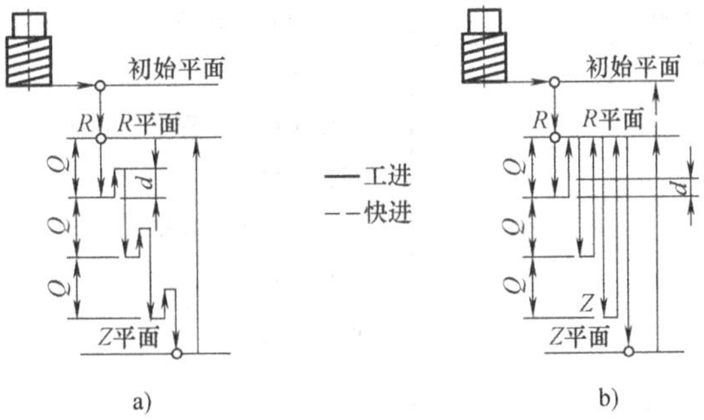

图 4-43　深孔攻螺纹断屑或排屑循环动作图

a）G99 G84（G74）断屑动作图　b）G98 G84（G74）排屑动作图

2. 铣削螺纹编程

螺纹铣刀配合模块3所介绍的螺旋下刀刀路即可实现铣削螺纹，其指令格式通常为

G17 G02/G03 X__ Y__ I__ J__ Z__ F__;

故铣削螺纹是由刀具的自转与机床的螺旋插补形成的，是利用数控机床的圆弧插补指令和螺纹铣刀绕螺纹轴线做 X、Y 方向圆弧插补运动，同时轴向方向做直线运动来完成螺纹加工的。

注意：每次螺旋插补 Z 向下刀距离应与螺纹的导程相等，即 Z = 导程。

［**例4-11**］　试用铣削螺纹的方法编写如图4-44中螺纹的加工程序。螺纹底孔直径 d_1 = 28.38mm，螺距 P = 1.5mm，机夹螺纹铣刀直径 d = 19mm。

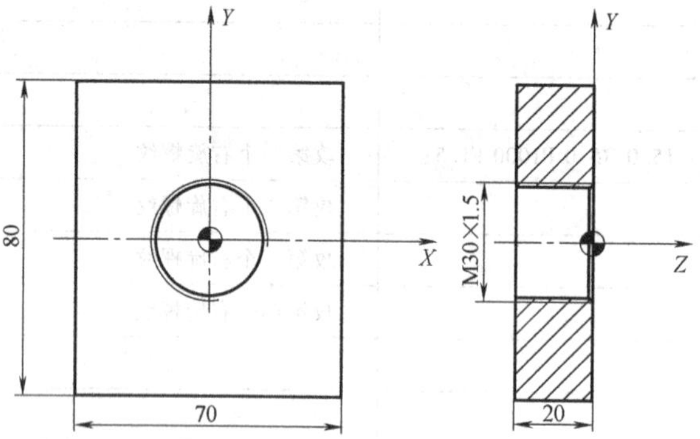

图4-44　铣削螺纹加工图

铣螺纹前，先加工出 ϕ28.38mm 的螺纹底孔，铣螺纹的加工程序如下：

程　序	注　释
O0008;	铣螺纹主程序
G40 G17 G80 G90 G54;	
M03 S1500 M08;	
G43G00 Z100.0 H01;	建立刀具长度补偿，到达 Z100.0mm 的高度
Z5.0;	到达 Z5.0mm 的高度
G01 Z3.0 F100;	到达 Z3.0mm 的高度，留有 2mm 的螺纹导入量
G42 G01 X-11.0 Y0 D01 F500;	建立刀具半径补偿
G02 X15 Y0 R13;	圆弧切入
M98 P160009;	调用铣螺纹子程序 O0009 共 16 次
G90 G02 X-11 Y0 R13;	圆弧切出
G40 G01 X0 Y0;	取消刀具半径补偿
G00 Z100 M05;	抬高刀具，主轴停止
M30;	程序结束
O0009;	铣螺纹子程序
G91 G02 I-15 Z-1.5 F500;	螺纹加工，刀具每转一周 Z 向移动 1.5mm
M99;	子程序结束

4.2.4 孔类零件的编程

1. 走刀路线确定

（1）钻、扩、铰孔走刀路线的确定　图 4-1 所示零件各孔间的位置精度要求较高，为避免反向间歇引起的位置误差，安排打中心孔及钻孔走刀路线应避免反向走刀，如图 4-45 所示。同理，扩孔、铰孔时安排刀路也要避免反向走刀，扩、铰 ϕ12mm 孔的走刀路线如图 4-46 所示。其余扩、铰孔的路线与其相似，这里不再逐一叙述。

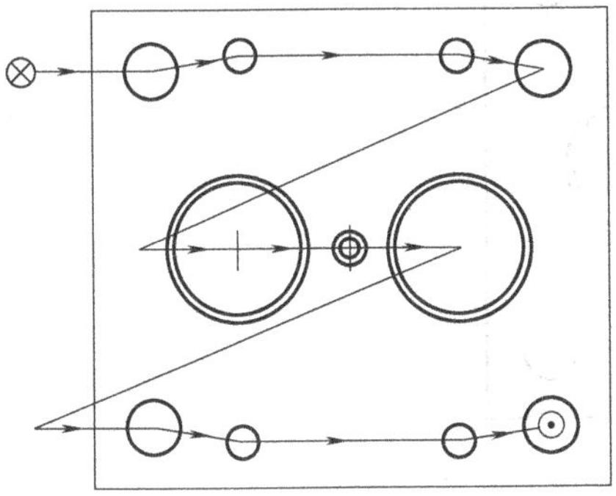

图 4-45　打中心孔走刀路线

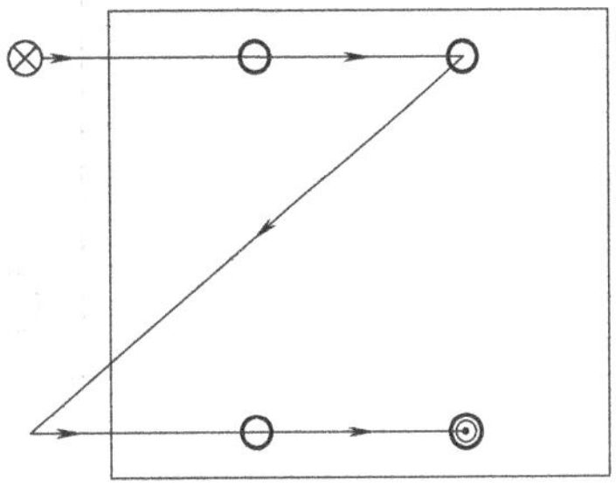

图 4-46　扩、铰 ϕ12mm 孔的走刀路线

（2）铣孔走刀路线确定

1）粗铣 ϕ50mm 孔至 ϕ49.5mm 走刀路线的确定。该孔深 30mm，从 Z0.5mm 处开始采用螺旋下刀的方式铣削，每次铣削深度为 1mm，需铣 31 次才能铣削完成。

另外，铣该孔不属于孔的精加工，加工时不采用刀具半径补偿，编程时注意刀具路径向内偏移一个刀具半径。每层的走刀路线如图 4-47 所示，图中编号为 1 的刀路即为螺旋下刀的刀路。

2）粗、精铣 ϕ54mm 孔走刀路线的确定。该孔深 6mm，从 Z1.0mm 处开始采用螺旋下刀的方式铣削，每次铣削深度为 1mm，需铣 7 次才能铣削完成。每层的走刀路线如图 4-48 所示，螺旋下刀（步骤 1）后退回到原点加刀补进行精加工。

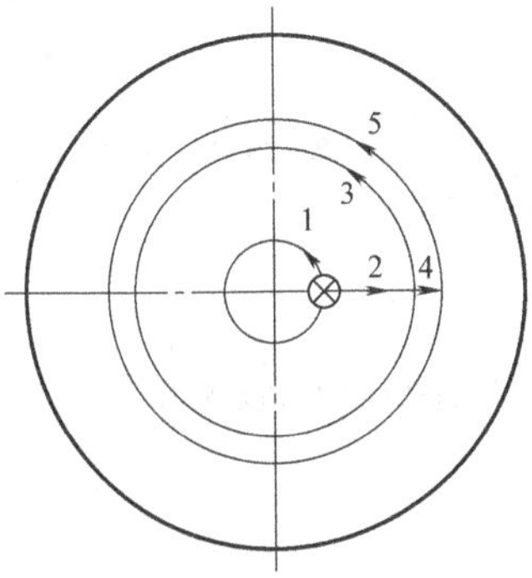

图 4-47　铣 ϕ49.5mm 孔走刀路线

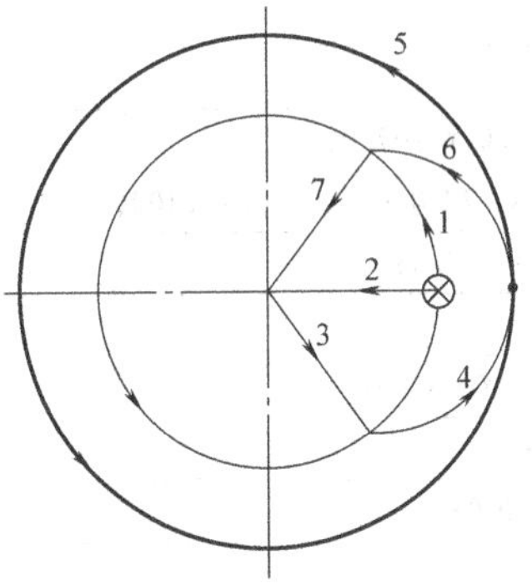

图 4-48　铣 ϕ54mm 孔走刀路线

2. 数控加工程序编写

以工件上表面几何中心为编程原点，编程坐标系设置如图4-49所示。

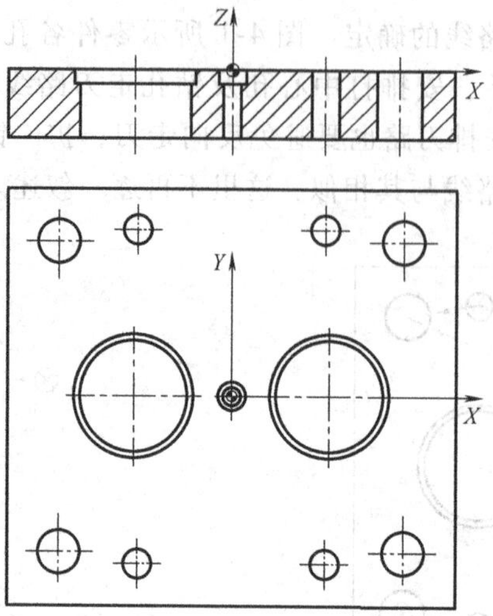

图4-49　零件编程坐标系

打中心孔、钻 ϕ7.9mm 孔的程序如下：

程　序	注　释
O0011;	打中心孔程序
G90 G17 G49 G40 G80 G21 G94;	
G54 G00 X-90.0 Y67.0;	
G43 Z100.0 H01;	
M03 S1270 M08;	
G99 G81 X-77.0 Y67.0 Z-1.0 R5.0 F100;	打第一排中心孔，深度1mm
X-42.0 Y72.5;	
X42.0;	
X77.0 Y67.0;	
G01 X-50.0 Y0;	直线移动到第二排孔的起点位置，以消除反向间隙
G99 G81 X-43.0 Y0 Z-1.0 R5.0 F100;	打第二排中心孔，深度1mm
X0;	
X43.0;	
G01 X-90.0 Y-67.0;	直线移动到第三排孔的起点位置，以消除反向间隙
G99 G81 X-77.0 Z-1.0 R5.0 F100;	打第三排中心孔，深度1mm
X-42.0 Y-72.5;	
X42.0;	
G98 X77.0 Y-67.0;	打最后一中心孔，打孔后返回初始平面
G80 M09;	
G91 G28 Z0.0;	
M30;	

注：钻 ϕ7.9mm 孔的程序与打中心孔程序基本一致，只需将G81指令替换为G83指令并配合使用工艺安排的切削用量即可。

铣 ϕ49.5mm 孔及铣 ϕ19.7mm 孔的程序如下：

程　　序	注　　释
O0013；	主程序
G90 G17 G49 G40 G80 G21 G94；	
G54 G00 X-38.0 Y0；	建立工件坐标系，并移动到铣削左方 ϕ49.5mm 孔的起点位置
G43 Z100.0 H03；	建立刀具长度补偿
M03 S1600 M08；	
G00 Z5.0；	
G01 Z0.5 F100；	下刀到 *Z*0.5mm 的位置
M98 P310021；	调用 O0021 子程序 31 次，铣削左方 ϕ50mm 孔至 ϕ49.5mm
G90 G01 Z5.0 F100；	
X48.0 Y0；	移动到铣削右方 ϕ49.5mm 孔的起点位置
G01 Z0.5；	下刀到 *Z*0.5mm 的位置
M98 P310021；	调用 O0021 子程序 31 次，铣削右方 ϕ50mm 孔至 ϕ49.5mm
G90 G01 Z5.0 F100；	
X-75.15 Y67.0；	移动到铣削左上方 ϕ19.7mm 孔的起点位置
G01 Z0.5；	下刀到 *Z*0.5mm 的位置
M98 P310022；	调用 O0022 子程序 31 次，铣削左上方 ϕ20mm 孔至 ϕ19.7mm
G90 G01 Z5.0 F100；	
X78.85 Y67.0；	移动到铣削右上方 ϕ19.7mm 孔的起点位置
G01 Z0.5；	下刀到 *Z*0.5mm 的位置
M98 P310022；	调用 O0022 子程序 31 次，铣削右上方 ϕ20mm 孔至 ϕ19.7mm
G90 G01 Z5.0 F100；	
X78.85 Y-67.0；	移动到铣削右下方 ϕ19.7mm 孔的起点位置
G01 Z0.5；	下刀到 *Z*0.5mm 的位置
M98 P310022；	调用 O0022 子程序 31 次，铣削右下方 ϕ20mm 孔至 ϕ19.7mm
G90 G01 Z5.0 F100；	
X-75.15 Y-67.0；	移动到铣削左下方 ϕ19.7mm 孔的起点位置
G01 Z0.5；	下刀到 *Z*0.5mm 的位置
M98 P310022；	调用 O0022 子程序 31 次，铣削左下方 ϕ20mm 孔至 ϕ19.7mm
G90 G01 Z5.0 F100；	
G91 G28 Z0.0；	
M30；	
O0021；	铣 ϕ49.5mm 孔的子程序

（续）

程　序	注　释
G91 G03 I-5.0 Z-1.0 F100;	螺旋下刀 1mm
G03 I-5.0 F250;	铣出 ϕ26mm 的圆形型腔
G01 X9.0;	
G03 I-14.0;	铣出 ϕ44mm 的圆形型腔
G01 X2.75;	
G03 I-16.75;	铣出 ϕ49.5mm 的圆形型腔
G01 X-11.75;	移动到下次螺旋下刀的起点位置
M99;	子程序结束
O0022;	铣 ϕ19.7mm 孔的子程序
G91 G03 I-1.85 Z-1.0 F100;	螺旋下刀 1mm
G03 I-1.85 F250;	铣出 ϕ19.7mm 的圆形型腔
M99;	子程序结束

铣 ϕ54mm 孔的程序如下：

程　序	注　释
O0014;	主程序
G90 G17 G49 G40 G80 G21 G94;	
G54 G00 X-24.5 Y0;	建立工件坐标系，并移动到铣削左方 ϕ54mm 孔的起点位置
G43 Z100.0 H03;	建立刀具长度补偿
M03 S1600 M08;	
G00 Z5.0;	
G01 Z1.0 F100;	下刀到 Z1.0 的位置
M98 P70023;	调用 O0023 子程序 7 次，铣削左方 ϕ54mm 孔
G90 G01 Z5.0 F100;	
X61.5 Y0;	移动到铣削右方 ϕ54mm 孔的起点位置
G01 Z1.0;	下刀到 Z1.0mm 的位置
M98 P70023;	调用 O0023 子程序 7 次，铣削右方 ϕ54mm 孔
G90 G01 Z5.0 F100;	
G91 G28 Z0.0;	
M30;	
O0023;	铣 ϕ54mm 孔的子程序
G91 G03 I-18.5 Z-1.0 F100;	螺旋下刀 1mm
G03 I-18.5 F250;	铣出 ϕ53mm 的圆形型腔
G01 X-18.5;	退回到孔中心位置
G41 X12.0 Y-15.0 D03;	建立刀具半径补偿

（续）

程　序	注　释
G03 X15.0 Y15.0 R15.0;	切线方向进刀到 ϕ54mm 孔的切削起点
G03 I-27;	铣出 ϕ54mm 的圆形型腔
G03 X-15.0 Y15.0 R15.0;	切线方向退刀
G40 G01 X-12.0 Y-15.0;	取消刀具半径补偿
G01 X18.5;	移动到下次螺旋下刀的起点位置
M99;	子程序结束

扩、铰 ϕ12mm 孔的程序如下：

程　序	注　释
O0015;	扩 ϕ12mm 孔至 ϕ11.9mm 的程序
G90 G17 G49 G40 G80 G21 G94;	
G54 G00 X-50.0 Y72.5;	
G43 Z100.0 H04;	
M03 S1200 M08;	
G99 G82 X-42.0 Y72.5 Z-32.0 R5.0 F120;	扩左上方 ϕ12mm 孔至 ϕ11.9mm
X42.0;	扩右上方 ϕ12mm 孔至 ϕ11.9mm
G01 X-50.0 Y-72.5 F150;	直线移动到左下方孔的起点位置，以消除反向间隙
G99 G82 X-42.0 Y-72.5 Z-32.0 R5.0 F120;	扩左下方 ϕ12mm 孔至 ϕ11.9mm
G98 X42.0;	扩右下方 ϕ12mm 孔至 ϕ11.9mm，并返回初始平面
G80 M09;	
G91 G28 Z0.0;	
M30;	

注：铰 ϕ12mm 孔程序与扩孔程序基本一致，只需将 G82 指令替换为 G85 指令并配合使用工艺安排的切削用量即可。

锪 ϕ12mm 孔的程序如下：

程　序	注　释
O0016;	锪 ϕ12mm 孔的程序
G90 G17 G49 G40 G80 G21 G94;	
G54 G00 X0 Y0;	
G43 Z100.0 H05;	
M03 S1300 M08;	
G98 G82 X0 Y0 Z-6.0 R5.0 P1000 F130;	锪零件中心 ϕ12mm 孔，并返回初始平面
G80 M09;	
G91 G28 Z0.0;	
M30;	

镗 ϕ50mm 孔的程序如下：

程　序	注　释
O0017;	镗 ϕ50mm 孔的程序
G90 G17 G49 G40 G80 G21 G94;	
G54 G00 X -50.0 Y0;	
G43 Z100.0 H09;	
M03 S410 M08;	
G99 G76 X -43.0 Y0 Z -31.0 R5.0 Q0.2 F15;	精镗左方 ϕ50mm 孔
G98 X43.0;	精镗右方 ϕ50mm 孔,并返回初始平面
G80 M09;	
G91 G28 Z0.0;	
M30;	

镗 ϕ20mm 孔的程序如下:

程　序	注　释
O0018;	镗 ϕ20mm 孔的程序
G90 G17 G49 G40 G80 G21 G94;	
G54 G00 X -90.0 Y67.0;	
G43 Z100.0 H08;	
M03 S1000 M08;	
G99 G76 X -77.0 Y67.0 Z -31.0 R5.0 Q0.2 F40;	精镗左上方 ϕ20mm 孔
X77.0;	精镗右上方 ϕ20mm 孔
G01 X -90.0 Y -67.0 F150;	直线移动到左下方孔的起点位置,以消除反向间隙
G99 G76 X - 77.0 Y - 67.0 Z - 31.0 R5.0 Q0.2 F40;	精镗左下方 ϕ20mm 孔
G98 X77.0;	精镗右下方 ϕ20mm 孔,并返回初始平面
G80 M09;	
G91 G28 Z0.0;	
M30;	

铰 ϕ8mm 孔的程序如下:

程　序	注　释
O0020;	铰 ϕ8mm 孔的程序
G90 G17 G49 G40 G80 G21 G94;	
G54 G00 X0 Y0;	
G43 Z100.0 H07;	
M03 S300 M08;	
G98 G85 X0 Y0 Z -33.0 R2.0 F30;	铰零件中心 ϕ8mm 孔,并返回初始平面
G80 M09;	
G91 G28 Z0.0;	
M30;	

4.3 孔加工实施

4.3.1 工件装夹与校正

1. 工件装夹

图 4-1 所示零件在普通铣床上铣削外形轮廓时采用平口钳装夹，装夹方法与模块 3 零件的装夹一致，这里不再叙述。

在数控铣床上加工孔时采用压板装夹。由于零件有多个通孔需要加工，刀具需贯穿零件，在压板装夹固定前，可在零件四条侧边的中心均垫上高低相等的垫板，以保证零件悬空。垫板的摆放方法如图 4-50 所示。垫板放好后，在左、右两侧垫板正上方用压板将零件压紧，具体装夹如图 4-51 所示。

图 4-50　摆放垫板

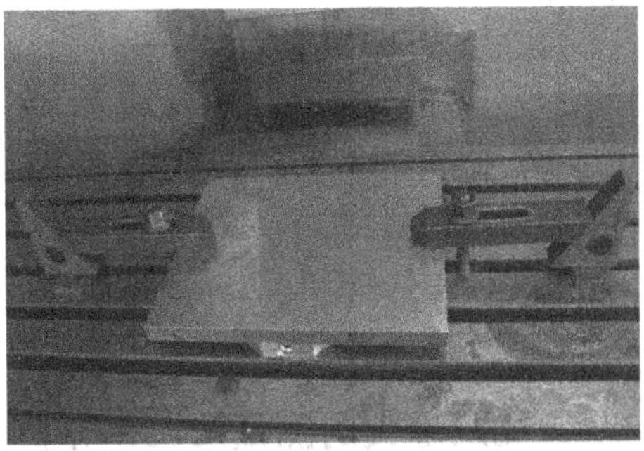

图 4-51　装夹的零件

2. 工件校正

在压紧过程中，为保证零件装夹没有发生各方向的倾斜，需要用百分表对零件表面进行打表找正。具体打表方法为

1）对零件上表面的 X 方向和 Y 方向进行打表找正，以保证零件的水平放置。具体方法如图 4-52 所示。

2）对零件侧边的 X 方向进行打表找正，以保证零件未发生前后方向的倾斜。具体方法如图 4-53 所示。

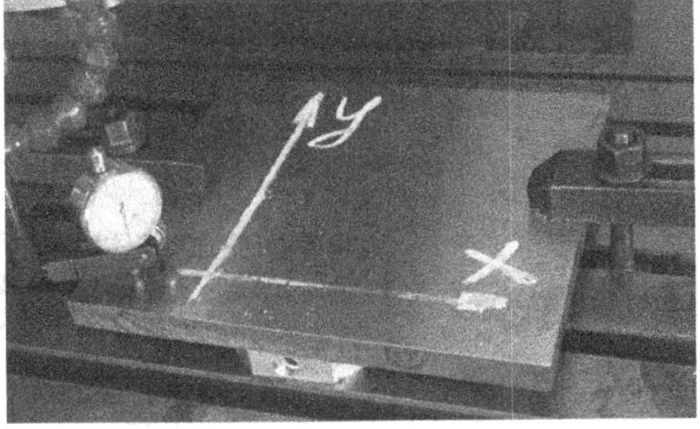

图 4-52　上表面打表找正

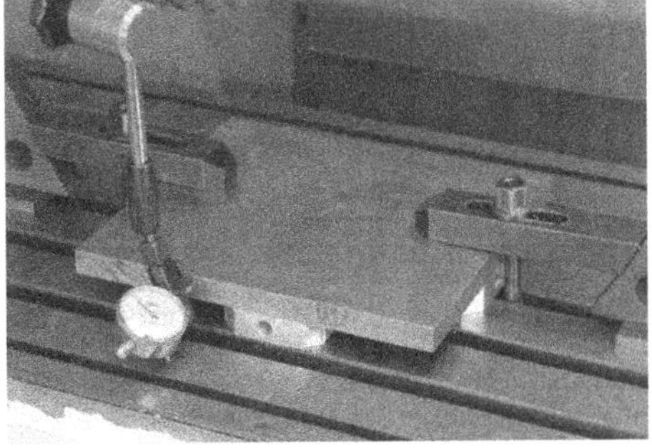

图 4-53　侧面打表找正

4.3.2 对刀与参数设置

由于该零件几何形状对称，编程原点选在了零件的上表面几何中心，所以对刀时采用分中法。该方法模块 1 中已具体介绍，这里不再重复。

4.3.3 加工过程控制

在零件的实际加工过程中，需要按本书模块 1 中讲述的相关安全要求进行加工，保证人身安全与设备安全，同时需要在加工过程中实时调整相关参数，以保证加工出合格的零件。该零件的仿真加工视频见二维码 4-13。

二维码 4-13

1. 孔距精度的控制

该零件上各孔的相互位置有精度要求，靠数控机床各坐标轴本身的定位精度便能够保证达到要求。

2. 各孔尺寸精度的控制

该零件上孔的尺寸精度要求较高，根据工艺安排在精加工时通过铰孔、镗孔等方法保证尺寸精度。需要注意：一是刀具在加工过程中的磨损，要随时注意检查刀具的磨损情况，由于在铰孔时使用的是定尺寸刀具，因此刀具磨损后会影响被加工孔的尺寸，当检查出刀具有磨损后应及时更换铰刀，并重新试加工及确定其加工结果是否正确；二是精镗孔时需要手工调节镗刀尺寸，需要注意调节方向及调节后进行锁紧固定。

4.3.4 孔及螺纹的测量及误差分析

1. 孔及螺纹的测量

（1）孔径的测量　当孔径尺寸精度要求较低时，可采用直尺、内卡钳或游标卡尺进行测量；当孔的精度要求较高时，可以用以下几种测量方法。

1）内卡钳测量。当孔口试切削或位置狭小时，使用内卡钳较方便灵活。当前使用的内卡钳已采用量表或数显方式来显示测量数据，如图 4-54 所示。采用这种内卡钳可以测出 IT7 ~ IT8 级精度。

2）塞规测量。塞规如图 4-55 所示，是一种专用量具，一端为通端，另一端为止端。使用塞规检测孔径时，当通端能进入孔内而止端不能进入孔内时，说明孔径合格，否则为不合格孔径。

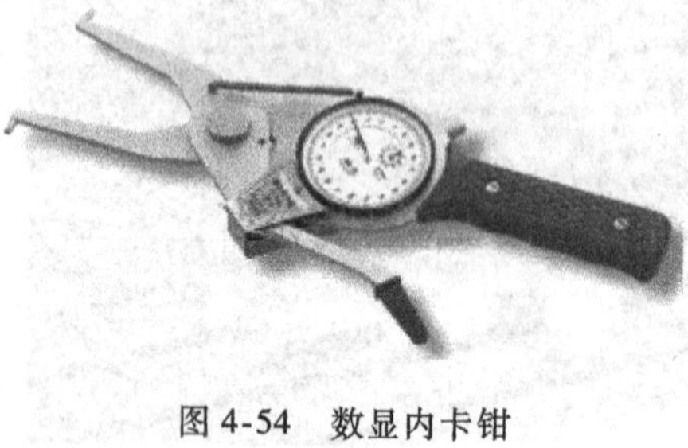

图 4-54　数显内卡钳

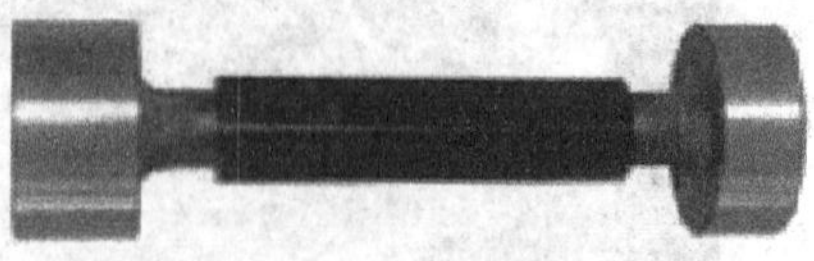

图 4-55　塞规

3）内径百分表测量。内径百分表如图 4-56 所示，测量内孔时，图中右端触头在孔内摆动，读出直径方向的最大读数即为内孔尺寸。内径百分表适用于深度较大的内孔测量。

4）内径千分尺测量。内径千分尺如图 4-57 所示，其测量方法和千分尺的测量方法相同，但其刻线方向和千分尺相反，测量时的旋转方向也相反。内径千分尺不适合测量深度较大的孔。

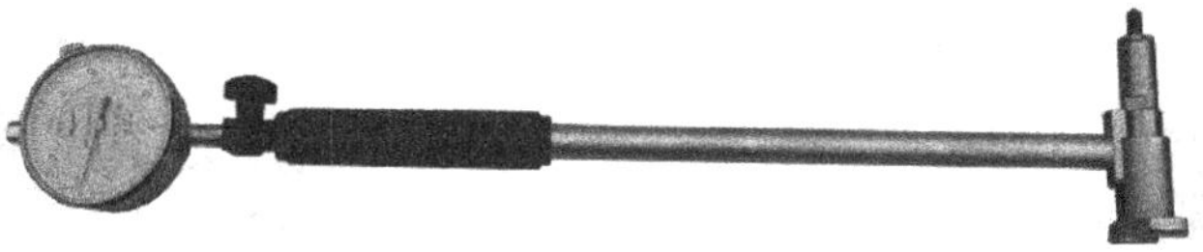

图 4-56　内径百分表

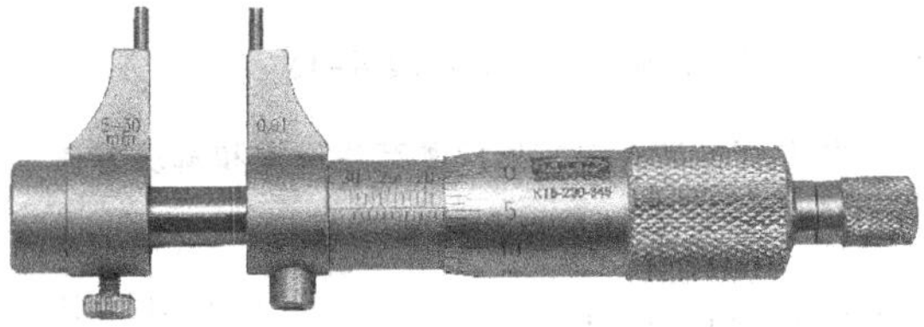

图 4-57　内径千分尺

5）三爪式内径千分尺测量。三爪式内径千分尺如图 4-58 所示，利用螺旋副原理，通过旋转塔形阿基米德螺旋体或移动锥体使三个测量爪做径向位移，使其与被测内孔接触，对内孔尺寸进行读数。其特点是测量精度高、示值稳定、使用简捷。

（2）孔距测量　测量孔距时，通常采用游标卡尺测量。精度较高的孔距也可采用内径千分尺和千分尺配合圆柱测量心轴进行测量。

（3）孔的其他精度测量　除了要进行孔径和孔距测量外，有时还要进行圆度、圆柱度等形状精度的测量以及径向圆跳动、轴向圆跳动、端面与孔轴线的垂直度等位置精度的测量。

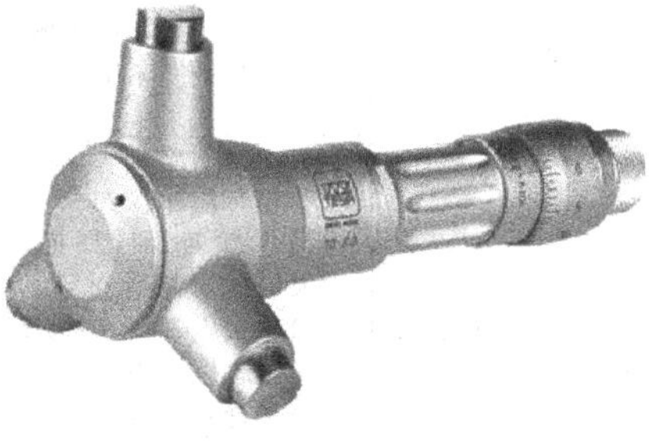

图 4-58　三爪式内径千分尺

（4）螺纹测量　螺纹的主要测量参数有螺距、大径、小径和中径尺寸。

1）大、小径的测量。外螺纹大径和内螺纹小径的公差一般较大，可用游标卡尺或千分尺测量。

2）螺距的测量。螺距一般可用钢直尺或螺距样板测量。由于普通螺纹的螺距一般较小，所以采用钢直尺测量时，最好测量 10 个螺距的长度，然后除以 10，就得出一个较正确的螺距尺寸。

3）中径的测量。对精度较高的普通螺纹，可用外螺纹千分尺直接测量（图 4-59），所测得的千分尺读数就是该螺纹中径的实际尺寸；也可用“三针”进行间接测量（三针测量法仅适用于外螺纹的测量），但需通过计算，才能得到中径尺寸。

4）综合测量。综合测量是指用螺纹塞规或螺纹环规（图 4-60）综合检查内、外普通螺纹是否合格。使用螺纹塞规和螺纹环规时，应按其对应的公差等级进行选择。

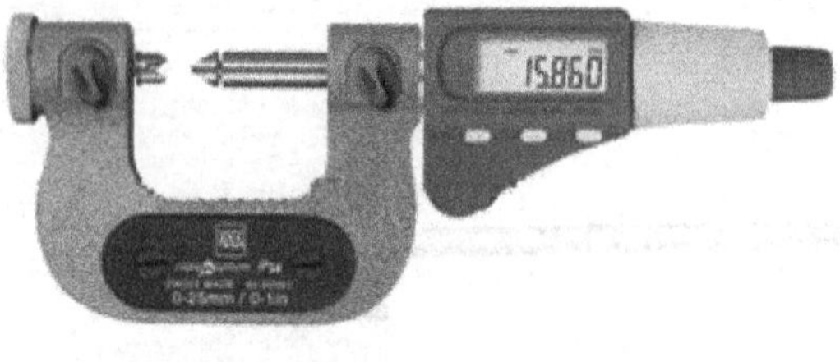

图 4-59　外螺纹千分尺

图 4-60　螺纹塞规与螺纹环规

2. 孔及螺纹的误差分析

1）钻孔中常见问题产生原因和解决方法见表 4-15。

表 4-15　钻孔中常见问题产生原因和解决方法

问题内容	产生原因	解决方法
孔径增大、误差大	1)钻头左、右切削刃不对称，摆差大 2)钻头横刃太长 3)钻头刃口崩刃 4)钻头刃带上有积屑瘤 5)钻头弯曲 6)进给量太大 7)钻床主轴摆差大或松动	1)刃磨时保证钻头左、右切削刃对称，将摆差控制在允许范围内 2)修磨横刃，减小横刃长度 3)及时发现崩刃情况，并更换钻头 4)将刃带上的积屑瘤用磨石修整至合格 5)校直或更换 6)降低进给量 7)及时调整和维修钻床
孔径小	1)钻头刃带已严重磨损 2)钻出的孔不圆	1)更换合格钻头 2)见本表中钻孔时产生振动或孔不圆问题的解决办法
钻孔时产生振动或孔不圆	1)钻头后角太大 2)无导向套或导向套与钻头配合间隙过大 3)钻头左、右切削刃不对称，摆差大 4)主轴轴承松动 5)工件夹紧不牢 6)工件表面不平整，有气孔、砂眼 7)工件内部有缺口、交叉孔	1)减小钻头的后角 2)钻杆伸出过长时必须有导向套，采用合适间隙的导向套或先钻中心孔再钻孔 3)刃磨时保证钻头左、右切削刃对称，将摆差控制在允许范围内 4)调整或更换轴承 5)改进夹具与定位装置 6)更换合格毛坯 7)改变工序顺序或改变工件结构
孔位超差，孔歪斜	1)钻头的钻尖已磨钝 2)钻头左、右切削刃不对称，摆差大 3)钻头横刃太长 4)钻头与导向套配合间隙过大 5)主轴与导向套轴线不同轴，主轴与工作台面不垂直 6)钻头在切削时振动 7)工件表面不平整，有气孔、砂眼 8)工件内部有缺口、交叉孔 9)导向套底端面与工件表面间的距离远，导向套长度短 10)工件夹紧不牢 11)工件表面倾斜 12)进给量不均匀	1)重磨钻头 2)刃磨时保证钻头左、右切削刃对称，将摆差控制在允许范围内 3)修磨横刃，减小横刃长度 4)采用合适间隙的导向套 5)校正机床夹具位置，检查钻床主轴的垂直度 6)先打中心孔再钻孔，采用导向套或改为工件回转的方式 7)更换合格毛坯 8)改变工序顺序或改变工件结构 9)加长导向套长度 10)改进夹具与定位装置 11)正确定位安装 12)使进给量均匀

（续）

问题内容	产生原因	解决方法
钻头折断	1）切削用量选择不当 2）钻头崩刃 3）钻头横刃太长 4）钻头已钝，刃带严重磨损呈正锥形 5）导向套底端面与工件表面间的距离太近，排屑困难 6）切削液供应不足 7）切屑堵塞钻头的螺旋槽，或切屑卷在钻头上，使切削液不能进入孔内 8）导向套磨损成倒锥形，退刀时，钻屑夹在钻头与导向套之间 9）快速行程终了位置距工件太近，快速行程转向工件进给时误差大 10）孔钻通时，由于进给阻力迅速下降而进给量突然增加 11）工件或夹具刚性不足，钻通时弹性恢复，使进给量突然增加 12）进给丝杠磨损，动力头重锤重量不足。动力液压缸反压力不足，当孔钻通时，动力头自动下落，使进给量增大 13）钻铸件时遇到缩孔 14）锥柄扁尾折断	1）减小进给量和切削速度 2）及时发现崩刃情况，当加工较硬的钢件时，后角要适当减小 3）修磨横刃，减小横刃长度 4）及时更换钻头，刃磨时将磨损部分全部磨掉 5）加大导向套与工件间的距离 6）切削液喷嘴对准加工孔口，加大切削液流量 7）减小切削速度、进给量；采用断屑措施；采用分级进给方式，使钻头退出数次 8）及时更换导向套 9）增加工作行程距离 10）修磨钻头顶角，尽可能降低钻孔轴向力；孔将要钻通时，改为手动进给，并控制进给量 11）减少机床、工件、夹具的弹性变形；改进夹具定位，增加工件、夹具刚性；增加二次进给过程 12）及时维修机床，增加动力头重锤重量；增加二次进给过程 13）对估计有缩孔的铸件要减少进给量 14）更换钻头，并注意擦净锥柄油污
钻头寿命低	1）同“钻头折断”一项中1）、3）、4）、5）、6）、7）中的产生原因 2）钻头切削部分几何形状与所加工的材料不适应 3）其他	1）同“钻头折断一项中”1）、3）、4）、5）、6）、7）中的解决方法 2）加工铜件时，钻头应选用较小后角，避免钻头自动钻入工件，使进给量突然增加；加工低碳钢时，可适当增大后角，以增加钻头寿命；加工较硬的钢材时，可采用双重钻头顶角，开分屑槽或修磨横刃等，以增加钻头寿命 3）改用新型适用高速钢（铝高速钢、钴高速钢）钻头或涂层刀具；消除加工件的夹砂、硬点等不正常情况
孔壁表面粗糙	1）钻头不锋利 2）后角太大 3）进给量太大 4）切削液供给不足，切削液性能差 5）切屑堵塞钻头的螺旋槽 6）夹具刚性不够 7）工件材料硬度过低	1）将钻头磨锋利 2）采用适当的后角 3）减小进给量 4）加大切削液流量，选择性能好的切削液 5）同“钻头折断”项中7）的解决方法 6）改进夹具 7）增加热处理工序，适当提高工件硬度

2）锪孔中常见问题产生原因和解决方法见表4-16。

表4-16　锪孔中常见问题产生原因和解决方法

问题内容	产生原因	解决方法
锥面、平面呈多角形	1）前角太大，有扎刀现象 2）锪削速度太高 3）选择切削液不当 4）工件或刀具装夹不牢固 5）锪钻切削刃不对称	1）减小前角 2）降低锪削速度 3）合理选择切削液 4）重新装夹工件和刀具 5）正确刃磨
平面呈凹凸形	锪钻切削刃与刀杆旋转轴线不垂直	正确刃磨和安装锪钻
表面粗糙度差	1）锪钻几何参数不合理 2）选用切削液不当 3）刀具磨损	1）正确刃磨 2）合理选择切削液 3）重新刃磨

3）铰孔的精度及误差分析见表4-17。

表4-17 铰孔的精度及误差分析

出现问题	产生原因
孔径扩大	1)铰孔中心与底孔中心不一致 2)进给量或铰削余量过大 3)切削速度太高,铰刀热膨胀 4)切削液选用不当或没加切削液
孔径缩小	铰刀磨损或铰刀已钝
孔呈多边形	1)铰削余量太大,铰刀振动 2)铰孔前钻孔不圆
表面粗糙度不符合要求	1)铰孔余量太大或太小 2)铰刀切削刃不锋利 3)切削液选用不当或没加切削液 4)切削速度过大,产生积屑瘤 5)孔加工固定循环选择不合理,进、退刀方式不合理 6)容屑槽内切屑堵塞

4）镗孔精度及误差分析见表4-18。

表4-18 镗孔精度及误差分析

出现问题	产生原因
表面粗糙度不符合要求	1)镗刀刀尖角或刀尖圆弧太小 2)进给量过大或切削液使用不当 3)工件装夹不牢固,加工过程中工件松动或振动 4)镗刀刀杆刚性差,加工过程中产生振动 5)精加工时采用不合适的镗孔固定循环指令 6)进、退刀时划伤工件表面
孔径超差或孔呈锥形	1)镗刀回转半径调整不当,与所加工孔直径不符 2)测量不正确 3)镗刀在加工过程中磨损 4)镗刀刚性不足,镗刀偏让 5)镗刀刀头锁紧不牢固
孔轴线与基准面不垂直	1)工件装夹与找正不正确 2)工件定位基准选择不当

5）攻螺纹误差分析见表4-19。

表4-19 攻螺纹误差分析

出现问题	产生原因
螺纹乱牙或滑牙	1)丝锥夹紧不牢固,造成乱牙 2)攻不通孔螺纹时,固定循环中的孔底平面选择过深 3)切屑堵塞,没有及时清理 4)固定循环程序选择不合理
丝锥折断	1)底孔直径太小 2)底孔中心与攻螺纹主轴中心不重合 3)攻螺纹夹头选择不合理,没有选择浮动夹头
尺寸不正确或螺纹不完整	1)丝锥磨损 2)底孔直径太大,造成螺纹不完整
表面粗糙度不符合要求	1)转速太快,导致进给速度太快 2)切削液选择不当或使用不合理 3)切屑堵塞,没有及时清理 4)丝锥磨损

企业点评

1. 固定板类零件是模具加工中较常见的孔类零件，除了本书所介绍的加工方法外，还可以采用多种其他方法进行加工。如扩通孔可采用扩孔钻削、铣削、镗削等方法，也可采用线切割方法进行；若数控机床的坐标插补精度能够达到孔的圆度要求，也可直接采用铣孔的方法进行精加工。

2. 采用可调镗刀进行粗、精镗孔时，需要按照要求对镗刀进行手工调节，一定要熟悉镗刀上的刻度与其加工尺寸的关系，避免调节错误而造成孔尺寸偏大，从而引起零件报废。

3. 在进行精镗孔时，一次镗孔后要及时测量孔的尺寸，测量时可采用三爪千分尺与游标卡尺配合测量的方法（先用游标卡尺粗略测量以获得孔的大致尺寸，再使用三爪千分尺测量出其较高精度的尺寸），这样可以避免单独用千分尺测量而造成的读数错误问题。

4. 精镗孔时的刀杆应尽量大、背吃刀量应选择合理，避免产生振颤、切屑二次切削而造成的孔壁粗糙或尺寸超差等问题。

5. 螺纹加工中的铣削螺纹方法与传统攻螺纹方法相比，可大大提高加工效率，且由于切削过程中产生的切削力小，可有效避免刀具折断，是一种较好的螺纹加工方法。

思考与练习

1. 编写图 4-61 所示零件的加工程序。

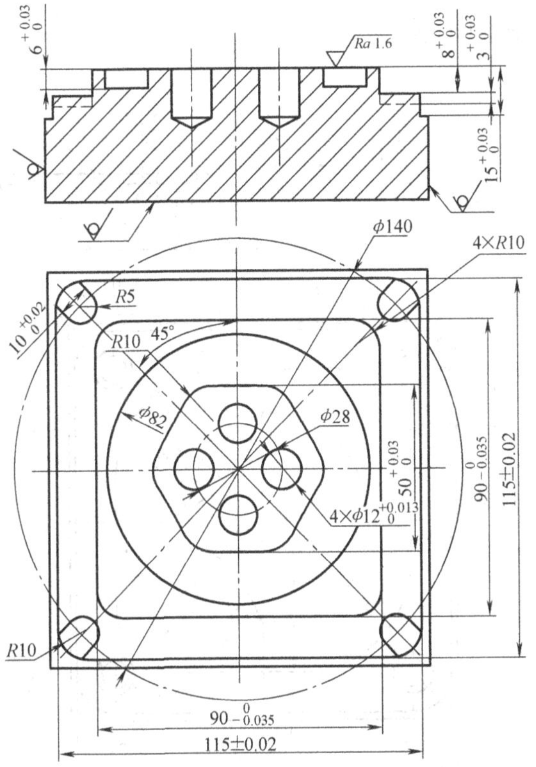

图 4-61 练习图 1

2. 编写图 4-62 所示零件的加工程序。

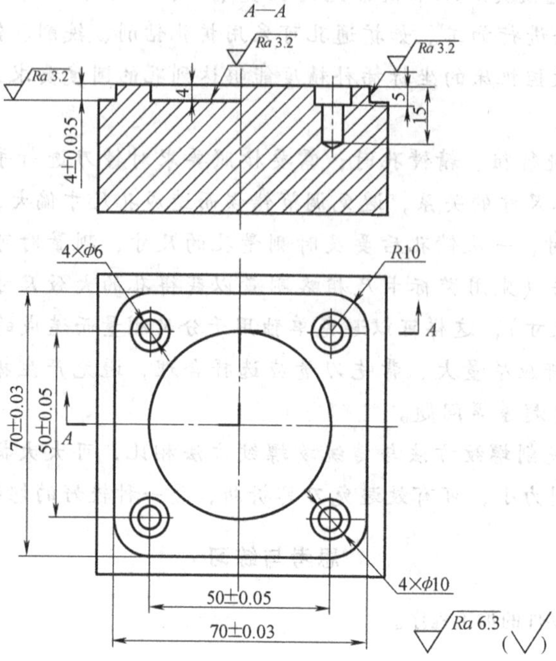

图 4-62　练习图 2

3. 编写图 4-63 所示零件的加工程序。

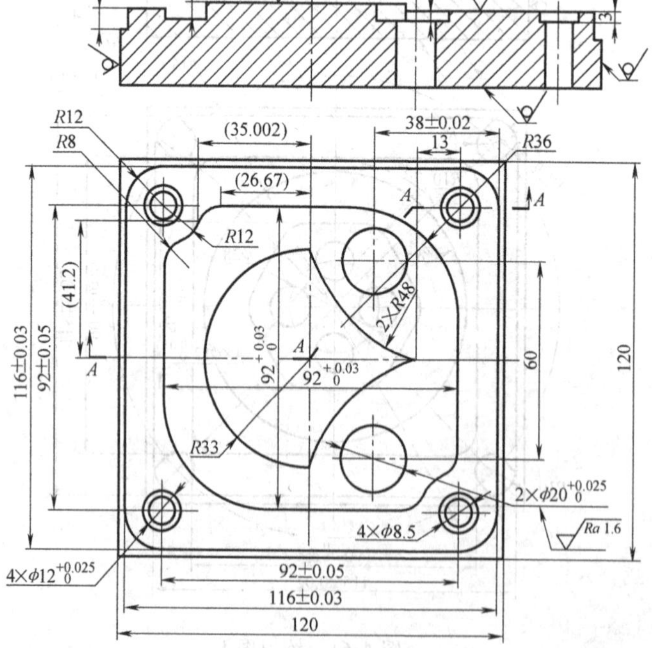

图 4-63　练习图 3

4. 编写图 4-64 所示零件的加工程序。

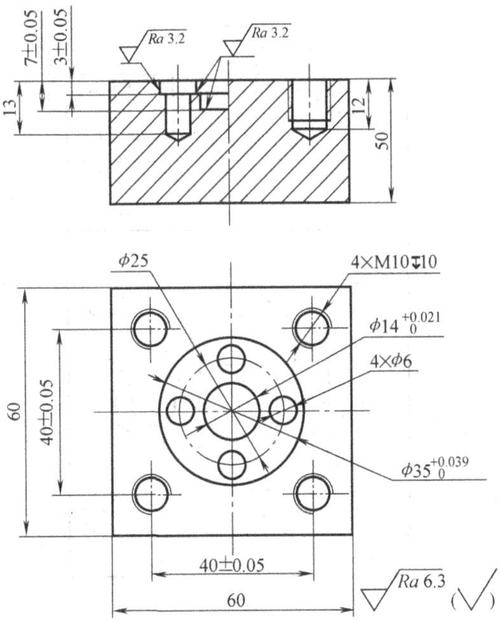

图 4-64　练习图 4

5. 编写图 4-65 所示零件的加工程序。

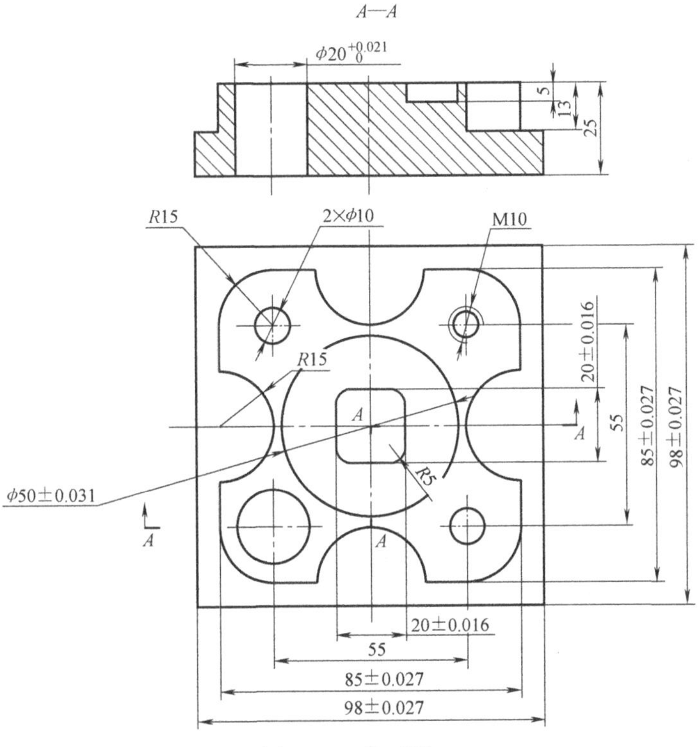

图 4-65　练习图 5

6. 编写图 4-66 所示零件的加工程序。

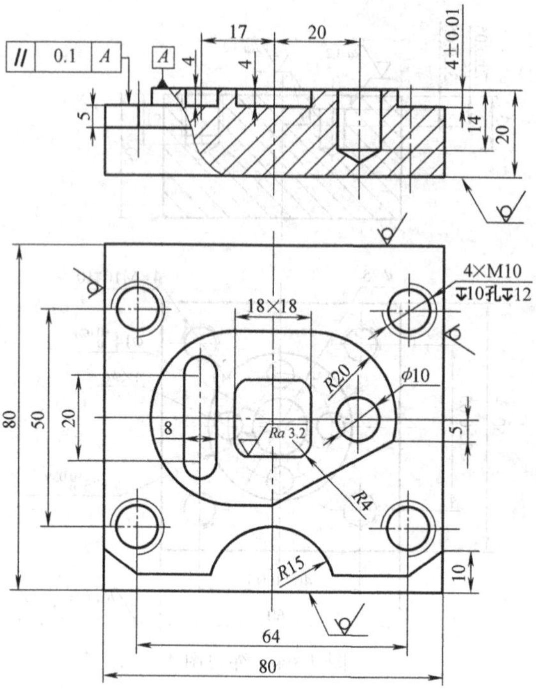

图 4-66　练习图 6

模块 5　特征类零件加工

任务描述

编写图 5-1 所示矩形槽板零件的加工程序（该零件为小批量生产，毛坯尺寸为120mm×100mm×25mm，材料为 45 钢）。

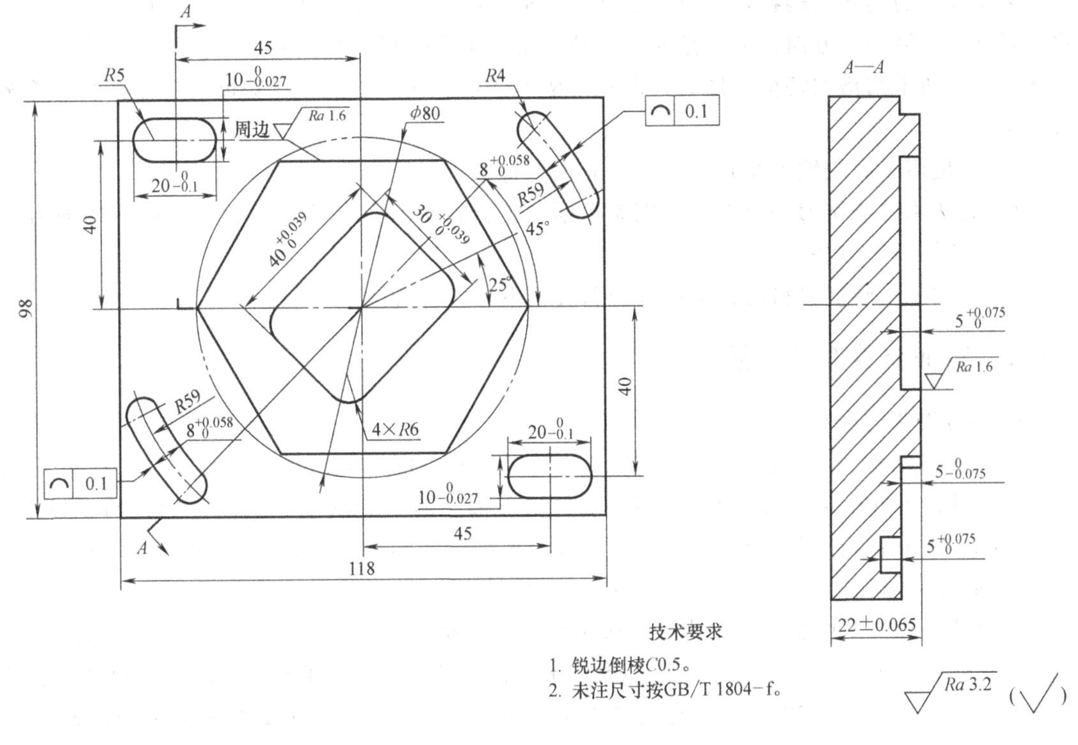

图 5-1　坐标变换编程任务图

知识与技能点

- 极坐标与局部坐标编程指令
- 比例缩放与坐标镜像编程指令
- 坐标系旋转编程指令
- 采用极坐标与局部坐标编程指令编写数控铣削加工程序
- 采用比例缩放与坐标镜像编程指令编写数控铣削加工程序
- 采用坐标系旋转编程指令编写数控铣削加工程序

5.1 特征类零件加工工艺

5.1.1 特征类零件加工工艺概述

特征类零件是指外形结构具有倾斜、相似、中心对称或轴对称等典型特征的机械零件。由于该类零件的结构存在旋转倾斜和局部重复等特征，在编写数控加工程序时，通过使用坐标变换指令，简化节点的坐标数值计算，简化具有重复结构特征的编程步骤，使编程过程简单化，可以减少人工编程的时间，从而提高工作效率。

在对特征类零件进行加工时，其具体的加工工艺方法是综合考虑内、外轮廓的加工工艺，根据零件的具体结构特征进行工艺划分。加工凸台类特征零件时，应在工件外选择合适的下刀点，并沿切线方向进刀，按照粗、精加工的工艺过程，控制好加工质量，完成凸台的最终加工。加工凹槽类特征零件时，需在凹槽内选择合适的下刀点，具体的进刀方法应遵循以下原则。

1）若使用平底立铣刀垂直下刀时，需预先打好落刀孔。

2）若使用键槽铣刀垂直下刀，则需根据加工材料选择合理的进给速度，避免切削力过大而产生“崩刀”现象。

3）在加工高硬度材料时，可以选择斜坡式下刀或螺旋线下刀。

5.1.2 特征类零件工艺制订

1. 零件图工艺分析

（1）零件结构特点及加工技术要求　从结构来看，图 5-1 所示零件属于外、内形轮廓综合类零件，主要由正六边形凸台、45°倾斜矩形槽、两个分别呈中心对称特征的 20mm × 10mm 平键型凸台和弧形槽组成，所有表面都需要加工。零件毛坯尺寸为 120mm × 100mm × 25mm，材料为 45 钢，切削加工性能较好，无热处理要求。

从公差来看，工件总厚度要求为 -0.065 ~ +0.065mm；正六边形凸台的周边侧面加工质量要求较高，表面粗糙度公差达到 *Ra*1.6μm，高度要求为 -0.075 ~ 0mm；45°倾斜矩形槽的尺寸公差为 0 ~ +0.039mm，深度要求为 0 ~ +0.075mm，侧面表面粗糙度要求较高，达到 *Ra*1.6μm；两个 20mm × 10mm 平键型凸台尺寸公差要求为长度方向 -0.1 ~ 0mm，宽度方向 -0.027 ~ 0mm，高度要求为 -0.075 ~ 0mm；两个弧形槽宽度要求为 0 ~ +0.058mm，弧形轮廓度要求为 0.1mm，深度要求为 0 ~ +0.075mm；未标注尺寸公差要求达到 IT11 级，表面粗糙度达到 *Ra*3.2μm。

（2）加工方法　该工件属于典型的铣削类零件，采用铣削—钳工两种加工方法，即可完成相应的加工项目内容，根据相关的技术要求，铣削时要分为粗、精两步。

2. 确定数控机床和数控系统

根据零件的结构及精度要求并结合现有的设备条件，选用配备 FANUC 0i 系统的 KV650 数控铣床进行加工。

3. 装夹方案的确定

根据对零件图的分析可知，该零件的加工需要多次装夹完成。经分析可知，首先应该完成毛坯零件的六面铣削，使其尺寸达到118mm×98mm×22mm，并满足相应的公差要求。完成这道工序后，再一次性装夹定位，找正后完成零件的正面部分加工，对各凸台、凹槽部分进行粗、精铣削，装夹示意图如图5-2所示。

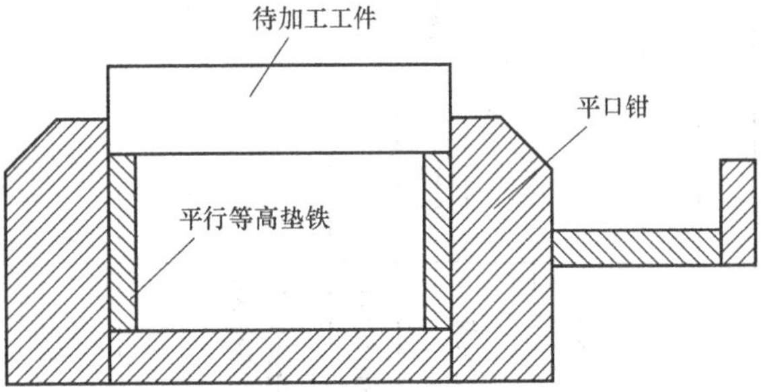

图5-2　工件装夹示意图

4. 工艺过程卡片制订

根据以上工艺分析，确定机械加工工艺过程，见表5-1。

5. 加工顺序的确定

关于备料、钳工和检验部分，此处不再赘述，下面只分析数控铣削加工部分的内容。

首先是六面铣削过程，具体加工工艺过程如下。

1）铣削图5-3所示的第①个平面。

2）铣削图5-3所示的第②个平面，保证与第①个面的垂直度要求。

3）铣削图5-3所示的第③个平面，保证宽度尺寸公差及与第①个面的垂直度要求。

4）铣削图5-3所示的第④个面，保证厚度尺寸公差及与第①个面的平行度要求。

5）铣削图5-3所示的第⑤个面，保证与第①个面的垂直度要求。

6）铣削图5-3所示的第⑥个面，保证长度尺寸公差及与第⑤个面的平行度要求。

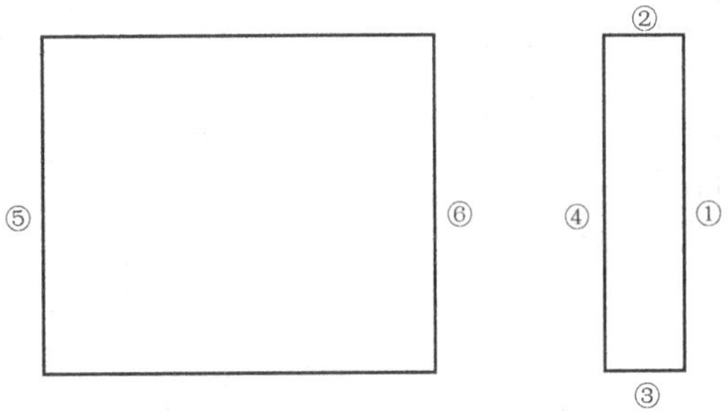

图5-3　六面铣削顺序图

然后是正面部分各凸台、凹槽的铣削加工。在一次性定位装夹后，依照“基面先行、先面后孔 、先粗后精”的加工工艺原则，确定如下加工顺序。

1）单边预留0.1mm、深度预留0.1mm的余量，选用ϕ12mm立铣刀粗加工正六边形凸台，并检测相关尺寸。

2）根据尺寸检测结果，修改刀具半径补偿值和深度方向的精加工余量，选用ϕ12mm立铣刀完成正六边形凸台的精加工。

3）单边预留0.1mm、深度预留0.1mm的余量，选用ϕ12mm立铣刀粗加工两个呈中心对称特征的20mm×10mm平键型凸台，去除凸台周边的残余量，并检测凸台相关尺寸。

4）根据尺寸检测结果，修改刀具半径补偿值和深度方向的精加工余量，选用ϕ12mm立铣刀完成两个呈中心对称特征的平键型凸台的精加工。

5）单边预留0.1mm、深度预留0.1mm的余量，选用ϕ10mm键槽铣刀粗加工45°倾斜矩形槽，去除45°倾斜矩形槽内的残余量，并检测尺寸。

表 5-1　机械工艺过程卡

（工厂）	机械工艺过程卡			产品型号		零件图号					
				产品名称		零件名称	矩形槽板	共 1 页		第 1 页	
材料牌号	45 钢	毛坯种类	板材	毛坯外形尺寸	120mm × 100mm × 25mm	每毛坯可制件数	1	每台件数	1	备注	

	工序号	工序名称	工序内容	车间	工段	设备	工艺装备	工时/min 准终	工时/min 单件
	1	备料	备 120mm × 100mm × 25mm 坯料	普加车间		锯床	自动液压平口钳		
	2	数控铣削	六面铣削，完成加工图样要求 各凸台与凹槽的粗、精加工，完成加工图样要求	数控车间		数控铣床	手动精密平口钳、平行等高垫铁		
	3	钳工	去毛刺	数控车间		锉刀			
	4	检验		数控车间					
描图									
描校									
底图号									
装订号									

										设计（日期）	审核（日期）会签	标准化（日期）	会签（日期）
标记	处数	更改文件号	签字	日期	标记	处数	更改文件号	签字	日期				

6）根据尺寸检测结果，修改刀具半径补偿值和深度方向的精加工余量，选用 ϕ10mm 键槽铣刀完成45°倾斜矩形槽的精加工。

7）单边预留0.1mm、深度预留0.1mm的余量，选用 ϕ6mm 键槽铣刀粗加工两个呈中心对称特征的弧形槽，并检测尺寸。

8）根据尺寸检测结果，修改刀具半径补偿值和深度方向的精加工余量，选用 ϕ6mm 键槽铣刀完成两个呈中心对称特征的弧形槽的精加工。

6. 刀具、量具的确定

1）对于各凸台的加工，尽可能地选择直径大一些的立铣刀，但必须确保刀具能顺利通过正六边形凸台和平键型凸台之间的部分，避免产生过切现象。

2）对于各凹槽的加工，因加工深度只有5mm，为了省去打落刀孔的工艺过程，可以选择直径大一些的键槽铣刀进行分层加工，但应确保刀具尺寸小于各凹圆弧的半径。

3）对于粗、精加工的区分，为了减少换刀时间和刀具磨耗参数的误差，可以选择同一把刀完成同一个轮廓的粗、精加工过程。

结合图中各尺寸大小及加工要求，选择的刀具清单见表5-2。

表5-2 刀具卡片

产品名称或代号			零件名称	矩形槽板	零件图号		备注
工步号	刀具号	刀具名称	刀具			刀具材料	
			直径/mm	长度/mm			
1	T01	面铣刀	ϕ125			硬质合金	
2	T02	平底立铣刀	ϕ12			硬质合金	
3	T03	平底键槽铣刀	ϕ10			硬质合金	
4	T04	平底键槽铣刀	ϕ6			硬质合金	
编　制		审　核		批　准		共1页	第1页

关于量具部分的选择，应满足量具的精度等级不小于各公差要求精度，根据加工要求，配备的量具清单见表5-3。

表5-3 量具卡片

产品名称或代号		零件名称	矩形槽板	零件图号		
序号	量具名称		量具规格	精度		数量
1	游标卡尺		0～150mm	0.02mm		1把
2	外径千分尺		0～25mm	0.01mm		1把
3	带磁性表座的杠杆百分表		0～0.8mm	0.01mm		1个
4	深度千分尺		0～25mm	0.01mm		1把
5	半径样板		R1mm～R6.5mm、R63mm			1套
6	表面粗糙度样板		组合式			1组
编　制		审　核		批　准		共　页　第　页

7. 拟订数控铣削加工工序卡片

根据以上分析，制订工序卡片见表5-4。

表 5-4　工序卡片

（工厂）	数控加工工序卡	产品型号		零件图号			
		产品名称		零件名称	矩形槽板	共　2　页	第　1　页
		车间	工序号	工序名称	材料牌号		
		数控车间	2	数控铣销	45 钢		
		毛坯种类	毛坯外形尺寸	每毛坯可制件数		每台件数	
		板材	120mm × 100mm × 25mm	1			
		设备名称	设备型号	设备编号		同时加工件数	
		数控铣床	KV650				
		夹具编号		夹具名称		切削液	
				手动精密平口钳			
		工位器具编号		工位器具名称		工序工时/min	
						准终	单件

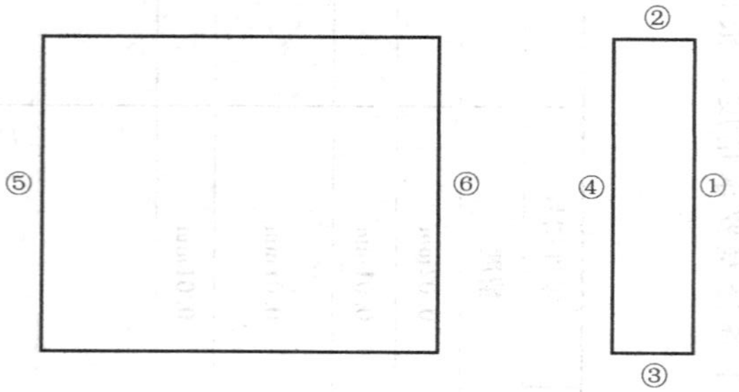

工步号	工步名称	工艺装备	主轴转速 /(r/min)	切削速度 /(m/min)	进给量 /(mm/min)	背吃刀量 /mm	进给次数	工时 机动	工时 单件
1	铣削第①面，达到表面粗糙度要求 $Ra3.2\mu m$	平口钳、平行垫铁	1500		500	0.5 ~ 1	1		
2	铣削第②面，达到表面粗糙度要求 $Ra3.2\mu m$	平口钳、平行垫铁	1500		500	0.5 ~ 1	1		
3	铣削第③面，尺寸至 98mm，表面粗糙度达到 $Ra3.2\mu m$	平口钳、平行垫铁	1500		500	0.5 ~ 1	3		
4	铣削第④面，尺寸至 22mm，表面粗糙度达到 $Ra3.2\mu m$	平口钳、平行垫铁	1500		500	0.5 ~ 1	3		
5	铣削第⑤面，达到表面粗糙度要求 $Ra3.2\mu m$	平口钳、平行垫铁	1500		500	0.5 ~ 1	1		
6	铣削第⑥面，尺寸至 118mm，表面粗糙度达到 $Ra3.2\mu m$	平口钳、平行垫铁	1500		500	0.5 ~ 1	3		

描图													
描校													
底图号													
装订号										设计（日期）	审核（日期）	标准化（日期）	会签（日期）
	标记	处数	更改文件号	签字	日期	标记	处数	更改文件号	签字	日期			

（续）

（工厂）	数控加工工序卡	产品型号		零件图号		
		产品名称		零件名称	矩形槽板	共 2 页 / 第 2 页
		车间	工序号	工序名称	材料牌号	
		数控车间	2	数控铣销	45 钢	

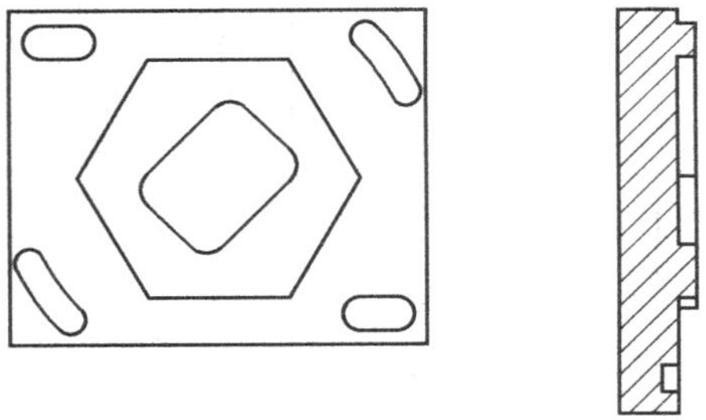

毛坯种类	毛坯外形尺寸	每毛坯可制件数	每台件数
板材	120mm×100mm×25mm	1	
设备名称	设备型号	设备编号	同时加工件数
数控铣床	KV650		
夹具编号		夹具名称	切削液
		手动精密平口钳	
工位器具编号		工位器具名称	工序工时/min（准终 / 单件）

工步号	工步名称	工艺装备	主轴转速/(r/min)	切削速度/(m/min)	进给量/(mm/min)	背吃刀量/mm	进给次数	工时 机动	工时 单件
7	单边预留 0.1mm，深度预留 0.1mm 的加工余量，粗加工正六边形凸台	平口钳、平行垫铁	2000		500	2.5	2		
8	精加工正六边形凸台，达到各尺寸公差及表面粗糙度要求	平口钳、平行垫铁	2500		300	5	1		
9	单边预留 0.1mm，深度预留 0.1mm 的加工余量，粗加工两个平键型凸台	平口钳、平行垫铁	2000		400	2.5	2		
10	精加工两个平键型凸台，达到各尺寸公差及表面粗糙度要求	平口钳、平行垫铁	2500		300	5	1		
11	单边预留 0.1mm，深度预留 0.1mm 的余量，粗加工 45°倾斜矩形槽	平口钳、平行垫铁	2500		300	2.5	2		
12	精加工 45°倾斜矩形槽，达到各尺寸公差及表面粗糙度要求	平口钳、平行垫铁	2800		200	5	1		
13	单边预留 0.1mm，深度预留 0.1mm 的余量，粗加工两个呈中心对称特征的弧形槽	平口钳、平行垫铁	2800		200	1.7	3		
14	精加工两个弧形槽，达到各尺寸公差及表面粗糙度要求	平口钳、平行垫铁	3000		150	5	1		

描图

描校

底图号

装订号

									设计（日期）	审核（日期）	标准化（日期）	会签（日期）
标记	处数	更改文件号	签字	日期	标记	处数	更改文件号	签字	日期			

5.2 特征类零件编程

5.2.1 极坐标与局部坐标编程

1. 极坐标编程

(1) 极坐标指令

1) 极坐标系生效指令：G16；

2) 极坐标系取消指令：G15；

(2) 指令说明　当使用极坐标指令后，坐标值以极坐标方式指定，即以极坐标半径和极坐标角度来确定点的位置。

① 极坐标半径。当使用G17、G18、G19指令选择好加工平面后，用所选平面的第一轴坐标地址来指定，该值用非负数值表示。

② 极坐标角度。用所选平面的第二轴坐标地址来指定极坐标角度，极坐标的零度方向为第一坐标轴的正方向，逆时针方向为角度方向的正向，顺时针方向为角度方向的负向。

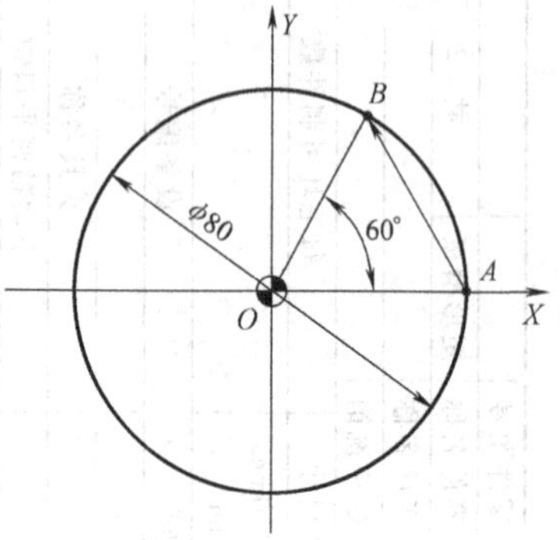

图5-4　点的极坐标表示方法

[例5-1]　如图5-4所示，在*XY*（G17）加工平面内，*A*、*B*两点采用极坐标方式，可描述为

A：X40.0　Y0；　　　（极坐标半径为40mm，极坐标角度为0°）

B：X40.0　Y60.0；　　（极坐标半径为40mm，极坐标角度为60°）

刀具从*A*点到*B*点采用极坐标系编程如下：

程　序	注　释
……	
G00 X50.0 Y0.0；	快速定位至起刀点
G90 G17 G16；	选择*XY*平面，极坐标生效
G01 X40.0 Y60.0；	终点极坐标半径为40，极坐标角度为60°
G15；	取消极坐标
……	

(3) 极坐标系原点　极坐标系原点指定方式有两种，一种是以工件坐标系的零点作为极坐标系原点；另一种是以刀具当前的位置作为极坐标系原点。

① 以工件坐标系零点作为极坐标系原点。当以工件坐标系零点作为极坐标系原点时，用绝对值编程方式来指定，如程序段“G90 G17 G16;”。

极坐标半径值是指程序段终点坐标到工件坐标系原点的距离，极坐标角度是指程序段终点坐标与工件坐标系原点的连线与*X*轴的夹角，如图5-5所示。

② 以刀具当前点作为极坐标系原点。当以刀具当前位置作为极坐标系原点时，用增量值编程方式来指定，如程序段“G91 G17 G16;”。

极坐标半径值是指程序段终点坐标到刀具当前位置的距离，角度值是指前一坐标系原点和当前极坐标系原点的连线与当前轨迹的夹角。

如图 5-6 所示，当前刀具位于 *A* 点，并以刀具当前点作为极坐标系原点时，极坐标系之前的坐标系为工件坐标系，原点为 *O* 点。这时，极坐标半径为当前工件坐标系原点到轨迹终点的距离（*AB* 线段的长度）；极坐标角度为前一坐标原点 *O* 和当前极坐标系原点 *A* 的连线与当前轨迹线 *AB* 的夹角（即线段 *OA* 与线段 *AB* 的夹角）。图中 *BC* 段编程时，*B* 点为当前极坐标系原点，角度与半径的确定与 *AB* 段类似。

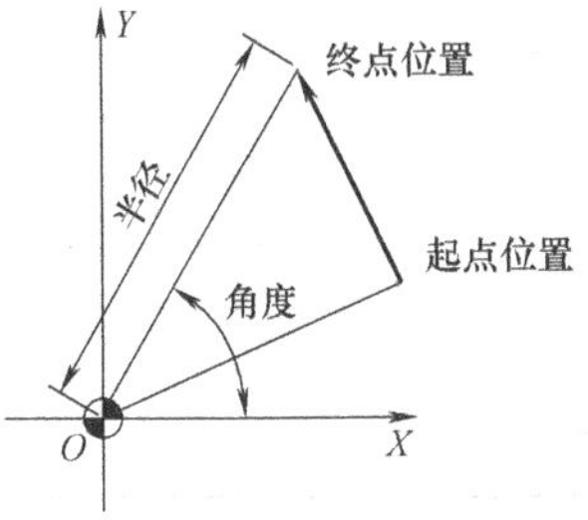

图 5-5　以工件坐标系原点作为极坐标系原点

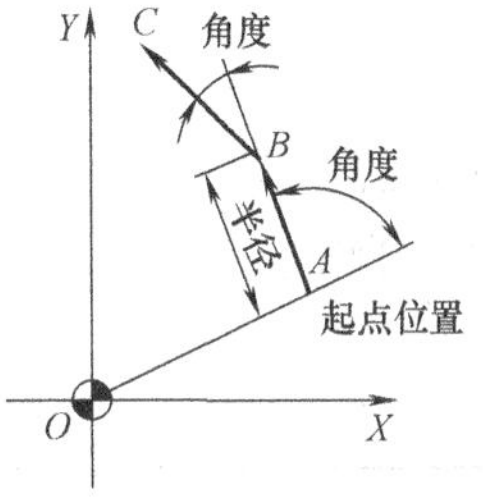

图 5-6　以刀具当前点作为极坐标系原点

（4）极坐标的应用与编程实例　采用极坐标系编程，有时可大大减少编程时计算的工作量。因此，在数控铣床加工中心的编程中得到广泛应用。通常情况下，图样尺寸以半径与角度形式标注的零件（如图 5-7 所示正多边形零件）以及圆周分布的孔类零件（如图 5-8 所示法兰类零件），采用极坐标系编程较为合适。

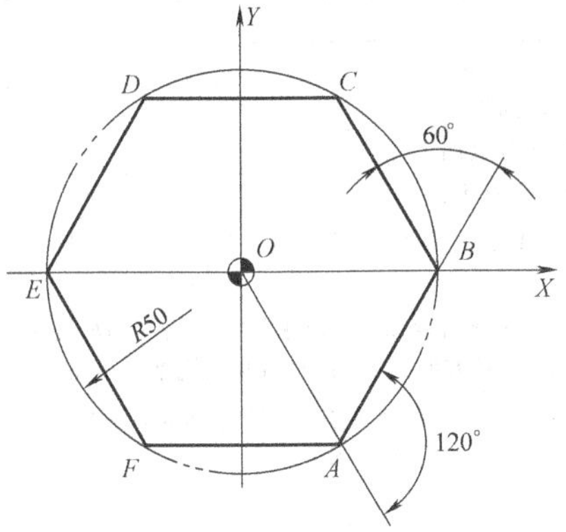

图 5-7　用极坐编程加工正多边形零件

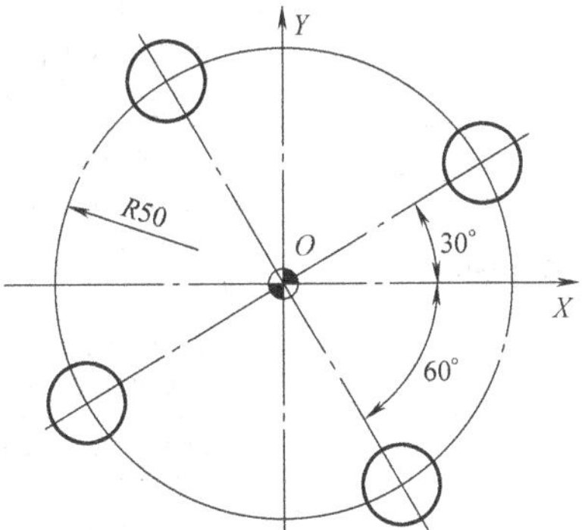

图 5-8　用极坐标编程加工孔

二维码 5-1

［例 5-2］　试用极坐标编程方式编写如图 5-7 所示的正六边形零件铣削的刀具轨迹，*Z* 向切削深度为 2 mm。仿真加工视频见二维码 5-1。

程　序	注　释
O0001;	程序号
G90 G80 G40 G21 G17 G15 G94;	指令初始化
G54 G00 X50.0 Y-50.0;	选择 G54 工件坐标系，刀具快速定位于 A 点的右下方处
G43 Z100.0 H01;	建立刀具长度正补偿
M03 S800;	开启主轴正转，速度为 800r/min
G00 Z5.0;	快速定位至工件表面 5mm 高处
G01 Z-2.0 F100;	以 100mm/min 进给速度下刀至加工深度

（续）

程　序	注　释
G90 G17 G16;	设定工件坐标系原点为极坐标系原点
G41 G01 X50.0 Y-60.0 D01;	建立刀具半径左补偿至 A 点(极坐标半径为 50.0mm,极坐标角度为 -60°)
G01 X50.0 Y240.0;	铣削到 F 点
Y180.0;	铣削到 E 点
Y120.0;	铣削到 D 点
Y60.0;	铣削到 C 点
Y0.0;	铣削到 B 点
X50.0 Y-60.0;	铣削返回到 A 点
G15;	取消极坐标编程
G40 G01 X25.0 Y-60.0;	取消刀具半径补偿,刀具退刀至 A 点下方
G01 Z10.0 F500;	以 500mm/min 进给速度抬刀
G00 Z100.0;	快速抬刀
M05;	主轴停转
M30;	程序结束

本例中，轮廓的角度也可采用增量方式编程。但应注意，此时的增量坐标编程仅为角度增量，而不是指以刀具当前点作为极坐标系原点进行编程。上述程序若采用 G91 增量方式编程，以刀具当前点作为极坐标系原点，则其编程如下：

程　序	注　释
O0002;	程序号
G90 G15 G80 G40 G21 G17 G94;	指令初始化
G54 G00 X50.0 Y-50.0;	选择 G54 工件坐标系,刀具快速定位于 A 点的右下方处
G43 Z100.0 H01;	建立刀具长度正补偿
M03 S800;	开启主轴正转,速度为 800r/min
G00 Z5.0;	快速定位至工件表面 5mm 高处
G01 Z-2.0 F100;	以 100mm/min 进给速度下刀至加工深度
G90 G17 G16;	设定工件坐标系原点为极坐标系原点
G41 G01 X50.0 Y-60.0 D01;	建立刀具半径左补偿至 A 点(极坐标半径为 50.0mm,极坐标角度为 -60°)
G91 X50.0 Y-120.0;	相对坐标编程,此时 A 点为极坐标系原点,极坐标半径等于 AF 长为 50mm,极坐标角度为 OA 方向与 AF 方向的夹角为 -120°,铣削到 F 点
X50.0 Y-60.0;	此时 F 点为极坐标系原点,极坐标半径等于 FE 长为 50mm,极坐标角度为 AF 方向与 FE 方向的夹角为 -60°,铣削到 E 点
X50.0 Y-60.0;	铣削到 D 点
X50.0 Y-60.0;	铣削到 C 点
X50.0 Y-60.0;	铣削到 B 点
X50.0 Y-60.0;	铣削返回到 A 点
G15;	取消极坐标编程
G40 G90 G01 X25.0 Y-60.0;	取消刀具半径补偿,刀具退刀至 A 点下方
Z10.0 F500;	以 500mm/min 进给速度抬刀
G00 Z100.0;	快速抬刀
M05;	主轴停转
M30;	程序结束

注意：当以刀具当前点作为极坐标系原点进行编程时，情况较为复杂，不宜采用刀具半径补偿进行编程。

［例 5-3］ 用极坐标系编程方式编写如图 5-8 所示孔的加工程序，孔加工深度为 20mm。

程　　序		注　　释
O0003;		程序号
……		
G90 G17 G16;		设定工件坐标系原点为极坐标系原点
G83 X50.0 Y30.0 Z-20.0 Q3.0 R5.0 F100;		钻第一象限孔
Y120.0;	或:G91 Y90.0;	钻第二象限孔
Y210.0;	Y90.0;	钻第三象限孔
Y300.0;	Y90.0;	钻第四象限孔
G15 G80;		取消极坐标和固定循环
……		

2. 局部坐标系编程

在数控编程中，为了方便编程，有时要给程序选择一个新的参考基准，通常是将工件坐标系偏移一段距离。在 FANUC 系统中，通过指令 G52 来实现。

（1）指令格式

1）设定局部坐标系：G52 X__ Y__ Z__;

2）取消局部坐标系：G52 X0 Y0 Z0;

（2）指令说明

1）G52——设定局部坐标系。该坐标系的参考基准是当前设定的有效工件坐标系原点，即使用 G54～G59 设定的工件坐标系。

2）X、Y、Z——局部坐标系的原点在原工件坐标系中的位置。该值用绝对坐标值指定。

3）当 X、Y、Z 坐标值取零时，表示取消局部坐标，其实质是将局部坐标系仍设定在原工件坐标系原点处。

[例 5-4] G54;

G52 X20.0 Y10.0;

表示在 G54 指令工件坐标系中设定一个新的工件坐标系，该坐标系位于原工件坐标系 *XY* 平面的（20.0，10.0）位置，如图 5-9 所示。

（3）编程实例

[例 5-5] 试用局部坐标系及子程序调用指令来编写图 5-10 所示工件的加工程序，该外形轮廓的加工子程序为 O200。仿真加工视频见二维码 5-2。

程　　序	注　　释
O0010;	程序号
G90 G80 G40 G21 G17 G94;	指令初始化
……	
M03 S800;	开启主轴正转，速度为 800r/min
G00 X0.0 Y-20.0;	将刀具移至 O 点正下方
M98 P200;	在 G54 坐标系中，调用 200 号子程序加工第一个轮廓
G52 X40.0 Y25.0;	设定局部坐标系，局部坐标系原点为 O_1
G00 X0.0 Y-20.0;	将刀具移至 O_1 点正下方
M98 P200;	在局部坐标系中，继续调用 200 号子程序加工第二个相同轮廓
G52 X0.0 Y0.0;	取消局部坐标系
……	

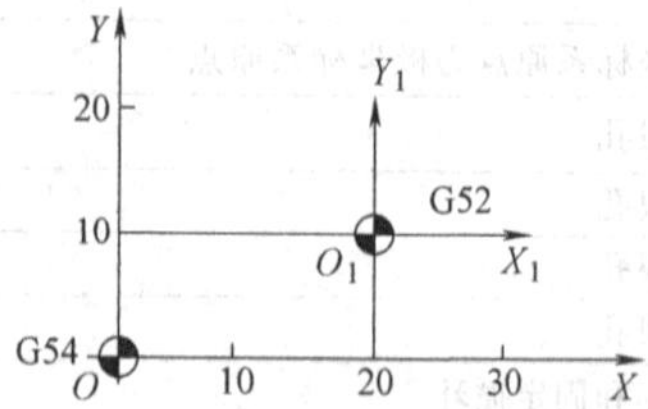

图 5-9　设定局部坐标系

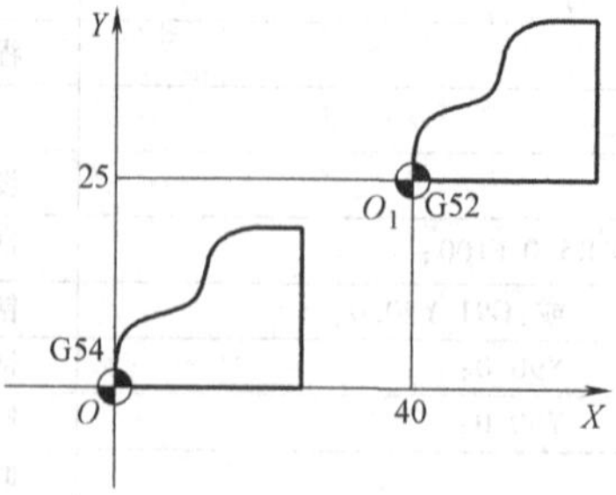

图 5-10　局部坐标系编程实例

二维码 5-2

5.2.2　比例缩放与坐标镜像编程

1. 比例缩放

在数控编程中，有时在对应坐标轴上的值是按固定的比例系数进行放大或缩小的，这时，为了编程方便，可采用比例缩放指令来进行编程。

（1）指令格式

1）设置比例缩放指令格式一：

G51 X __ Y __ Z __ P __;

其中　G51——比例缩放生效；

X、Y、Z——比例缩放中心的绝对坐标值；

P——缩放比例系数，不能用小数点指定该值，“P2000”表示缩放比例为 2 倍。

［例 5-6］　G51 X10. 0 Y20. 0 P1500;

该程序段只有 X、Y，没有 Z，表示在 *X*、*Y* 轴上进行比例缩放，而在 *Z* 轴上不进行比例缩放。所以，此程序表示在 *X*、*Y* 轴上进行比例缩放，缩放中心在坐标（10. 0，20. 0）处，缩放比例为 1. 5 倍。

如果省略了 *X*、*Y*、*Z*，则 G51 指定刀具的当前位置作为缩放中心。

2）设置比例缩放指令格式二：

G51 X __ Y __ Z __ I __ J __ K __;

其中　X、Y、Z——比例缩放中心的绝对坐标值；

I、J、K——分别用于指定 *X*、*Y*、*Z* 轴方向上的缩放比例。I、J、K 可以指定不相等的参数，表示该指令允许沿不同的坐标方向进行不等比例缩放。

［例 5-7］　G51 X10. 0 Y20. 0 Z0 I1. 5 J2. 0 K1. 0;

表示以坐标点（10，20，0）为中心进行比例缩放，在 *X* 轴方向的缩放倍数为 1. 5 倍，在 *Y* 轴方向上的缩放倍数为 2 倍，在 *Z* 轴方向则保持原比例不变。

3）取消缩放指令：G50;

（2）比例缩放编程实例

［例 5-8］　如图 5-11 所示，将外轮廓轨迹 *ABCDE* 以原点为中心在 *XY* 平面内进行等比例缩放，缩放比例为 2. 0 倍，编写加工程序。仿真加工视频见二维码 5-3。

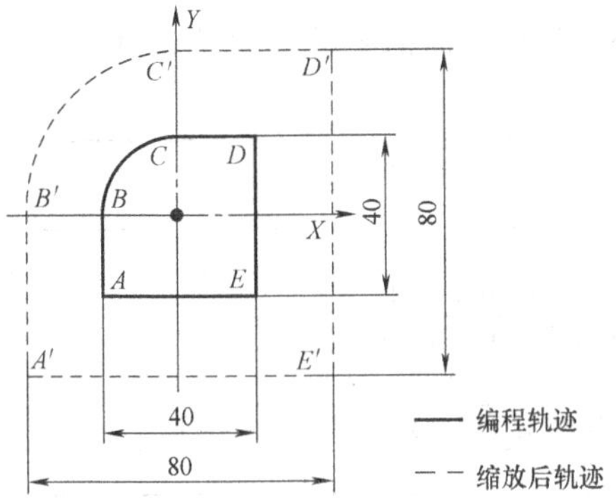

图 5-11　等比例缩放实例图

二维码 5-3

程　　序	注　　释
O0004;	程序号
G90 G80 G40 G21 G17 G50 G94;	指令初始化
G54 G00 X-50.0 Y-50.0;	刀具位于缩放后工件轮廓外侧
G43 Z100.0 H01;	建立长度补偿
M03 S800;	开启主轴正转,速度为 800r/min
G00 Z5.0;	快速定位至工件表面 5mm 高处
G01 Z-2.0 F100;	以 100mm/min 进给速度下刀至加工深度
G51 X0.0 Y0.0 P2000;	在 *XY* 平面内进行缩放,缩放比例相同,为 2.0 倍
G41 G01 X-20.0 Y-30.0 D01;	在比例缩放编程中建立刀具半径补偿
Y0.0	以原轮廓尺寸编程加工至 *B* 点,但刀具加工轨迹为缩放后轨迹 *B'* 点
G02 X0.0 Y20.0 R20.0;	加工至 *C* 点,缩放后轨迹 *C'* 点
G01 X20.0;	加工至 *D* 点,缩放后轨迹 *D'* 点
Y-20.0;	加工至 *E* 点,缩放后轨迹 *E'* 点
X-30.0;	加工至 *A* 点延长线上,缩放后轨迹 *A'* 点延长线上
G40 X-25.0 Y-25.0;	取消刀具半径补偿
G50;	取消比例缩放
Z10.0 F200;	抬刀
G00 Z100.0;	取消长度补偿,刀具回归第二参考点
M05;	主轴停转
M30;	主程序结束

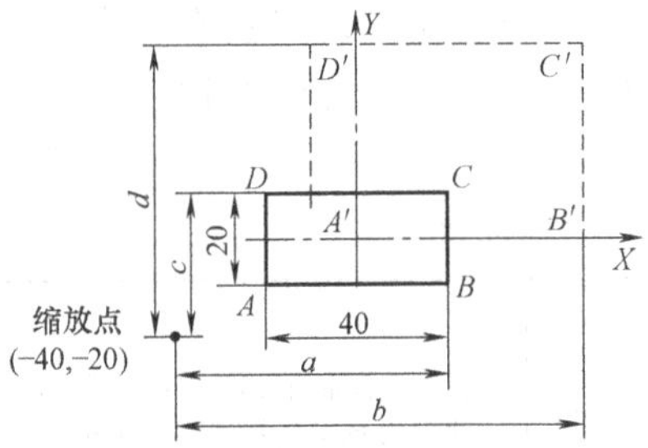

图 5-12　不等比例缩放实例

［**例 5-9**］ 如图 5-12 所示，将外轮廓轨迹 *ABCD* 以（-40，-20）为中心在 *XY* 平面内进行不等比例缩放，*X* 轴方向的缩放比例为 1.5，*Y* 轴方向的缩放比例为 2.0，试编写其加工程序。

程　序	注　释
O0005；	
……	
G00 X50.0 Y-20.0；	快速定位至 *B'* 右下方，准备下刀
G01 Z-2.0 F100；	以 100mm/min 进给速度下刀至加工深度
G51 X-40.0 Y-20.0 I1.5 J2.0；	在 *XY* 平面内进行不等比例缩放
G41 G01 X25.0 Y-10.0 D01；	以原轮廓轨迹编程，建立刀补到达 *AB* 线延长线处
X-20.0；	铣削到 *A* 点
Y10.0；	铣削到 *D* 点
X20.0；	铣削到 *C* 点
Y-20.0；	铣削到 *CB* 线延长线处
G40 X50.0 Y-20.0；	撤销刀补至 *B'* 右下方处
G50；	取消缩放
……	

（3）比例缩放编程说明

1）比例缩放中的刀具半径补偿问题。在编写比例缩放程序过程中，要特别注意建立刀补程序段的编写位置，一般将刀补程序段写在缩放程序段内，即为

G51 X __ Y __ Z __ P __；

G41 G01... D01 F100；

如果执行以下程序则会产生机床报警。

G41 G01... D01 F100；

G51 X __ Y __ Z __ P __；

比例缩放对于刀具半径补偿值、刀具长度补偿值及工件坐标系零点偏移值无效。

2）比例缩放中的圆弧插补。在比例缩放中进行圆弧插补，如果进行等比例缩放，则圆弧半径也相应缩放相同的比例；如果指定不同的缩放比例，则刀具不会走出相应的椭圆轨迹，仍将进行圆弧的插补，圆弧的半径根据 *I*、*J* 中的较大值进行缩放。

如图 5-13 所示轮廓外形，根据下列程序进行比例缩放，圆弧插补的起点与终点坐标均以 *I*、*K* 值进行不等比例缩放，而半径尺则以 *I*、*K* 值中的较大值进行缩放，缩放后的半径为 *R*20mm。此时，圆弧在 *B'* 和 *C'* 点处不再相切，而是相交，因此要特注意比例缩放中的圆弧插补。

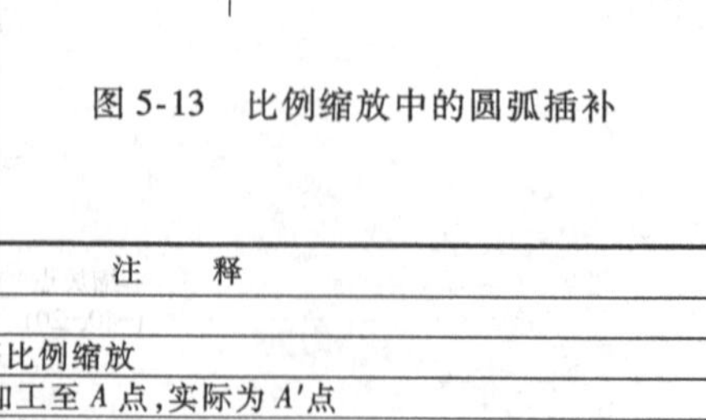

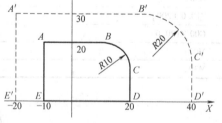

图 5-13　比例缩放中的圆弧插补

图 5-13 所示零件的部分加工程序如下：

程　序	注　释
……	
G51 X0.0 Y0.0 I2.0 J1.5；	在 *XY* 平面内进行不等比例缩放
G41 G01 X-10.0 Y20.0 D01；	建立刀具半径补偿并加工至 *A* 点，实际为 *A'* 点
X10.0 F100.0；	加工至 *B* 点，实际为 *B'* 点
G02 X20.0 Y10.0 R10.0；	缩放后，圆弧实际加工半径为 *R*20mm
……	

3）比例缩放的注意事项。

① 比例缩放的简化形式。如将比例缩放程序“G51 X __ Y __ Z __ P __;”或“G51 X __ Y __ Z __ I __ J __ K __;”简写成“G51;”，则缩放比例由机床系统参数决定，具体值请查阅机床有关参数表，而缩放中心则指刀具刀位点所处的当前位置。

② 比例缩放对固定循环中 *Q* 值与 *d* 值无效。在比例缩放过程中，有时我们不希望进行 *Z* 轴方向的比例缩放，这时可修改系统参数，禁止在 *Z* 轴方向上进行比例缩放。

③ 比例缩放对工件坐标系零点偏移值和刀具补偿值无效。

④ 在比例缩放状态下，不能指定返回参考点的 G 指令（G27 ~ G30），也不能指定坐标系设定指令（C52 ~ G59，G92）。若一定要指令这些 G 代码，应在取消缩放功能后指定。

2. 坐标镜像编程

使用坐标镜像编程指令可实现沿某一坐标轴或某一坐标点的对称加工。在一些老的数控系统中通常采用 M 指令来实现镜像加工，在 FANUC 0i 及更新版本的数控系统中则采用 G51 或 G51.1 来实现镜像编程。

（1）指令格式

1）坐标镜像指令格式一：

G17 G51.1 X __ Y __;

G50.1;

其中　G51.1——设置镜像加工；

G50.1——取消镜像加工。

X、Y——用于指定对称轴或对称点。

当 G51.1 指令后仅有一个坐标字符时，该镜像加工指令以某一坐标轴为镜像轴。当 G51.1 指令中同时有 *X* 和 *Y* 坐标字符时，表示该镜像加工指令是以某一点作为对称点进行镜像加工。

[例 5-10]　G51.1 X10.0;

表示沿某一轴线进行镜像加工，该轴线与 *Y* 轴平行且与 *X* 轴在 $X = 10.0$ 处相交。

[例 5-11]　G51.1 X10.0 Y10.0;

表示以点（10，10）作为对称点进行镜像加工。

2）坐标镜像指令格式二：

G17 G51 X __ Y __ I __ J __;

G50;

其中　G51——镜像加工生效；

G50——取消镜像加工。

使用这种格式时，指令中的 I、J 值中一定有负值。如果两个值都为正值，则该指令变成了缩放指令，若 I、J 值中一正一负，则一个坐标方向镜像，另一个坐标方向缩放。另外，如果 I、J 是负值但不等于 -1，则执行该指令时，既进行镜像加工，又进行缩放加工。

[例 5-12]　G17 G51 X10.0 Y10.0 I-1.0 J-1.0;

执行该指令时，程序以坐标点（10.0，10.0）进行镜像加工，不进行缩放。

[例 5-13]　G17 G51 X10.0 Y10.0 I-2.0 J-1.5;

执行该指令时，程序在以坐标点（10.0，10.0）进行镜像加工的同时，还要进行比例缩放，其中，X 轴方向的缩放比例为 2.0，Y 轴方向的缩放比例为 1.5。

（2）坐标镜像编程实例

[例 5-14] 试用镜像加工指令编写图 5-14 所示轨迹程序（切削深度 2mm）。采用 G51 指令进行镜像编程的仿真加工视频见二维码 5-4。

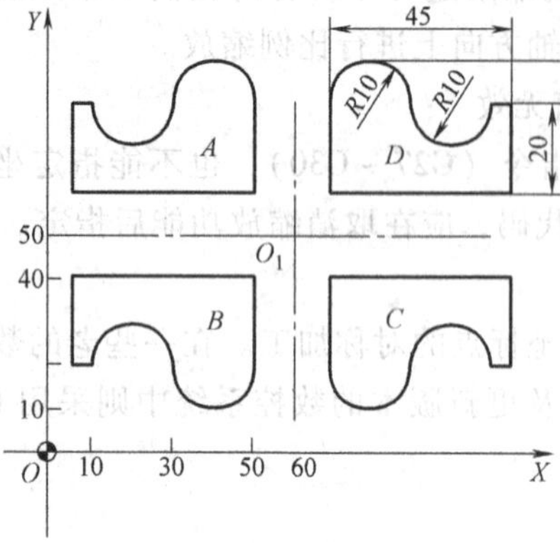

图 5-14 镜像加工编程实例

二维码 5-4

程　序	注　释
O0007;	主程序
G90 G80 G40 G21 G17 G94 G50;	指令初始化
G54 G00 X60.0 Y50.0;	刀具快速定位于轮廓外侧的 O_1 点
M03 S800;	开启主轴正转，速度为 800r/min
G43 Z100.0 H01;	建立刀具长度补偿
G00 Z10.0;	快速定位至工件表面 5mm 高处
M98 P700;	调用子程序加工轨迹 A
G51 X60.0 Y50.0 I1.0 J-1.0;	以 O_1 作为对称点镜像加工
M98 P700;	调用子程序加工轨迹 B
G50;	取消镜像加工
G51 X60.0 Y50.0 I-1.0 J-1.0;	以 O_1 作为对称点进行坐标镜像
M98 P700;	调用子程序加工轨迹 C
G50;	取消镜像加工
G51 X60.0 Y50.0 I-1.0 J1.0;	以 O_1 作为对称点进行坐标镜像
M98 P700;	调用子程序加工轨迹 D
G50;	取消镜像加工
G00 Z100.0;	取消长度补偿，刀具回归第二参考点
M05;	主轴停转
M30;	主程序结束

程　序	注　释
O700;	子程序
G01 Z-2.0 F100.0;	切削进给至加工深度
G41 G01 X52.0 Y60.0 D01;	建立刀补到达轮廓线延长线处
X5.0;	
Y80.0;	
X10.0;	
G03 X30.0 R10.0;	
G02 X50.0 R10.0;	
G01 Y58.0;	
G40 G01 X60.0 Y50.0;	取消刀补并回到 O_1 点
G01 Z10.0 F200;	
M99;	从子程序返回

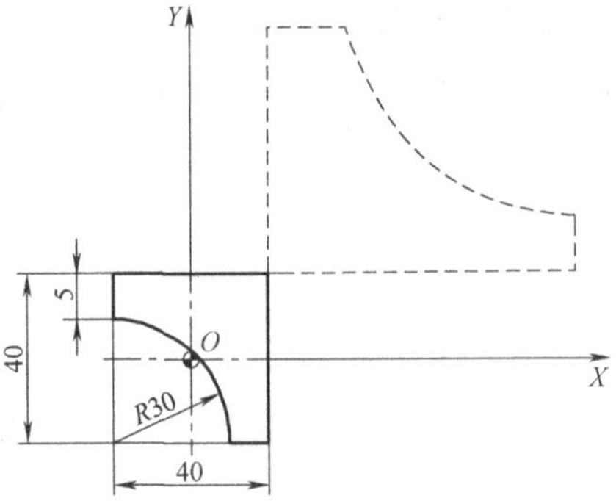

图 5-15　镜像加工与缩放编程实例

[例 5-15]　试编写如图 5-15 所示的镜像加工与缩放程序（切削深度 2mm），镜像加工与缩放点为（20，20），*X* 轴方向的缩放比例为 2.0，*Y* 轴方向的缩放比例为 1.5。

程　　序	注　　释
O0008；	
……	
G54 G00 X0.0 Y0.0；	快速定位至 *O* 点
G51 X20.0 Y20.0 I－2.0 J－1.5；	可编程镜像加工与缩放开始
G41 G01 X－30.0 Y20.0 F100 D01；	建立刀补到达轮廓线延长线处
G01 Z－2.0 F100	切削进给至下刀深度
X20.0；	
Y－20.0；	
X10.0；	
G03 X－20.0 Y10.0 R30.0；	
G01 Y20.0；	
G01 Z10.0 F200；	抬刀
G00 G40 G01 X0.0 Y0.0；	撤销刀补，并返回 *O* 点
G50；	取消可编程镜像加工与缩放
……	

（3）镜像加工编程的说明

1）在指定平面内执行镜像加工指令时，如果程序中有圆弧指令，则圆弧的旋转方向相反，即 G02 变为 G03，相应地，G03 变为 G02。

2）在指定平面内执行镜像加工指令时，如果程序中有刀具半径补偿指令，则刀具半径补偿的偏置方向相反，即 G41 变为 G42，G42 变为 G41，相应地，顺铣和逆铣也会进行互换，为了保证加工效率和表面质量，一般不推荐使用镜像编程。

3）在镜像指令中，返回参考点指令 G27、G28、G29、G30 和改变坐标系指令 G54～G59、G92 不能指定。如果要指定其中的某一个，则必须在取消镜像加工指令后指定。

4）在使用镜像加工指令时，由于数控镗、铣床的 *Z* 轴一般安装有刀具，所以，*Z* 轴一般都不进行镜像加工。

5.2.3　坐标系旋转编程

对于某些围绕中心旋转得到的特殊的轮廓加工（如图 5-16 所示结构特征的零件），如果根据旋转后的实际加工轨迹进行编程，会使坐标计算工作量大大增加，增加编程人员的计算时间。根据零件图形的旋转重复特性，可利用坐标旋转变换指令，通过多次调用子程序，大大简化编程过程，减少工作量。

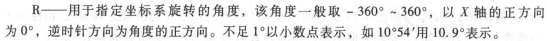

图 5-16　具有旋转特征的零件

1. 指令格式

G17 G68 X __ Y __ R __;

G69;

其中：

G68——坐标系旋转生效。

G69——坐标系旋转取消。

X、Y——用于指定坐标系旋转的中心。

R——用于指定坐标系旋转的角度，该角度一般取 −360°~360°，以 *X* 轴的正方向为 0°，逆时针方向为角度的正方向。不足 1°以小数点表示，如 10°54′用 10.9°表示。

[例 5-16]　G17 G68 X30.0 Y50.0 R45.0;

表示坐标系以坐标点（30，50）作为旋转中心，从 *X* 轴正方向逆时针旋转 45°。

2. 坐标系旋转编程实例

[例 5-17]　如图 5-17 所示，外形轮廓 *B* 由外形轮廓 *A* 以坐标点 *M*（−30，0）为旋转中心，从 *X* 轴正方向逆时针旋转 80°所得，试编写轮廓 *B* 的加工程序。仿真加工视频见二维码 5-5。

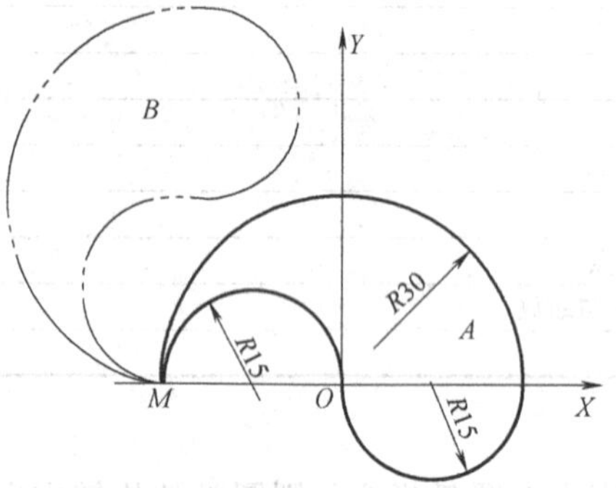

图 5-17　坐标系旋转编程实例

二维码 5-5

程　序	注　释
O0009;	程序名
G90 G80 G69 G40 G21 G17 G94 ;	指令初始化
G54 G00 X−50.0 Y−20.0;	选择 G54 工件坐标系，刀具快速定位于 *M* 点的左下方处
M03 S600;	开启主轴正转，速度为 600r/min
G43 Z100.0 H01;	建立刀具长度补偿
Z10.0;	快速定位至安全高度
G01 Z−2.0 F100;	切削进给至加工深度
G68 X−30.0 Y0.0 R80.0;	以点 *M* 为中心进行坐标系旋转，旋转角度为 80°
G41 G01 X−30.0 Y−10.0 D01 F100;	建立刀具半径补偿至 *M* 点的正下方
Y0.0;	沿切线方向切入
G02 X30.0 R30.0;	顺时针铣削 *R*30mm 圆弧

（续）

程　　序	注　　释
G02 X0.0 R15.0;	顺时针铣削 *R*15mm 圆弧
G03 X -30.0 R15.0;	逆时针铣削 *R*15mm 圆弧
G01 Y -10.0;	沿切线切出
G40 G01 X -50.0 Y -20.0;	取消刀具半径补偿至 *M* 点的左下方
G69;	取消坐标系旋转
Z10.0 F200;	抬刀
M05;	主轴停转
G00 G91 G28 Z0.0;	*Z* 轴快速回归第二参考点
M30;	程序结束

3. 坐标系旋转编程指令说明

1）在坐标系旋转取消指令 G69 以后的第一个移动指令必须用绝对值指令。如果采用增量值指令，则不执行正确的移动。

2）CNC 数据处理的顺序是：程序镜像→比例缩放→坐标系旋转→刀具半径补偿。所以在指定这些指令时，应按顺序指定；取消指令时，按相反顺序取消。在旋转指令或比例缩放指令中不能指定镜像指令，但在镜像指令中可以指定比例缩放指令或坐标系旋转指令。

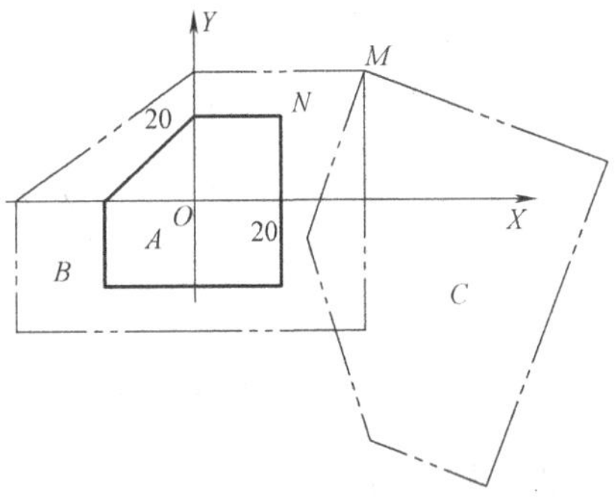

图 5-18　比例缩放与坐标旋转综合实例

[例 5-18]　如图 5-18 所示，外形轮廓 *C* 是在外形轮廓 *A* 的基础上进行比例缩放和坐标系旋转获得的。对外形轮廓 *A* 先执行比例缩放指令得到外形轮廓 *B*，*X* 轴方向的比例为 2.0，*Y* 轴方同的比例为 1.5。之后，将外形轮廓 *B* 再绕坐标点 *M* 旋转 70°后得到外形轮廓 *C*。试编写外形轮廓 *C* 的加工程序。

程　　序	注　　释
O0010;	
……	
G51 X0.0 Y0.0 I2.0 J1.5;	比例缩放，形成外形轮廓 *B*
G17 G68 X20.0 Y20.0 R70.0;	坐标系旋转，形成外形轮廓 *C*
G41 G01 X -20.0 Y20.0 F100 D01;	建立刀具半径补偿
X20.0;	
Y -20.0;	
X -20.0;	
Y0.0;	
X0.0 Y20.0;	
G40 X10.0 Y30.0;	取消刀具半径补偿
G69 G50;	取消坐标系旋转，取消比例缩放
……	

3）在指定平面内执行镜像指令时，如果在镜像指令中有坐标系旋转指令，则坐标系旋转方向相反。

4）如果坐标系旋转指令前有比例缩放指令，则坐标系旋转中心也被缩放，但旋转角度不被缩放。

5）在坐标系旋转指令中，不能指定返回参考点指令 G27、G28、G29、G30 和改变坐标系指令 G54 ~ G59、G92。如果要指定其中的某一个，则必须在取消坐标系旋转指令后指定。

5.2.4 特征类零件的编程

1. 确定走刀路线

粗、精铣正六边形凸台时的刀具走刀路线分别如图 5-19、图 5-20 所示。

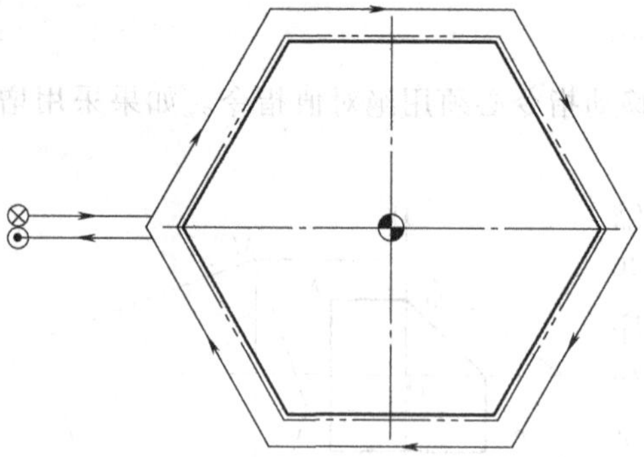

图 5-19 粗铣正六边形凸台走刀路线

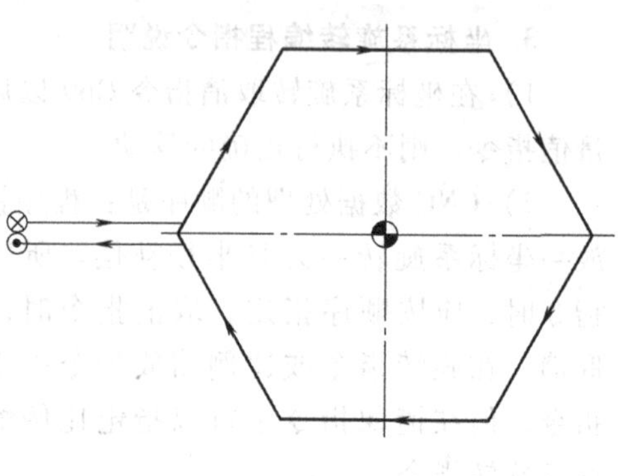

图 5-20 精铣正六边形凸台走刀路线

粗、精铣两个呈中心对称特征的 20mm × 10mm 平键型凸台及去除凸台周边残余量时的刀具走刀路线分别如图 5-21、图 5-22 所示。

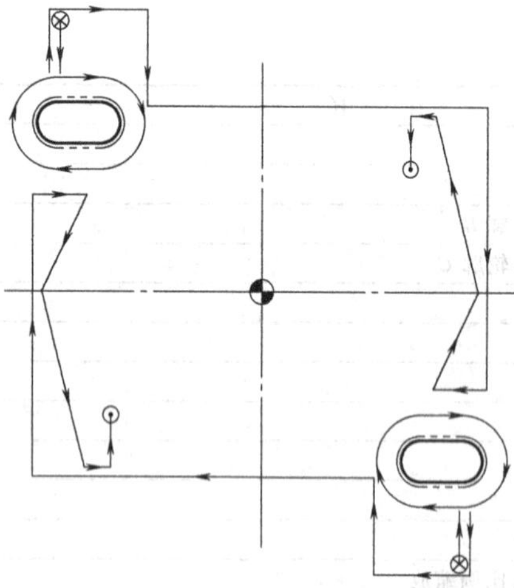

图 5-21 粗铣两个平键型凸台走刀路线

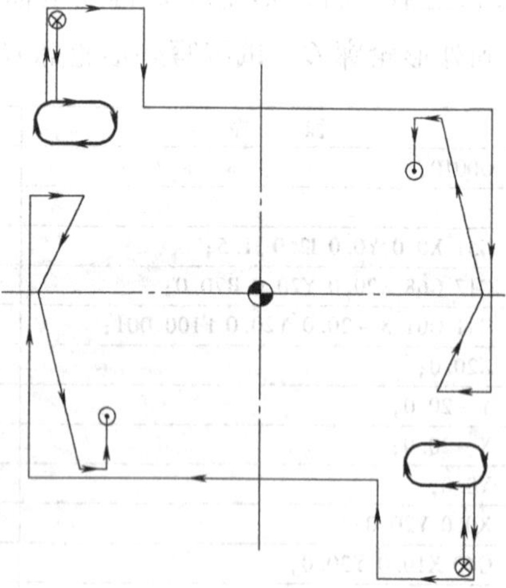

图 5-22 精铣两个平键型凸台走刀路线

粗、精铣 45°倾斜矩形槽及去除矩形槽内残余量时的刀具走刀路线分别如图 5-23、图 5-24所示。

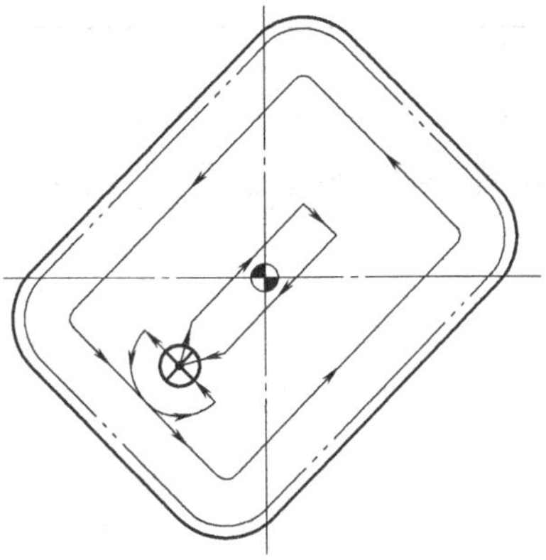

图 5-23　粗铣 45°倾斜矩形槽
及去除残余量走刀路线

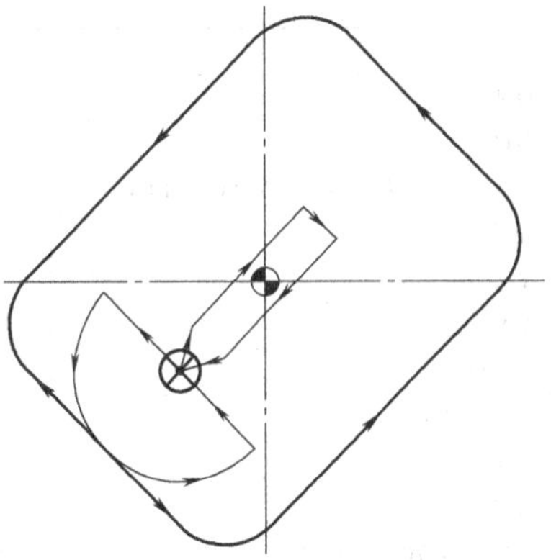

图 5-24　精铣 45°倾斜矩形槽
及去除残余量走刀路线

粗、精铣两个呈中心对称特征的弧形槽时的刀具走刀路线分别如图 5-25、图 5-26 所示。

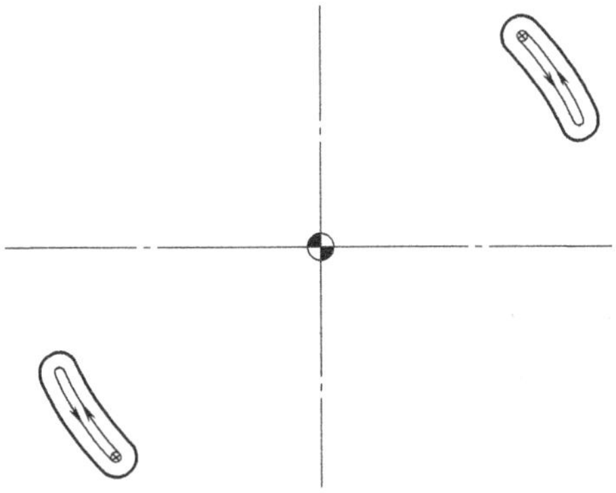

图 5-25　粗铣弧形槽走刀路线

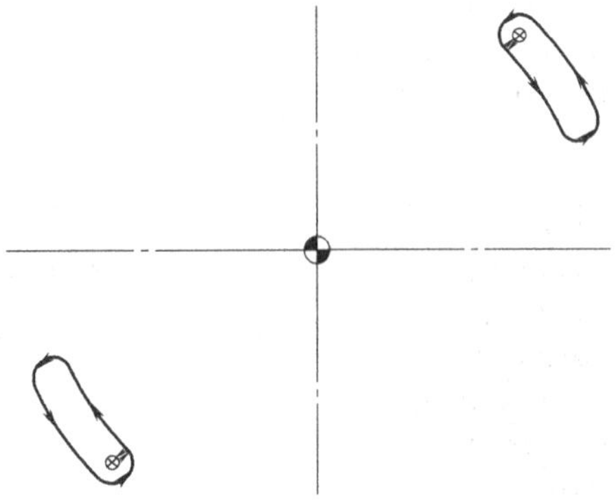

图 5-26　精铣弧形槽走刀路线

2. 编写加工程序

粗铣正六边形凸台的加工程序：

程　　序	注　　释
O0001；	主程序
G90 G80 G40 G21 G17 G94 ；	
G54 G00 X－70.0 Y0.0；	
G43 G00 Z50.0 H01；	
M03 S2000；	
Z5.0；	
G01 Z－2.5 F500；	
M98 P0002；	调用子程序粗铣正六边形凸台第一层
G01 Z－5.0；	
M98 P0002；	调用子程序粗铣正六边形凸台第二层
G01 Z5.0；	
G00 Z100.0；	
G00 X0.0 Y0.0；	
G91 G28 Z0.0；	
M05；	
M30；	

（续）

程　　序	注　　释
O0002；	子程序
G16；	在 XY 平面极坐标生效
G90 G01 G41 X40.0 Y180.0 D01；	建立刀具半径补偿，采用绝对坐标和极坐标方式编程加工正六边形凸台
Y120.0；	
Y60.0；	
Y0；	
Y－60；	
Y－120.0；	
Y－180.0；	
G15；	取消极坐标编程
G40 X－70.0 Y0.0；	取消刀具半径补偿，返回下刀点
M99；	

精铣正六边形凸台的加工程序：

程　　序	注　　释
O0003；	主程序
G90 G80 G40 G21 G17 G94 G15；	
G54 G00 X－70.0 Y0.0；	
G43 G00 Z50.0 H01；	
M03 S2500；	
Z5.0；	
G01 Z－5.0 F300；	
M98 P0002；	调用子程序精加工正六边形凸台
G01 Z5.0；	
G00 Z100.0；	
G00 X0.0 Y0.0；	
G91 G28 Z0.0；	
M05；	
M30；	

粗铣两个呈中心对称特征的 20mm×10mm 平键型凸台及去除凸台周边残余量的加工程序：

程　　序	注　　释
O0004；	主程序
G90 G80 G40 G21 G17 G94 ；	
G54 G00 X50.0 Y－60.0；	选择 G54 坐标系，快速定位至右下角平键型凸台下方起刀点
G43 G00 Z50.0 H01；	
M03 S2000；	
Z5.0；	
G01 Z－2.5 F400；	
M98 P0005；	调用子程序粗铣右下角平键型凸台第一层
G00 X50.0 Y－60.0；	快速定位至起刀点
G01 Z－5.0；	
M98 P0005；	调用子程序粗铣右下角平键型凸台第二层
G68 X0.0 Y0.0 R180.0；	坐标系绕原点逆时针旋转 180°
G00 X50.0 Y－60.0；	快速定位至起刀点
G01 Z－2.5；	
M98 P0005；	调用子程序粗铣左上角平键型凸台第一层
G00 X50.0 Y－60.0；	快速定位至起刀点

（续）

程　　序	注　　释
G01 Z-5.0;	
M98 P0005;	调用子程序粗铣左上角平键型凸台第二层
G69;	取消坐标系旋转
G00 Z100.0;	
G00 X0.0 Y0.0;	
G91 G28 Z0.0;	
M05;	
M30;	
O0005;	子程序
G52 X45.0 Y-40.0;	建立局部坐标系
G90 G01 G41 X5.0 Y-5.0 D01;	建立刀具半径补偿，在局部坐标系下采用绝对坐标方式编程
X-5.0;	
G02 Y5.0 R5.0;	
G01 X5.0;	
G02 Y-5.0 R5.0;	
G01 G40 Y-20.0;	取消刀具半径补偿
G52 X0.0 Y0.0;	取消局部坐标系
X28.0	开始去除左下方残余量
Y-44.0;	
X-56.0;	
Y23.0;	
X-43.0;	
X-50.0 Y0.0;	
X-44.0 Y-41.0	
X-38.0;	
Y-26.0;	去除左下方残余量完成
G01 Z5.0;	
M99;	

精铣两个呈中心对称特征的20mm×10mm平键型凸台及去除凸台周边残余量的加工程序：

程　　序	注　　释
O0006;	主程序
G90 G80 G40 G21 G17 G94 ;	
G54 G00 X50.0 Y-60.0;	选择G54坐标系，快速定位至右下角平键型凸台下方起刀点
G43 G00 Z50.0 H01;	
M03 S2500;	
Z5.0;	
G01 Z-5 F300;	
M98 P0005;	调用子程序精铣右下角平键型凸台
G68 X0.0 Y0.0 R180.0;	坐标系绕原点逆时针旋转180°
G00 X50.0 Y-60.0;	快速定位至起刀点
G01 Z-5.0;	
M98 P0005;	调用子程序精铣左上角平键型凸台
G69;	取消坐标系旋转
G00 Z100.0;	
G00 X0.0 Y0.0;	
G91 G28 Z0.0;	
M05;	
M30;	

粗铣 45°倾斜矩形槽的加工程序：

程　序	注　释
O0007;	主程序
G90 G80 G40 G21 G17 G94 ;	
G54 G00 X0.0 Y0.0;	
G43 G00 Z50.0 H01;	
M03 S2500;	
Z5.0;	
G68 X0.0 Y0.0 R45.0;	坐标系统原点逆时针旋转 45°
X-10.0 Y0.0;	
G01 Z-2.5 F300;	
M98 P0008;	调用子程序粗铣 45°倾斜矩形槽第一层
G01 Z-5.0;	
M98 P0008;	调用子程序粗铣 45°倾斜矩形槽第二层
G69;	
G01 Z5.0;	
G00 Z100.0;	
G00 X0.0 Y0.0;	
G91 G28 Z0.0;	
M05;	
M30;	
O0008;	子程序
G41 Y10.0 D01;	建立刀具半径左补偿
G03 X-20.0 Y0.0 R10.0;	采用圆弧切入
G01 Y-9.0;	
G03 X-14.0 Y-15.0 R6.0;	
G01 X14.0;	
G03 X20.0 Y-9.0 R6.0;	
G01 Y9.0;	
G03 X14.0 Y15.0 R6.0;	
G01 X-14.0;	
G03 X-20.0 Y9.0 R6.0;	
G01 Y0.0;	
G03 X-10.0 Y-10.0 R10.0;	采用圆弧切出
G01 G40 Y0.0;	取消刀具半径左补偿
Y2.0;	开始除去残余量
X10.0;	
Y-2.0;	
X-10.0;	
Y0.0;	去除残余量完成
M99;	

精铣 45°倾斜矩形槽的加工程序：

程　序	注　释
O0009;	主程序
G90 G80 G40 G21 G17 G94 ;	
G54 G00 X0.0 Y0.0;	
G43 G00 Z50.0 H01;	
M03 S2800;	
Z5.0;	

（续）

程　　序	注　　释
G68 X0.0 Y0.0 R45.0;	坐标系绕原点逆时针旋转 45°
X-10.0 Y0.0;	
G01 Z-5.0 F200;	
M98 P0008;	调用子程序粗铣 45°倾斜矩形槽第二层
G69;	
G01 Z5.0;	
G00 Z100.0;	
G00 X0.0 Y0.0;	
G91 G28 Z0.0;	
M05;	
M30;	

粗铣两个呈中心对称特征的弧形槽的加工程序：

程　　序	注　　释
O0010;	主程序
G90 G80 G40 G21 G17 G94 ;	
G54 G00 X0.0 Y0.0;	选择 G54 坐标系，快速定位至右下角平键型凸台下方起刀点
G43 G00 Z50.0 H01;	
M03 S2800;	
Z5.0;	
G16;	在 *XY* 平面极坐标生效
G00 X59.0 Y45.0	快速定位至起刀点
G01 Z-6.7 F200;	
M98 P0011;	调用子程序粗铣右上角弧形槽第一层
G01 Z-8.4;	
M98 P0011;	调用子程序粗铣右上角弧形槽第二层
G01 Z-10.0;	
M98 P0011;	调用子程序粗铣右上角弧形槽第三层
G01 Z5.0;	抬刀
G68 X0.0 Y0.0 R180.0;	坐标系绕原点逆时针旋转 180°
G00 X59.0 Y45.0;	快速定位至起刀点
G01 Z-6.7 F200;	
M98 P0011;	调用子程序粗铣左下角弧形槽第一层
G01 Z-8.4;	
M98 P0011;	调用子程序粗铣左下角弧形槽第二层
G01 Z-10.0;	
M98 P0011;	调用子程序粗铣左下角弧形槽第三层
G69;	取消坐标系旋转
G01 Z5.0;	
G00 Z100.0;	
G00 X0.0 Y0.0;	
G91 G28 Z0.0;	
M05;	
M30;	
O0011;	子程序
G41 X55.0 D01;	建立刀具半径左补偿
G02 Y25.0 R55.0;	开始铣削弧形槽
G03 X63.0 R4.0;	
Y45.0 R63.0;	
X55.0 R4.0;	
G01 G40 X59.0;	取消刀具半径左补偿
M99;	

精铣两个呈中心对称特征的弧形槽的加工程序：

程　　序	注　　释
O0012；	主程序
G90 G80 G40 G21 G17 G94 ；	
G54 G00 X0.0 Y0.0；	选择 G54 坐标系，快速定位至右下角平键型凸台下方起刀点
G43 G00 Z50.0 H01；	
M03 S3000；	
Z5.0；	
G16；	在 *XY* 平面极坐标生效
G00 X59.0 Y45.0	快速定位至起刀点
G01 Z－10.0 F150；	
M98 P0011；	调用子程序精铣右上角弧形槽
G01 Z5.0；	抬刀
G68 X0.0 Y0.0 R180.0；	坐标系绕原点逆时针旋转 180°
G00 X59.0 Y45.0；	快速定位至起刀点
G01 Z－10.0 F200；	
M98 P0011；	调用子程序精铣左下角弧形槽
G69；	取消坐标系旋转
G01 Z5.0；	
G00 Z100.0；	
G00 X0.0 Y0.0；	
G91 G28 Z0.0；	
M05；	
M30；	

5.3 特征类零件加工实施

5.3.1 工件装夹与找正

1. 六面铣削加工的装夹与找正过程

在对毛坯进行六面加工时，采用以下步骤对工件进行装夹和找正：

1）铣削第一个面时，按照图 5-27 所示对工件进行装夹，铣削时应确保平面度公差要求，并以此面作为后续工艺的精基准面。

2）将铣削完的第一个面紧贴平口钳固定侧，铣削与第一个面相邻的一侧垂直面，确保垂直度公差要求，完成第二个面的铣削，装夹方法如图 5-28 所示。

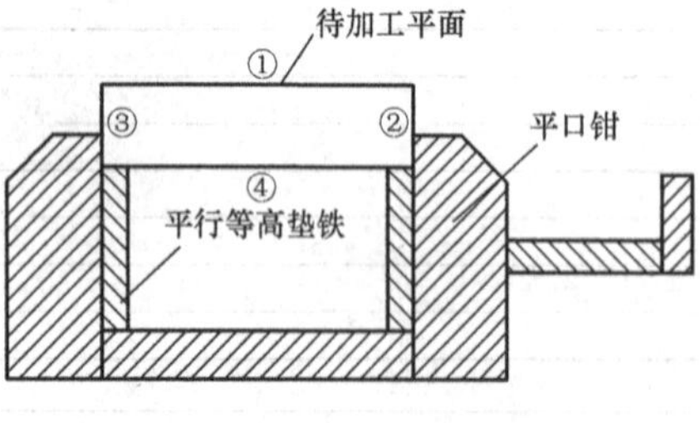

图 5-27　铣削第一个面的装夹示意图

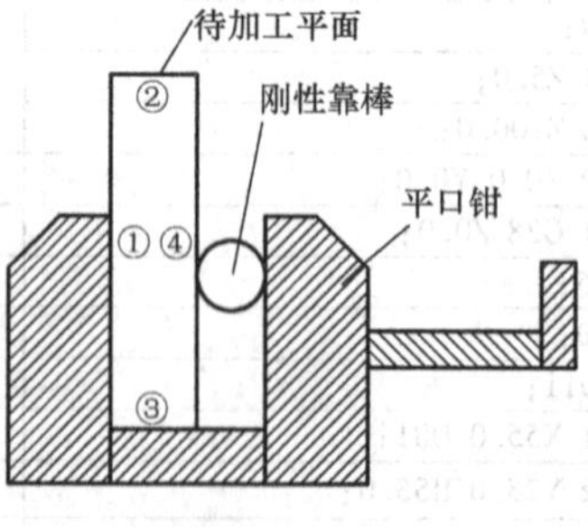

图 5-28　铣削第二个面的装夹示意图

3）将铣削完的第一个面紧贴平口钳固定侧，铣削完的第二个面紧贴平口钳底部，并铣削与第二个面相对的另一侧平行面。先粗铣一刀，再精铣一刀至加工尺寸要求，并确保与第一个面的垂直度公差要求，完成第三个面的铣削，装夹方法如图 5-29 所示。

4）将铣削完的第一个面置于等高精密平行垫铁上，铣削完的第二、三个面置于平口钳两侧。此时铣削与第一个面相对的另一侧平行面，先粗铣一刀，再精铣一刀至加工尺寸要求，确保与第一个面的平行度公差要求，完成第四个面的铣削，装夹方法如图 5-30 所示。

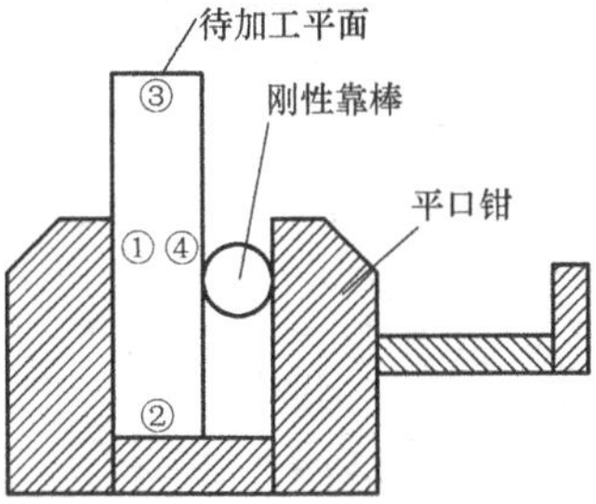

图 5-29　铣削第三个面的装夹示意图

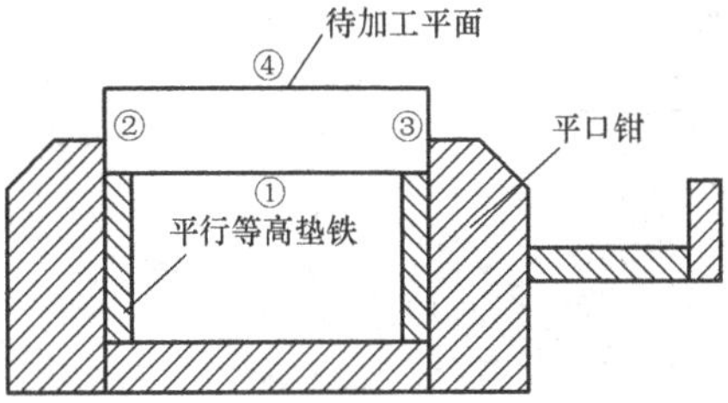

图 5-30　铣削第四个面的装夹示意图

5）将铣削完的第一个面紧贴平口钳固定一侧，第四个面紧贴平口钳活动一侧，适当预夹紧，用百分表找正第二个面，确保第二个面与 *XY* 水平面的垂直度公差在 0.02mm 以内，之后再夹紧工件，铣削第五个面，装夹方法如图 5-31 所示。

6）将铣削完的第一个面紧贴平口钳固定侧，铣削完的第五个面紧贴平口钳底部，铣削与第五个面相对的另一侧平行面，先粗铣一刀，再精铣一刀至加工尺寸要求，并确保与第五个面的平行度公差要求，完成第六个面的铣削，装夹方法如图 5-32 所示。

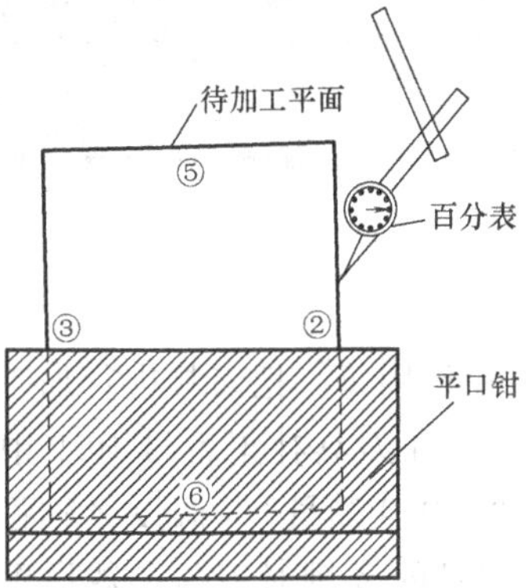

图 5-31　铣削第五个面的装夹示意图

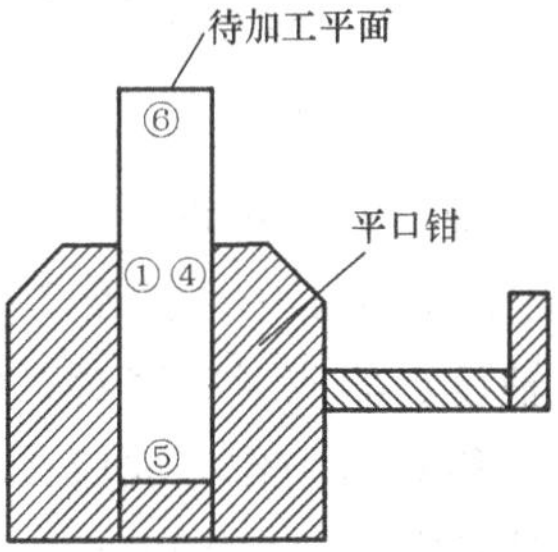

图 5-32　铣削第六个面的装夹示意图

2. 正面凸台与凹槽加工的装夹过程

采用等高精密平行垫铁定位，将完成六面铣削的半成品零件中第一个面置于垫铁上，平口钳两侧垫上铜皮，确保工件的定位平面与垫铁、平口钳两个侧面完全贴紧，完成第二道工序的准备工作，如图 5-33 所示。

5.3.2　对刀与参数设置

1. G54 工件坐标系的建立及找正

本工件的编程原点建立在工件的上表面中心处，如图 5-34 所示。在对工件进行定位夹紧后，利用寻边器进行对中，并在 G54 工件坐标系下实施“X0 测量”和“Y0 测量”，将当前刀位点在机床坐标系下的坐标值自动补正到 G54 工件坐标系内，完成 G54 工件坐标系 *X*、*Y* 坐标轴的对刀过程，如图 5-35 所示。

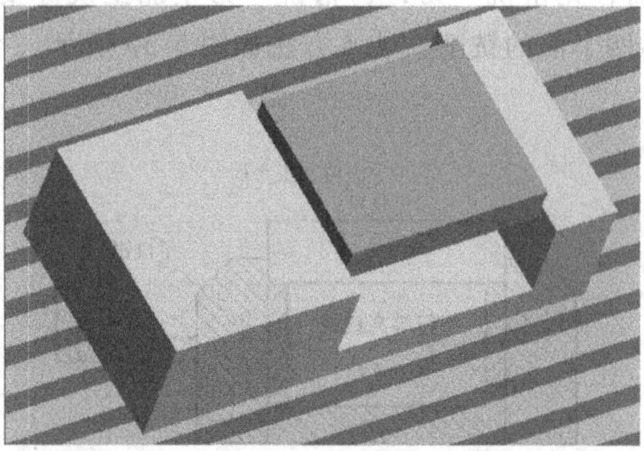

图 5-33 正面凸台与凹槽加工的装夹效果图

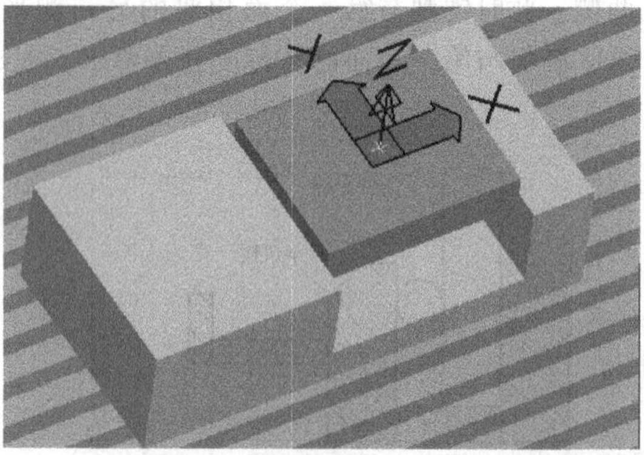

图 5-34 G54 工件坐标系的原点设置

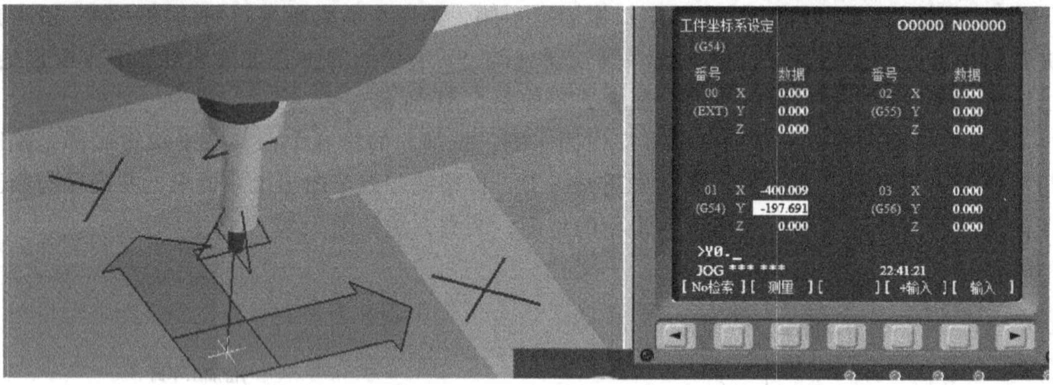

图 5-35 建立 G54 工件坐标系

2. *Z* 轴的对刀过程

本零件的加工一共涉及 3 把刀具需要进行长度补偿，在使用每一把刀具进行加工前，应利用 *Z* 轴设定器或者精密对刀块进行 *Z* 轴对刀操作。首先，在刀具补正番号 H01 中输入数值“0”；待对刀操作完成后，在 G54 工件坐标系下实施“Z50.0 测量”（假设 *Z* 轴设定器或者精密对刀块高度为 50mm），如图 5-36 所示，此时，该刀具的 *Z* 轴对刀与参数设置过程全部完成。由于采用数控铣床加工，只能通过手动方式在主轴上装入一把刀具而无法自动换刀。为了保证加工效率，该刀具只有完成全部的加工项目后，才会将其卸下，并安装新的刀具，新刀具的对刀方法与第一把刀具一致，不再赘述。

3. 刀补参数设置

由于零件的加工分为粗、精加工两个过程，需要在不同加工过程设置不同的刀补参数。一般情况下，粗加工时，需要在刀具半径补偿值中输入“D01 = 刀具半径值 + 精加工余量”，待粗加工完成后，不卸下工件，对工件进行去毛刺处理，然后进行实际测量，根据测量的结果进行刀补参数的计算与修改，然后完成零件的精加工。

下面举例说明刀补参数计算方法。

[例 5-19] 采用 ϕ12mm 立铣刀加工 100mm 长的正方形凸台，若单边预留 0.1mm 的精

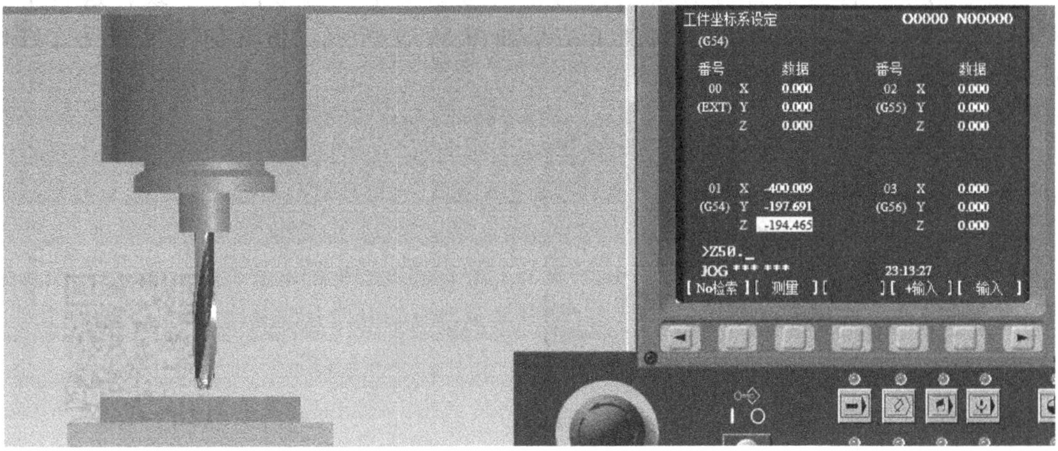

图 5-36　*Z* 轴对刀过程

加工余量，请问粗加工时应设置的刀具半径补偿值为多少？若粗加工之后，实际测量得到的正方形凸台尺寸为 100.18mm，则精加工时刀具半径补偿值应修改为多少？

解：粗加工时：刀具半径补偿值 D01 = (6 + 0.1) mm = 6.1mm

精加工时：刀具半径补偿值 D01 = (6.1 − 0.18/2) mm = 6.01mm

5.3.3　加工过程控制

1. 正面凸台的加工质量控制方法

加工正六边形凸台时，选用 ϕ12mm 立铣刀分别进行粗、精两次加工。调用 O0001 粗加工程序对工件进行粗铣时，先在刀具半径补偿值中输入 6.1mm，长度补偿值中输入 0.1mm，如图 5-37 所示。完成粗加工之后，停止机床运行，对六边形凸台的六条边进行倒钝，利用游标卡尺测量六边形外接圆直径并记录测量结果，利用深度尺测量六边形凸台的高度并记录测量结果。根据粗加工测量结果，修正刀补参数值，刀补参数值的设置方法详见例 5-19。最后调用 O0003 精加工程序开始精铣，完成正六边形凸台的全部铣削过程，其仿真模拟加工结果如图 5-38 所示。仿真加工视频见二维码 5-6。

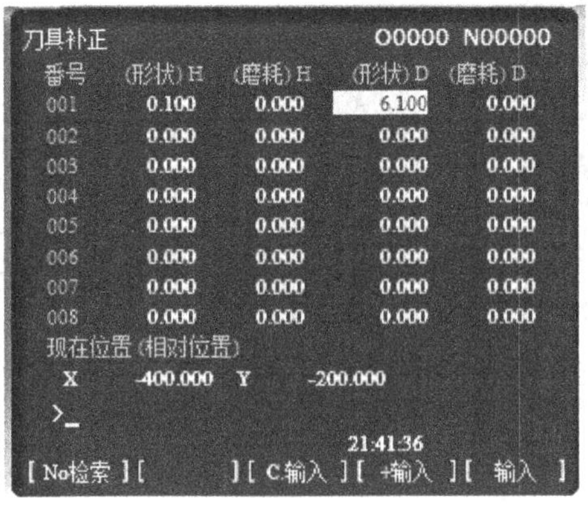

图 5-37　粗铣正六边形凸台时的刀补参数

图 5-38　正六边形凸台仿真模拟加工结果

二维码 5-6

加工两个平键型凸台时的质量控制方法与加工正六边形凸台一致，这里不再赘述，零件的凸台部分仿真模拟加工结果如图 5-39 所示。仿真加工视频见二维码 5-7。

图 5-39　零件凸台部分仿真模拟加工结果

二维码 5-7

2. 正面凹槽的加工质量控制方法

加工 45°倾斜矩形槽时，选用 ϕ10mm 键槽铣刀分别进行粗、精两次加工。调用 O0007 粗加工程序对工件进行粗铣时，先在刀具半径补偿值中输入 5.1mm，长度补偿值中输入 0.1mm。完成粗加工之后，停止机床运行，对矩形槽进行去毛刺处理，利用游标卡尺测量矩形槽的长宽尺寸并记录测量结果；利用深度尺测量矩形槽的深度并记录测量结果。根据粗加工测量结果，修正刀补参数值，刀补参数值的设置方法详见例 5-19。最后调用 O0009 精加工程序开始精铣，完成 45°倾斜矩形槽的全部铣削过程，其仿真模拟加工结果如图 5-40 所示。

加工两个弧形凹槽时，其质量控制方法与前面一致，不再赘述，零件的最终仿真模拟加工结果如图 5-41 所示。仿真加工视频见二维码 5-8。

图 5-40　完成矩形槽仿真模拟加工后的结果

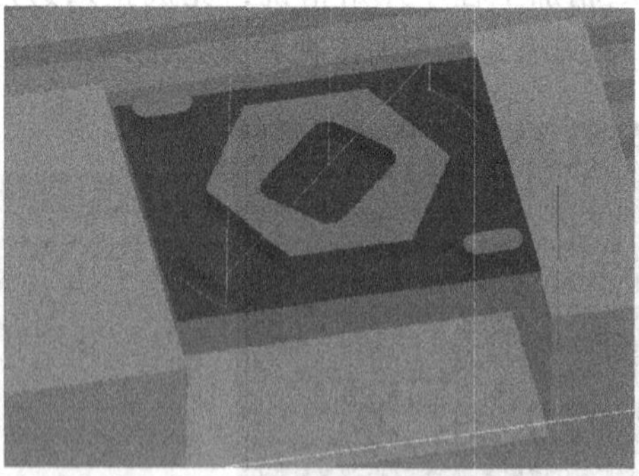

图 5-41　零件的最终仿真模拟加工结果

二维码 5-8

5.3.4　零件测量及误差分析

零件的测量过程包含三部分，第一部分为六面铣削后的长、宽、高尺寸，各面相互之间的几何公差，以及表面粗糙度的测量，看其是否满足相应的公差要求，若不满足，则不能进入下一道工序；第二部分在加工过程中实施，主要是指粗加工完成后对零件的实时测量，需要根据此测量结果计算并修正刀具长度和半径补偿参数值，为精加工做好准备；第三部分是在加工过程完成后实施，主要用于检测零件的最终精度，以确定该零件是否为合格产品。

其中，第二部分的测量结果及其准确性，将直接决定零件精加工时的背吃刀量，测量过程是否规范和精确，将对零件的最终质量产生决定性影响。因此，该部分需要在机床停机状态下正确操作，正确使用相应的测量工具，确保测量结果科学合理。

根据零件的图样分析及加工要求，正六边形和矩形槽的表面质量要求较高，若加工参数不合理，有可能满足不了产品的最终使用需要，所以需在首件试切加工时应特别重视。

企业点评

本零件属于典型的单面加工零件，重点考察如何利用坐标变换指令简化零件的程序编制过程。从零件的加工技术要求来看，各尺寸、几何公差的要求不高，无技术难点。考虑零件属于小批量生产，毛坯件的六面铣削过程可以预先在普通铣床上完成，这样不仅能提高加工效率，也能降低加工成本。

思考与练习

1. 试编写图 5-42 所示凸台的数控铣削加工程序。

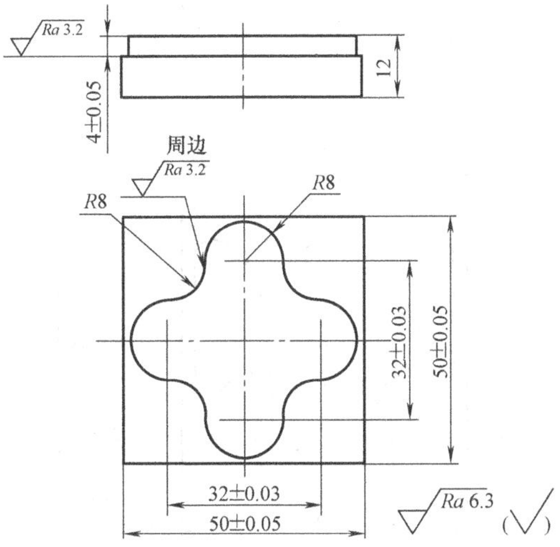

图 5-42　凸台加工

2. 试编写图 5-43 所示凸台与孔的加工程序。

3. 试编写图 5-44 所示型腔的数控铣削加工程序。

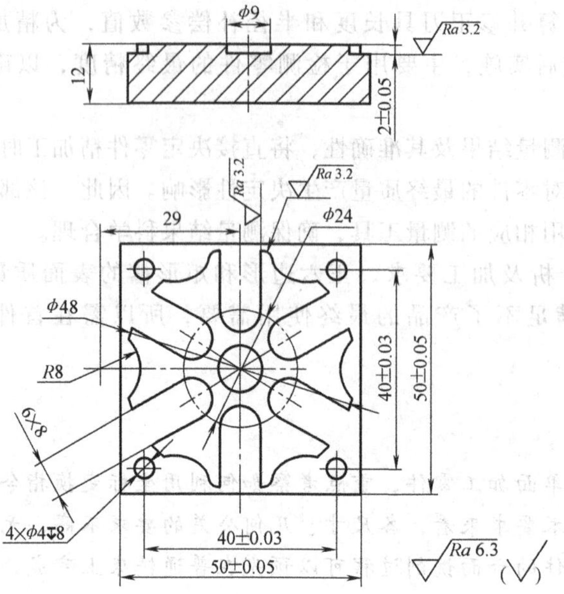

图 5-43　凸台与孔的加工

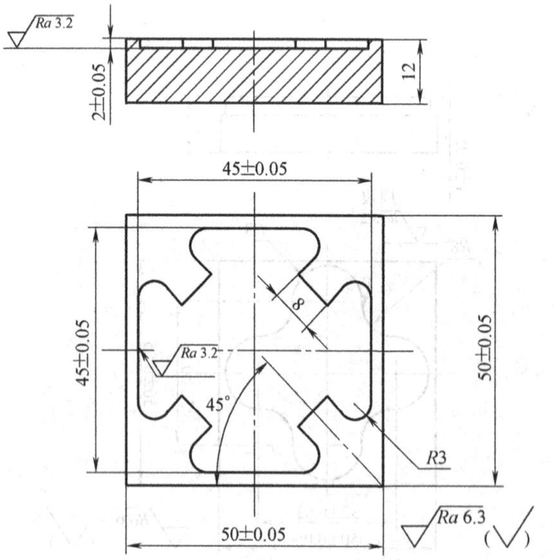

图 5-44　型腔加工

4. 试编写图 5-45 所示心形型腔的数控铣削加工程序。

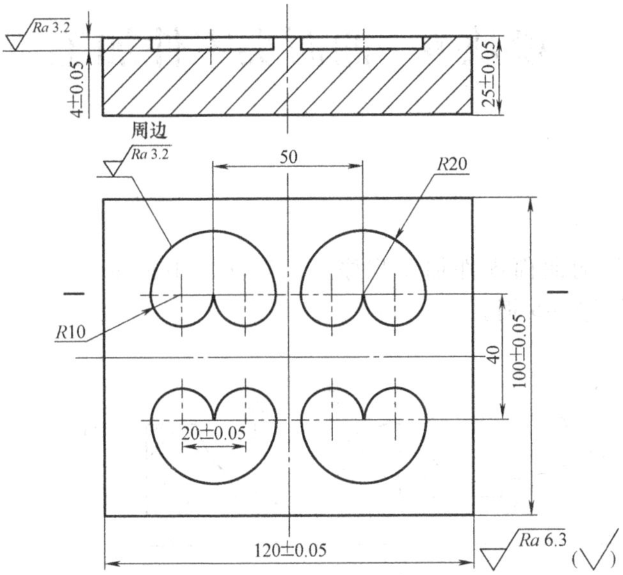

图 5-45　心形型腔的加工

模块6　曲面类零件加工

任务描述

编写图6-1所示的曲面零件加工程序。该零件为小批量生产，毛坯尺寸为150mm×100mm×36mm，材料为45钢。

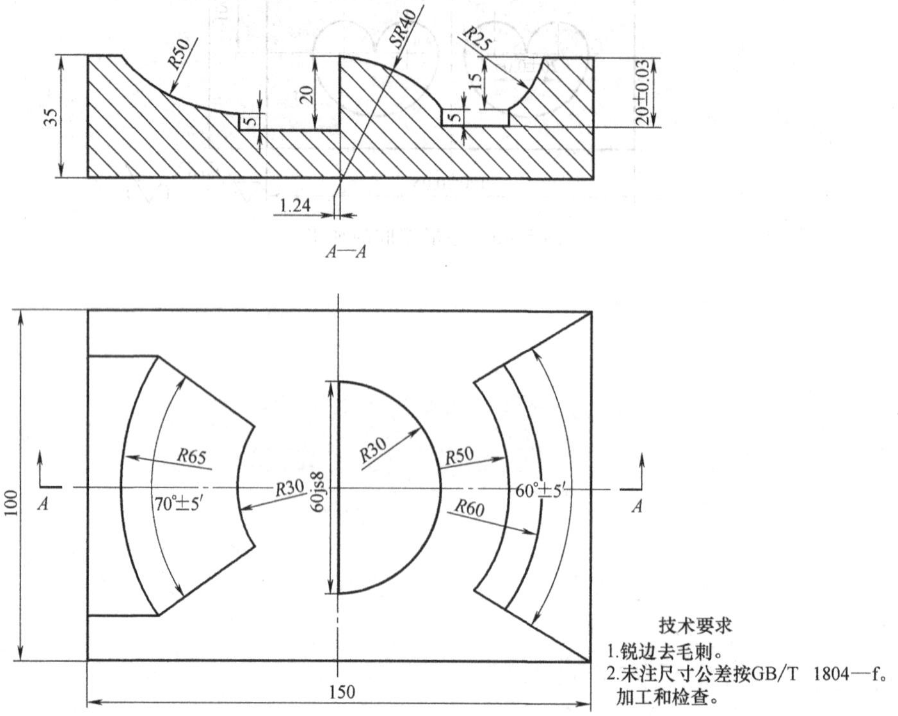

图6-1　曲面零件加工任务图

知识与技能点

- 宏程序定义与分类
- 宏变量及常量
- 运算符及表达式
- 使用B类宏程序的编程方法编写数控铣削加工程序
- NX8.0软件自动编程操作
- 计算机与数控机床传输线的连接
- 数控程序的传输

6.1 曲面类零件加工工艺

6.1.1 曲面类零件铣削加工工艺

1. 曲面零件数控铣削走刀路线

曲面加工的走刀路线相对二维轮廓加工要复杂得多，对于不同形状的零件应采用什么样的走刀方式，对加工效率、加工质量、编程计算复杂性和零件程序长度等有着重要影响。因此，如何根据曲面形状、刀具形状以及零件加工要求合理选择走刀路线，既是一个十分重要也是一个十分复杂的问题。曲面铣削常采用 Y 方向行切、X 方向行切和环切走刀路线，如图 6-2 所示。对于直母线类表面，采用图 6-2b 所示的走刀路线显然更有利，每次沿直线走刀，刀位点计算简单、程序段少，而且加工过程符合直纹面的形成，可以准确保证母线的直线度。图 6-2a 所示的走刀路线便于在加工后检验型面的准确度。实际生产中最好将以上两种方案结合起来。图 6-2c 所示的环切走刀路线主要应用于边界受限制的零件（如型腔类零件）的加工。在加工螺旋桨桨叶等类零件时，由于工件刚度小，加工变形问题突出，因此采用从里到外的环切时，刀具切削部位的四周可受到毛坯刚性边框的支持，这样有利于减小工件在加工过程中的变形。

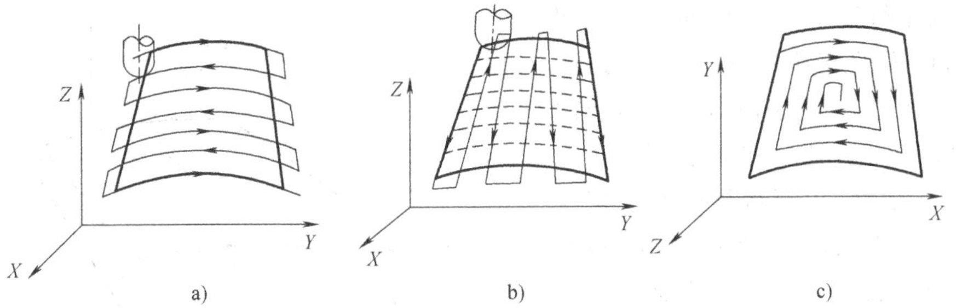

图 6-2 曲面铣削走刀路线
a) Y 方向行切 b) X 方向行切 c) 环切

2. 曲面类零件铣削加工方法

对曲率变化不大和精度要求不高的曲面类零件的粗加工，常用二轴半的行切法加工，即 X、Y、Z 三轴中任意两轴做联动插补，第三轴做单独的周期进给，如图 6-3 所示，将 X 向分成若干段，圆头铣刀沿 YZ 面所截的曲线进行铣削，每段加工完成后的进给量为 ΔX，再加工另一相邻曲线，如此依次切削即可加工整个曲面。

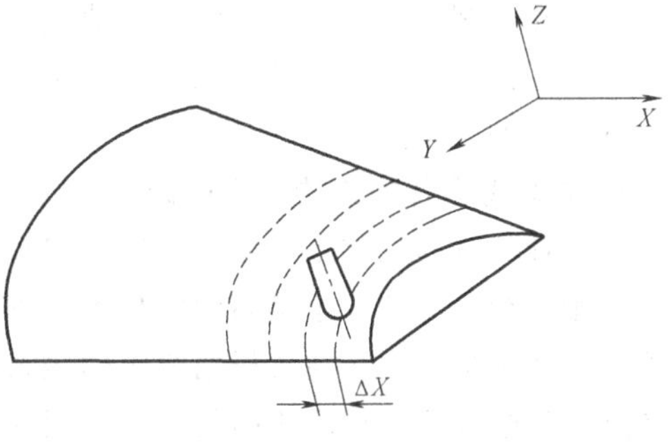

图 6-3 二轴半行切法加工曲面

行切法加工中通常采用球头铣刀。球头铣刀的刀头半径应选得大些，这样有利于散热，但刀头半径不应大于曲面的最小曲率半径。用球头铣刀加工曲面时，总是用刀心轨迹的数据进行编程。图 6-4 所示为二轴半加工的刀心轨迹与切削点轨迹示意图。*ABCD* 为被加工曲面，*Pyz* 平面为平行于 *YZ* 坐标面的一个行切面，其刀心轨迹 O_1O_2 为曲面 *ABCD* 的等距面 *IJKL* 与平面 *Pyz* 的交线，显然 O_1O_2 是一条平面曲线。在此情况下，曲面的曲率变化会导致球头铣刀与曲面切削点的位置改变。因此，切削点的连线 *ab* 是一条空间曲线，从而在曲面上形成扭曲的残留沟纹。

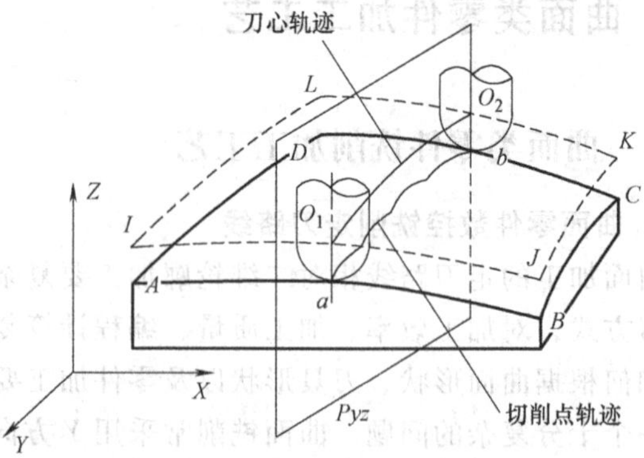

图 6-4　二轴半行切加工曲面的切削点轨迹

由于二轴半加工的刀心轨迹为平面曲线，故编程计算比较简单，数控逻辑装置也不复杂，常在曲率变化不大及精度要求不高的粗加工中使用。

若对曲率变化较大和精度要求较高的曲面进行精加工，常采用三轴联动加工，即 *X*、*Y*、*Z* 三轴可同时插补联动。当用三轴联动加工曲面时，通常也采用行切法。如图 6-5 所示，*Pyz* 平面为平行于 *yz* 坐标面的一个行切面，它与曲面的交线为 *ab*，若要求 *ab* 为一条平面曲线，则应使球头铣刀与曲面的切削点总是处于平面曲线 *ab* 上（即沿 *ab* 切削），以获得规则的残留沟纹。显然，这时的刀心轨迹 O_1O_2 不在 *Pyz* 平面上，而是一条空间曲面（实际是空间折线），需要 *X*、*Y*、*Z* 三轴联动。因此，三轴联动加工常用于复杂空间曲面的精确加工，但是编程计算较为复杂，所用机床的数控装置也必须具备三轴联动加工功能。

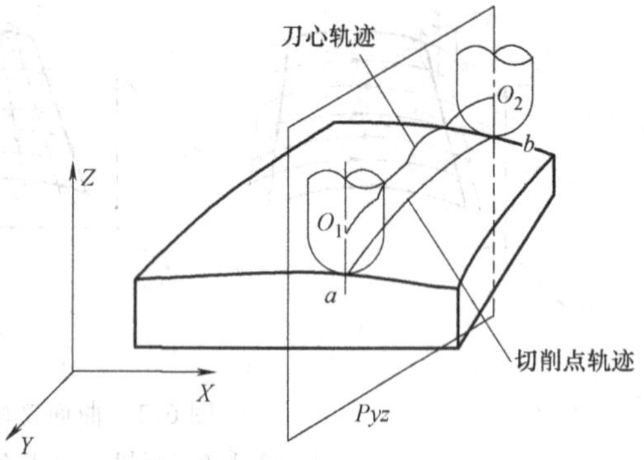

图 6-5　三轴联动加工曲面切削点轨迹

对叶轮、螺旋桨这样零件的空间曲面，因其曲面形状复杂，刀具容易与相邻表面干涉，所以常采用四轴或五轴联动加工。即三个直角线性轴运动外，为防止加工干涉，刀具还做沿坐标轴形成的摆角运动。

3. 曲面类零件加工的切削行距

采用球头铣刀精加工曲面时，同一刀具轨迹所在的平面称为截平面，截平面之间的距离称为行距。行距间残留余量高度的最大值称为残余高度，残余高度与球头铣刀的直径、行距有关。在实际加工中，通常根据要求的残余高度值来反推计算行距值，再通过行距来控制残余高度，残余高度与行距之间的关系如图 6-6 所示。

由图 6-6a 可知，铣削平面时残余高度与行距关系的计算公式为

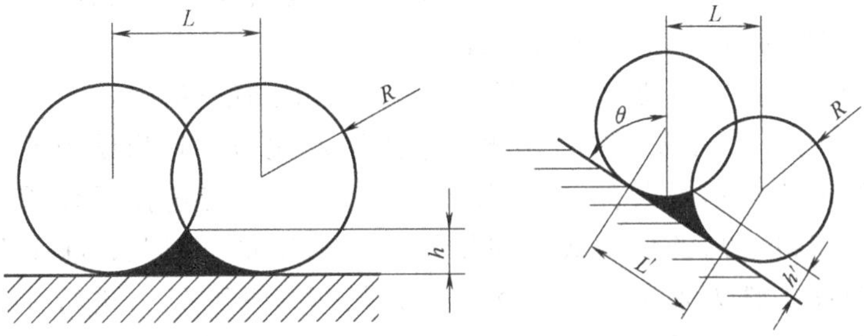

图 6-6　残余高度与行距关系

a）铣削平面时的残余高度　b）铣削斜面时的残余高度

$$h = R - \sqrt{R^2 - (L/2)^2}$$

$$L = 2\sqrt{R^2 - (R-h)^2}$$

式中　h——残余高度（mm）；

L——行距（mm）；

R——球头铣刀的半径（mm）。

如图 6-6b 所示，铣削斜面时残余高度与行距关系的计算公式为

$$L' = \frac{L}{\sin\theta}$$

$$h' = R - \sqrt{R^2 - (L'/2)^2} = R - \sqrt{R^2 - \left(\frac{L}{\sin\theta}\right)^2}$$

$$L = 2\sqrt{R^2 - (R-h)^2} \times \sin\theta$$

式中　h'——斜面上的残余高度（mm）；

L'——斜面上的行距（mm）；

θ——斜面方向与垂直方向的夹角（°）。

假设 Y 方向的行距为 1mm，球头铣刀半径为 5mm，残余高度的计算过程为

$$\theta = \arctan\frac{5}{1} = 78.69°$$

$$L' = \frac{L}{\sin\theta} = \frac{1\text{mm}}{\sin 78.69°} = 1.02\text{mm}$$

$$h' = R - \sqrt{R^2 - (L'/2)^2} = 5\text{mm} - \sqrt{5^2 - 0.51^2}\text{mm} = 5\text{mm} - 4.974\text{mm} = 0.026\text{mm}$$

假设工件加工过程允许的残余高度为 0.03mm，则 Y 方向行距的计算过程为

$$L = 2\sqrt{R^2 - (R-h')^2} \times \sin\theta = 2 \times \sin 78.69° \times \sqrt{5^2 - 4.97^2}\text{mm} = 1.07\text{mm}$$

影响三轴加工走刀行距的因素包括刀具形状与尺寸、零件表面几何形状与安装方位、走刀进给方向、允许的表面残余高度要求等。对行距的影响存在以下规律：

1）用球头铣刀加工时，零件形状与安装方位及走刀方向的变化对走刀行距的影响较小。

2）用平底铣刀加工时，行距对零件形状、安装方位及走刀变化非常敏感，且进给方向角越小，行距越大。此时可获得的最大行距值比用相同直径球头铣刀加工时要大。

3）用环形铣刀加工时，其影响规律介于平底铣刀与球头铣刀之间。

4）鼓形铣刀加工时，行距对零件形状、安装方位及走刀进给方向的变化也很敏感，但与用平底铣刀和环形铣刀加工时的规律相反。

根据上述分析，为尽可能加大走刀行距，可采取以下优化措施：

1）合理选择刀具。与球头铣刀相比，采用平底铣刀、环形铣刀或鼓形铣刀等非球面铣刀加工不但可改善切削条件，还可增大走刀行距。若选择了合适的进给方向和工件安装方位，可获得较高的加工效率和较好的表面质量。因此，除了凹曲面时为避免干涉而必须采用球头铣刀加工外，应优先考虑使用非球面铣刀进行加工，以获得较高的加工效率和较好的表面质量。此外，还应选择较大直径的刀具加工，以提高刀具刚度和增大行距。

2）合理选择工件安装方位。用平底铣刀或环形铣刀加工时，应使工件表面各处法矢与 Z 轴的夹角尽可能小，以增大行距，因此应合理地安装工件。此外，加工凹曲面时选择的工件安装方位应不存在刀具干涉。用鼓形铣刀加工时，应使工件表面各处法矢与 Z 轴的夹角尽可能大，以增大行距。

3）合理选择进给方向。用平底铣刀或环形铣刀加工时，选择的进给方向角尽可能小；而用鼓形铣刀加工时则相反。此外，应选择曲面曲率较小的方向作为行进给方向，但它对行距的影响比进给方向对行距的影响小。

6.1.2 曲面类零件加工工艺制订

1. 零件图分析

（1）加工内容及技术要求　图 6-1 所示零件属于曲面类零件，主要由外轮廓及曲面轮廓组成，所有表面都需要加工。零件毛坯为 150mm × 100mm × 36mm，材料 45 钢，切削加工性能较好，无热处理要求。

零件最高尺寸精度为 ±0.03mm，角度精度为 ±5′，表面粗糙度值为 $Ra3.2\mu m$。

（2）加工方法　零件各表面粗糙度值要求为 $Ra3.2\mu m$，外形轮廓可在数控铣床上采用粗铣—精铣的加工方法，曲面采用粗铣—半精铣—精铣的加工方法。

2. 确定数控机床和数控系统

根据零件的结构及精度要求并结合现有情况，选用配备 FANUC 0i 系统的 KV650 型立式数控铣床。KV650 型立式数控铣床的技术参数见表 1-1。

3. 装夹方案的确定

根据对零件图的分析可知，此零件只需加工部分表面，可通过一次装夹完成。由零件的毛坯和外形可知选用平口钳装夹比较方便。

工件夹持厚度 10 ~ 12mm，粗、精铣上表面、外轮廓、内轮廓、曲面轮廓，并将粗、精铣加工分开，装夹示意图如图 6-7 所示。

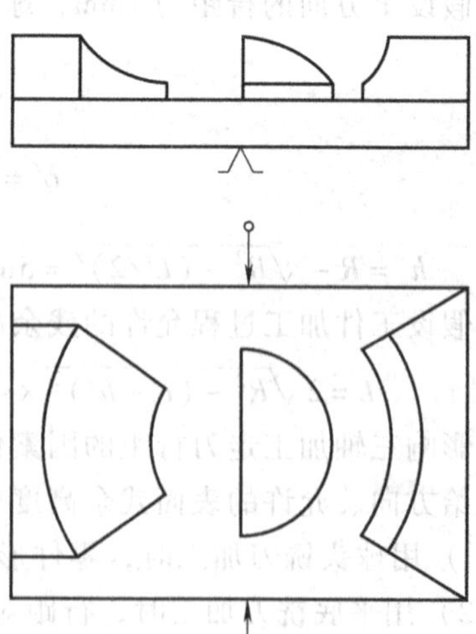

图 6-7　零件装夹

4. 机械加工工艺过程卡制订

根据以上分析，制定机械加工工艺过程卡见表 6-1。

表 6-1 机械加工工艺过程卡

（工厂）	机械工艺过程卡		产品型号		零件图号			
			产品名称		零件名称		共 1 页	第 1 页
材料牌号	45 钢	毛坯种类	方料	毛坯外形尺寸	150mm × 100mm × 36mm	每毛坯可制件数	1	每台件数	备注

	工序号	工序名称	工序内容	车间	工段	设备	工艺装备	工时/min 准终	工时/min 单件
	1	备料	备 150mm × 100mm × 36mm 方料	金工车间		普通铣床	平口钳		
	2	数控铣削	粗、精铣上表面各轮廓及曲面，达到图样要求	数控车间		数控铣床			
	3	钳工	去毛刺	钳工车间					
	4	检验							
描图									
描校									
底图号									
装订号									

										设计（日期）	审核（日期）	标准化（日期）	会签（日期）
标记	处数	更改文件号	签字	日期	标记	处数	更改文件号	签字	日期				

以下内容只分析数控铣削加工部分。

5. 加工顺序的确定

数控加工时以150mm×100mm的外轮廓表面进行定位，采用平口钳夹紧，首先粗铣零件待加工表面，再半精加工曲面，最后精加工零件表面达图样要求。

6. 刀具、量具的确定

在本图中，零件外形尺寸不大，所以表面粗加工和底面及侧面精加工选用ϕ16mm硬质合金平底立铣刀；曲面轮廓受高度5mm的尺寸限制，选用R4mm球头铣刀。

刀具卡片见表6-2。

表6-2 刀具卡片

产品名称或代号			零件名称		零件图号		
工步号	刀具号	刀具名称	刀具			刀具材料	备注
			直径/mm	长度/mm			
1	T01	平底立铣刀	ϕ16			硬质合金	整体粗加工
2	T02	球头铣刀	ϕ8			硬质合金	半精加工曲面
3	T01	平底立铣刀	ϕ16			硬质合金	底面及侧面精加工
4	T02	球头铣刀	ϕ8			硬质合金	精加工曲面
编　制		审　核		批　准		共1页	第1页

根据零件尺寸公差，外轮廓都采用游标卡尺和游标万能角度尺测量，量具卡片见表6-3。

表6-3 量具卡片

产品名称或代号		零件名称		零件图号		
序号	量具名称	量具规格	分度值		数量	
1	游标卡尺	0～150mm	0.01mm		1把	
2	游标万能角度尺	360°	0.01mm		1把	
编　制		审　核	批　准		共　页	第　页

7. 拟订数控铣削加工工序卡片

根据以上分析制订数控加工工序卡片，见表6-4。

6.2 曲面类零件编程

6.2.1 宏程序编程

1. 用户宏程序

（1）概念　将能完成某一功能的一系列指令如同子程序一样存入存储器，用一个总指令来调用它们，使用时只需要给出总指令，就能执行其功能。该总指令称为宏指令，存入存储器的一系列指令称为用户宏程序。

使用时，操作者只需要会使用用户宏程序即可，不必去理会用户宏主体。用户宏程序的特征有以下几个方面：

1）可以在用户宏主体中使用变量。

2）可以进行变量之间的运算。

表 6-4 数控加工工序卡片

（工厂）	数控加工工序卡	产品型号		零件图号			
		产品名称		零件名称		共 1 页	第 1 页
		车间	工序号	工序名称	材料牌号		
			2	数控铣销	45 钢		
		毛坯种类	毛坯外形尺寸	每毛坯可制件数		每台件数	
		方料	150mm×100mm×36mm	1			
		设备名称	设备型号	设备编号		同时加工件数	
		数控铣床	KV650				
		夹具编号		夹具名称		切削液	
				平口钳		水溶性切削液	
		工位器具编号		工位器具名称		工序工时	
						准终	单件

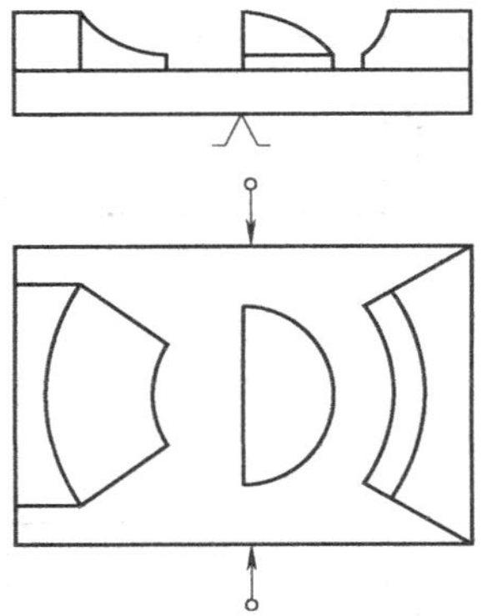

工步号	工步名称	工艺装备	主轴转速/(r/min)	切削速度/(m/min)	进给量/(mm/min)	切削深度/mm	进给次数	工时 机动	工时 单件
1	粗铣零件待加工表面，余量为 0.2mm	平口钳	1200	60	1200	0.8	/		
2	半精铣 *R*50mm、*R*25mm 和 *SR*40mm 曲面，余量为 0.1mm	平口钳	3000	75	800	/	1		
3	精铣零件底面及侧面轮廓至图样要求	平口钳	1500	75	500	0.2	1		
4	精铣 *R*50mm、*R*25mm 和 *SR*40mm 曲面至图样要求	平口钳	3500	88	1500	/	1		

描图	描校	底图号	装订号

									设计（日期）	审核（日期）	标准化（日期）	会签（日期）
标记	处数	更改文件号	签字	日期	标记	处数	更改文件号	签字	日期			

3）可以用用户宏命令对变量进行赋值。

使用用户宏程序的方便之处在于可以用变量代替具体数值。因而在加工同一类的零件时，只需要将实际的值赋予变量即可，而不需要对每一个零件都编一个程序。

用户宏程序分为A、B两类，通常情况下，FANUC 0T系统采用A类宏程序，而FANUC 0i系统则采用B类宏程序。

（2）变量　宏程序与普通程序相比，普通程序的程序字为常量，一个程序只能描述一个几何形状，缺乏灵活性和适用性；而在用户宏程序的本体中，可以使用变量进行编程，还可以用宏指令对这些变量进行赋值、运算等处理。

按变量号码可将变量分为空变量、局部（local）变量、公共（common）变量和系统（system）变量。

1）空变量#0。空变量总是空的，不能赋值给该变量。

2）局部变量#1～#33。局部变量就是在用户宏程序中局部使用的变量。换句话说，在某一时刻调出的用户宏程序中所使用的局部变量#i和另一时刻调用的用户宏程序（不论与前一个用户宏程序相同还是不同）中所使用的#i是不同的。因此，在多重调用时，当用一个用户宏程序调用另一个用户宏程序时，也不会将第一个用户宏程序中的变量破坏。

例如，用G代码（如G65）调用用户宏程序时，局部变量级会随着调用多重度的增加而增加，即存在图6-8所示的关系。

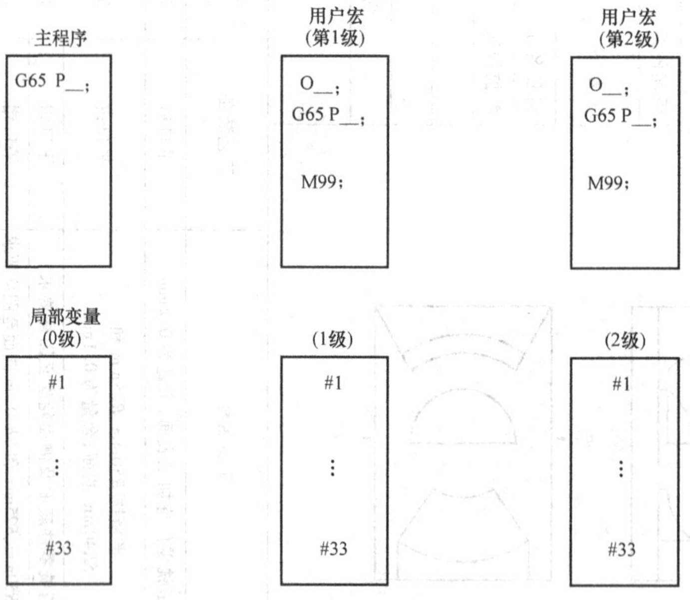

图6-8　局部变量应用时的关系

上述关系说明了以下几点：

① 宏主体中具有#1～#33的局部变量（0级）。

② 用G65调用用户宏程序（第1级）时，主程序中的局部变量（0级）被保存起来。再重新为用户宏（第1级）准备另一套局部变量#1～#33（第1级），可以再向它们赋值。

③ 当下一个用户宏程序（第2级）被调用时，其上一级的局部变量（第1级）被保

存，再准备出新的局部变量#1 ~ #33（第 2 级），并以此类推。

④ 当用 M99 指令各用户宏程序回到前一程序时，所保存的局部变量（第 0、1、2 级）以被保存的状态出现。

3）公共变量。公共变量是在宏主体及调用的宏程序中通用的变量，分为保持型变量#500 ~ #999 与操作型变量#100 ~ #199 两种。操作型（非保持型）变量断电后就被清零，保持型变量断电后仍被保存。由于它们都是公共变量，因此，在某个用户宏程序中运算得到的公共变量的结果#i，可以用到别的用户宏程序中。

4）系统变量。系统变量是根据用途而被固定的变量，主要种类见表 6-5。

表 6-5　系统变量种类

变量号码	用　途	变量号码	用　途
#1000 ~ #1035	接口信号 D1	#3007	镜像
#1100 ~ #1135	接口信号 D0	#4001 ~ #4018	G 代码
#2000 ~ #2999	刀具补偿量	#4017 ~ #4120	D、E、F、M、S、T 等
#3000 ~ #3006	P/S 报警，信息	#5001 ~ #5006	各轴程序段终点位置
#3001，#3002	时钟	#5021 ~ #5026	各轴现实位置
#3003，#3004	单步，连续控制	#5221 ~ #5315	工件偏置量

2. B 类宏程序

（1）B 类宏程序变量的赋值

1）直接赋值。变量可以在操作面板上用“MDI”方式直接赋值，也可在程序中以等式方式赋值，但等号左边不能用表达式。B 类宏程序的赋值为带小数点的值。在实际编程中，大多采用在程序中以等式方式赋值的方法。例如：

#100 = 20. 0；

#100 = 100. 0 + 200. 0；

2）引用赋值。宏程序以子程序方式出现，所用的变量可在宏程序调用时赋值。例如：

G65 P1000 X100. 0 Y30. 0 Z20. 0 F100. 0；

该处的 X、Y、Z 不代表坐标字，F 也不代表进给量，而是对应于宏程序中的变量号，变量的具体数值由引数后的数值决定。引数宏程序中的变量对应关系有两种，见表 6-6、表 6-7。这两种方法可以混用，其中，G、L、N、O、P 不能作为引数代替变量赋值；大部分无顺序要求，但 I、J、K 作为引数赋值时必须按字母顺序排列。

表 6-6　变量赋值方法 I

引数	变量	引数	变量	引数	变量	引数	变量
A	#1	I3	#10	I6	#19	I9	#28
B	#2	J3	#11	J6	#20	J9	#29
C	#3	K3	#12	K6	#21	K9	#30
I1	#4	I4	#13	I7	#22	I10	#31
J1	#5	J4	#14	J7	#23	J10	#32
K1	#6	K4	#15	K7	#24	K10	#33
I2	#7	I5	#16	I8	#25		
J2	#8	J5	#17	J8	#26		
K2	#9	K5	#18	K6	#27		

表 6-7　变量赋值方法 II

引数	变量	引数	变量	引数	变量	引数	变量
A	#1	H	#11	R	#18	X	#24
B	#2	I	#4	S	#19	Y	#25
C	#3	J	#5	T	#20	Z	#26
D	#7	K	#6	U	#21		
E	#8	M	#13	V	#22		
F	#9	Q	#17	W	#23		

① 变量赋值方法一

G65 P0030 A50.0 I40.0 J100.0 K0 I20.0 J10.0 K40.0;

经赋值后#1 = 50.0，#4 = 40.0，#5 = 100.0，#6 = 0，#7 = 20.0，#8 = 10.0，#9 = 40.0。

② 变量赋值方法二

G65 P0020 A50.0 X40.0 F100.0;

经赋值后#1 = 50.0，#24 = 40.0，#9 = 100.0。

③ 变量赋值方法一和二的混合使用

G65 P0030 A50.0 D40.0 I100.0 K0 I20.0;

经赋值后，I20.0 与 D40.0 同时分配给变量#7，则后一个#7 有效，所以变量#7 = 20.0。

（2）B 类宏程序的运算指令　B 类宏程序的运算指令的运算相似于数学运算，仍用各种数学符号来表示，常用运算指令见表 6-8。

表 6-8　B 类宏程序的常用运算指令

功　能	格　式	备注与示例
定义、转换	#i = #j	#100 = #1，#100 = 30.0
加法	#i = #j + #k	#100 = #1 + #2
减法	#i = #j - #k	#100 = 100.0 - #2
乘法	#i = #j * #k	#100 = #1 * #2
除法	#i = #j/#k	#100 = #1/30
正弦	#i = SIN[#j]	#100 = SIN[#1] #100 = COS[36.3 + #2] #100 = ATAN[#1]/[#2]
反正弦	#i = ASIN[#j]	
余弦	#i = COS[#j]	
反余弦	#i = ACOS[#j]	
正切	#i = TAN[#j]	
反正切	#i = ATAN[#j]/[#k]	
平方根	#i = SQRT[#j]	#100 = SQRT[#1 * #1 - 100] #100 = EXP[#1]
绝对值	#i = ABS[#j]	
舍入	#i = ROUND[#j]	
上取整	#i = FIX[#j]	
下取整	#i = FUP[#j]	
自然对数	#i = LN[#j]	
指数函数	#i = EXP[#j]	
或	#i = #j OR #k	逻辑运算一位一位地按二进制执行
异或	#i = #j XOR #k	
与	#i = #j AND #k	
BCD 转 BIN	#i = BIN[#j]	用于与 PMC 的信号交换
BIN 转 BCD	#i = BCD[#j]	

宏程序计算说明如下：

1）函数 SIN、COS 等的角度单位是度，分和秒要换算成带小数点的度，如 90°30′表示为 90.5°，30°18′表示为 30.3°。

2）宏程序数学计算的顺序依次为：函数运算（SIN、COS、ATAN 等），乘、除运算（*、/、AND 等），加、减运算（+、-、OR、XOR 等）。例如“#1 = #2 + #3 * SIN[#4]；”的运算顺序为：先算函数 SIN[#4]；再算乘运算#3 * SIN[#4]；最后算加运算#2 + #3 * SIN[#4]。

3）函数中的括号“[ ]”用于改变运算顺序，函数中的括号允许嵌套使用，但最多只允许嵌套5层，如"#1 = SIN[[[#2 + #3] * 4 + #5]/#6]"。

4）宏程序中的上、下取整运算，CNC在处理数值运算时，若操作产生的整数大于原数时为上取整，反之则为下取整。例如执行下列程序：

设#1 = 1.2，#2 = -1.2；

执行#3 = FUP [#1] 时，2.0 赋给#3；

执行#3 = FIX [#1] 时，1.0 赋给#3；

执行#3 = FUP [#2] 时，-2.0 赋给#3；

执行#3 = FIX [#2] 时，-1.0 赋给#3。

（3）B类宏程序转移指令　转移指令起到控制程序流向的作用。

1）分支语句。

格式一：GOTO n。

例如：GOTO 100；

该语句为无条件转移。当执行该程序段时，将无条件转移到N100程序段执行。

格式二：IF [条件表达式] GOTO n；

例如：IF [#1 GT #100] GOTO 100；

该语句为有条件转移语句。如果条件成立，则转移到N100程序段执行；如果条件不成立，则执行下一程序段。条件表达式的种类见表6-9。

表6-9　条件表达式的种类

条　件	意　义	示　例
#I EQ #j	等于(=)	IF[#5 EQ #6]GOTO 300；
#i NE #j	不等于(≠)	IF[#5 NE 100]GOTO 300；
#i GT #j	大于(>)	IF[#6 GT #7]GOTO 100；
#i GE #j	大于等于(≥)	IF[#8 GE 100]GOTO 100；
#i LT #j	小于(<)	IF[#9 LT #10]GOTO 200；
#i LE #j	小于等于(≤)	IF[#11 LE 100]GOTO 200；

2）循环指令。

格式一：WHILE [条件表达式] DO m (m = 1, 2, 3)；

...

END m；

当条件满足时，就循环执行WHILE m与END m之间的程序段；当条件不满足时，就执行END m的下一个程序段。

格式二：IF [条件表达式] THEN；

如果满足条件，执行预先确定的宏程序语句。

3. 用户宏程序的调用

（1）单纯调用　通常宏主体由下列形式进行一次性调用，也称为单纯调用，格式如下：

G65 P（程序号）<引数赋值>；

式中，G65是宏调用代码；P后面的程序号为宏程序主体的程序代码；<引数赋值>是由地址符及数值构成，由它给宏主体中所使用的变量赋予实际数值。

（2）模态调用　模态调用的格式如下：

G66（程序号码）L（循环次数）<引数赋值>；

在这一调用状态下，当程序段中有移动指令时，先执行完这一移动指令后再调用宏，所以又称为移动调用指令。

（3）G代码调用　调用格式：G××（引数赋值）；

为了实现这一方法，需要按下列顺序用表6-10中的参数进行设定。

1）将所使用宏主体程序名变为O9010～O9019中的任意一个。

2）将与程序名对应的参数设置为G代码的数值。

3）将调用指令的形式换为G（参数设定值）（引数赋值）。

例如，将宏主体O9110用G112调用时，设置如下：

① 将程序名由O9110变为O9012。

② 将与O9012对应的参数号码（第7052号）上的值设定为112。

③ 调用宏主体指令为“G112　I_　R_　Z_　F_；”。

表6-10　宏主体号码与参数号

宏主体号码	参　数	宏主体号码	参　数
O9010	7050	O9015	7055
O9011	7051	O9016	7056
O9012	7052	O9017	7057
O9013	7053	O9018	7058
O9014	7054	O9019	7059

4. B类宏程序编程实例

如图6-9所示，编制一个宏程序加工椭圆形零件的内腔。毛坯尺寸为100mm×100mm×25mm，材料为45钢。已知椭圆的长半轴为40mm，短半轴为32mm，椭圆长半轴与X轴成45°夹角，内腔深度为15mm。椭圆型腔零件仿真加工见二维码6-1。

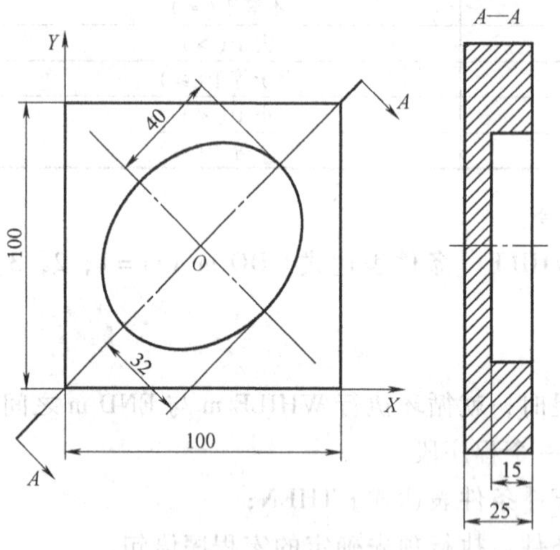

图6-9　椭圆型腔

二维码6-1

（1）工艺分析

1）程序原点及工艺路线。采用平口钳装夹，工件坐标系原点设定在工件上表面中心处。本零件编程难点在于内腔为椭圆，且椭圆长半轴与X轴成45°夹角，为使程序简洁，在编程时采用坐标系旋转指令G68。

加工方式为：使用平底立铣刀，每次从中心进刀，向X正方向走一段距离，逆时针加工椭圆，采用顺铣方式。为避免最后一次垂直进刀产生进刀痕，最后一刀加工时采用四分之一圆弧切入、切出的方式，切出后返回中心，进给至下一层，直至达到预定深度。

2）变量设定。根据零件特点，变量设定见表6-11。

表6-11　变量设定

变　　量	变量含义	变　　量	变量含义
#1 =（A）	椭圆长半轴长	#9 =（F）	进给速度
#2 =（B）	椭圆短半轴长	#11 =（H）	Z方向自变量赋初值
#3 =（C）	椭圆深腔深度	#17 =（Q）	每次加工深度
#4 =（I）	椭圆长半轴与X轴夹角	#24 =（X）	椭圆中心X坐标值
#7 =（D）	平底立铣刀半径	#25 =（Y）	椭圆中心Y坐标值

3）刀具选择。根据零件形状及尺寸，选择ϕ20mm平底立铣刀。

（2）参考程序

程　　序	注　　释
O61；	主程序
G90 G80 G40 G21 G17 G94；	程序保护头
G91 G28 Z0；	
G90 G54 X0 Y0；	
G43 G00 Z50.0 H01；	
M03 S1200；	
G65 P0062 X50.0 Y50.0 A40.0 B32.0 C15.0 I45.0 D10.0 H0 Q1.5 F200；	调用子程序O62并赋值
M05；	
M30；	
O62；	子程序
G52 X#24 Y#25；	在椭圆中心建立局部坐标系
G68 X0 Y0 R#4；	坐标系旋转#4
G00 X0 Y0 ；	快速移动到局部坐标系零点
Z[#11 +2.0] ；	快速移动到#11 +2.0mm的平面高度
#8 =1.6 * #7；	跨度设为刀具半径的1.6倍
WHILE[#11 GT #3]　DO1；	当#11 > #3时，循环1继续
#11 =#11-#17；	#11递减#17
G01 Z#11 F[0.2 * #9] ；	直线插补当前加工平面
#5 =#1-#7；	刀具中心在内腔中X正方向移动最大距离
#10 =#2-#7；	刀具中心在内腔中Y正方向移动最大距离
#20 = FIX[#10 / #8] ；	将#10/#8（跨度）的数据向上取整
#12 =#20；	#20赋值给#12
WHILE[#12 GE 1.0]　DO2；	当#12≥1.0时，循环2继续
#21 =#5-#12 * #8；	每圈需移动的椭圆长半轴目标值
#22 =#10-#12 * #8；	每圈需移动的椭圆短半轴目标值
G01 Y#22 F[0.8 * #9]；	直线插补到当前位置
#13 =90.0；	#13赋值90

（续）

程　序	注　释
O62;	子程序
WHILE[#13 LE 450.0] DO3;	当#13≤450. 时，循环 3 继续
#27 = #21 * COS[#13];	椭圆上一点的 X 坐标值
#28 = #22 * SIN[#13];	椭圆上一点的 Y 坐标值
G01 X#27 Y#28 F#9;	以 G01 逼近加工椭圆
#13 = #13 + 0.5;	#13 递增 0.5mm
END3;	循环 3 结束
#12 = #12 - 1.0;	#12 递减 1.0mm
END2;	循环 2 结束
G01 X0 Y0 F[3 * #9];	回局部坐标系零点
G41 X#2 D01;	建立刀具半径补偿
G03 X0 Y#2 R#2 F#9;	四分之一圆弧切入
#14 = 90.0;	#14 赋值 90.0
N10 #29 = #5 * COS[#14];	最后一刀椭圆上一点的 X 坐标值
#30 = #10 * COS[#14];	最后一刀椭圆上一点的 Y 坐标值
G01 #29 Y#30 F[0.8 * #9];	以 G01 逼近加工椭圆每层的最后一刀
#14 = #14 + 0.5;	#14 递增 0.5
IF[#14 LE 450.0] GOTO10;	如果#14≤450.0，跳转至 N10
G03 X-#2 Y0 R#2 F[3 * #9];	四分之一圆弧切出
G01 G40 X0 Y0;	取消刀具半径补偿
END1;	循环结束
G00 Z30.0;	快速抬刀到初始平面
G69;	取消坐标系旋转
G52 X0 Y0;	取消局部坐标系
M99;	程序结束并返回

6.2.2 自动编程方法

自动编程是相对于手工编程而言的。它是利用计算机专用软件来编制数控加工程序的。编程人员只需根据零件图样的要求，使用数控语言，由计算机自动地进行数值计算及后置处理，编写出零件加工程序。实现自动编程的方法主要有语言式自动编程和图形交互式自动编程。其中，前者是通过高级语言的形式表达全部加工内容，采用计算机批处理方式，一次性处理、输出加工程序；后者是采用人机对话的处理方式，利用 CAD/CAM 功能生成加工程序。当前使用的自动编程方法大多指图形交互式自动编程。

6.2.3 运用 NX8.0 软件编程

使用 NX8.0 软件，根据零件加工工艺设计，编制零件粗、半精、精加工程序。

(1) 编程前准备　自动编程前一般需要经过零件模型处理、加工坐标系设置、工件与毛坯设置、检查几何体创建与设置、刀具创建等过程，按表 6-12 中的步骤进行。（表中的 rpm 指 r/min，mmpr 指 mm/r）。

表 6-12　编程前准备操作步骤

<table>
<tr><th>步骤和动作</th><th>说　明</th><th>图　例</th></tr>
<tr><td>①启动 NX 8.0</td><td></td><td></td></tr>
<tr><td>② 打开文件 Qumian. prt,进入“建模”环境</td><td>为编程做模型准备(见二维码 6-2)</td><td>
二维码 6-2</td></tr>
<tr><td>③创建检查几何体</td><td>为了使编制的零件加工程序更加合理,通过拉伸零件表面的方式为本零件创建检查几何体</td><td>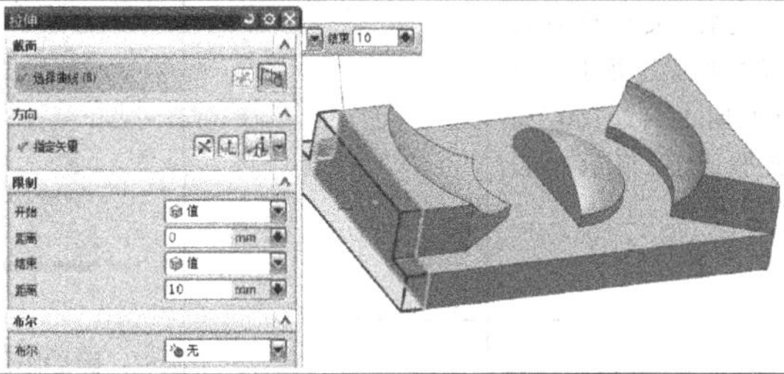</td></tr>
<tr><td>④开始→加工,弹出“加工环境”,对话框,选择“cam_general”</td><td>进入加工环境</td><td rowspan="2">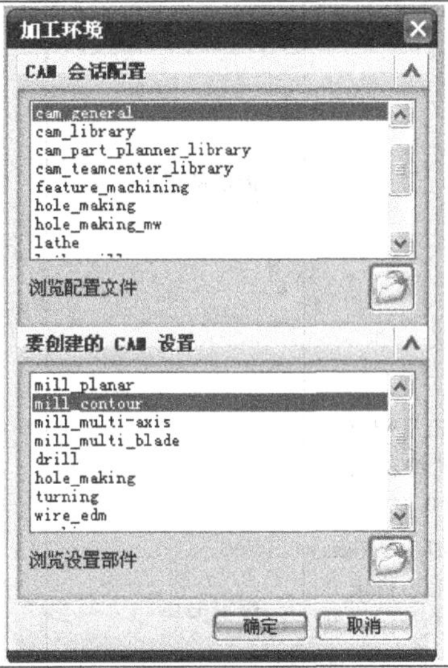</td></tr>
<tr><td>⑤在“要创建的 CAM 设置”列表选择“mill_contour”,单击“确定”按钮,进入 cam_general 加工环境</td><td>进入制造模块</td></tr>
<tr><td>⑥单击资源条中的“工序导航器”选项卡,打开操作导航工具
在“工序导航器”选项卡的空白处单击鼠标右键,选择“几何视图”</td><td>可以看到,在几何视图中,系统已经定义了 MCS_MILL 节点以及它的一个子节点 WORKPIECE</td><td>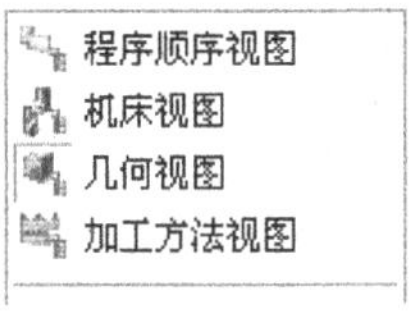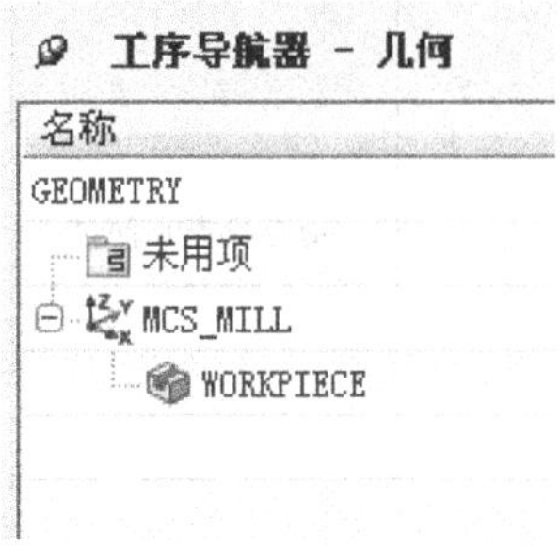</td></tr>
</table>

（续）

步骤和动作	说　明	图　例
⑦右键单击“MCS_MILL”，选择“编辑”，在弹出的“Mill_Orient”对话框中，分别设置MCS原点为零件最高顶面的几何中心处，*X*轴平行于长边。设置装夹偏置为“1”，设置“安全设置选项”为“平面”，并指定零件顶面向上偏置“50”为安全平面，完成后单击“确定”按钮	设置MCS、装夹偏置和安全平面	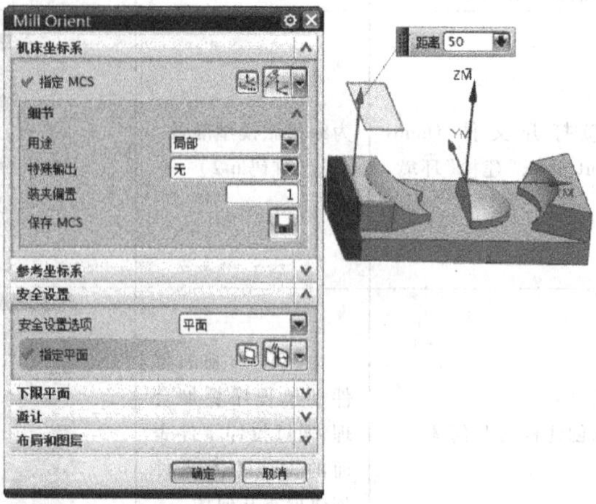
⑧右键单击“WORKPIECE”，选择“编辑”，在弹出的“铣削几何体”对话框中，把被加工零件选作部件；设置毛坯指定方式为“包容块”，限制“ZM＋”为1mm；指定③中创建的几何体为“检查几何体”。完成后单击“确定”按钮	指定部件	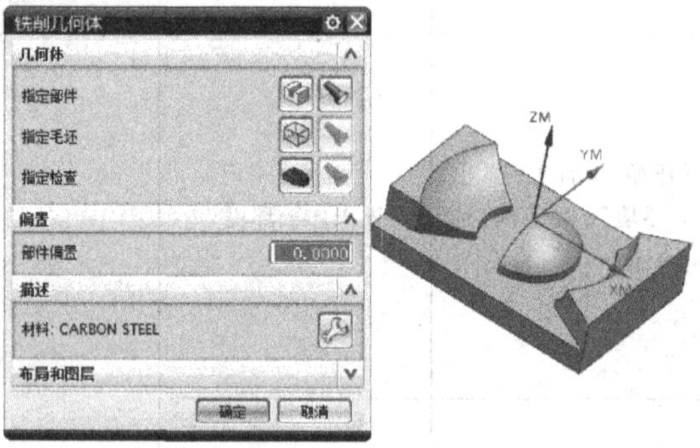
	指定毛坯	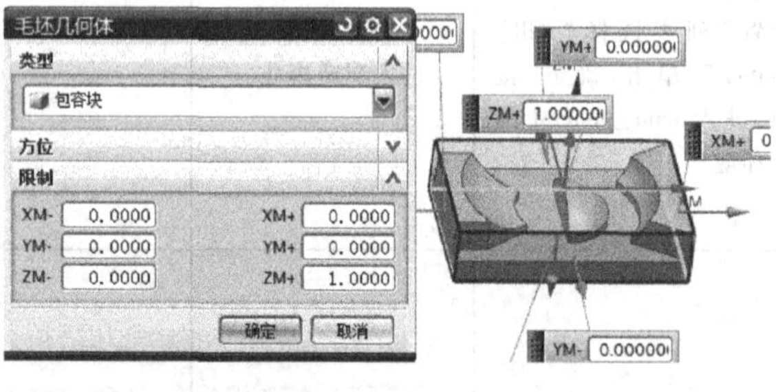
	指定检查几何体	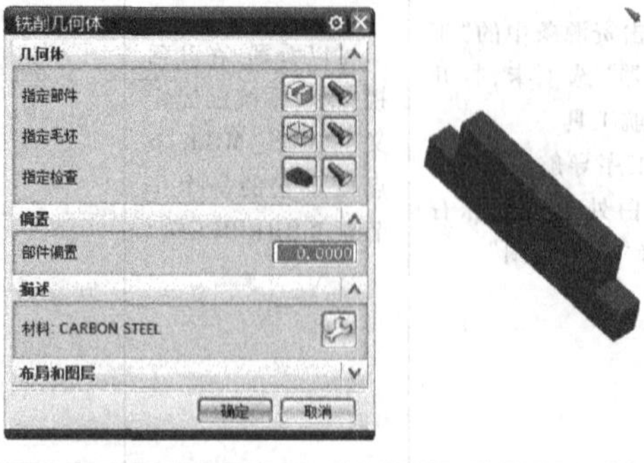

（续）

步骤和动作	说　　明	图　　例
⑨创建刀具。选择工具栏“创建刀具”命令，在弹出的“创建刀具”对话框中设置“刀具子类型”为“MILL”，名称为“D16”，单击“确定”按钮，设置直径为“16”，设置“刀具号”“补偿寄存器”和“刀具补偿寄存器”。同理可创建 ϕ8mm 球头铣刀	创建刀具命令	
	创建 ϕ16mm 平底立铣刀	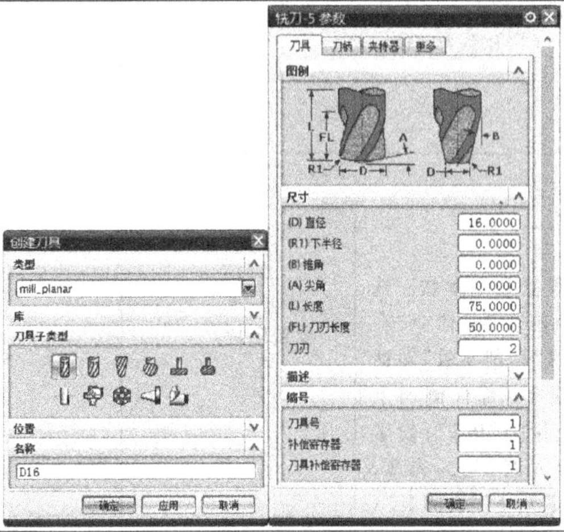
	创建 ϕ8mm 球头铣刀	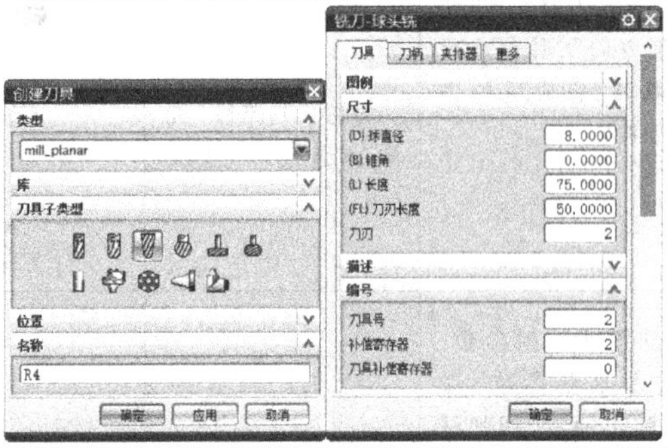

（2）零件粗加工编程（表 6-13）

表 6-13　粗加工编程步骤

步骤和动作	说　　明	图　　例
①鼠标右键单击 WORKPIECE 节点，在快捷菜单中选择“刀片”命令，弹出“创建工序”对话框，选择工序子类型为“CAVITY_MILL”，分别设置“程序”“刀具”“几何体”等父节点，然后单击“确定”按钮	创建型腔铣加工操作	

（续）

步骤和动作	说　明	图　例
②在“型腔铣”对话框中，设置“每刀的公共深度”为“恒定”，“最大距离”为“1”，其余为默认	设置深度（见二维码 6-3）	 二维码 6-3
③设置切削参数。选择“切削参数”命令，在弹出的“切削参数”对话框中设置“部件侧面余量”余量为“0.2”；设置“所有刀路”均为光顺，“半径”为“5”“%刀具”，设置“开放刀路”为“变换切削方向”，其余选项均为默认，完成后单击“确定”按钮	设置余量	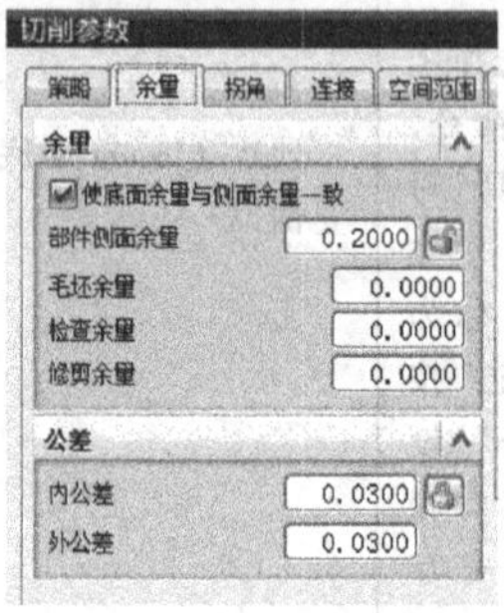
	设置刀具路径“光顺”和连接选项方式	
④设置非切削参数。单击“非切削参数”命令，在弹出的“非切削移动”对话框中，设置“转移/快速”选项卡中的“转移类型”均为“最小安全值 Z”，“安全距离”为“3”，其余参数均为默认，完成后单击“确定”按钮	设置加工中抬刀方式	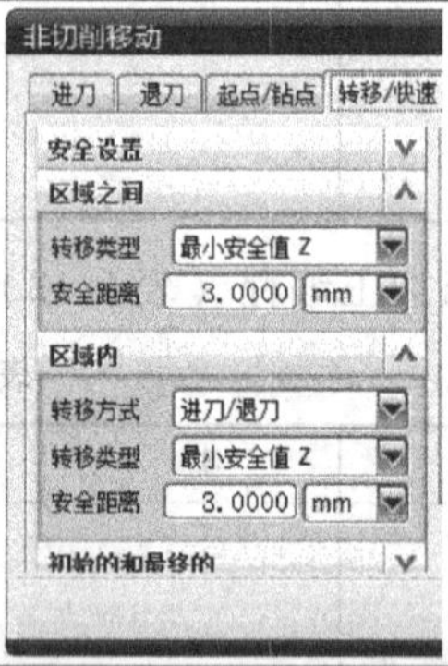
⑤设置切削速度。单击“进给率和速度”命令，在弹出的“进给率和速度”对话框中，设置“主轴速度”为“1200”，切削速度为“1000”，其余参数均为默认，完成后单击“确定”按钮	设置主轴转速和切削速度	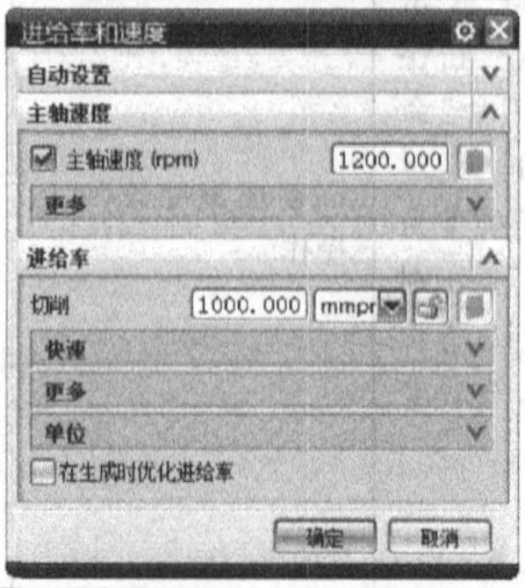

（续）

步骤和动作	说　　明	图　　例
⑥选择“生成”按钮，则刀轨生成	将切削参数设置好后，“机床控制”“程序”“选项”等都可以按默认参数，不进行设置	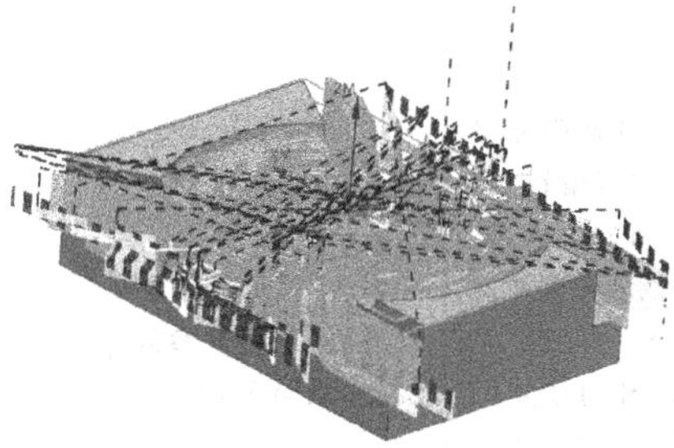
⑦单击“确认”按钮，进入2D动态仿真，表明粗加工完成		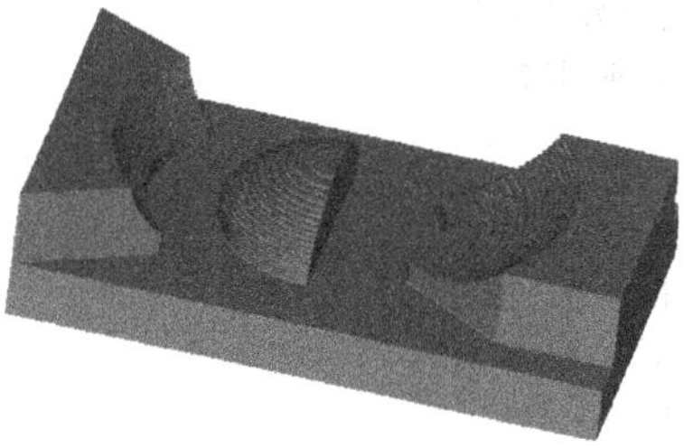

（3）曲面半精加工编程（表6-14）

表6-14　曲面半精加工编程步骤

步骤和动作	说　　明	图　　例
①鼠标右键单击WORKPIECE节点，在快捷菜单中选择“刀片”命令，弹出“创建工序”对话框，选择“工序子类型”为“CONTOUR_AREA”，分别设置“程序”“刀具”“几何体”等父节点，然后单击“确定”按钮	创建区域铣削加工操作	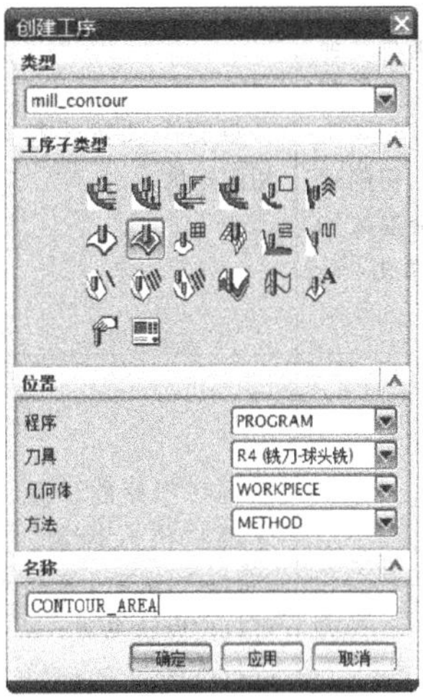
②在“切削区域”对话框中，指定“切削区域”为零件表面的三个曲面，其余为默认	设置切削区域	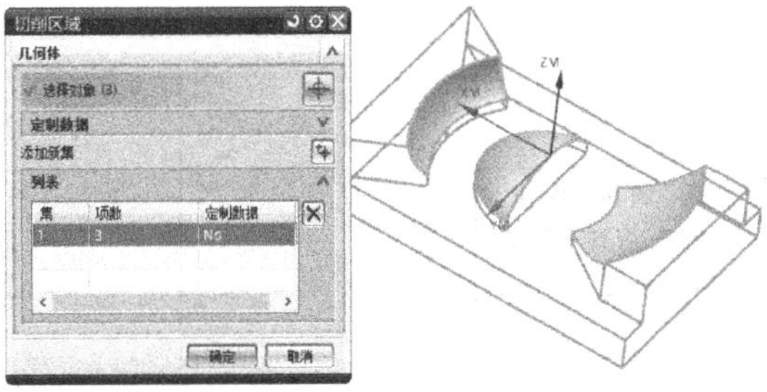

（续）

<table>
<tr><th>步骤和动作</th><th>说　明</th><th>图　例</th></tr>
<tr><td>③设置区域铣削驱动方法参数。选择编辑“区域铣削”驱动方法参数，在弹出的“区域铣削驱动方法”对话框中设置“切削模式”为“径向往复”，指定“阵列中心”和步距，其余选项均为默认，完成后单击“确定”按钮</td><td>设置“区域铣削驱动方法”对话框参数（见二维码 6-4）</td><td>
二维码 6-4</td></tr>
<tr><td>④设置切削参数。选择“切削参数”命令，在弹出的“切削参数”对话框中，设置刀轨“在边上延伸”，距离值为“0.5”，设置部件余量为“0.15”，其余参数均为默认，完成后单击“确定”按钮</td><td>设置切削参数</td><td>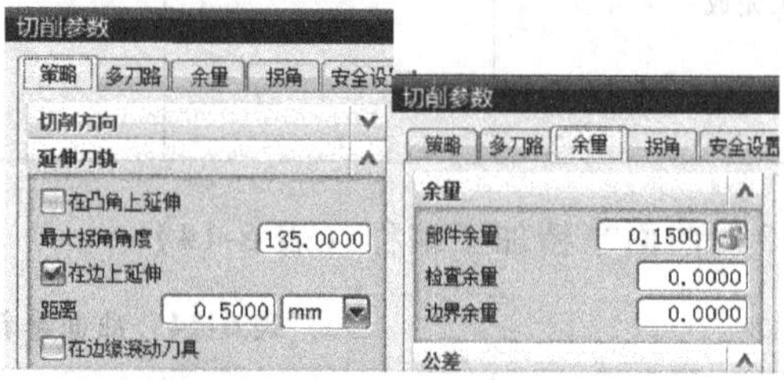</td></tr>
<tr><td>⑤设置切削速度。单击“进给率和速度”命令，在弹出的“进给率和速度”对话框中，设置主轴转速为“3000”，切削速度为“800”，其余参数均为默认，完成后单击“确定”按钮</td><td>设置主轴转速和切削速度</td><td>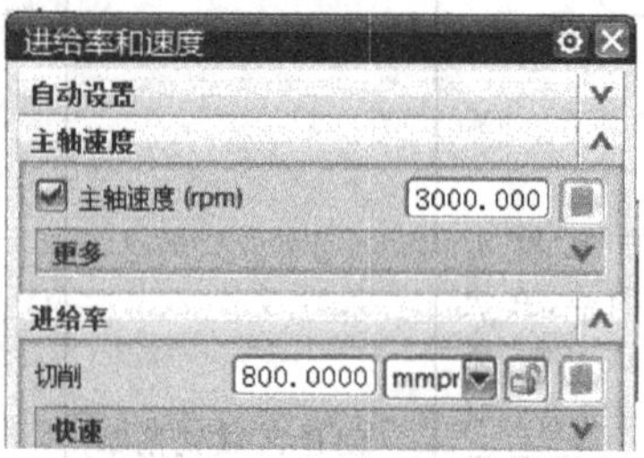</td></tr>
<tr><td>⑥选择“生成”命令生成刀轨</td><td>将切削参数设置好后，“机床控制”“程序”“选项”等都可以按默认参数，不进行设置</td><td>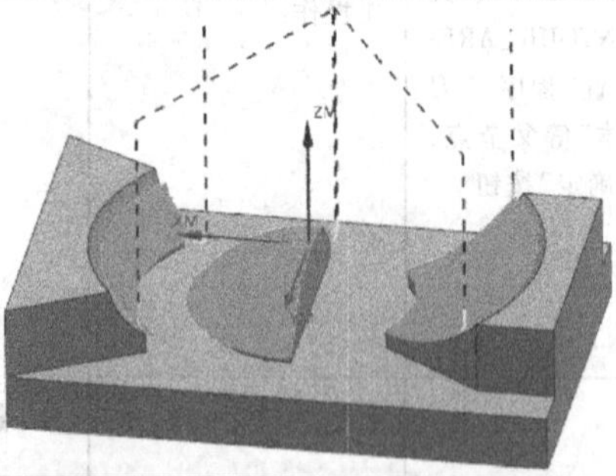</td></tr>
<tr><td>⑦选择“确认”按钮，进入 2D 动态仿真。则曲面半精加工完成</td><td></td><td>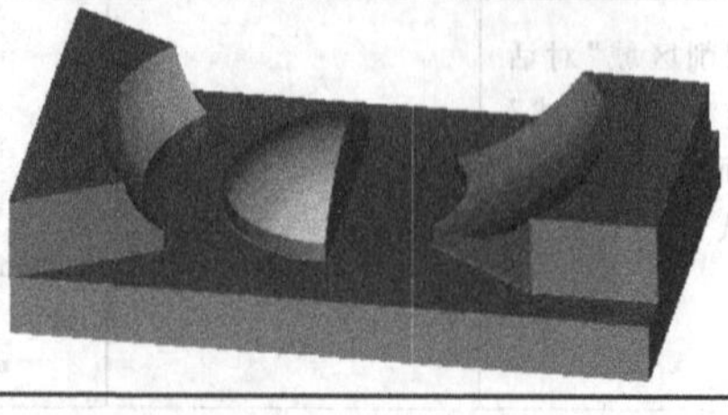</td></tr>
</table>

(4) 底面及侧面精加工编程（表6-15）

表6-15　底面及侧面精加工编程步骤

步骤和动作	说　明	图　例
① 鼠标右键单击 WORKPIECE 节点，在快捷菜单中选择“刀片”命令，弹出“创建工序”对话框，选择工序类型为“mill_planar”，选择工序子类型为“FACE_MILLING_AREA”，分别设置“程序”“刀具”“几何体”等父节点，然后单击“确定”按钮	创建面铣加工操作	
②在“面铣削区域”对话框中，指定“切削区域”为零件表面上的平面，勾选“自动壁”选项，设置步距为“刀具平直百分比”，值为“60”，其余为默认	指定切削区域及步距	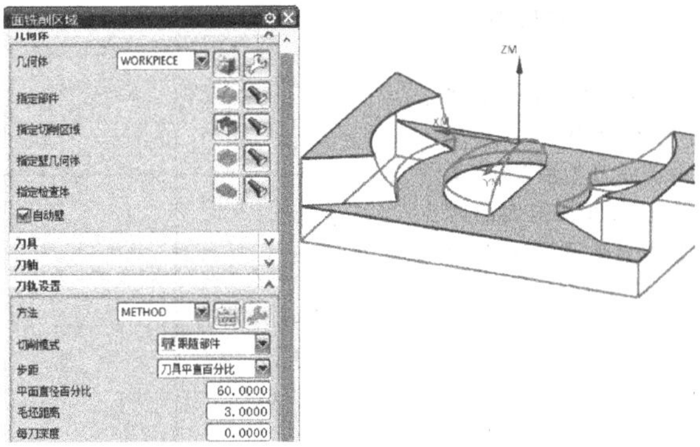
③设置切削参数。选择“切削参数”命令，在弹出的“切削参数”对话框中，设置“添加精加工刀路”数为“1”，步距为“0.5”，设置“余量”为“0”，“公差”均为“0.005”，设置“开放刀路”为“变换切削方向”，其余参数均为默认，完成后单击“确定”按钮	设置侧面精加工刀路 （见二维码6-5）	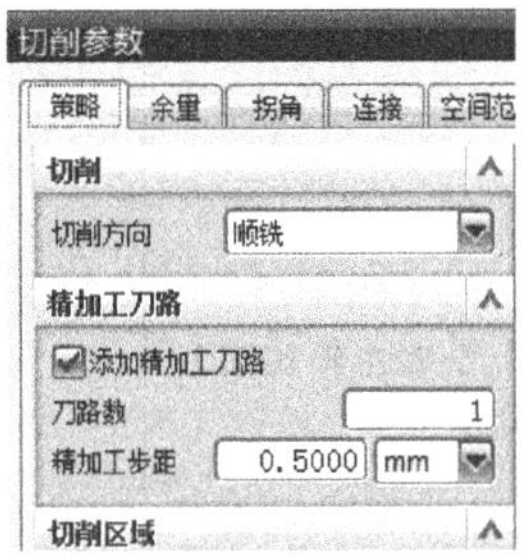 二维码6-5
	设置余量与公差	

(续)

<table>
<tr><th>步骤和动作</th><th>说　明</th><th>图　例</th></tr>
<tr><td>③设置切削参数。选择“切削参数”命令，在弹出的“切削参数”对话框中，设置“添加精加工刀路”数为“1”，步距为“0.5”，设置“余量”为“0”，“公差”均为“0.005”，设置“开放刀路”为“变换切削方向”，其余参数均为默认，完成后单击“确定”按钮</td><td>设置刀路连接</td><td>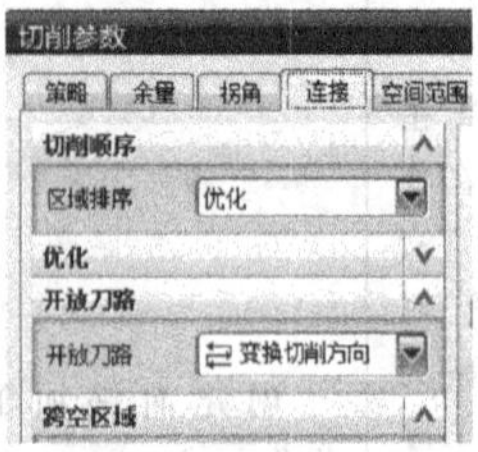
</td></tr>
<tr><td rowspan="2">④设置非切削参数。选择“非切削参数”命令，在弹出的“非切削移动”对话框中，设置开放区域“进刀类型”为“圆弧”，设置在加工侧面时添加刀具半径补偿；其余参数均为默认。完成后单击“确定”按钮</td><td>设置圆弧进刀方式</td><td>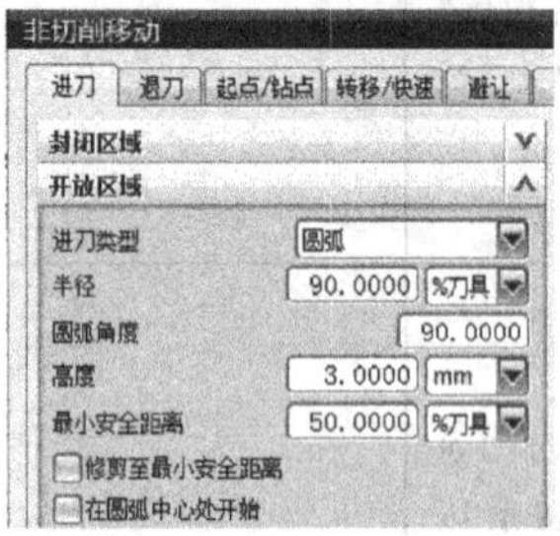
</td></tr>
<tr><td>设置刀具补偿为在侧壁补偿，补偿方式为零刀补方式</td><td>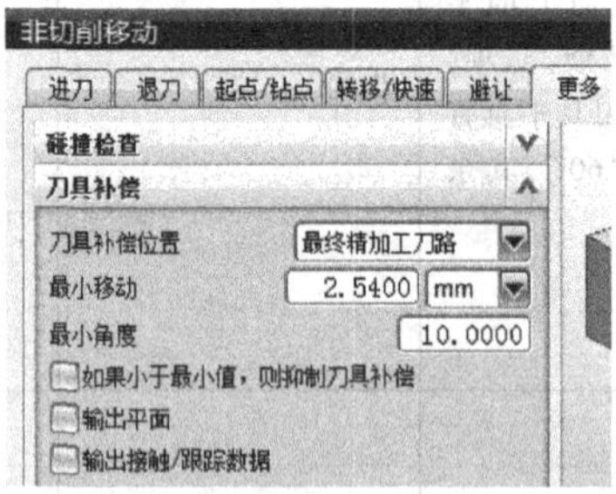
</td></tr>
<tr><td>⑤设置切削速度。选择“进给率和速度”命令，在弹出的“进给率和速度”对话框中，设置“主轴速度”为“1500”，“进给率”为“500”，其余参数均为默认，完成后单击“确定”按钮</td><td>设置主轴转速和切削速度</td><td>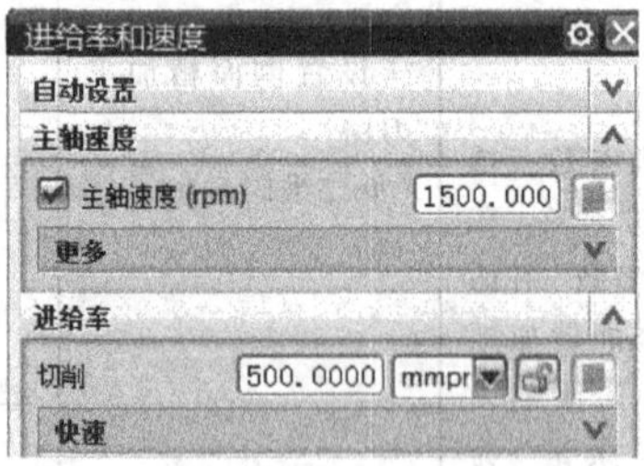
</td></tr>
<tr><td>⑥选择“生成”命令，则刀轨生成</td><td>将切削参数设置好后，“机床控制”，“程序”“选项”等都可以按默认参数，不进行设置</td><td>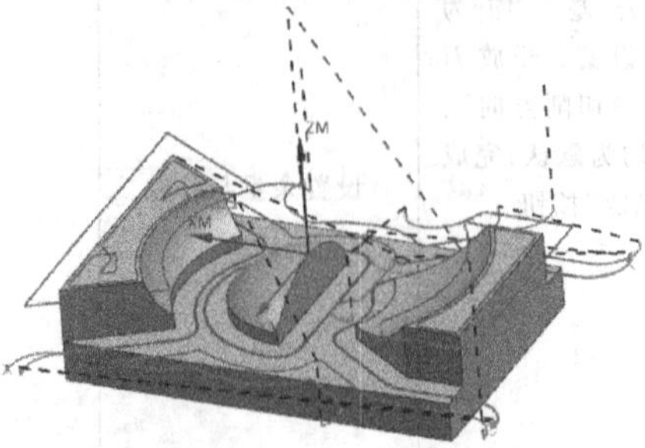</td></tr>
</table>

（续）

步骤和动作	说　　明	图　　例
⑦单击“确认”按钮，进入2D动态仿真，则平面与侧面精加工完成		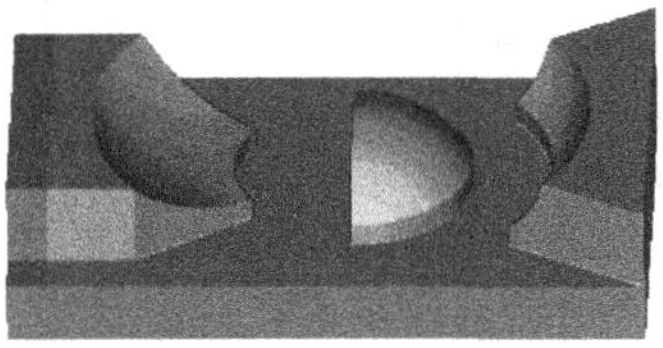

（5）曲面精加工编程（见表6-16）

表6-16　曲面精加工编程步骤

步骤和动作	说　　明	图　　例
①鼠标右键单击在步骤③中创建的曲面半精加工操作，并复制—粘贴	复制曲面半精加工操作（见二维码6-6）	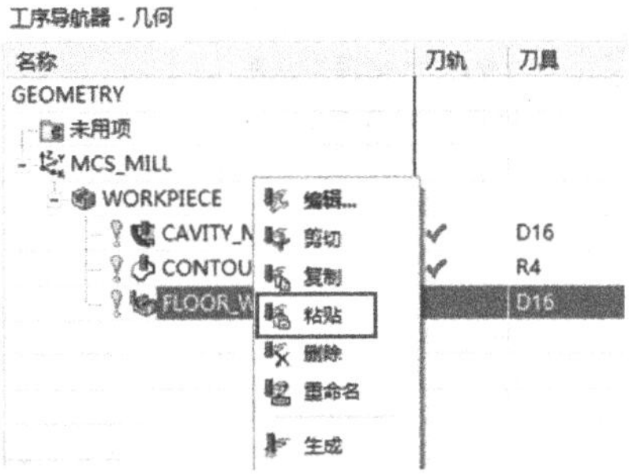 二维码6-6
②编辑“区域铣削驱动方法”参数，设置“切削模式”为“同心往复”，步距的“最大距离”为“0.25”，其余选项均为默认，完成后单击“确定”按钮	设置曲面精加工“区域铣削驱动方法”参数	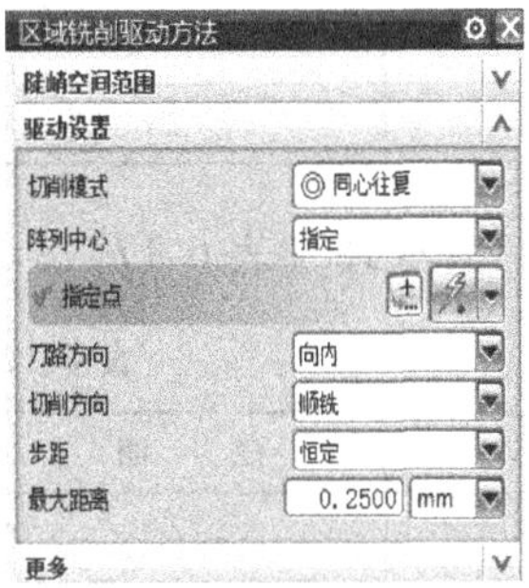
③编辑切削参数。单击“切削参数”命令，在弹出的“切削参数”对话框中，设置“部件余量”为“0”，公差为“0.005”，其余参数均为默认，完成后单击“确定”按钮	设置曲面精加工余量和公差	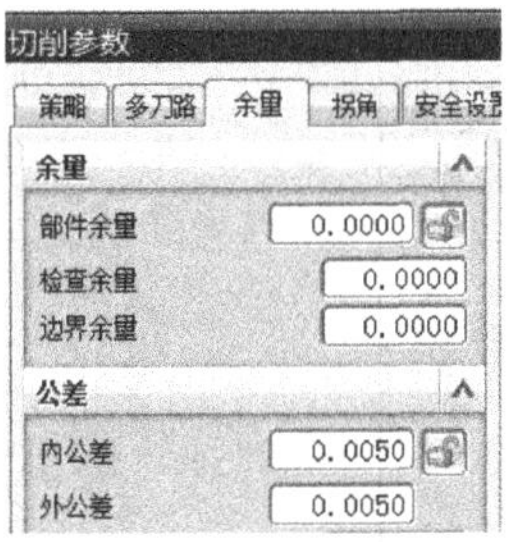

（续）

步骤和动作	说　明	图　例
④设置切削速度：选择“进给率和速度”命令，在弹出的“进给率和速度”对话框中，修改设置“主轴速度”为“3500”，“进给率”为“800”，其余参数均为默认，完成后单击“确定”按钮	设置主轴转速和切削速度	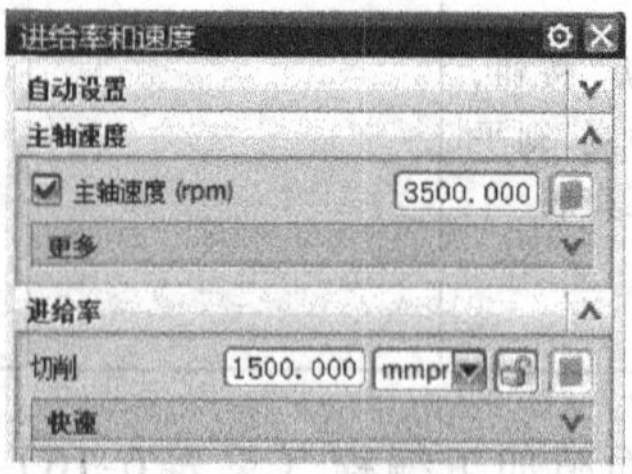
⑤选择生成命令，则生成刀轨	将切削参数设置好后，“机床控制”“程序”“选项”等都可以按默认参数，不进行设置	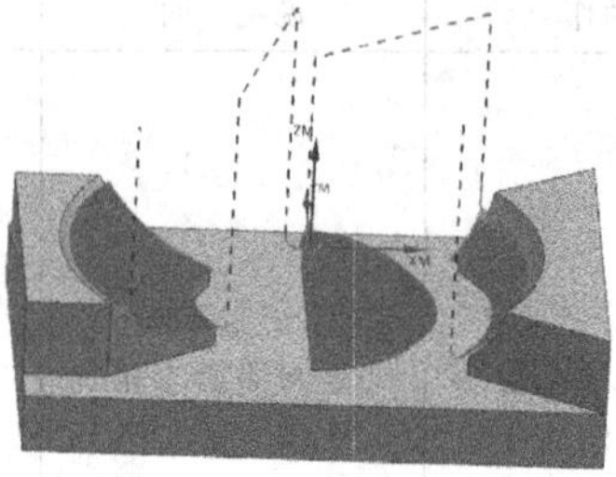
⑥单击“确认”按钮，进入 2D 动态仿真，则曲面半精加工完成	（见二维码 6-7）	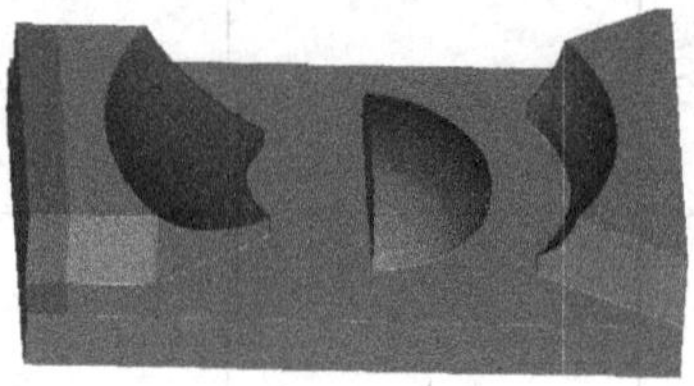 二维码 6-7

（6）程序后置处理（表 6-17）

表 6-17　程序后置处理操作步骤

步骤和动作	说　明	图　例
①鼠标右键单击要生成 NC 代码的加工操作，选择“后处理”命令		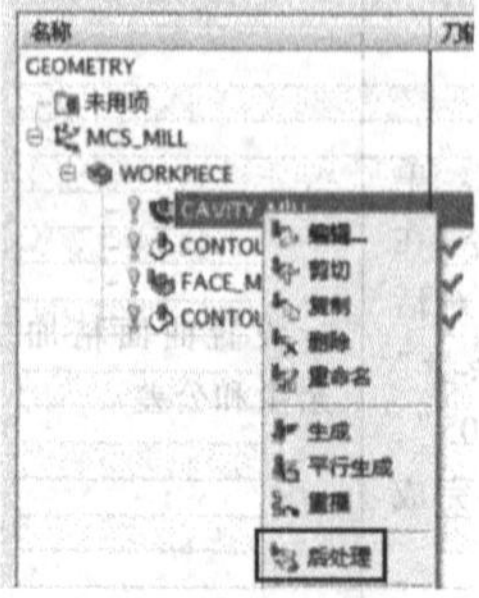

（续）

步骤和动作	说　明	图　例
②在弹出的“后处理”对话框中，选择对应机床的后处理器，设置 NC 代码输出路径和名称，其余选项均为默认，完成后单击“确定”按钮	后处理对话框设置	后处理 后处理器 MILL_5_AXIS MILL_5_AXIS_ACTT_IN LATHE_2_AXIS_TOOL_TIP LATHE_2_AXIS_TURRET_REF MILLTURN MILLTURN_MULTI_SPINDLE UG-POST_FANUC UG-POST_FANUC 浏览查找后处理器 输出文件 文件名 C:\Users\Yan\Desktop\01 文件扩展名 NC 浏览查找输出文件 设置 单位 经后处理定义 列出输出 输出警告 经后处理定义 查看工具 经后处理定义 确定 应用 取消
③完成后单击“确定”按钮，生成 NC 代码文件		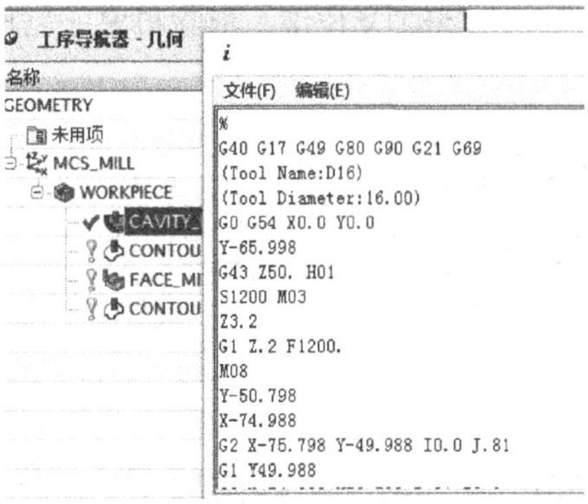工序导航器 - 几何 名称 GEOMETRY 未用项 MCS_MILL WORKPIECE CAVITY_ CONTOU FACE_MI CONTOU i 文件(F)　编辑(E) % G40 G17 G49 G80 G90 G21 G69 (Tool Name:D16) (Tool Diameter:16.00) G0 G54 X0.0 Y0.0 Y-65.998 G43 Z50. H01 S1200 M03 Z3.2 G1 Z.2 F1200. M08 Y-50.798 X-74.988 G2 X-75.798 Y-49.988 I0.0 J.81 G1 Y49.988

6.3 曲面类零件加工实施

6.3.1 工件装夹与找正

本模块的任务是加工形状规则零件。可选用平口钳装夹，装夹毛坯长边，毛坯件露出钳口约 25mm，如图 6-10 所示。平口钳装夹与找正方法同模块 3 中相应内容。

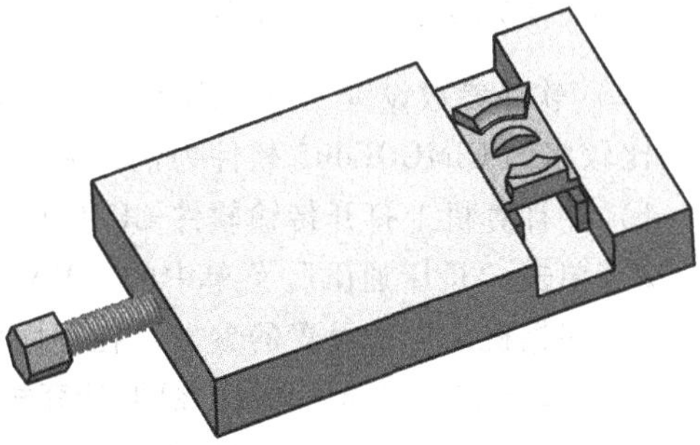

图 6-10　曲面零件装夹

6.3.2 对刀与参数设置

图 6-1 所示零件几何形状对称，编程时

编程原点选在零件的几何中心上表面，所以对刀时采用分中法，使用寻边器对刀，将 *X*、*Y* 方向的对刀数值输入图 1-74 的参数表中，分别使用 ϕ16mm 平底立铣刀和 ϕ8mm 球头铣刀进行 *Z* 方向对刀，将 *Z* 方向的对刀数值输入图 1-69 中参数表的 001 号和 002 号，同时确认在刀偏表中刀具半径补偿值为 0。

6.3.3 程序传输

1. 数控传输线的连接

数控传输线是数控机床与计算机之间的通信线，其连接方式有两种，即 9 针与 9 针相连和 9 针与 25 针相连，其连接方式如图 6-11 所示。

2. 数控程序的传输

（1）机床参数设置

1）选择“MDI”模式。

2）选择 OFS/SET 功能键进入补偿设置界面。

3）选择菜单软键［设定］，进入参数设置界面。

4）如图 6-12 所示，将“写参数”改为“1”，再将“I/O 通道”改为“0”，最后将“写参数”重新改为“0”。

5）按下 RESET 复位键，消除报警，完成参数设置。

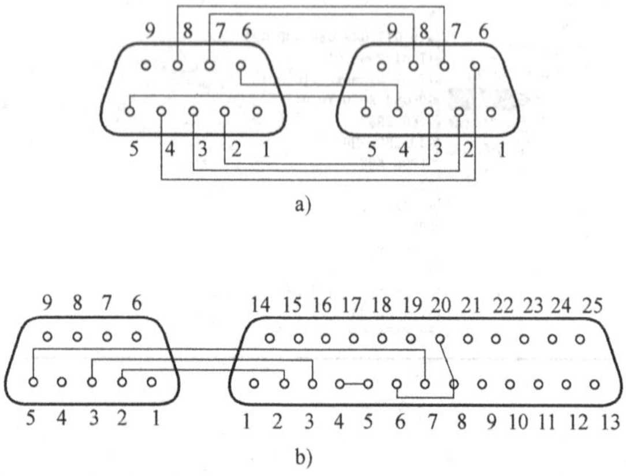

图 6-11 数控传输线的连接

a) 9 孔串口的连接方式 b) 25 孔串口的连接方式

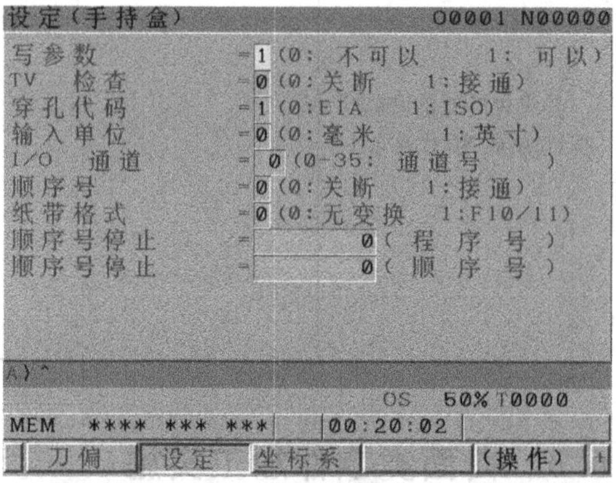

图 6-12 I/O 通道设置

（2）软件参数设置 虽然用于数控传输的软件较多，但其传输方法却大同小异。现以应用比较多的 CIMCOEdit5 软件为例，来说明传输软件参数的设定及传输方法。

1）在计算机上打开传输软件 CIMCOEdit5，出现图 6-13 所示操作主界面。

2）单击“机床通讯”菜单中的“DNC 设置”，进入图 6-14 所示传输参数设置界面。

3）根据机床中所设置的参数，在程序中设置以下传输参数值并保存。

① 传输端口（Comm Port）根据计算机的接线口选择 COM1 或 COM2。

② 波特率（Baudrate）选择 9600 或 4800。

③ 数据位（Data bits）为 7。

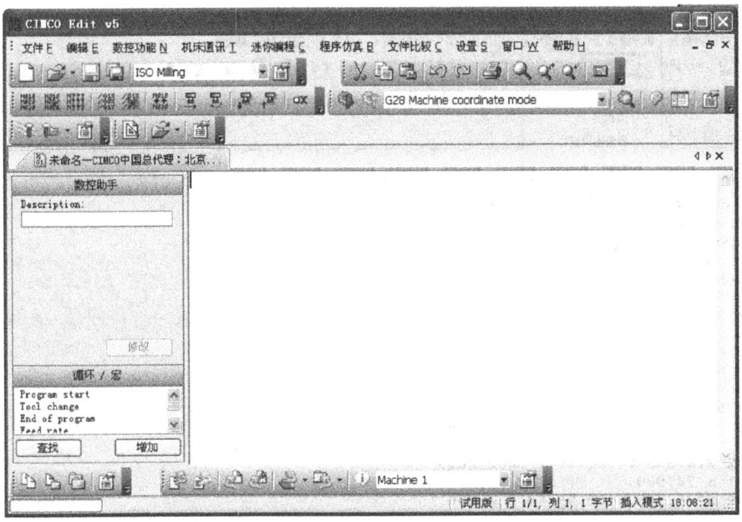

图 6-13　传输软件 CIMCOEdit5 操作主界面

④ 停止位（Stop bits）为 2。

⑤ 奇偶校验（Parity）为偶。

⑥ 代码类别 ISO。

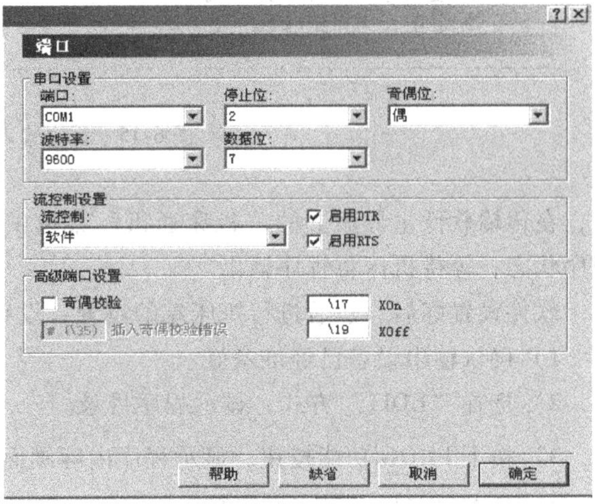

图 6-14　传输参数设置界面

（3）程序的输入　在程序传输的过程中，一般是哪一侧要输入，则哪一侧先操作。因此在输入程序时，要先将机床设置好，具体操作过程如下。

1）选择“EDIT”方式，显示程序目录。

2）按下 PROG 功能按钮，显示程序内容画面或者程序目录画面。

3）按下显示屏软键［OPRT］。

4）按下最右边的软件 ▷ （菜单扩展键）。

5）输入地址 O，输入赋值程序的程序号。

6）按下屏幕软键［READ］和［EXEC］，在屏幕上显示“LSK”，程序正在等待被输入。

7）打开计算机端要输入的程序，在传输软件主界面上的“机床通讯”菜单中选择“发送，S”命令，找到要传输的程序（图 6-15）并打开，即开始传输程序。

8）传输完成后，注意比较一下计算机和机床两端的数据，如果数据大小一致则表明传输成功。

（4）程序的输出　输出程序时，应先将软件设置好。如图 6-16 所示，打开计算机端软

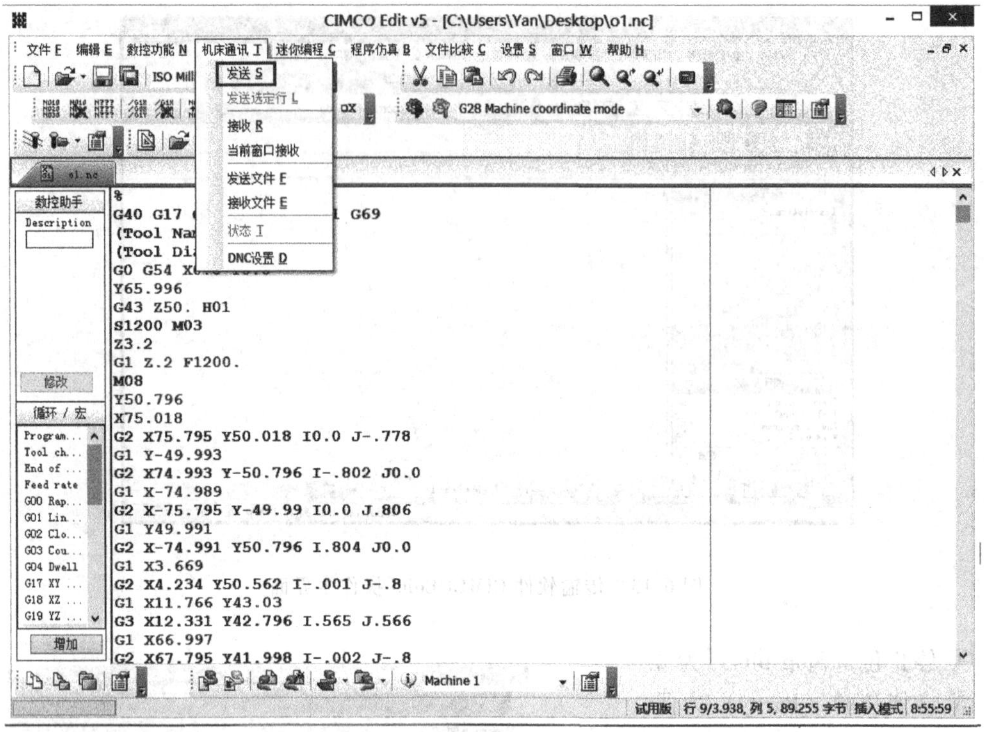

图 6-15　程序输入软件设置

件，在传输软件主界面上的“机床通讯”菜单中，选择“接收 R”命令，则软件处于接收程序状态，等待机床将程序输出。

软件设置好后，然后进行机床端的设置，设置如下。

1）确认输出设备已经准备好。

2）选择“EDIT”方式，显示程序目录。

3）按下 PROG 功能按钮，显示程序内容画面或者程序目录画面。

4）按下显示屏软键［OPRT］。

5）按下最右边的软件 ▷（菜单扩展键）。

6）输入地址 O，输入要输出的程序号（如果输入 -9999，则所有存储在内的程序都将被输出。要想一次输出多个程序，可按下面操作，指定程序号范围，如“O△△△△，O□□□□”程序 No. △△△△到 No. □□□□都将被输出）。

7）按下屏幕软键［PUNCH］和［EXEC］，指定的一个或多个程序就被输出。

6.3.4　加工过程控制

在零件的实际加工过程中，应检查刀具磨损、切削液等是否处于正常范围内。在进行精加工时，加工余量相对稳定，可方便地通过实测获取精加工时工艺系统带来的误差，然后根据测得误差修改刀具半径补偿值。

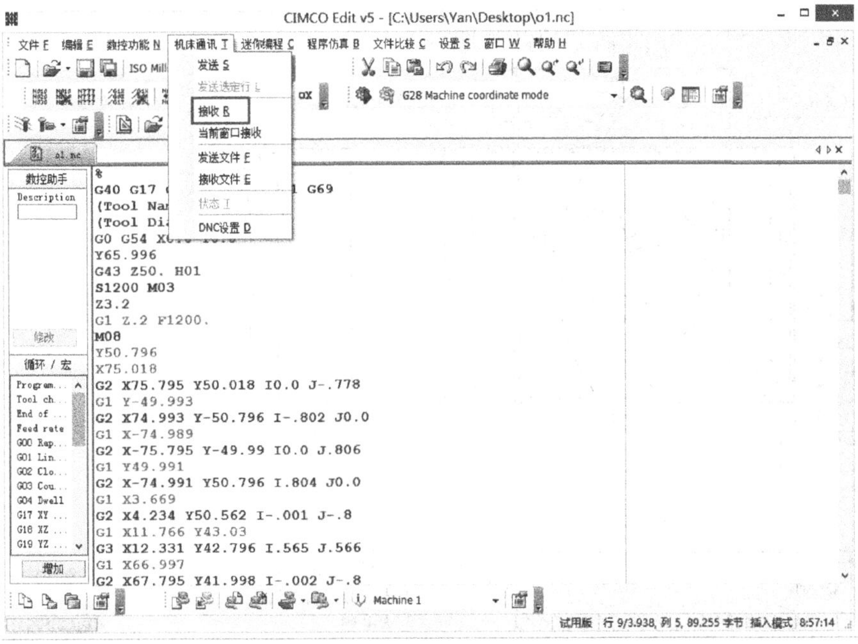

图 6-16　程序输出软件设置

企业点评

曲面类零件加工编程是数控加工编程中不可避免的情况，特别是模具、汽车等行业零件加工中尤为多见，由于零件类曲面的复杂性，在实际生产中，均采用自动编程软件来实施编程。这类零件在加工和切削参数选择时，为了保证曲面余量的均匀性，粗加工时一般采取“低切深，快走刀”的方式；根据曲面加工要求，一般曲面半精加工设置刀轨行距为 0.5 ~ 1mm，精加工设置刀轨行距为 0.2 ~ 0.5mm。刀具一般根据材料硬度选择平底立铣刀或圆鼻刀，精加工曲面在满足条件要求时尽可能选择大直径球头铣刀。

在 NX8.0 软件中，对曲面类零件数控铣削精加工提供了丰富的编程解决方案。通常情况下，对于陡峭面，选择“深度加工”进行编程，即等深度降层沿轮廓走刀加工方式；对于平坦形曲面，多采用“区域铣削”进行编程，再结合曲面特征，选择合适的刀路布置方式；对于有明显特征特性的曲面，还可采用“曲面”“流线”“边界”等曲面加工走刀方式进行加工。

思考与练习

1. 加工图 6-17 所示的零件，坯料六面是已经加工的 80mm × 70mm × 30mm 的方料，零件材料 45 钢，编制该零件的数控加工程序。

2. 加工图 6-18 所示的零件，坯料六面是已经加工的 80mm × 70mm × 30mm 的方料，零件材料 45 钢，编制该零件的数控加工程序。

3. 加工图 6-19 所示的零件，坯料六面是已经加工的 80mm × 70mm × 30mm 的方料，零件材料 45 钢，编制该零件的数控加工程序。

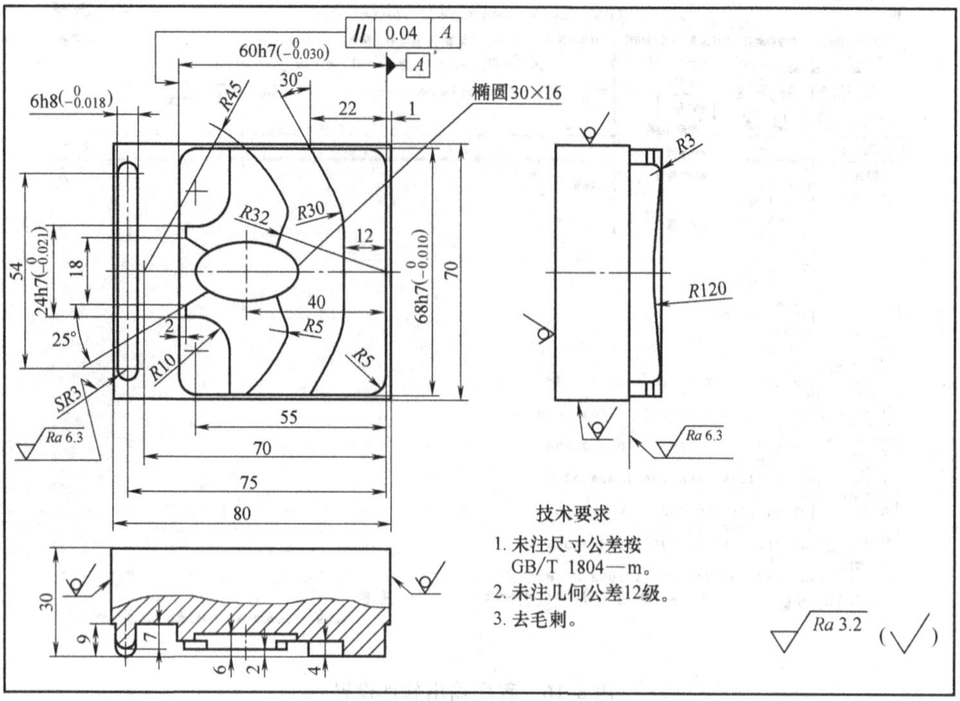

图 6-17　练习图 1

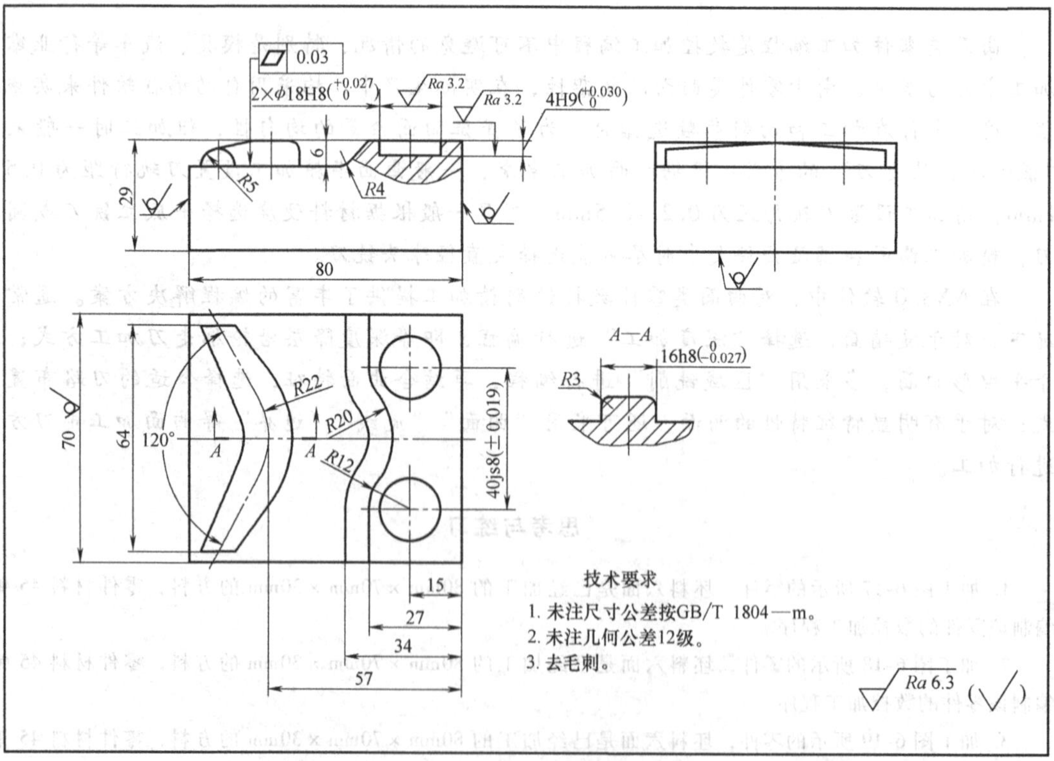

图 6-18　练习图 2

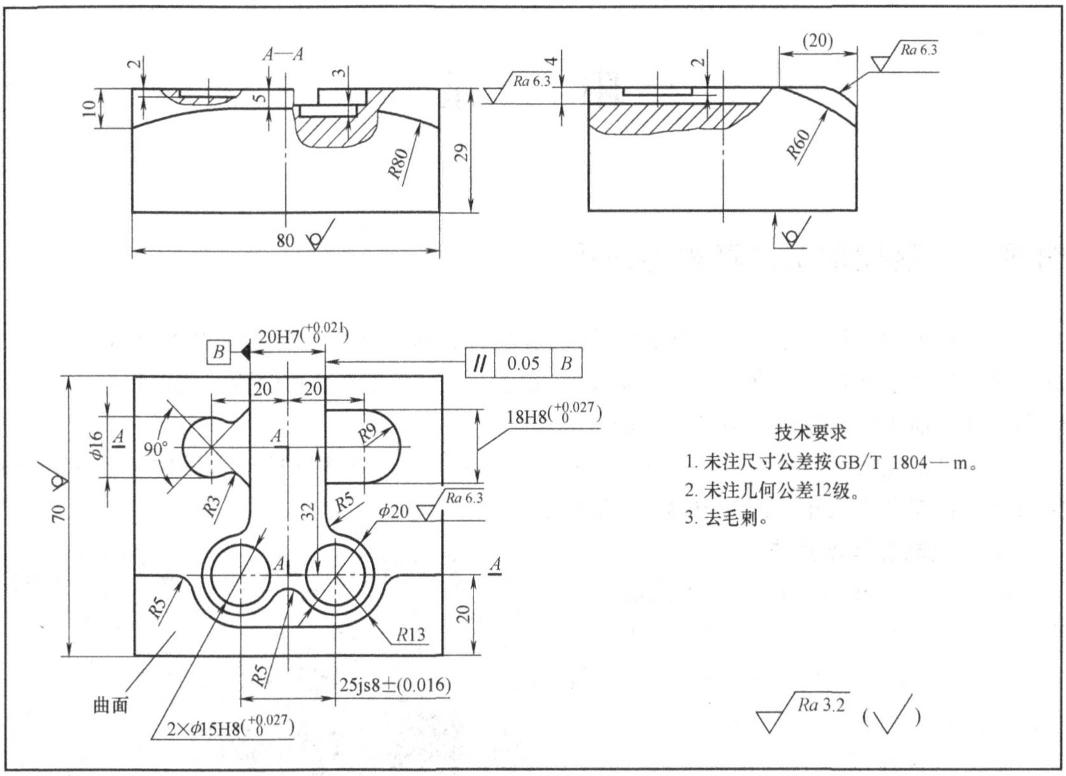
A—A
Ra 6.3
R80
R60
(20)
技术要求
1. 未注尺寸公差按GB/T 1804—m。
2. 未注几何公差12级。
3. 去毛刺。
20H7($^{+0.021}_{0}$)
18H8($^{+0.027}_{0}$)
2×ϕ15H8($^{+0.027}_{0}$)
25js8±(0.016)
ϕ20
ϕ16
R13
R9
R5
R3
90°
曲面
Ra 3.2

图 6-19　练习图 3

附　录

附录 A　数控加工仿真软件使用

数控加工仿真软件是基于虚拟现实的仿真软件，可以实现对数控机床加工全过程的仿真，其中包括毛坯定义，夹具与刀具定义与选用，零件基准测量和设置，数控程序输入、编辑和调试，加工仿真以及对各种错误的检测功能。

本节以宇龙仿真软件为对象，介绍 FANUC 0i 系统数控铣床标准仿真操作。此部分只介绍与真实数控铣床操作不同的内容，相同内容在此不作介绍。

1. 仿真软件基本操作

依次单击“开始→程序→数控加工仿真系统→数控加工仿真系统”（或双击桌面上的数控加工仿真系统快捷图标），系统弹出附图 1-1 所示的用户登录界面。

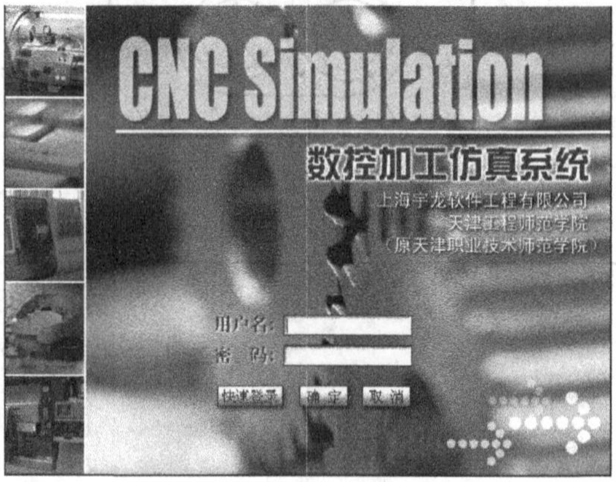

附图 1-1　用户登录界面

单击“快速登录”按钮，进入仿真软件主界面，如附图 1-2 所示。仿真软件主界面由以下三部分组成：

（1）菜单栏及快捷工具栏　（图形显示调节及其他快捷功能图标），如附图 1-2a 区域所示。

（2）机床显示区域　三维显示模拟机床，可通过视图选项调节显示方式，如附图 1-2b 区域所示。

（3）系统面板区域　通过对该区域的操作，执行仿真对刀、参数设置及完成仿真加工，如附图 1-2c 区域所示。

1）对项目文件的操作

① 项目文件的作用。保存操作结果，但不包括操作过程。

② 项目文件包括的内容。

a. 机床、毛坯、经过加工的零件、选用的刀具和夹具、在机床上的安装位置和方式。

b. 输入的参数（工件坐标系、刀具长度和半径补偿数据）。

c. 输入的数控程序。

③ 项目文件的操作方法。

a. 新建项目文件。依次单击菜单栏上的“文件→新建项目”，选择新建项目后软件状态被视为回到重新选择机床后的初始状态。

b. 打开项目文件。依次单击菜单栏上的“文件→打开项目”，打开选中的项目文件夹，在文件夹中选择扩展名为“. MAC”的文件并打开。

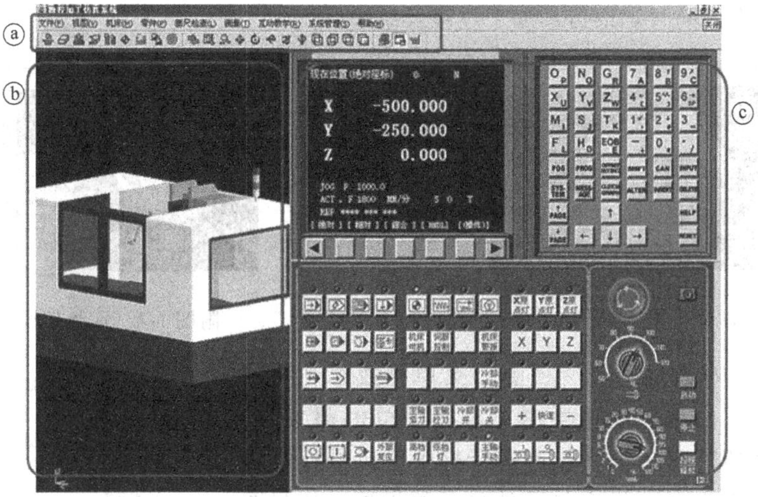

附图 1-2　软件主界面

说明：

“. MAC”扩展名文件只有在仿真软件中才能被识别，因此只能在仿真软件中打开，不能在外部直接打开。

c. 保存项目文件。依次单击菜单栏上的“文件→保存项目”，选择需要保存的内容，单击“确认”按钮将其保存。

如果保存一个新的项目或需要重命名保存项目，则依次单击菜单栏上的“文件→另存项目”，需要保存的内容选择完毕后输入另存项目名称，单击“确认”按钮将其保存。

按以上方式保存项目后，系统自动以用户设置的项目名称（或默认名称）创建一个文件夹，将相关文件放于该文件夹中。

说明：

保存项目实际上是保存了一个文件夹及其内部的多个文件，这些文件中包含了上述“2)”中所列出的所有内容，并共同构成一个完整的仿真项目，因此文件夹中的任一文件丢失都会造成项目内容不完整，需特别注意。

2）其他操作

① 视图变换的选择。在快捷工具栏中单击选择图标，这些图标从左至右依次对应于菜单“视图”下拉菜单的“复位”“局部放大”“动态缩放”“动态平移”“动态旋转”“绕 X 轴旋转”“绕 Y 轴旋转”“绕 Z 轴旋转”“左侧视图”“右侧视图”“俯视图”“前视图”，也可以将鼠标指针置于机床显示区域内，单击鼠标右键，在弹出的浮动菜单进行相应选择。将鼠标移至机床显示区，拖动鼠标左键可进行相应操作。

② 控制面板切换。在“视图”菜单栏或浮动菜单中选择“控制面板切换”，或在快捷工具栏中单击按钮，可完成控制面板切换。

当未选择“控制面板切换”时，面板状态如附图 1-3 所示，此时整个界面均为机床模型空间，便于观察仿真加工过程及结果。

当选择“控制面板切换”后，面板状态如附图 1-4 所示，此时界面分成了两部分，可在完成系统操作的同时观察仿真加工过程及结果。

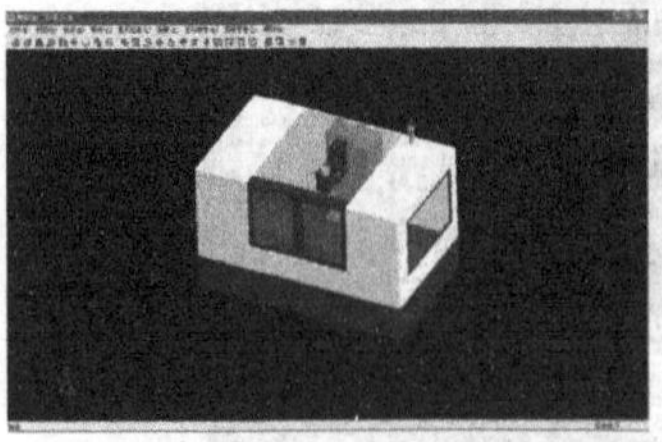

附图 1-3　面板切换无效

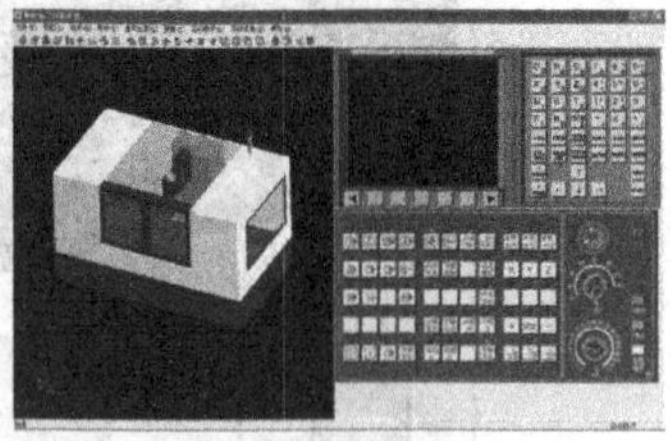

附图 1-4　面板切换生效

③“选项”对话框。在“视图”菜单栏或浮动菜单中选择“选项”命令，或在快捷工具栏中单击按钮，打开“视图选项”对话框。在该对话框中可以进行仿真倍率、仿真声音开/关、机床与零件显示等设置，如附图 1-5 所示。

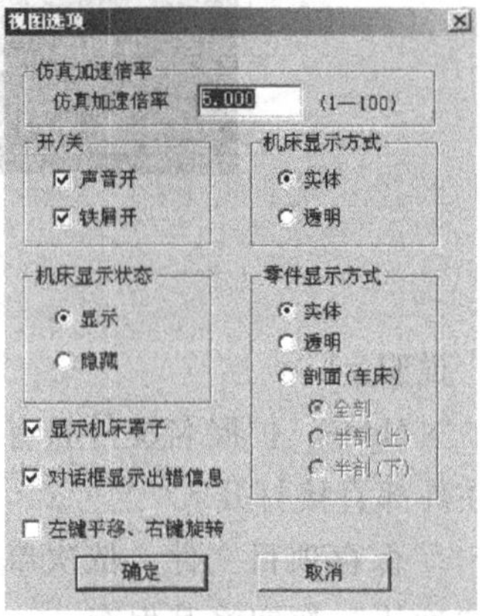

附图 1-5　“视图选项”对话框

a. “仿真加速倍率”。调节仿真速度，有效数值 1 ~ 100；为了提高仿真效率，可通过调高该值以提高仿真速度。

b. “开/关”。选择仿真加工过程中的声音是否打开，切屑是否显示。

c. “机床显示方式”。调节模型空间机床显示为实体或透明；对其进行适当切换，便于仿真对刀及仿真加工观察等。

d. “机床显示状态”。调节模型空间机床显示状态。

e. “零件显示方式”。调节零件的显示方式。

f. “显示机床罩子”。勾选该选项时，显示机床外罩，反之不显示外罩（在进行铣床操作时，一般不显示机床外罩）。

g. “对话框显示出错信息”。勾选该选项时，仿真加工过程中若出错，则系统以对话框的形式显示出错的详细信息，否则，出错信息将出现在屏幕的右下角。

h. “左键平移、右键旋转”。该选项为对模型空间机床的显示进行操作，根据个人习惯不同，可以勾选或取消。

2. 数控系统的基本操作

（1）选择机床　通过菜单栏依次选择“机床→选择机床”，打开机床选择对话框（也可通过单击快捷图标选择机床），在控制系统选项中依次选择“FANUC→FANUC 0i”，在机床类型选项中依次选择“铣床→标准”，打开系统主界面。

（2）开机与回零

1）开机。单击标准面板右侧的“启动”按钮，使数控系统上电，然后单击“急停开关”按钮至凸起状态（即打开急停开关）。

2）回零。单击“回零”按钮，然后依次选择 Z → +，使 Z 轴回零；再以同样的方式使 X、Y 轴回零。当坐标轴回零之后，X原点灯 Y原点灯 Z原点灯 所对应的指示灯亮，同时 LCD 界面中 X、Y、Z轴坐标值均为 0.000，如附图 1-6 所示。

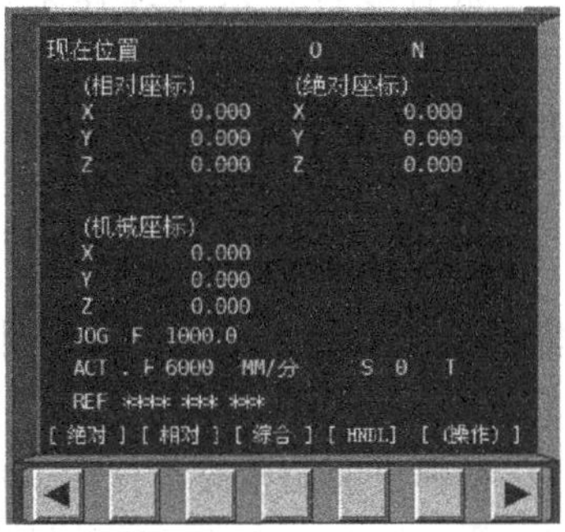

附图 1-6　回零后的坐标显示

（3）安装毛坯与刀具　毛坯的安装分为定义毛坯、安装夹具及放置零件三个步骤。

1）定义毛坯。在“零件”菜单栏中选择“定义毛坯”命令，或单击快捷图标，弹出“定义毛坯”对话框，如附图 1-7 所示。

① 定义毛坯名字。在毛坯名字输入框内输入毛坯名，也可使用默认值。

② 定义毛坯材料。毛坯材料列表框中提供了多种供加工的毛坯材料，可根据需要在“材料”下拉列表框中选择毛坯材料，也可使用默认值。

③ 定义毛坯形状。在该仿真系统中，铣床有两种形状的毛坯供选择（长方形毛坯和圆柱形毛坯），可以在“形状”选项中单击，选择所需的毛坯形状，如附图 1-7a、b 所示。

④ 定义毛坯尺寸参数。在尺寸输入框中输入所定义毛坯的尺寸（以 mm 为单位）。当毛坯相关内容定义完成之后，单击“确定”按钮，保存退出。

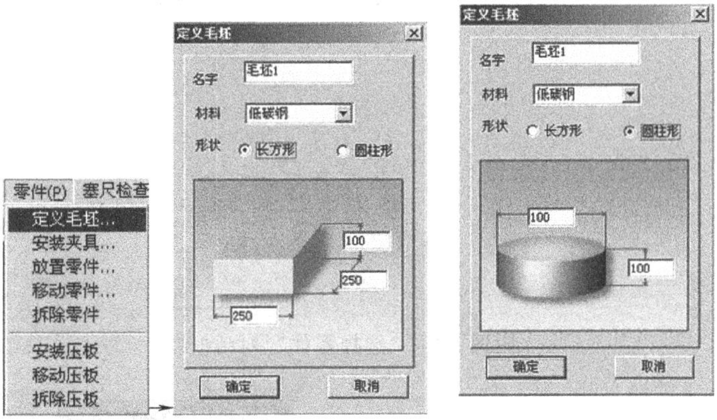

a)　　　　b)

附图 1-7　“定义毛坯”对话框

a）长方形毛坯　b）圆柱形毛坯

2）安装夹具。依次选择菜单栏中的“零件→安装夹具”，或单击快捷图标，弹出“选择夹具”对话框，如附图 1-8 所示。

① 在“选择零件”下拉列表框中选择要加工的毛坯。

② 在“选择夹具”下拉列表框中选择合适的夹具（方形零件一般选择工艺板或平口钳，圆形零件一般选择卡盘）进行装夹。

③ 在必要时单击各个方向的“移动”按钮，调整毛坯在夹具上的位置，通常情况下不用对其调整。

④ 单击“确定”按钮，保存退出。

3）放置零件。依次选择菜单栏中的“零件→放置零件”，或单击快捷图标，弹出“选择零件”对话框，如附图1-9所示。

① 在列表中选中所需的零件，选择“安装零件”命令，零件和夹具将被放到机床工作台上。

② 在弹出的调整对话框中，单击旋转按钮，将平口钳的长边旋转至 Y 方向，如附图1-10所示。

（4）标准铣床面板介绍　下面对附图1-11所示的FANUC 0i系统数控铣床标准面板中的部分操作方法进行介绍。

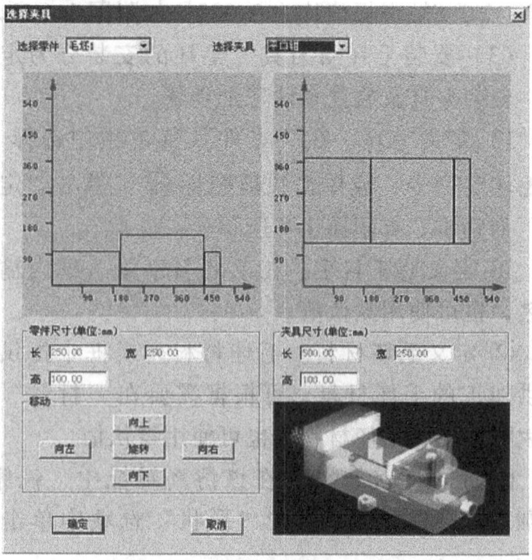

附图1-8　“选择夹具”对话框

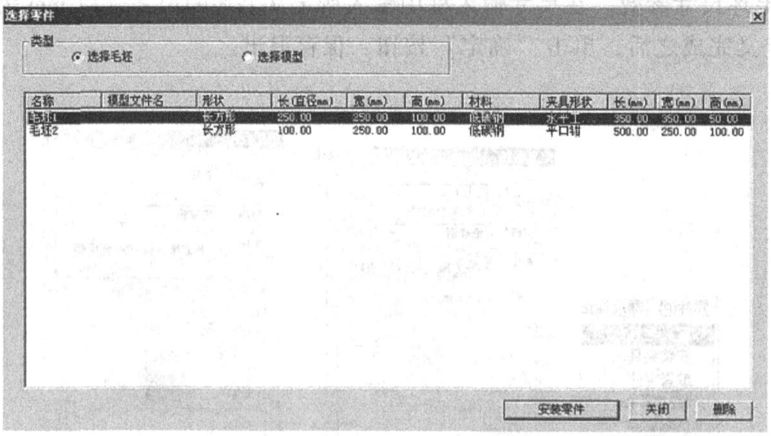

附图1-9　“选择零件”对话框

附图1-10　平口钳的放置

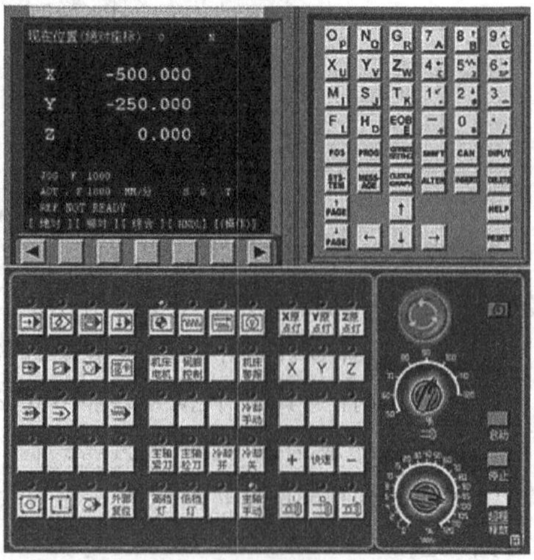

附图1-11　FANUC 0i系统数控铣床标准面板

数控铣床标准面板主要分为上下两部分，上边为 MDI 键盘区，下边为机床控制面板区，仿真系统中的绝大多数面板按钮与真实数控铣床面板按钮图标及功能相同，因此在附表 1-1 中只介绍了与真实数控铣床面板不同的按钮及操作方法，其他按钮功能请参见本书模块 1 中的相关内容。

附表 1-1　面板按钮说明

<table>
<tr><th>按　　钮</th><th colspan="2">名　　称</th><th>功 能 说 明</th></tr>
<tr><td></td><td colspan="2">启动</td><td>系统启动。此按钮被按下后，系统上电</td></tr>
<tr><td></td><td colspan="2">停止</td><td>系统停止。此按钮被按下后，系统断电</td></tr>
<tr><td></td><td colspan="2">超程释放</td><td>系统超程释放</td></tr>
<tr><td></td><td colspan="2">手轮显示按钮</td><td>将工作状态调节为“手轮”，该手轮面板上的各旋钮功能生效
单击按钮将显示手轮面板</td></tr>
<tr><td rowspan="3"></td><td></td><td>轴选择旋钮</td><td>手轮状态下，将光标移至此旋钮上后，通过单击鼠标的左键或右击来选择进给轴</td></tr>
<tr><td></td><td>手轮倍率旋钮</td><td>手轮状态下，将光标移至此旋钮上后，通过单击鼠标的左键或右击来调节点动/手轮步长</td></tr>
<tr><td>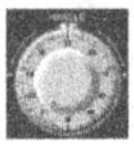</td><td>手轮</td><td>将光标移至此旋钮上后，通过点击鼠标的左键或右击来转动手轮</td></tr>
<tr><td></td><td colspan="2">手轮隐藏按钮</td><td>当手轮处于显示状态时，按下此按钮，则可以隐藏手轮</td></tr>
</table>

3. 仿真对刀

在仿真系统中对刀时，*X*、*Y* 轴方向对刀通常使用刚性靠棒或寻边器作为对刀工具，*Z* 轴方向对刀则使用刀具进行，但均需要使用塞尺来检查其对刀结果。在介绍如下对刀方法时，设工件上表面几何中心点为编程原点。

（1）*X*、*Y* 轴对刀（以刚性靠棒对 *Y* 轴方向为例）　刚性靠棒（刚性靠棒的工作外圆直径为 14mm）采用检查塞尺松紧的方式对刀，具体过程如下。

1）选择“机床”菜单中的“基准工具命令”，弹出“基准工具”对话框，如附图 1-12 所示（左侧为刚性靠棒，右侧为寻边器），选择刚性靠棒图片，单击“确定”按钮。

2）单击机床控制面板中的“手动”按钮，再单击 MDI 键盘上的 POS 功能键，将显示调节为综合坐标界面。

3）选择“塞尺检查”菜单中的“1mm”，选中厚度为 1mm 的塞尺，此时软件打开塞尺检查对话框并使塞尺（红色显示）贴紧左侧面。

4）将机床设为透明并调节为俯视图显示，借助“动态缩放”“动态平移”等视图调整工具移动坐标轴，使刚性靠棒移至工件附近，如附图 1-13 所示。

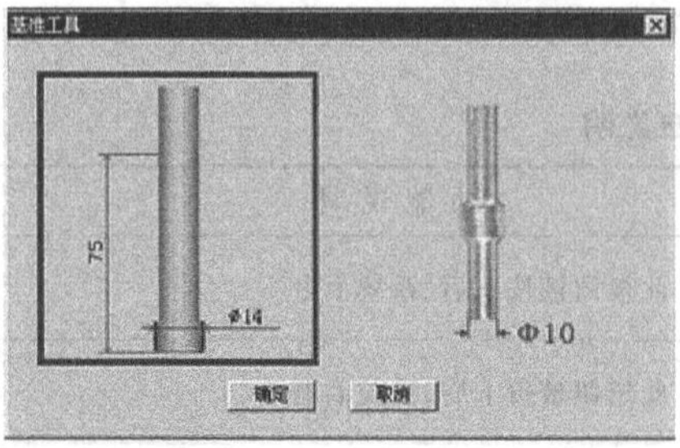

附图 1-12 “基准工具”对话框

附图 1-13 靠近工件

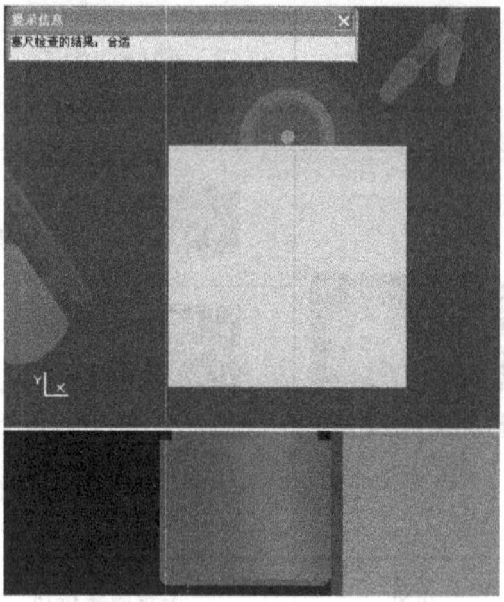

附图 1-14 塞尺检查及显示

5）采用手轮方式以适当的倍率将刚性靠棒向工件侧面移动（“$-Y$”方向），直到提示信息对话框显示“塞尺检查的结果：合适”，如附图 1-14 所示。

6）将显示切换为相对坐标界面，使 Y 坐标值归零。

7）抬起 Z 轴，移动刚性靠棒至工件另一侧面，按步骤 5）的方式操作使显示“塞尺检查的结果：合适”，并记下该位置所对应的相对坐标 Y 值（记为 Y_L）。

8）抬起 Z 轴，移动刚性靠棒至 $Y_L/2$ 处。

9）进入工件坐标系设置界面，移动光标至“01（G54）”所对应的 Y 参数栏，将当前位置所对应的机床坐标 Y 值输入缓存区中，按下 INPUT 功能键，完成 Y 对刀值的输入。

用同样的方法完成 X 轴方向的对刀，提起 Z 轴并停止主轴转动，单击“塞尺检查”菜单中的“收回塞尺”及“机床”菜单中的“拆除工具”命令，完成 X、Y 轴方向对刀。

说明：

在输入对刀参数时，也可将光标移至“01（G54）”所对应的 Y 参数栏后，输入“Y0”并选择软功能键［测量］，同样能够完成数据输入。

（2）Z 轴对刀　Z 轴对刀也是采用检查塞尺松紧的方式进行，具体过程如下：

1）选择菜单“机床/选择刀具”命令（或使用快捷图标选择），选择所需刀具，装入主轴。装好刀具后，进入“手动”状态，利用操作面板上的坐标轴按钮及方向按钮，将刀具移到工件上表面附近（附图 1-15）。

2）确认主轴停止转动。单击机床控制面板中的“手动”按钮，再单击 MDI 键盘上的 POS 功能键，将显示调节为综合坐标界面，观察“机床坐标”数值。

3）选择“塞尺检查”菜单中的“1mm”，选中厚度为 1mm 的塞尺，此时软件打开塞尺检查对话框并使塞尺（红色显示）贴紧工件上表面。

4）采用手轮方式以适当的倍率将刀具向工件上表面移动（“$-Z$”方向），直到提示信息对话框显示“塞尺检查的结果：合适”，如附图1-16所示。

5）计算得出Z轴对刀值（$Z=Z_{当前坐标值}-$塞尺厚度），进入补偿参数设置界面，将计算所得的Z轴对刀值输入“外形（H）”所对应的001号参数表中。

完成对刀值输入后，抬高刀具并收回塞尺。

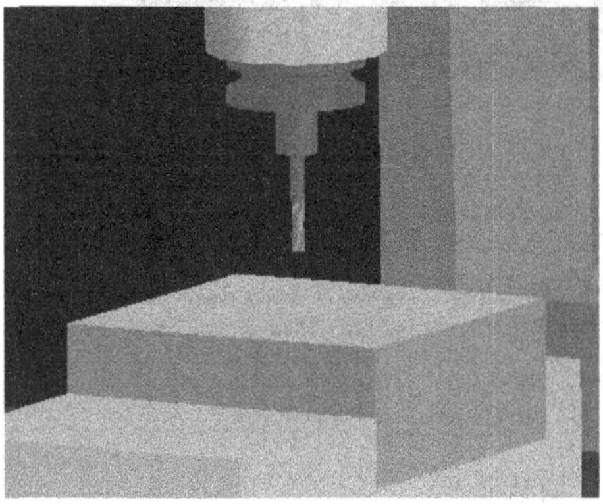

附图1-15　刀具靠近工件

附图1-16　“合适”位置

4. 仿真加工与检测

（1）仿真加工

1）检查运行轨迹（图形模拟）。NC程序编写完成后，可先通过检查线条轨迹来判断程序是否正确，然后再进行加工。

将工作状态切换为“自动运行”，单击MDI键盘上的[PROG]功能键及[COSTOM GRAPH]功能键，进入图形模拟状态（此时左侧显示区域中只显示刀具轨迹），单击“循环启动”按钮执行程序，同时观察程序的运行轨迹；可通过“视图”菜单中的动态旋转、动态缩放、动态平移等方式对轨迹进行动态观察，程序执行完毕后复选[COSTOM GRAPH]功能键，退出图形模拟状态。

2）自动加工。在“自动加工”状态下，单击“循环启动”按钮执行程序，程序以连续方式执行，直到程序结束。在加工过程中可通过左侧的机床模拟显示区域观察切削情况。

（2）仿真检测　对零件进行仿真加工结束之后，通过仿真检测，检查零件是否合格。

在“测量”菜单中选择“剖面图测量”命令，弹出“测量”对话框，可以通过选择零件上某一平面，利用卡尺测量该平面上的尺寸，如附图1-17所示。

在附图1-17左侧的机床显示视图中，透明显示的表面表示当前测量平面，右侧对话框上部显示零件被测量平面所剖切的截面形状。

附图1-18中的标尺模拟了现实测量中的卡尺，当箭头由卡尺外侧指向卡尺中心时，为外卡测量，通常用于测量外轮廓，测量时卡尺内收直到与零件接触；当箭头由卡尺中心指向卡尺外侧时，为内卡测量，通常用于测量内轮廓，测量时卡尺外张直到与零件接触。对话框“读数”处显示的是两个卡爪的距离，相当于卡尺读数。

1）对卡尺的操作。

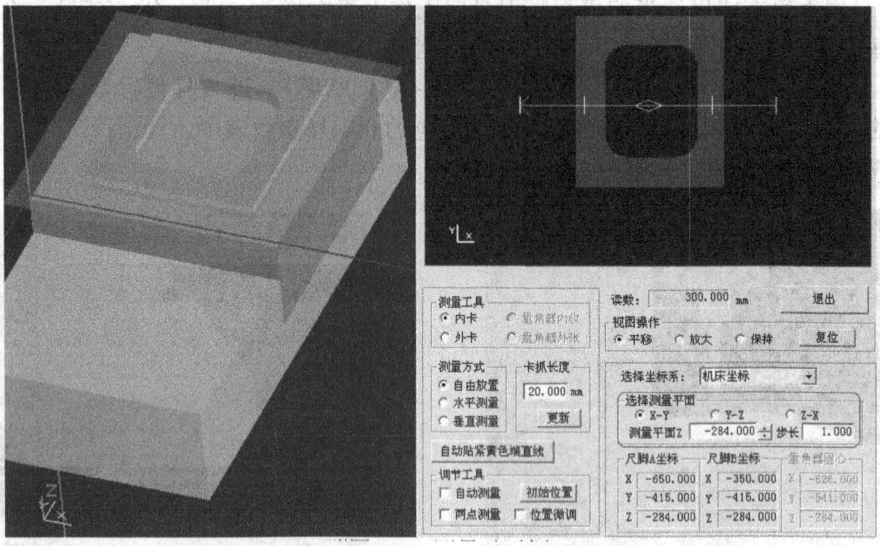

附图 1-17 “测量”对话框

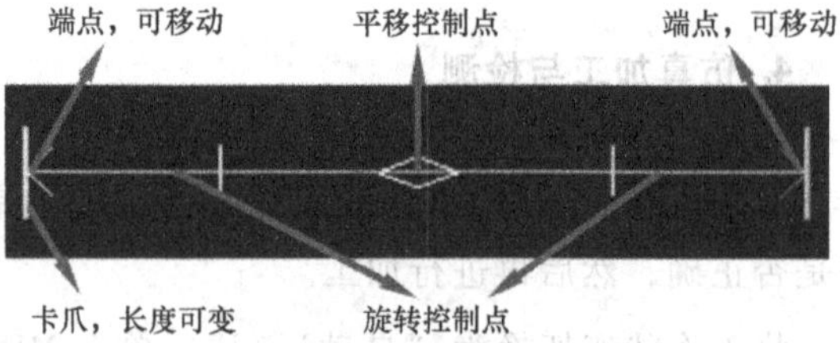

附图 1-18 测量标尺

① 两端的黄线和蓝线表示卡爪。

② 将光标停在某个端点的箭头附近，鼠标变为✥，此时可移动该端点。

③将光标停在旋转控制点附近，此时鼠标变为↻，这时可以绕中心旋转卡尺。

④将鼠标停在中心控制点附近，鼠标变为✥，拖动鼠标，保持卡尺方向不动，移动卡尺中心。

⑤对话框右下角“尺脚 A 坐标”显示卡尺黄色端坐标；“尺脚 B 坐标”显示卡尺蓝色端坐标。

2）视图操作。选择一种“视图操作”方式，用鼠标拖动，可以对零件及卡尺进行平移、放大的视图操作。选择“保持”时，鼠标拖放不起作用。单击“复位”按钮，恢复为对话框初始进入时的视图。

3）测量过程。

① 选择测量平面（*XY*/*YZ*/*XZ*），再输入测量平面的具体位置（或者单击旁边的上下按钮移动测量平面，移动的步长可以通过右边的输入框输入），使被测轮廓显示于右侧窗口中。

② 选择测量工具（内卡/外卡），移动卡尺至被测轮廓附近。

③ 选择测量方式。水平测量使卡尺保持水平放置，垂直测量使卡尺保持垂直放置，自由放置可由用户随意拖动放置。

④ 选择调节工具，使卡尺按指定方式定位，有以下几种：

a. 自动测量。选中该选项后外卡卡尺自动内收，内卡卡尺自动外张，直到与零件边界接触。此时平移或旋转卡尺，卡尺将始终与实体区域边界保持接触，读数自动刷新。

b. 两点测量。选中该选项后，卡爪长度为零，一般用于内径或较窄内腔的测量。

c. 位置微调。选中该选项后，鼠标拖动卡尺的速度较慢，一般用于被测位置微调。

d. 初始位置。选中该选项后，卡尺的位置恢复到初始状态。

⑤ 读取测量结果。

附录 B　FANUC 数控铣床和加工中心指令

1. G 代码

代码	分组	意　　义	格式及说明
G00		快速点定位	G00 X __ Y __ Z __;
G01		直线插补	G01X __ Y __ Z __ F __;
G02	01	圆弧插补 CW(顺时针)	*XY* 平面内的圆弧： $G17\begin{Bmatrix}G02\\G03\end{Bmatrix}X\_\ Y\_\begin{Bmatrix}R\_\\I\_\ J\_\end{Bmatrix}F\_;$ *ZX* 平面的圆弧： $G18\begin{Bmatrix}G02\\G03\end{Bmatrix}X\_\ Z\_\begin{Bmatrix}R\_\\I\_\ K\_\end{Bmatrix}F\_;$ *YZ* 平面的圆弧： $G19\begin{Bmatrix}G02\\G03\end{Bmatrix}Y\_\ Z\_\begin{Bmatrix}R\_\\J\_\ K\_\end{Bmatrix}F\_;$
G03		圆弧插补 CCW(逆时针)	
G04	00	暂停	G04X __; 单位:s
G15		取消极坐标指令	G15; 取消极坐标方式
G16	17	极坐标指令	$G\times\times\begin{Bmatrix}G90\\G91\end{Bmatrix}$ G16; 开始极坐标指令 G00 IP __;　极坐标指令 G××:极坐标指令的平面选择(G17,G18,G19) G90:指定工件坐标系的零点为极坐标的原点 G91:指定当前位置作为极坐标的原点 IP:指定极坐标系选择平面的轴地址及其值 　第 1 轴:极坐标半径 　第 2 轴:极角
G17		*XY* 平面	G17;选择 *XY* 平面
G18	02	*ZX* 平面	G18;选择 *XZ* 平面
G19		*YZ* 平面	G19;选择 *YZ* 平面
G20	06	英制输入	
G21		米制输入	
G30	00	回归参考点	G30X __ Y __ Z __;
G31		由参考点回归	G31X __ Y __ Z __;
G40		刀具半径补偿取消	G40 G01/G00 X __ Y __;
G41	07	左半径补偿	G41/G42 G01/G00 X __ Y __ D __ F __;
G42		右半径补偿	
G43		刀具长度补偿 +	G43/G44 G00 Z __ H __;
G44	08	刀具长度补偿 -	
G49		刀具长度补偿取消	G49;

（续）

代码	分组	意　义	格式及说明
G50	11	取消缩放	G50；
G51		比例缩放	G51 X__ Y__ Z__ P__； X、Y、Z:比例缩放中心坐标的绝对值指令 P:缩放比例 G51 X__ Y__ Z__ I__ J__ K__； X、Y、Z:比例缩放中心坐标值的绝对值指令 I、J、K:*X*、*Y*、*Z* 各轴对应的缩放比例
G52	00	设定局部坐标系	G52 IP__;设定局部坐标系 G52 IP0;取消局部坐标系 IP:局部坐标系原点
G53		机械坐标系选择	G53 X__ Y__ Z__；
G54	14	选择工作坐标系 1	G×× X__ Y__ Z__； ××:54～59
G55		选择工作坐标系 2	
G56		选择工作坐标系 3	
G57		选择工作坐标系 4	
G58		选择工作坐标系 5	
G59		选择工作坐标系 6	
G68	16	坐标系旋转	{G17 / G18 / G19} G68 {X__ Y__ / X__ Z__ / Y__ Z__} R__；坐标系开始旋转 G17/G18/G19:平面选择,在其上包含旋转的形状 X、Y,X、Z,Y、Z:与指令坐标平面相应的 *X*、*Y*、*Z* 中的两个轴的绝对指令,用于指定旋转中心 R:角度位移,正值表示逆时针旋转。根据指令的 G 代码(G90 或 G91)确定绝对值或增量值,有效数据范围:-360.000～360.000
G69		取消坐标轴旋转	G69；
G73	09	深孔钻削固定循环	G73 X__ Y__ Z__ R__ Q__ F__；
G74		左旋攻螺纹固定循环	G74 X__ Y__ Z__ R__ P__ F__；
G76		精镗固定循环	G76 X__ Y__ Z__ R__ Q__ F__；
G90	03	绝对方式指定	G90；
G91		相对方式指定	G91；
G92	00	工作坐标系的变更	G92X__ Y__ Z__；
G98	10	返回固定循环初始点	G98；
G99		返回固定循环 *R* 点	G99；
G80	09	固定循环取消	G80；
G81		钻削固定循环、钻中心孔	G81 X__ Y__ Z__ R__ F__；
G82		钻削固定循环、锪孔	G82 X__ Y__ Z__ R__ P__ F__；
G83		深孔钻削固定循环	G83 X__ Y__ Z__ R__ Q__ F__；
G84		攻螺纹固定循环	G84 X__ Y__ Z__ R__ F__；
G85		镗削固定循环	G85 X__ Y__ Z__ R__ F__；
G86		镗削固定循环	G86 X__ Y__ Z__ R__ P__ F__；
G88		镗削固定循环	G88 X__ Y__ Z__ R__ P__ F__；
G89		镗削固定循环	G89 X__ Y__ Z__ R__ P__ F__；

2. M 代码

代　　码	意　　义	格式及说明
M00	停止程序运行	
M01	选择性停止	
M02	结束程序运行	
M03	主轴正向转动开始	
M04	主轴反向转动开始	
M05	主轴停止转动	
M06	换刀	M06 T__;
M08	切削液开启	
M09	切削液关闭	
M32	结束程序运行且返回程序开头	
M98	子程序调用	M98P×××*nnnn*; 调用程序号为 O*nnnn* 的程序×××次。
M99	子程序结束	子程序格式: O*nnnn*; ⋮ M99;

附录 C　SIEMENS 810D 数控铣床和加工中心指令

1. G 代码

分类	分组	代码	意　　义	格　　式	备　　注
插补	1	G00	快速移动	G00 X__ Y__ Z__;	
		G01 *	直线插补	G01 X__ Y__ Z__ F__;	
		G02	顺时针圆弧(终点+圆心)	G02 X__ Y__ Z__ I__ J__ K__;	X、Y、Z:确定终点 I、J、K:确定圆心 CR:半径(大于0为优弧,小于0为劣弧) AR:确定圆心角,0°~360°
			顺时针圆弧(终点+半径)	G02 X__ Y__ Z__ CR=__;	
			顺时针圆弧(圆心+圆心角)	G02 AR=__ I__ J__ K__;	
			顺时针圆弧(终点+圆心角)	G02 AR=__ X__ Y__ Z__;	
		G03	逆时针圆弧(终点+圆心)	G03 X__ Y__ Z__ I__ J__ K__;	
			逆时针圆弧(终点+半径)	G03 X__ Y__ Z__ CR=__;	
			逆时针圆弧(圆心+圆心角)	G03 AR=__ I__ J__ K__;	
			逆时针圆弧(终点+圆心角)	G03 AR=__ X__ Y__ Z__;	
		CIP	圆弧插补(三点圆弧)	CIP X__ Y__ Z__ I1=__ J1=__ K1=__;	(1)X、Y、Z:确定终点 (2)I1、J1、K1:确定中间点 (3)是否为增量编程对终点和中间点均有效
平面	6	G17 *	指定 *XY* 平面	G17;	
		G18	指定 *ZX* 平面	G18;	
		G19	指定 *YZ* 平面	G19;	

（续）

分类	分组	代码	意　义	格　式	备　注
增量设置	14	G90＊	绝对量编程	G90；	
		G91	增量编程	G91；	
单位	13	G70	英制单位输入	G70；	
		G71＊	米制单位输入	G71；	
	9	G53	取消工件坐标设定	G53；	
工件坐标	8	G54	工件坐标 1	G54；	
		G55	工件坐标 2	G55；	
		G56	工件坐标 3	G56；	
		G57	工件坐标 4	G57；	
复位	2	G74	回参考点(原点)	G74 X1 =__ Y1 =__；	
刀具补偿	7	G40＊	取消刀具补偿	G40；	在指令 G40，G41 和 G42 的一行中必须同时有 G00 或 G01 指令(直线)，且要指定一个当前平面内的一个轴，如在 *XY* 平面下“N20 G01 G41 Y50；”
		G41	左侧刀具补偿	G41；	
		G42	右侧刀具补偿	G42；	
	17	NORM＊	设置刀具补偿开始和结束为正常方法		
		KONT	设置刀具补偿开始和结束为其他方法		接近或离开刀补路径的点为 G451 或 G450 计算的交点
	18	G450＊	刀具补偿时拐角走圆角	G450 DISC =__；	DISC 的值为 0～100，为 0 时表示最大的圆弧，为 100 时和 G451 相同
		G451	刀具补偿时到交点再拐角		

注：加“＊”号的功能程序启动时生效。

2. M 代码

代码	意　义	格　式	功　能
M00	编程停止		
M01	选择性暂停		
M02	主程序结束返回程序开头		
M03	主轴正转		
M04	主轴反转		
M05	主轴停转		
M06	换刀(默认设置)	M06	选择第×号刀。×范围：0～32000，T0 表示取消刀具 T 生效且对应补偿 D 生效
M17	子程序结束		若单独执行子程序则此功能同 M02 和 M30 相同
M30	主程序结束且返回		

3. 其他代码

代　码	意　义	格式及说明
IF	有条件程序跳跃	LABEL: IF < 表达式 > GOTOB LABEL; 或 IF < 表达式 > GOTOF LABEL; LABEL: IF:条件关键字 GOTOB:带向后跳跃目的的跳跃指令(朝程序开头) GOTOF:带向前跳跃目的的跳跃指令(朝程序结尾) LABEL:跳跃目的;冒号后面的跳跃目的名 表达式中的条件:= =,等于;< >,不等于;>,大于;<,小于;> =,大于或等于;< =,小于或等于
COS	余弦	COS(x)
SIN	正弦	SIN(x)
SQRT	开方	SQRT(x)
GOTOB	无条件程序跳跃	标号: GOTOB LABEL; 参数意义同 IF
GOTOF	无条件程序跳跃	GOTOF LABEL; 标号: 参数意义同 IF
MCALL	调用子程序	
CYCLE81	中心钻孔固定循环	CYCLE81(RTP,RFP,SDIS,DP,DPR); RTP:回退平面(绝对坐标) RFP:参考平面(绝对坐标) SDIS:安全距离 DP:最终孔深(绝对坐标) DPR:相对于参考平面的最终钻孔深度 示例: N10 G00 G90 F200 S300; N20 D03 T03 Z110; N30 X40 Y120; N40 CYCLE81 (110,100,2,35); N50 Y30; N60 CYCLE81 (110,102,,35); N70 G00 G90 F180 S300 M03; N80 X90; N90 CYCLE81 (110,100,2,,65); N100 M30;
CYCLE82	平底扩孔固定循环	CYCLE82 (RTP,RFP,SDIS,DP,DPR,DTB); DTB:在最终深度处停留的时间 其余参数的意义同 CYCLE81 示例: N10 G00 G90 F200 S300 M03; N20 D03 T03 Z110; N30 X24 Y15; N40 CYCLE82 (110,102,4,75,,2); N50 M30;

（续）

代　码	意　义	格式及说明
CYCLE83	深孔钻削固定循环	CYCLE83（RTP, RFP, SDIS, DP, DPR, FDEP, FDPR, DAM, DTB, DTS, FRF, VART,__AXN,__MDEP,__VRT,__DTD,__DIS1）; FDEP:首钻深度(绝对坐标) FDPR:首钻相对于参考平面的深度 DAM:递减量(>0,按参数值递减; <0,递减速率; =0,不做递减) DTB:在此深度停留的时间(>0,停留秒数; <0,停留转数) DTS:在起点和排屑时的停留时间(>0,停留秒数; <0,停留转数) FRF:首钻进给率 VARI:加工方式(0,切削;1,排屑) __AXN:工具坐标轴(1 表示第一坐标轴;2 表示第二坐标轴;其他的表示第三坐标轴) __MDEP:最小钻孔深度 __VRT:可变的切削回退距离(>0,回退距离;0 表示设置为 1mm) __DTD:在最终深度处的停留时间(>0,停留秒数; <0,停留转数; =0,停留时间同 DTB) __DIS1:可编程的重新插入孔中的极限距离 其余参数的意义同 CYCLE81 示例: N10 G00 G17 G90 F50 S500 M04; N20 D01 T42 Z155; N30 X80 Y120; N40 CYCLE83 (155,150,1,5,,100,,20,,,, 1,0,,,,0.8); N50 X80 Y60; N60 CYCLE83 (155,150,1,,145,,50, -0.6,1,,1,0,,10,,,0.4); N70 M30;
CYCLE84	攻螺纹固定循环	CYCLE84（RTP, RFP, SDIS, DP, DPR, DTB, SDAC, MPIT, PIT, POSS, SST, SST1）; SDAC:循环结束后的旋转方向(可取值为 3、4、5) MPIT:螺纹尺寸的斜度 PIT:斜度值 POSS:循环结束时,主轴所在位置 SST:攻螺纹速度 SST1:回退速度 其余参数的意义同 CYCLE81 示例: N10 G00 G90 T04 D04; N20 G17 X30 Y35 Z40; N30 CYCLE84 (40,36,2,,30,,3,5,,90,200,500); N40 M30;
CYCLE85	钻孔循环 1	CYCLE85 (RTP,RFP,SDIS,DP,DPR,DTB,FFR,RFF); FFR:进给速率 RFF:回退速率 其余参数的意义同 CYCLE81 示例: N10 FFR = 300 RFF = 1.5 * FFR S500 M04; N20 G18 Z70 X50 Y105; N30 CYCLE85 (105,102,2 ,25,,,300,450); N40 M30;

（续）

代　码	意　义	格式及说明
CYCLE86	钻孔循环 2	CYCLE86(RTP,RFP,SDIS,DP,DPR,DTB,SDIR,RPA,RPO,RPAP,POSS); SDIR:旋转方向(可取值为 3、4) RPA:在活动平面上横坐标的回退方式 RPO:在活动平面上纵坐标的回退方式 RPAP:在活动平面上钻孔的轴的回退方式 POSS:循环停止时主轴的位置 其余参数的意义同 CYCLE81 示例: N10 G00 G17 G90 F200 S300; N20 D03 T03 Z112; N30 X70 Y50; N40 CYCLE86 (112,110,,77,,2,3, -1, -1, +1,45); N50 M30;
CYCLE87	钻孔循环 3	CYCLE87 (RTP,RFP,SDIS,DP,DPR,SDIR); 参数意义同 CYCLE86 示例: N10 G00 G17 G90 F200 S300; N20 D03 T03 Z113; N30 X70 Y50; N40 CYCLE87 (113,110,2,77,,3); N50 M30;
CYCLE88	钻孔循环 4	CYCLE88 (RTP,RFP,SDIS,DP,DPR,DTB,SDIR); DTB:在最终孔深处的停留时间 SDIR:旋转方向(可取值为 3、4) 其余参数的意义同 CYCLE81 示例: N10 G17 G90 F100 S450; N20 G00 X80 Y90 Z105; N30 CYCLE88 (105,102,3,,72,3,4); N40 M30;
CYCLE89	钻孔循环 5	CYCLE89 (RTP,RFP,SDIS,DP,DPR,DTB); DTB:在最终孔深处的停留时间 其余参数的意义同 CYCLE81 示例: N10 G90 G17 F100 S450 M04; N20 G00 X80 Y90 Z107 N30 CYCLE89 (107,102,5,72,,3); N40 M30;
CYCLE93	切槽循环	CYCLE93 (SPD,SPL,WIDG,DIAG,STA1,ANG1,ANG2,RCO1,RCO2,RCI1,RCI2,FAL1,FAL2,IDEP,DTB,VARI); 示例: N10 G00 G90 Z65 X50 T01 D01 S400 M03; N20 G95 F0.2; N30 CYCLE93 (35,60,30,25,5,10,20,0,0, -2, -2,1,1,10,1,5); N40 G00 G90 X50 Z65; N50 M02;

（续）

代　　码	意　　义	格式及说明
CYCLE94	凹凸切削循环	CYCLE94（SPD,SPL,FORM）; 示例： N10 T25 D03 S300 M03 G95 F0.3; N20 G00 G90 Z100 X50; N30 CYCLE94（20,60,"E"）; N40 G90 G00 Z100 X50; N50 M02;
CYCLE95	毛坯切削循环	CYCLE95（NPP,MID,FALZ,FALX,FAL,FF1,FF2,FF3,VARI,DT,DAM,_VRT）; 示例： N110 G18 G90 G96 F0.8; N120 S500 M03; N130 T11 D01; N140 G00 X70; N150 Z60; N160 CYCLE95（"contour",2.5,0.8,0.8,0,0.8,0.75,0.6,1,,,）; N170 M02; PROC contour; N10 G01 X10 Z100 F0.6; N20 Z90; N30 Z=AC(70) ANG=150; N40 Z=AC(50) ANG=135; N50 Z=AC(50) X=AC(50); N60 M17;
CYCLE96	标准螺纹切削	CYCLE96（DIATH,SPL,FORM）; 示例： N10 D03 T1 S300 M03 G95 F0.3; N20 G00 G90 Z100 X50; N30 CYCLE96（40,60,"A"）; N40 G90 G00 X30 Z100; N50 M02;
CYCLE97	螺纹切削	CYCLE97（PIT,MPIT,SPL,FPL,DM1,DM2,APP,ROP,TDEP,FAL,IANG,NSP,NRC,NID,VARI,NUMT）; 示例： N10 G00 G90 Z100 X60; N20 G95 D01 T01 S1000 M04; N30 CYCLE97（,42,0,-35,42,42,10,3,1.23,0,30,0,5,2,3,1）; N40 G90 G00 X100 Z100; N50 M30;
CYCLE98	螺纹链切削	CYCLE98（PO1,DM1,PO2,DM2,PO3,DM3,PO4,DM4,APP,ROP,TDEP,FAL,IANG,NSP,NRC,NID,PP1,PP2,PP3,VARI,NUMT）; 示例： N10 G95 T05 D01 S1000 M04; N20 G00 X40 Z10; N30 CYCLE98（0,30,-30,30,-60,36,-80,50,10,10,0.92,,,,5,1,1.5,2,2,3,1）; N40 G00 X55; N50 Z10; N60 X40; N70 M02;

附录 D　华中数控铣床和加工中心指令

1. G 代码

<table>
<tr><th>代码</th><th>分组</th><th>意　　义</th><th>格式及说明</th></tr>
<tr><td>G00</td><td rowspan="4">01</td><td>快速定位</td><td>G00X __ Y __ Z __;
X、Y、Z:在 G90 时为终点在工件坐标系中的坐标，在 G91 时为终点相对于起点的位移量</td></tr>
<tr><td>G01</td><td>直线插补</td><td>G01X __ Y __ Z __ F __;
X、Y、Z:线性进给终点
F:合成进给速度</td></tr>
<tr><td>G02</td><td>顺时针圆弧插补</td><td rowspan="2">XY 平面内的圆弧:
$G17\left\{\begin{matrix}G02\\G03\end{matrix}\right\}X\_\_\ Y\_\_\left\{\begin{matrix}R\_\_\\I\_\_\ J\_\_\end{matrix}\right\}F\_\_;$
ZX 平面的圆弧:
$G18\left\{\begin{matrix}G02\\G03\end{matrix}\right\}X\_\_\ Z\_\_\left\{\begin{matrix}R\_\_\\I\_\_\ K\_\_\end{matrix}\right\}F\_\_;$
YZ 平面的圆弧:
$G19\left\{\begin{matrix}G02\\G03\end{matrix}\right\}Y\_\_\ Z\_\_\left\{\begin{matrix}R\_\_\\J\_\_\ K\_\_\end{matrix}\right\}F\_\_;$
X、Y、Z:圆弧终点
I、J、K:圆心相对于圆弧起点的偏移量
R:圆弧半径，当圆弧圆心角小于 180°时 R 为正值，否则 R 为负值
F:被编程的两个轴的合成进给速度</td></tr>
<tr><td>G03</td><td>逆时针圆弧插补</td></tr>
<tr><td>G02/G03</td><td></td><td>螺旋线进给</td><td>G17 G02(G03) X __ Y __ R(I __ J __)__ Z __ F __;
G18 G02(G03) X __ Z __ R(I __ K __)__ Y __ F __;
G19 G02(G03) Y __ Z __ R(J __ K __)__ X __ F __;
X、Y、Z:由 G17/G18/G19 平面选定的两个坐标为螺旋线投影圆弧的终点，第三个坐标是与选定平面相垂直的轴终点
其余参数的意义同圆弧进给</td></tr>
<tr><td>G04</td><td>00</td><td>暂停</td><td>G04P __/X __;单位 s，增量状态单位 ms</td></tr>
<tr><td>G07</td><td>16</td><td>虚轴指定</td><td>G07 X __ Y __ Z __;
X、Y、Z:被指定轴后跟数字 0，则该轴为虚轴；后跟数字 1，则该轴为实轴</td></tr>
<tr><td>G09</td><td>00</td><td>准停校验</td><td>一个包括 G90 的程序段在继续执行下个程序段前，准确停止在本程序段的终点。用于加工尖锐的棱角</td></tr>
<tr><td>G17</td><td rowspan="3">02</td><td>XY 平面</td><td rowspan="3">G17，选择 XY 平面
G18，选择 XZ 平面
G19，选择 YZ 平面</td></tr>
<tr><td>G18</td><td>ZX 平面</td></tr>
<tr><td>G19</td><td>YZ 平面</td></tr>
<tr><td>G20</td><td rowspan="3">06</td><td>英寸输入</td><td></td></tr>
<tr><td>G21</td><td>毫米输入</td><td></td></tr>
<tr><td>G22</td><td>脉冲当量</td><td></td></tr>
</table>

（续）

代码	分组	意　　义	格式及说明
G24	03	镜像开	G24 X __ Y __ Z __; X、Y、Z:镜像位置
G25		镜像关	指令格式和参数含义同上
G28	00	回归参考点	G28X __ Y __ Z __; X、Y、Z:回参考点时经过的中间点
G29		由参考点回归	G29X __ Y __ Z __; X、Y、Z:返回的定位终点
G40	09	刀具半径补偿取消	G17(G18/G19) G40(G41/G42) G00(G01) X __ Y __ Z __ D __ (F __); X、Y、Z:G01/G02 的参数,即刀具半径补偿建立或取消的终点 D:G41/G42 的参数,即刀具半径补偿号码(D00～D99)代表刀具半径补偿表中对应的半径补偿值
G41		左半径补偿	
G42		右半径补偿	
G43	10	刀具长度正向补偿	G17(G18/G19) G43(G44/G49) G00(G01) X __ Y __ Z __ H __; X、Y、Z:G01/G02 的参数,即刀具半径补偿建立或取消的终点 H:G43/G44 的参数,即刀具半径补偿号码(H00～H99)代表刀具半径补偿表中对应的长度补偿值
G44		刀具长度负向补偿	
G49		刀具长度补偿取消	
G50	04	缩放关	G51 X __ Y __ Z __ P __; M98 P __; G50; X、Y、Z:缩放中心的坐标值 P:缩放倍数
G51		缩放开	
G52	00	局部坐标系设定	G52 X __ Y __ Z __; X、Y、Z:局部坐标系原点在当前工件坐标系中的坐标值
G53		直接坐标系编程	机床坐标系编程
G54	12	选择工作坐标系 1	G××;
G55		选择工作坐标系 2	
G56		选择工作坐标系 3	
G57		选择工作坐标系 4	
G58		选择工作坐标系 5	
G59		选择工作坐标系 6	
G60	00	单方向定位	G60 X __ Y __ Z __; X、Y、Z:单向定位终点
G61	12	精确停止校验方式	在 G61 后的各程序段编程轴都要准确停止在程序段的终点,然后再继续执行下一程序段
G64		连续方式	在 G64 后的各程序段编程轴刚开始减速时(未达到所编程的终点)就开始执行下一程序段。但在 G00/G60/G09 程序中,以及不含运动指令的程序段中,进给速度仍减速到 0 才执行定位校验

（续）

代码	分组	意　　义	格式及说明
G65	00	子程序调用	指令格式及参数意义与 G98 相同
G68	05	旋转变换	G17 G68 X __ Y __ P __; G18 G68 X __ Z __ P __; G19 G68 Y __ Z __ P __; M98 P __; G69; X、Y、Z:旋转中心的坐标值 P:旋转角度
G69	05	旋转取消	
G73	06	高速深孔加工循环	G98(G99) G73 X __ Y __ Z __ R __ Q __ P __ K __ F __ L __; G98(G99) G74 X __ Y __ Z __ R __ P __ F __ L __; G98(G99) G76 X __ Y __ Z __ R __ P __ I __ J __ F __ L __; G80; G98(G99) G81 X __ Y __ Z __ R __ F __ L __; G98(G99) G82 X __ Y __ Z __ R __ P __ F __ L __; G98(G99) G83 X __ Y __ Z __ R __ Q __ P __ K __ F __ L __; G98(G99) G84 X __ Y __ Z __ R __ P __ F __ L __; G85 指令同上,但在孔底时主轴不反转 G86 指令同 G81,但在孔底时主轴停止,然后快速退回 G98(G99) G87 X __ Y __ Z __ R __ P __ I __ J __ F __ L __; G98(G99) G88 X __ Y __ Z __ R __ P __ F __ L __; G89 指令与 G86 相同,但在孔底有暂停 X、Y:加工起点到孔位的距离 R:初始点到 R 的距离 Z:R 点到孔底的距离 Q:每次进给深度(G73/G83) I,J:刀具在轴反向位移增量(G76/G87) P:刀具在孔底的暂停时间 F:切削进给速度 L:固定循环次数
G74	06	反攻螺纹循环	
G76	06	精镗循环	
G80		固定循环取消	
G81		钻孔循环	
G82		带停顿的单孔循环	
G83		深孔加工循环	
G84		攻螺纹循环	
G85		镗孔循环	
G86		镗孔循环	
G87		反镗循环	
G88		镗孔循环	
G89		镗孔循环	
G90	13	绝对值编程	G90;
G91	13	增量值编程	G91;
G92	00	工作坐标系设定	G92X __ Y __ Z __; X、Y、Z:设定的工件坐标系原点到刀具起点的有向距离
G94	14	每分钟进给	
G95	14	每转进给	
G98	15	固定循环返回起始点	G98;返回初始平面
G99	15	固定循环返回到 R 点	G99;返回 R 点平面

2. M 代码

代　　码	意　　义	格式及说明
M00	程序停止	
M02	程序结束	
M03	主轴正转起动	
M04	主轴反转起动	
M05	主轴　停止转动	

（续）

代　　码	意　　义	格式及说明
M06	换刀指令（铣）	M06 T __；
M07	切削液开启（铣）	
M08	切削液开启（车）	
M09	切削液关闭	
M30	结束程序运行且返回程序开头	
M98	子程序调用	M98P*nnnn* L×××； 调用程序号为 O*nnnn* 的程序×××次
M99	子程序结束	子程序格式： O*nnnn*； ⋮ M99；

附录 E　GSK990M 数控铣床指令

1. G 代码

代码	分组	意　　义	格　　式
G00	01	定位（快速移动）	G00 X __ Y __ Z __；
G01		直线插补（切削进给）	G01 X __ Y __ Z __；
G02		圆弧插补 CW（顺时针）	*XY* 平面内的圆弧： G17 {G02 / G03} X __ Y __ {R __ / I __ J __}； *ZX* 平面内的圆弧： G18 {G02 / G03} X __ Z __ {R __ / I __ K __}； *YZ* 平面内的圆弧： G19 {G02 / G03} Y __ Z __ {R __ / J __ K __}
G03		圆弧插补 CCW（逆时针）	
G04	00	暂停，准停	G04 P __/X __； 单位 s，增量状态单位 ms，无参数状态表示停止
G17	02	*XY* 平面选择	G17；选择 *XY* 平面 G18；选择 *XZ* 平面 G19；选择 *YZ* 平面
G18		*ZX* 平面选择	
G19		*YZ* 平面选择	
G20	06	英制数据输入	
G21		米制数据输入	
G28	00	返回参考点	G28 X __ Y __ Z __；
G29		从参考点返回	G29 X __ Y __ Z __
G40	07	刀具半径补偿取消	G40；
G41		左侧刀具半径补偿	{G41 / G42} Dnn；
G42		右侧刀具半径补偿	

（续）

代码	分组	意　　义	格　　式
G43	08	正方向刀具长度偏移	$\left\{\begin{matrix} G43 \\ G44 \end{matrix}\right\}$Hnn
G44		负方向刀具长度偏移	
G49		刀具长度补偿取消	G49；
G54	05	选择工作坐标系 1	G××；
G55		选择工作坐标系 2	
G56		选择工作坐标系 3	
G57		选择工作坐标系 4	
G58		选择工作坐标系 5	
G59		选择工作坐标系 6	
G73	09	深孔钻削固定循环	G73 X__ Y__ Z__ R__ Q__ F__；
G74		左螺纹攻螺纹固定循环	G74 X__ Y__ Z__ R__ P__ F__；
G76		精镗固定循环	G76 X__ Y__ Z__ R__ Q__ F__；
G80		固定循环取消	G80；
G81		钻孔循环（点钻循环）	G81 X__ Y__ Z__ R__ F__；
G82		钻孔循环（镗阶梯孔循环）	G82 X__ Y__ Z__ R__ P__ F__；
G83		深孔钻削固定循环	G83 X__ Y__ Z__ R__ Q__ F__；
G84		攻螺纹循环	G84 X__ Y__ Z__ R__ F__；
G85		镗孔循环	G85 X__ Y__ Z__ R__ F__；
G86		钻孔循环	G86 X__ Y__ Z__ R__ P__ F__；
G88		镗孔循环	G88 X__ Y__ Z__ R__ P__ F__；
G89		镗孔循环	G89 X__ Y__ Z__ R__ P__ F__；
G90	03	绝对方式编程	G90；
G91		相对方式编程	G91；
G92	00	坐标系设定	G92X__ Y__ Z__
G98	10	在固定循环中返回初始平面	G98；
G99		返回到 *R* 点（在固定循环中）	G99；

2. M 代码

代　　码	意　　义	格式及说明
M00	程序暂停，按“循环启动”按钮程序继续运行	
M03	主轴正转	M03 S__；
M04	主轴反转	M04 S__；
M05	主轴停止转动	
M08	切削液开	
M09	切削液关	
M10	夹紧	
M11	松开	
M30	结束程序运行且返回程序开头	

（续）

代　码	意　义	格式及说明
M32	润滑开	
M33	润滑关	
M98	子程序调用	M98 P××*nnnn*; 调用程序号为 O*nnnn* 的程序××次。
M99	子程序结束	子程序格式： O*nnnn*; ⋮ M99;

参考文献

［1］ 李华志．数控加工工艺与装备［M］．北京：清华大学出版社，2005.
［2］ 陈兴云，姜庆华．数控机床编程与加工［M］．北京：机械工业出版社，2009.
［3］ 韩鸿鸾．数控编程［M］．北京：中国劳动社会保障出版社，2004.
［4］ 陈宏钧．实用机械加工工艺手册［M］．北京：机械工业出版社，2005.
［5］ 赵正文．数控铣床/加工中心加工工艺与编程［M］．北京：中国劳动社会保障出版社，2006.
［6］ 孙连栋．加工中心（数控铣工）实训［M］．北京：高等教育出版社，2011.
［7］ 韦富基，李振尤．数控车床编程与操作［M］．北京：电子工业出版社，2008.
［8］ 王爱玲．数控机床加工工艺［M］．2 版．北京：机械工业出版社，2013.
［9］ 宗晓．数控机床编程及实例［M］．北京：北京大学出版社，2006.
［10］ 王维．数控加工工艺及编程［M］．北京：机械工业出版社，2010.
［11］ 杨显宏．数控加工编程技术［M］．成都：电子科技大学出版社，2006.
［12］ 卢万强．数控加工工艺与编程［M］．北京：北京理工大学出版社，2011.
［13］ 李华．机械制造技术［M］．北京：高等教育出版社，2005.
［14］ 嵇宁．数控加工编程与操作［M］．北京：高等教育出版社，2008.
［15］ 钟如全，王小虎．零件数控铣削加工［M］．北京：国防工业出版社，2013.
［16］ 程鸿思，赵军华．普通铣削加工操作实训［M］．北京：机械工业出版社，2008.
［17］ 郑堤．数控机床与编程［M］．北京：机械工业出版社，2010.
［18］ 人力资源和社会保障部教材办公室．数控加工工艺学［M］．3 版．北京：中国劳动社会保障出版社，2011.
［19］ 顾京．数控机床加工程序编制［M］．3 版．北京：机械工业出版社，2013.
［20］ 展迪优．UG NX8．0 数控加工教程［M］．北京：机械工业出版社，2012.
［21］ 张丽华，马立克．数控编程与加工技术［M］．2 版．大连：大连理工大学出版社，2006.